U0187561

国家科学技术学术著作出版基金资助出版
“十四五”国家重点出版物出版规划项目

智能导热材料的设计及应用

封 伟 著

清華大學出版社
北 京

内容简介

本书以面向新型热管理应用的智能导热材料为目标，根据当今智能导热材料的发展现状，从材料的概念、传热原理、结构设计及应用等角度展开介绍。本书共7章，分别为导热概述（概念、导热机理、影响因素及分类），智能导热材料概述，智能化性能设计，智能导热材料设计，智能导热材料应用，智能导热材料在先进芯片中的应用，结论与展望。

本书可作为相关专业本科生和研究生的教材。希望通过本书可以激发广大读者及相关领域研究人员对智能导热材料的兴趣，并为从事相关研究的工程技术人员提供参考。

图书在版编目(CIP)数据

智能导热材料的设计及应用/封伟著. —北京：清华大学出版社，2023.11（2024.5 重印）
ISBN 978-7-302-64905-2

Ⅰ. ①智…　Ⅱ. ①封…　Ⅲ. ①导热－智能材料　Ⅳ. ①TB381

中国国家版本馆 CIP 数据核字(2023)第 218329 号

责任编辑：鲁永芳
封面设计：俞慧涛
责任校对：薄军霞
责任印制：丛怀宇

出版发行：清华大学出版社
网　　址：https://www.tup.com.cn，https://www.wqxuetang.com
地　　址：北京清华大学学研大厦A座　　**邮　　编**：100084
社 总 机：010-83470000　　**邮　　购**：010-62786544
投稿与读者服务：010-62776969，c-service@tup.tsinghua.edu.cn
质量反馈：010-62772015，zhiliang@tup.tsinghua.edu.cn
印 装 者：三河市东方印刷有限公司
经　　销：全国新华书店
开　　本：170mm×240mm　　**印　　张**：18　　**字　　数**：373千字
版　　次：2023年12月第1版　　**印　　次**：2024年5月第2次印刷
定　　价：129.00元

产品编号：101498-01

前言

智能材料是一种可以感知外部环境变化，通过判断、分析、处理并实现智能响应、性能自动调节的新型功能材料，是继天然材料、合成高分子材料、人工设计材料之后的第四代材料。20世纪90年代，中国逐步开展智能材料的研究，并将其列入国家中长期发展的重要规划日程。目前，智能材料的研究已经实现了力学、光学、电学等性能调控，并在热性能宏观调控方面取得了初步进展。智能材料的发展高度支撑了未来高新技术的发展，使得传统意义下的功能材料和结构材料之间的界限逐渐消失，最终实现材料结构的功能化和材料功能的多样化。

智能导热材料为导热材料的一个重要分支。它是一种以热量快速疏导为目的，通过智能热控技术，利用其热导率可智能调控的特点实现对被控对象与外界从隔热到良好导热的自主调控的新型功能材料，属于材料、化学、物理等多学科交叉的一项基础研究。智能导热材料具有响应速度快、精确调节系统温度和显著降低资源消耗的特点，在民用电子、航空航天等领域有着广阔的应用前景。同时，随着近年来空间技术、人工智能、航空航天等领域的快速发展，对于温度敏感、发热量较大且环境温度复杂的设备，如通信终端、蓄电池、芯片电子等，亟需发展能够即时感知外界环境、自主热流调节的新型智能导热材料。然而，受热导率低、回弹性差、附着力弱等综合因素的影响，材料的智能感知调节能力相对较差，因此，材料暂时未能全面满足多种复杂环境的应用需求。基于此，当今国内外学者对智能导热材料的机理、控制、应用范围开展了较多研究。研究主要包括微纳材料结构设计、导热纳米粒子的定向控制、高导热智能材料设计、高新热管理应用技术、芯片智能导热材料设计及应用等，为智能导热材料的突破和发展奠定了基础。

天津大学功能有机碳复合材料研究团队围绕碳纳米材料和功能高分子的制备、结构调控、多尺度复合及力学和导热性能开展研究，团队10多年来活跃在智能导热复合材料的前沿创新领域，掌握了导热结构设计、碳纳米材料的可控制备、界面结构修饰及多尺度可控复合等多项关键技术。此外，为了使本书的内容更加丰富，书中还加入了其他学者的优秀研究成果。

本书主要由天津大学功能有机碳复合材料研究团队的师生完成撰写工作。封伟教授负责本书全部章节的设计与编撰，俞慧涛、安东、秦盟盟、陈灿、张飞、张恒、何青霞、王令航、姜祝成、王硕等师生参与了部分章节的撰写与校对。本书的研究得到了国家自然科学基金重点项目（No. 52130303）和国家重点研发项目（No.

2022YFB3805700)的支持。

由于智能导热材料的研究成果较为丰富,限于本书的篇幅,研究内容不可能面面俱到,因此很多优秀成果未被收录进去。同时,由于作者的水平有限,书中难免存在疏漏和不妥之处,恳请广大读者批评指正。希望通过此书,可以激发大家对导热材料研究的热情,给智能导热材料研究者一些帮助,我们将倍感欣慰。

本书彩图可扫二维码观看。

封 伟

2023 年 2 月于天津大学

目录

第1章

导热概述

导热是物质系统因各处温度不同而引起热量由较高处向较低处传递的一种自然现象。导热通过热量的传递而实现空间环境的能量平衡,从而提高系统的环境稳定性。为了进一步研究材料对导热的影响,本章将从导热材料、导热机理、影响因素、测试方法四个方面进行论述。

1.1 导热材料

导热材料是一类以热量的快速传导、扩散为目的,提高大功率设备快速散热能力的功能材料[1-2]。随着科技的快速发展,导热材料被广泛应用于国防科技、电子信息等多个领域,同时对导热材料的性能也提出了更多的要求,例如高导热、高回弹、绝缘性、耐腐蚀性、耐高温性、质量轻、结构稳定等特点[3-5]。但现阶段,导热材料主要分为金属导热材料、无机导热材料和聚合物导热材料等。金属及无机导热材料具有反应快、灵敏度高及加工成本低等优点,但其柔性形变差、界面附着性弱,难以适应温度感知、传热过程中对弯曲与压缩等状态变化的需求。与之相比,聚合物材料虽然柔顺性好、界面接触性强,但是导热性能差、强度低。聚合物导热材料如碳基材料具有成本低、热导率(又称导热系数、导热率)高、结构稳定和响应速度快等优点,如石墨烯、碳纳米管等。因此,发展聚合物碳复合材料,控制导热填料的结构、含量及界面相互作用,是提升复合材料导热性能、力学性能及加工性能的有效手段。

1.2 导热机理

导热是由高低温度差引起的能量转移的现象,广泛存在于能源、电子、航空航天等多个工程技术领域。热量传递有三种方式:热传导、热对流和热辐射[6]。热传导主要存在于固体材料中,在流体材料(液体或气体)中往往与对流同时发生;

热辐射则广泛存在于各种材料中。材料由分子或原子组成,环境温度提高微观粒子不断运动,运动过程中粒子之间相互发生碰撞,实现热量在分子或原子上从高温向低温的传递[7-9]。因此,分子或原子振动频率越高,动能越大,热量传递效率越快,则物体表现出来的温度变化越大(图 1-1(a))。

依据固体材料的现代热传导理论,热量的传递机制主要有自由电子的传导[10]和声子的传导两种[11]。金属基或碳基的导热过程主要依靠自由电子传导;声子传导则主要存在于非导体材料中,依靠晶格振动的波来传递热量,比如聚合物材料、无机陶瓷材料、碳材料等(图 1-1(b))。需特别指出,聚合物材料是由大量单体通过化学键连接形成的长链,相对分子量较大。当热量加载到聚合物材料表面后,表层声子可通过伸缩振动、摇摆振动和扭转振动等多种形式将能量传递到相邻的基团上(图 1-1(c))。此外,研究表明,聚合物中的原子在平衡位置周围可作无序振动或旋转,声子传输需要经历大量的非简谐耦合振动,同时声子的传输速度很慢,因此大多数聚合物材料热导率较低[12-13]。但对于具有规整晶格结构和电子传导的高分子而言,其声子传输速度较快,因此热导率明显高于普通聚合物材料的。例如,高密度聚乙烯(HDPE)的热导率可达 0.55 $W \cdot m^{-1} \cdot K^{-1}$,电沉积聚吡咯的热导率达 8.06 $W \cdot m^{-1} \cdot K^{-1}$[5,14]。

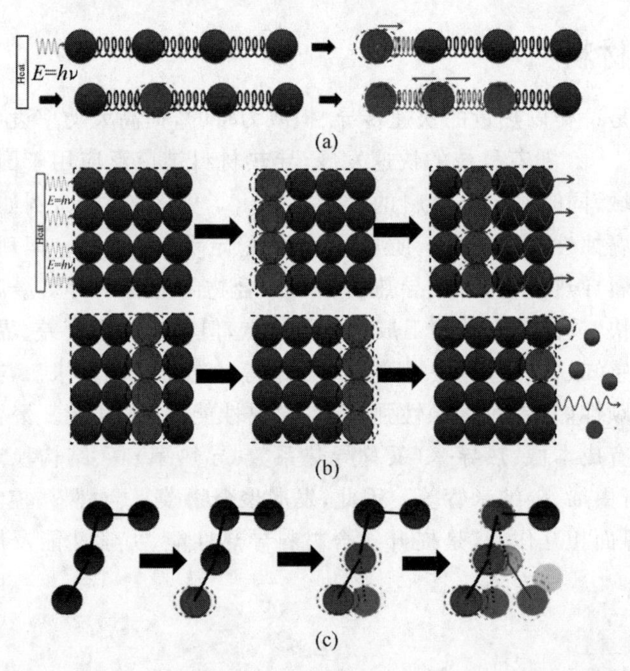

图 1-1 (a) 粒子碰撞产生的热传导[4],(b) 晶体材料[4]和(c)非晶聚合物[6]的导热机理

为了提高材料的导热性能,在基体内填充高导热填料是常见且最有效的策略[15-16]。固体物理学认为,高导热填料的基本粒子在晶格上呈现长程有序排列,粒子间在初始位置以弹性力作用不断平衡振动。受粒子振动影响,单个粒子可影

响周围的其他粒子,使其发生扰动,同时将能量以弹性波的形式在导热材料中传播[17]。量子理论将弹性波量子化,多种振动叠加则构成了弹性波理论。同时,理论认为,结晶材料的热量传输是声子高低浓度自由扩散的过程。紧密排列的原子允许声子振动的快速传递,声子平均自由程较高,因此相比于聚合物材料,其本征热导率普遍较高[18]。不同填料的热导率不同,主要是因为不同填料晶体内部的热阻不同,多种类型的声子散射并存,如图 1-2(a)～(c)所示。

(1) 声子碰撞散射:高温下,声子快速运动导致碰撞概率的提高,声子平均自由程降低,热导率下降。

(2) 晶体缺陷散射:晶体内部存在缺陷,缺陷尺寸的大小不同导致声子振动波长的改变而产生声子散射。同时,当材料晶体内部存在位错时,受应力场影响,材料发生声子散射[17]。

(3) 晶界散射:晶体内晶粒尺寸不同,晶粒尺寸越大,则声子平均自由程越大,晶界散射越少,导热性能越优。

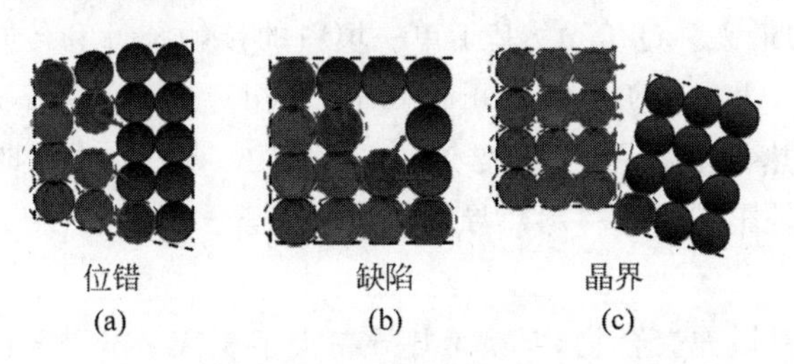

图 1-2 各种缺陷下晶体材料的声子散射[4,17]

(a) 声子/声子散射;(b) 声子/缺陷散射;(c) 声子/界面散射

对于填充型聚合物复合材料而言,填料在聚合物中孤立且均匀分布,当施加热量到材料表面时,声子沿基体-填料-基体的路径传播[19-20]。由于填料和基体声子振动谱差异较大,声子在聚合物/填料的界面处时需要消耗较多的耦合振动能,声子能量衰减严重[12,20]。高填充量的填料可以通过互相交织、缠绕而形成连续的声子传输网络,所以具有高热导率的复合材料的填料的比例通常较高。然而,引入大量的填料必将产生大量缺陷,造成声子散射加剧,界面热阻升高,导热性能的提升趋于稳定,机械性能下降。因此,如何控制在低填充量填料的条件下实现高热导率,是目前热界面材料急需攻克的难点。

1.3 影响因素

材料的结构和组成决定了材料的特性。从材料的结构组成上,导热复合材料的影响因素为导热填料、基体以及填料和基体之间的界面。下面将从各影响因素对导热复合材料的研究进展进行详细论述。

1.3.1 导热填料

目前,权威的导热理论主要包括:导热网络理论和导热逾渗理论。导热逾渗理论认为,导热填料的高填充量可实现导热通路的构建,与导热性能成正比[14,19]。因此,导热填料是影响导热复合材料的主要因素之一。下面将从导热填料结构和组成上分别论述。

(1) 单一填料

在多种导热材料体系中,当填料种类单一时,材料的导热性能受填料本身导热性能及基体内填料含量这两种因素的影响较大。一般地,相同填料含量下,填料的热导率越大,填充量越高,其复合材料的导热性能就越优。此外,单一填料的尺寸、几何形态和分布对热导率也有着重要影响。特定条件下,填料的粒径尺寸越大,则填料之间越容易形成导热网络,使得在较低的填充量下就可达到较高的热导率(图 1-3(a)～(c))[21]。几何形态上,相同的情况下颗粒状填料热导率最低,纤维状次之,晶须形态的最高。Qi 等[22]基于单一填料的接触统计和传热模拟,表明复合材料的热导率与 Al_2O_3 的含量成正比(图 1-3(d)～(f))。当 Al_2O_3 的含量为 10 vol%时,系统热导率最大,为 0.2 $W \cdot m^{-1} \cdot K^{-1}$。实验表明,填料的体积分数、填充比、粒径是影响复合材料热导率的重要因素。

(2) 复合填料

利用单一填料填充聚合物,要获得热导率大于 5 $W \cdot m^{-1} \cdot K^{-1}$ 的性能时,一般导热填料含量大且形成了导热网络。这时填料间的界面热阻和缺陷使得材料导热性能和力学性能下降。为了改善填料间的界面问题,人们利用多种不同几何形貌的导热复合填料,可以在不改变材料结构性能的基础上降低填料之间的界面热阻[23]。此外,具有不同长径比的复配型填料在相同填充量下,填料之间可以形成更多的接触结点,声子传输网络更加连续、致密,导热性能更优,如图 1-3(f)所示。Qi 等[22]改变填料,将 Al_2O_3 和 SiC 纤维按比例复合,然后与聚合物复合,相同填料比例的条件下,材料的热导率提高了 2.5 倍。Yan 等[24]将二硫化钼(MoS_2)、碳纳米管(CNT)和石墨烯复合形成具有糖葫芦状结构的 CNT@MoS_2@Gre 导热填料,填充环氧树脂得到复合材料。当 CNT@MoS_2@Gre 含量为 20 wt%时,热导率为 4.63 $W \cdot m^{-1} \cdot K^{-1}$,比相同含量下的 CNT/石墨烯(3.29 $W \cdot m^{-1} \cdot K^{-1}$)、CNT/$MoS_2$(2.98 $W \cdot m^{-1} \cdot K^{-1}$)和 MoS_2/石墨烯填料(1.14 $W \cdot m^{-1} \cdot K^{-1}$)都有所提高。

(3) 取向填料

从热导率的方向性讲,由于填料具有片状、球状、线状等多种特殊形态,所以许多导热填料呈现导热的各向异性。近年来,为了体现导热填料各向异性的优势,国内外多个科研单位都致力于设计填料取向分布,希望达到特定方向的高热导率。研究发现,导热填料的结构取向是影响材料导热各向异性的主要因素。一般,材料

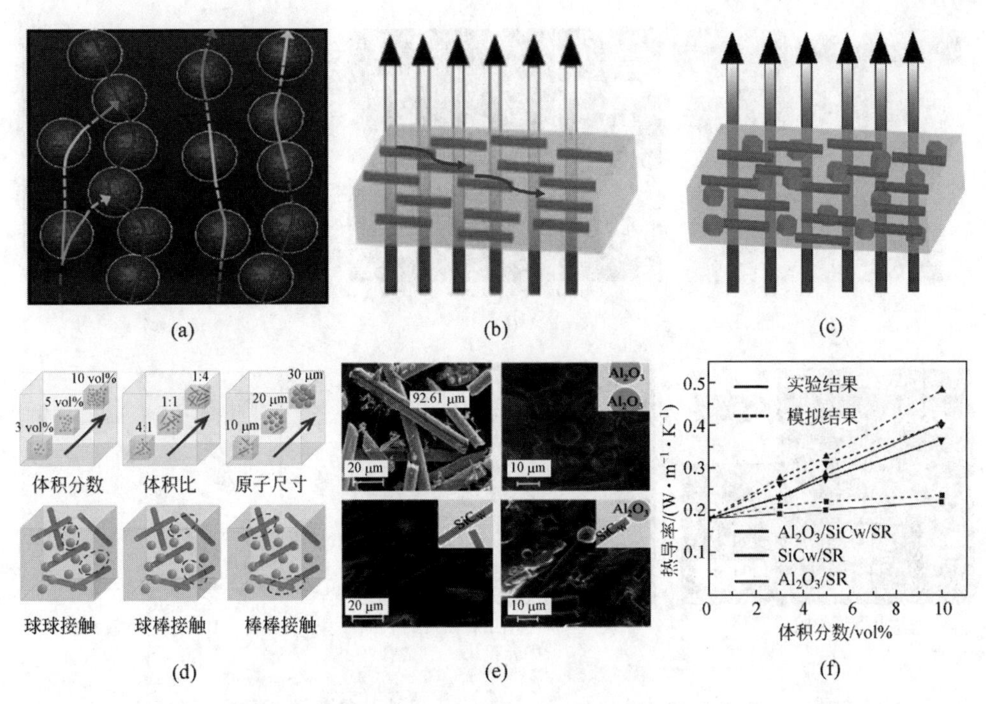

图 1-3 (a),(b) 单一填料[21]和(c)复合填料[23]的导热机理；(d)～(f) 不同填料类型、总体积分数的导热机理、形貌及热导率[22-24]

取向方向的热导率较高，与材料取向垂直方向的热导率较低，传热效果如图 1-4(a)所示[25]。

在实际研究时发现，很多材料具备了单方向高热导率，如石墨烯膜的平面方向，碳纳米管阵列的垂直方向等。为了更好地发展取向导热材料，一系列有效方案被实施。Dai 等[26]利用胶带收缩法制备得到具有垂直取向的褶皱石墨烯，形貌及导热性能如图 1-4(b)和(c)所示；结果显示，垂直取向的石墨烯，其面外热导率为 273 W·m^{-1}·K^{-1}，面内热导率为 143 W·m^{-1}·K^{-1}。Bai 等[27]利用定向冷冻冰模板法，制备得到具有取向结构的氮化硼(BN)模板，然后填充环氧树脂获得具有三维结构的取向导热复合材料，其形貌机理如图 1-4(d)～(f)所示。当氮化硼纳米片(BNNS)材料含量为 15 vol%时，材料的面外热导率为 6.07 W·m^{-1}·K^{-1}。Zhang 等[28]基于树木筛管的原理，制备了具有高取向结构的聚乙烯超细纤维/硅酮基复合材料，材料的垂直热导率为 38.27 W·m^{-1}·K^{-1}，水平热导率大于 1 W·m^{-1}·K^{-1}(图 1-4)。相似地，Zhou 等[29]联合利用生物模板陶瓷化技术和物理真空浸渍法，将木材碳化在 SiC 框架中并将环氧树脂填充到缝隙中，制备得到各向异性聚合物复合材料。材料具有垂直排列的各向异性结构，面外热导率高达 10.27 W·m^{-1}·K^{-1}，热膨胀系数为 1.223×10^{-5} K^{-1}。然而，在填料的类型、取向结构设计及高热导率方向性需求等方面仍有很多工艺方面的不足，未来亟需解决。

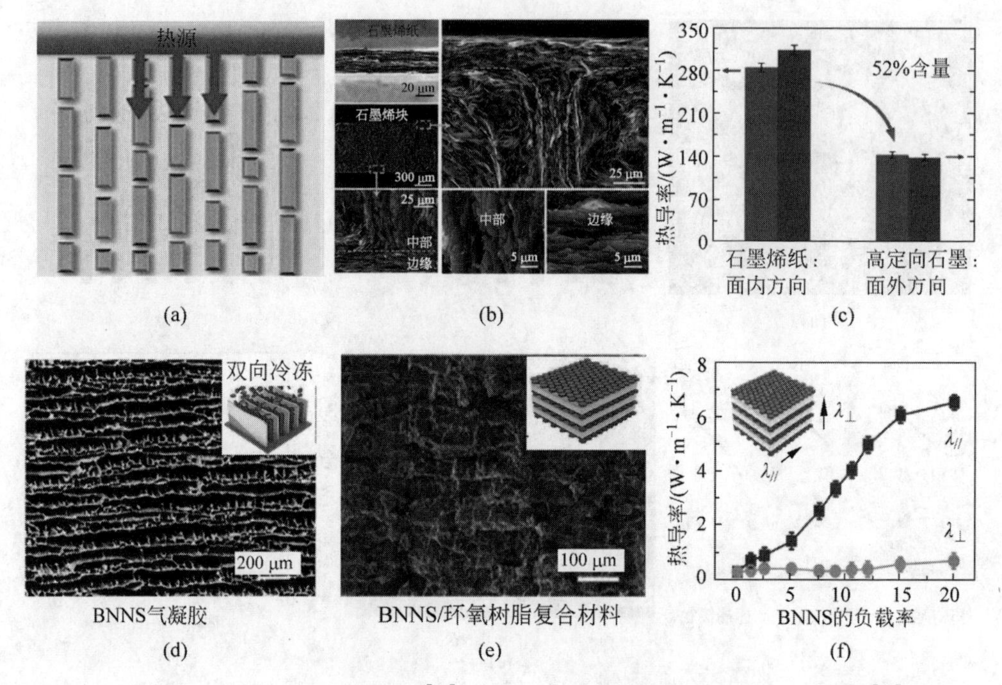

图 1-4 (a) 取向填料的导热机理[25]；(b)、(c) 褶皱取向石墨烯形貌及热导率[26]；(d)～(f) 取向氮化硼[27]及其复合材料的形貌及导热性能

(4) 三维(3D)填料

微观个体的导热填料(石墨烯片、氮化硼、碳纳米管)具有卓越的力学强度、高导热性能和高导电或电绝缘性能，但其单独用作填料时，材料团聚严重，总热阻较高。通过构建高度互连的 3D 填料导热网络，填料间以及填料与基体间的界面热阻降低，复合材料的热导率得到明显提高，如图 1-5(a)所示[30]。为了解决这一问题，Varshney 等[30-31]利用非平衡动力学模拟，证明了利用共价键可得到具有 3D 结构的填料，该填料可以在保留原有优异力/热性能的同时，构建更加高效的声子传输通道，来满足不同环境下的应用。

Zhang 等[32]利用水热法构建 3D 石墨烯，当 3D 石墨烯在基体内的含量为 2.5 wt%时，复合材料的热导率高达 3.36 $W\cdot m^{-1}\cdot K^{-1}$。此外，An 等[33]利用冰模板法自组装及材料界面修饰的方法获得了氮化硼/石墨烯(BN/rGO)3D 导热网络；然后，通过物理方法在 BN/rGO 内填充天然橡胶基体，当 BN/rGO 的含量为 4.9 wt%时，复合材料的面内热导率约为 1.28 $W\cdot m^{-1}\cdot K^{-1}$。此外，Kim 等[34]利用高温碳化联合化学气相沉积法(CR-CVD)在 3D 石墨烯上原位生长 SiC，得到 3D 结构的 SiC 导热网络，然后物理浇筑环氧树脂得到 3D-SiC/EP 导热复合材料；如图 1-5(b)和(c)所示，当 SiC 含量为 6.52 vol%时，SiC/EP 和 3D-SiC/EP 的热导率分别为 0.63 $W\cdot m^{-1}\cdot K^{-1}$ 和 10.26 $W\cdot m^{-1}\cdot K^{-1}$。Wu 等[35]在石

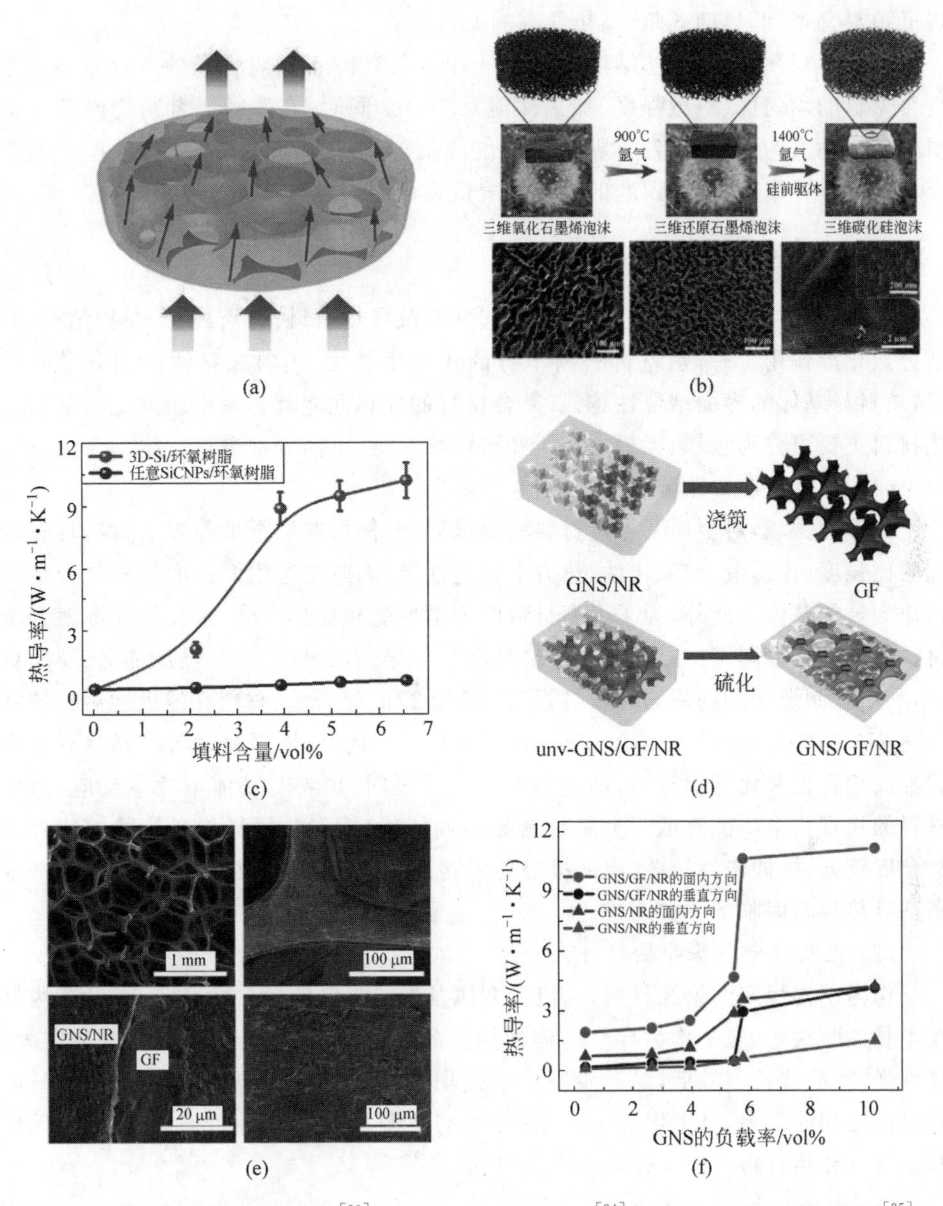

图 1-5 (a) 3D 填料导热机理[30]；(b),(c) 3D-SiC/EP[34] 和(d)～(f) GNS/GF/NR[35] 导热复合材料的制备流程、微观形貌及导热性能

墨烯泡沫(GF)间填充石墨烯片(GNS)得到 GNS/GF 填料；然后利用物理浸渍法填充天然橡胶(NR)得到 GNS/GF/NR；研究结果表明，当 GNS 的负载量增加到 3.98 vol%，材料面内热导率从 1.07 $W \cdot m^{-1} \cdot K^{-1}$ 缓慢增加至 2.56 $W \cdot m^{-1} \cdot K^{-1}$，面外热导率从 2.56 $W \cdot m^{-1} \cdot K^{-1}$ 急剧增加到 10.64 $W \cdot m^{-1} \cdot K^{-1}$(图 1-5(d)～(f))。因此，利用导热通路理论，在低填料含量下构筑的 3D 导热网络，是实

现低填料含量、低界面热阻、高热导率的关键。

综上，填料含量及形态结构影响着材料的热导率，而填料含量的变化直接关系复合材料的均匀性、机械强度、加工性能及成本。同时，高填料或者结构设计也会引入较多的人为缺陷，导致材料热导率的降低[30,36]。因此，多种填料结构影响复合材料的热导率，对后续课题的研究起着重要作用。

1.3.2 导热基体

基体是导热复合材料中的连续相，起到分散导热填料、均衡载荷、保护填料、黏结分散相等作用。一般，基体材料本身的热导率越大，填料在基体内的分散越均匀，填料与基体的界面结合性越强，复合材料的导热性能就越突出。常见的基体导热材料主要可分为金属、无机非金属和聚合物三类，下面分别进行论述。

(1) 金属基导热材料

在不同领域，对金属基导热材料的要求迥异，例如航天军事等要求材料具有较优的比强度、比模量、耐氧化性、热力学稳定性等，因此常选用低密度的轻质合金材料作为导热基体。此外，为了提高材料的力学性能和导热性能，常在传统金属合金材料内添加比金属基体的强度和模量都高的高导热填料。Li 等[37]添加 Zr 硬质材料，利用轧制退火和随后的时效过程制备 Mg-2Zn-Zr 合金，材料在退火之后抗拉强度达 279 MPa，热导率为 132.1 $W \cdot m^{-1} \cdot K^{-1}$。此外，增强材料与金属具有很好的界面相容性和化学稳定性，即材料在加工成型时，填料与基体不发生反应，因而材料的物理化学功能降低。金属材料导热性能优异，但是材料与产热器件的界面契合度较低，抗冲击性较差，界面接触易短路。因此，如何解决以上问题，是未来金属基导热材料面临的主要困难。

(2) 无机非金属基导热材料

作为结构稳定的绝缘材料，无机非金属基导热材料的导热性能较高，但结构易发生脆性断裂，一般不作为导热基体使用。此外，无机非金属基体弹性模量较大，脆性强，断裂伸长率较低，易产生不可逆损伤。当基体内加入填料后，填料与基体的界面浸润性较差，且干燥后易产生孔隙，与热源之间的界面接触弱。因此，无机非金属基导热材料一般不作为热界面材料。

(3) 聚合物基导热材料

相对于金属和无机非金属，聚合物基导热材料因其轻质、低成本、电绝缘性及良好的界面相容性而被广泛用于导热领域。但是，聚合物的热导率较小，耐热性较差，在高要求场景下很难被应用。为了改善聚合物的导热性能，设计聚合物分子结构、聚集态是提高聚合物热导率的途径之一。Xu 等[38]通过最小化纠缠和最大化链的对齐设计，合成了纳米结构聚乙烯薄膜，该薄膜的热导率约为 62 $W \cdot m^{-1} \cdot K^{-1}$；这说明高度有序结晶可以提高聚合物材料的热导率(图 1-6(a)～(c))；但是该方法成本投入量较大，技术要求较高。此外，也可以从聚合物材料形态上进行优化。Wang

等[39]研究发现结晶后的聚乙烯纤维的热导率高达 20 W·m^{-1}·K^{-1}。这是因为纤维结构下聚合物的结晶度较高,使材料的热稳定性、导热性能及力学强度明显改善,但是由于结构的重排,聚合物的耐酸碱腐蚀性和耐水性很低且技术成本较高。因此,为了提高材料的导热性能,使用分子设计可得到具有回弹性、黏附性、自修复性等性能优良、易加工的聚合物材料。然后,利用物理共混或浸渍法填充导热填料获得多种功能的聚合物基高导热复合材料,是获得具有自修复、高回弹导热复合材料的最为有效且最切合实际的工艺策略。

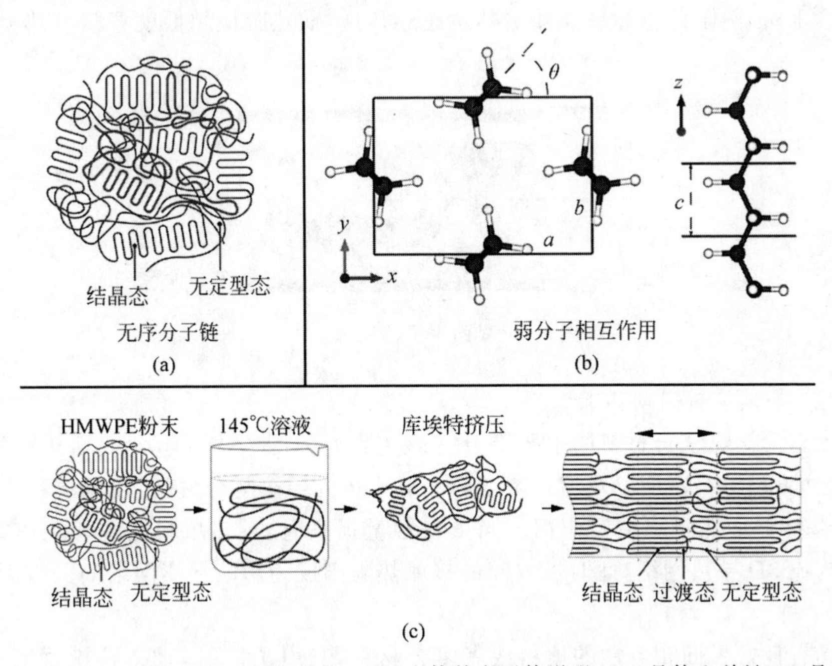

图 1-6 (a) 聚合物分子链的结构;(b) 本体等离子体增强(PE)晶体和单链 PE 晶体的结构;(c) 制备过程中取向微晶-互连薄膜形态演变的图解[38]

1.3.3 导热界面

导热基体,填料的结构、尺度及类型,这些是材料导热性能的主要影响因素[40-42]。但由于复合材料介质间的结构组成、表面能的差异,填料与填料之间界面、填料与基体间界面、材料与器件间界面的热阻问题较为突出[43-45]。下面从界面理论、导热填料间的界面、基体与填料间的接触界面、导热复合材料与器件间的接触界面分别进行简单论述。

(1) 界面理论

从声子传热理论上讲,声子传递的相位界面取决于两相界面的振动频率。如图 1-7 所示,由于界面的存在,声子的振动频率发生失配使得热在界面处发生界面声子散射,即声子在不同相界面或不完全接触界面时产生界面热阻[46-47]。例如,声子在界面处产生散射，热量发生损失，为抵抗基体材料结构的突变所引发的热流，界面传热效率降低。因此，对于复合材料来说，材料的界面是传热的主要障碍。

此外，与传统界面声子散射不同，声子在纳米级区域的传输特性具有尺度效应。随着填料尺寸减小到纳米尺度，界面处的声子散射较为显著。因此，导热界面的影响可称为热阻，即衡量热量传递难易程度的属性，根据基本概念可表示为任意两点之间的温度差与两点之间传递的热通量（单位时间内传递的热量）的比值[48]。从概念上讲，热阻值越高就意味着热量越难传递，而热阻值越低就意味着热量易于传递。

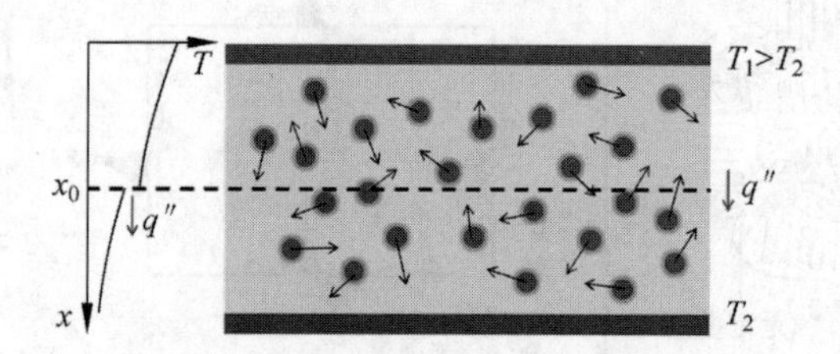

图 1-7 界面声子传递理论[46-47]

(2) 导热填料间的界面

填料为导热复合材料的主要部分。影响界面的因素主要包含表面粗糙度、有效接触面积、材料密度以及填料浓度等。对于传统导热复合材料，在低填料含量下填料-基体界面热阻起主要作用。当填料含量提高时，导热填料之间相互支撑、搭接而构成 3D 导热网络，此时填料间的接触热阻则成为影响导热网络的关键因素之一[49]。

具有良好界面相容性的填料或者复合材料，其声子散射降低，导热效率提高。Song 等[50]利用物理剪切混合的方法将还原石墨烯粉末和碳化硼纳米线（B_4C-NW）进行复合，合成了 B_4C-NW 表面包裹石墨烯的导热复合材料（B_4C-NW@石墨烯）。材料的声子传递效率和机械强度得到明显提高，但界面相容性有限。为了提高材料的界面相容性和热导率，Li 等[51]利用 CVD 法在剥离后的氮化硼纳米片表面生长碳纳米管得到氮化硼/碳纳米管（BNNS/CNT）复合填料，然后在填料内填充聚合物；相比于以纯的碳纳米管或氮化硼为填料的聚合物基复合材料，新型复合材料的热导率可提高 615%（图 1-8(a)）。除 CVD 法外，常见的降低填料之间相互作用的方法还包括界面“焊接”[52]（图 1-8(b)）、电化学法等。

(3) 基体与填料间的接触界面

为了提高材料的机械加工性能和热导率，科研工作者常将高热导率的填料均匀填充到材料基体内，获得填充型的高导热多相复合材料。由于大部分填料的表面官能团较少、极性差异较大，则填料在基体内的均匀分散性较差且易于团聚分离。此外，传统填充型多相体系导热复合材料内部存在大量填料与基体间的界面，所以声子受振动谐波的失配必然在基体与填料之间产生界面振动,导致声子散射(图 1-8(c))。因此,填料与基体之间界面问题是影响填充型高导热复合材料力学、热学性能的另一关键因素[53]。

同时,表面化学理论认为,填料与基体的相容性受两者的界面官能团影响,具有较好浸润性官能团的填料在基体内分散均匀,界面结合强度较高[55-56]。提高导热填料在基体内相容性的主要方法是将填料进行表面改性,常见的改性方法包括:共价改性、非共价改性、填料包覆改性等[57-59]。Yang 等[60]采用共价和非共价改性相结合的方法对氮化硼板进行功能化处理,然后均匀地分散到天然橡胶基体中。相同条件下,改性填料较未改性填料,其复合材料的导热性能提高约 1.5 倍。这说明改性填料可改善复合材料的均匀性,减少微观界面孔隙,是降低应力集中的有效方法之一。此外,导热填料的表面改性可改善导热填料与基体的界面相容性,减少缺陷,提高声子的传输效率,降低材料热阻。而包覆往往阻断声子传输路径,导致热阻增加。因此,对填料进行处理改性,有效地键合基体与填料之间的声子传输界面,提高两者的界面相容性,是提高复合材料热导率、降低复合材料界面热阻的核心技术之一。

(4) 导热复合材料与器件间的接触界面

从实际应用的角度,由于加工工艺不同,热源设备的表面硬度、粗糙度、外观几何形状也不同。当热流通过界面时,材料与器件之间有效接触面积小、热量分布不均匀,导致热流经器件表面后任意两端两点的温度差不同。同时研究表明,除了工艺和形貌的因素,导热材料的柔韧性、黏附性、弯曲形态、弹性等也影响热源与散热材料之间的界面接触效果,这对于获得高效传热具有十分重要的意义(图 1-8(d))。因此,降低界面热阻,除考虑材料本身的影响因素,还需考虑实际应用的界面条件。提高器件与材料之间的有效接触面积和界面相容性,降低导热复合材料与器件之间的界面热阻,是提高材料导热效率不可忽略的重要条件。

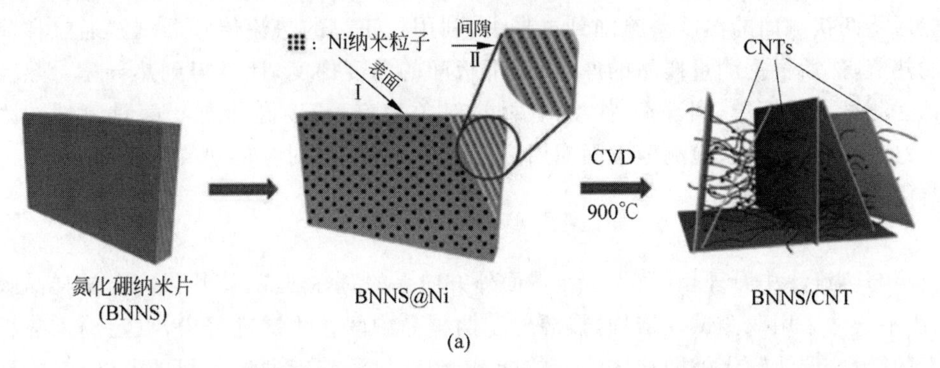

图 1-8 (a) 基于 CVD 法制备 BNNS/CNT 复合填料[51];(b) CNT 之间界面“焊接”[52];(c) 填料与聚合物基底之间的界面[53];(d) 热界面材料与传热基底的界面[54]

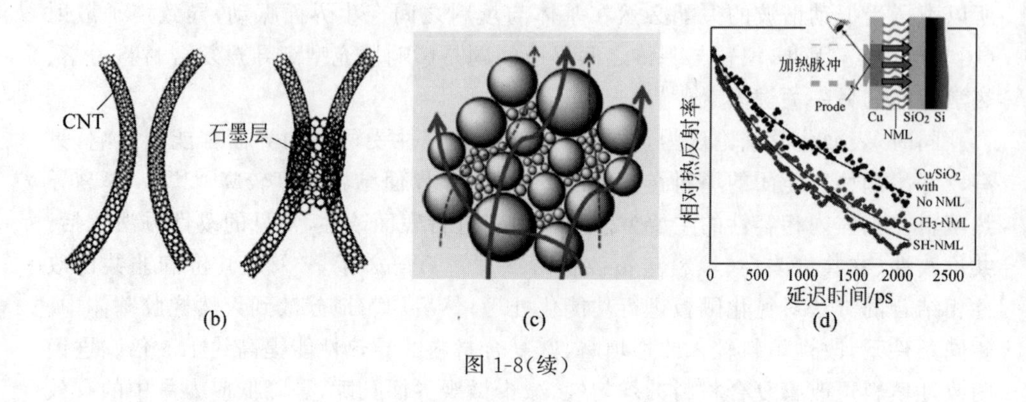

图 1-8(续)

1.4 测试方法

导热性能的测试,除了考虑微观材料分子或者原子结构的参数,更需要考虑宏观材料与基板之间的热流分布。目前,根据测试条件和要求,导热性能测试的方法主要分为稳态法和非稳态法(瞬态法)。稳态法主要有热流计法和平板法;非稳态法主要有瞬态热线法、激光闪射法、瞬态平面热源法等。

1.4.1 稳态法

稳态法是在稳定平衡传热过程中,即传热与散热速率平衡的条件下,根据傅里叶一维稳态热传导模型,由试样的热流密度、两侧温差和厚度,计算得到热导率。

(1) 热流计法

热流计法是一种利用校正过的热流传感器测量经过样品的热流,得到的热导率是绝对值。测试时,将样品放置于两个热等温的平板间,设置一定的温度梯度;然后将两接触面的温度差施加到试样上,利用校正过的热流传感器测试通过样品的热流,然后根据测量样品的厚度、上下板间的温度梯度,计算得到热导率。热流计法测试方法简单,科学性强,测试材料对象较广,精度高达±1%,重复性约为0.2%,在材料研发、检测等方面应用广泛;缺点是测试对象的热导率范围小,温区有限,误差较大。

(2) 平板法(热盘法)

与热流计法原理相似,为了获得面外方向上的对称热流,使热量完全被样品吸收,平板法采用双测试件结构,热源位于两样品中间。测试过程中,设定输入热板上的能量,调节输入辅助加热器上的能量,调整热源与辅助板之间的温度梯度,确保热板到辅助加热器的热流是线性的。通过加载在热板上的能量、温度梯度以及样品的厚度,利用傅里叶热传导方程便能够算出材料的热导率。该方法无需对测试单元进行标定,是国际上准确度最高的测试方法。

1.4.2　非稳态法

相对于稳态法，非稳态法是近年来研发的新方法，主要用于高温区条件对高热导率材料的测定。其原理是在固定功率热源下，记录样品表面温度与时间之间的关系，利用时间与温度的关系得到热导率、扩散系数、比热容等。

(1) 瞬态热线法

瞬态热线法是将样品插入一根施加恒定功率的热线，在均匀温度下，测量热线本身或平行于热线的温度-时间曲线，根据变化趋势结合傅里叶热传导方程得到热导率，计算公式如下：

$$\frac{\partial T}{\partial t}=\alpha \nabla^2 T \tag{1-1}$$

$$\alpha=\frac{k}{\rho c_{\mathrm{p}}} \tag{1-2}$$

其中，T 是热力学温度(K)；t 是时间(s)；α 是样品的热扩散系数($\mathrm{mm}^2 \cdot \mathrm{s}^{-1}$)；$k$ 是热导率($\mathrm{W} \cdot \mathrm{m}^{-1} \cdot \mathrm{K}^{-1}$)；$\rho$ 是材料的密度($\mathrm{g} \cdot \mathrm{cm}^{-3}$)；$c_{\mathrm{p}}$ 是测试材料在恒定压力下的比热容($\mathrm{J} \cdot \mathrm{g}^{-1} \cdot \mathrm{K}^{-1}$)。该方法测试周期较短，热导率范围较大，价格便宜，对样品的要求低，但是测试的误差较大(5%～10%)。

(2) 激光闪射法

激光闪射法是近年来最常用的热导率测试方法。它将样品放置于等温加热的真空炉中，利用短能量脉冲照射样品一侧，红外热像仪在样品背面感知温度变化。根据温度-时间曲线、试样厚度，得到样品的热扩散系数。对于热导率 k，可根据热扩散系数计算，具体的公式如下：

$$\alpha=\frac{0.1388 \cdot d^2}{t_{50}} \tag{1-3}$$

$$k=\alpha \cdot c_{\mathrm{p}} \cdot \rho \tag{1-4}$$

其中，α 为样品的热扩散系数($\mathrm{m}^2 \cdot \mathrm{s}^{-1}$)；$d$ 为样品厚度(m)；t_{50} 为样品的背面温度达到最大时所用时间的一半(s)；c_{p} 为材料的比热容($\mathrm{J} \cdot \mathrm{kg}^{-1} \cdot \mathrm{K}^{-1}$)；$\rho$ 为密度($\mathrm{kg} \cdot \mathrm{m}^{-3}$)。激光闪射法适用广泛，准确快捷，但对样品尺寸要求较高，装置价格较高，而且精确度不一定高，因此该方法当今主要应用于实验室研究。

表 1-1 为导热性能各种测试方法比较汇总。稳态法适合于在中等温度下测量的热导率材料，其中平板法(热盘法)精确度最高，但是测量速度慢、测试过程较复杂、价格昂贵；热流计法则快速、精确，但是测量范围较窄。因此，稳态法对于保温材料和低导热材料比较适合。非稳态法中的瞬态热线法和激光闪射法，虽然应用广、测量速度快，可用于较小样品的测试，但准确度较低，所以适合于高热导率或者高温条件下材料的测量。

表 1-1 导热性能各种测试方法比较汇总

	稳态法		非稳态法(瞬态法)	
	平板法(热盘法)	热流计法	瞬态热线法	激光闪射法
k 值范围/($W \cdot m^{-1} \cdot K^{-1}$)	0.005～500	0.01～50	0.02～2	0.02～2000
温度范围/K	RT～2600	90～1300	RT～1800	RT～3000
准确度	1%	1%～2%	2%	2%
测量时间/min	1～2	15～30	2～3	1～2
样品尺寸/mm	≥ϕ3	≤ϕ30	≥30	ϕ10～25.43
样品厚度/mm	—	0.002～20	≥1	0.1～6
样品是否损坏	否	需裁剪	否	需裁剪
形状要求	单面光滑	圆形；双面光滑	不定；光滑	圆形；双面光滑
液体样品	可	否	可	可
测量参数	热导率	热导率	热导率	热扩散系数

1.5 研究现状及产业分析

随着当今电子信息、军事科技等领域的快速发展,电子装置的散热问题越来越突出。以手机通信为例,5G 手机等设备对导热的需求较高。同时,5G 手机的蓬勃发展也全面带动了导热材料市场需求的增加,刺激了导热材料的研发兴趣。5G 信息商业化普及已经带来了手机等通信设备的换机热潮。据统计,中国的 5G 手机需求量在近三年内会出现逐步上涨的趋势。现阶段,2022 年国内 5G 手机的累计产量已经从 2 月的 21270.6 万台增长至 6 月的 74400 万台。除此之外,5G 信息通信的普及也将带来信息产业和国民生活方式的变革。因此,未来电子产品对导热材料的需求必然会呈现多样化、定制化、标准化的趋势。市场方面,据统计,在 5G 信息商用化的强大带动之下,中国导热材料市场在 2019 年之后取得快速增长,导热材料在军事、航天等其他领域的应用比例也在逐步增加。例如,在 2015—2021 年期间,中国导热材料市场发展迅速,其交易金额从 48.1 亿元人民币上升到 156.2 亿元人民币。中国人口基数大,市场活力较高,因此,随着未来通信技术和新能源汽车的发展,中国导热材料市场规模还会进一步增长。

然而,目前导热材料设计主要是以传统的聚合物材料为基体,通过各种方法将导热填料分散到聚合物基体中来提高聚合物的导热性能。此外,设计导热填料结构,在提高强度和导热性能的同时,达到质量轻的目标,为未来在电子设备等领域的应用奠定基础。目前,使用最广泛的导热填料有石墨烯、碳纳米管、金刚石、石墨片、氮化硼、银、铜、金、铝、氧化铍、氧化铝、氧化锌、氮化铝、二氧化硅等。从导热材料市场来看,常见的商业导热材料主要包括高导热硅脂、导热凝胶、导热垫和灌封胶等,最具代表性的全球供应商主要有日本的信越公司、富士通公司,美国的道康宁公司等[59]。同时，国际上各知名高校、企业投入大量人力、物力和财力发展高导热热界面材料，目前市场上95%以上的高端市场由美国和日本占据。随着我国科技实力的不断进步，近期国内也涌现出一些优秀的导热材料生产企业，如深圳市飞荣达科技股份有限公司、喜特丽国际股份有限公司、杭州高烯科技有限公司、深圳市傲川科技有限公司等，但整体商品种类单一，研发更新速度较慢，高导热材料还未有大的突破，因此这些企业的市场占有率较低。

从现实应用来看，我国对导热材料的研发起步较晚，在5G芯片、航天卫星、人工智能等多个领域的导热材料应用基本依赖国外进口。这不仅消耗了大量外汇储备，更重要的是阻碍了我国的信息通信产业及国防科技创新等领域的发展。近年来，中国政府对新材料领域给予了极大关注，对新材料领域的企业予以支持，同时通过设立发展目标，建立和完善产业体系，优化产业供应链并提供有力的生产条件，从而推进新材料行业以及导热材料行业的发展。同时，由于国际贸易争端严重，严重限制了一些技术和产品的科技进步以及社会经济的快速发展。因此，发挥自主创新，打破"卡脖子"技术壁垒，自主创新、发展高端导热材料，对于提升我国国际竞争力具有强大的战略意义。

从材料的可持续发展来看，由于界面压缩、高温氧化、应力冲击等影响，导热材料的寿命较短，造成多次更换导致材料的极度浪费。同时，导热材料内部含有导热填料成分，材料的回收较为困难。为了实现我国对环境可持续创新及低碳等发展要求，设计出结构稳定、性能优越的导热材料对未来导热材料的发展和应用极为重要。

1.6　本章小结

本章从基本概念出发，对传统导热材料的概念、影响因素、测试方法及存在的问题进行论述。导热是材料基本性能的固有属性之一，热导率是表征材料传热性能的物理量，获得高热导率材料，需要控制材料声子传输的通道，优化材料内导热框架的结构及分布，同时优化材料的界面。因此，实现材料高导热必须从实际出发，根据材料的不同属性，对材料进行改进。

在弹性与导热界面方面，各类电子信息产品朝着微型化、轻薄化发展，受尺寸、空间和质量等因素的限制，研究者认为理想导热材料必须具备以下几点：轻质化、高导热、高回弹性、高功能适用性等。然而，现阶段材料高导热依赖于高填料含量，但高填料含量下材料的回弹性、轻质、适用性都部分降低。因此，材料弹性结构的设计是现阶段导热材料面临的主要问题之一。对于导热材料，将热量有效地从热源传输到环境中是导热材料的终极目标，但不同材料或器件间界面接触较差，材料表面形貌凹凸不平，界面间隙大，填料与基体之间相容性较差等，这些因素都导致有效传热面积较低，界面热阻较高。因此，如何降低界面热阻，提高材料传热效率，是导热材料面临的另一重大问题。

此外，随着航空航天、电子装备功率的大幅增加以及使用环境的日益复杂，热控材料在实际应用中通常需要经受热膨胀挤压、变形等恶劣工况。为了保证热控效果，导热材料不仅需要具备较高的导热性能，还需要自主适应使用环境信息的动态变化。例如，未来卫星天线、天基雷达组件在工作过程中，由于振动、周期性放热而发生翘曲、界面间隙周期性变化，如果导热材料难以兼顾回弹性，则极易造成界面层脱离和热控失效。同时，材料导热性能的可控性较差，直接影响材料对环境的适应性，因此发展新型导热材料势在必行。

参考文献

[1] CARSON J K, LOVATT S J, TANNER D J, et al. Thermal conductivity bounds for isotropic, porous materials[J]. International Journal of Heat and Mass Transfer, 2005, 48(11): 2150-2158.

[2] CALLAWAY J. Model for lattice thermal conductivity at low temperatures[J]. Physical Review, 1959, 113(4): 1046.

[3] GIBSON Q D, ZHAO T, DANIELS L M, et al. Low thermal conductivity in a modular inorganic material with bonding anisotropy and mismatch[J]. Science, 2021, 373(6558): 1017-1022.

[4] BURGER N, LAACHACHI A, FERRIOL M, et al. Review of thermal conductivity in composites: mechanisms, parameters and theory[J]. Progress in Polymer Science, 2016, 61: 1-28.

[5] HUANG C, QIAN X, YANG R. Thermal conductivity of polymers and polymer nanocomposites[J]. Materials Science and Engineering R: Reports, 2018, 132: 1-22.

[6] KREITH F, BLACK W Z. Basic heat transfer[J]. Acta Materialia, 1980, 6: 1-54.

[7] TAMURA S, TANAKA Y, MARIS H J. Phonon group velocity and thermal conduction in superlattices[J]. Physical Review B, 1999, 60(4): 2627.

[8] CHEN G. Phonon heat conduction in nanostructures[J]. International Journal of Thermal Sciences, 2000, 39(4): 471-480.

[9] JU Y. Phonon heat transport in silicon nanostructures[J]. Applied Physics Letters, 2005, 87(15): 153106.

[10] NATH P, CHOPRA K. Thermal conductivity of copper films[J]. Thin Solid Films, 1974, 20(1): 53-62.

[11] QIAN X, ZHOU J, CHEN G. Phonon-engineered extreme thermal conductivity materials [J]. Nature Materials, 2021, 6: 1-15.

[12] ZHANG Y, HEO Y J, SON Y, et al. Recent advanced thermal interfacial materials: a review of conducting mechanisms and parameters of carbon materials[J]. Carbon, 2019, 142: 445-460.

[13] GUO Y, RUAN K, SHI X, et al. Factors affecting thermal conductivities of the polymers and polymer composites: a review [J]. Composites Science and Technology, 2020, 193: 108134.

[14] YANG X, LIANG C, MA T, et al. A review on thermally conductive polymeric

composites: classification, measurement, model and equations, mechanism and fabrication methods[J]. Advanced Composites and Hybrid Materials, 2018, 1(2): 207-230.

[15] CHEN J, HUANG X, SUN B, et al. Vertically aligned and interconnected boron nitride nanosheets for advanced flexible nanocomposite thermal interface materials [J]. ACS Applied Materials & Interfaces, 2017, 9(36): 30909-30917.

[16] CHEN J, LIU B, GAO X, et al. A review of the interfacial characteristics of polymer nanocomposites containing carbon nanotubes [J]. RSC Advances, 2018, 8 (49): 28048-28085.

[17] ZHAI S, ZHANG P, XIAN Y, et al. Effective thermal conductivity of polymer composites: theoretical models and simulation models[J]. International Journal of Heat and Mass Transfer, 2018, 117: 358-374.

[18] KIM Y, KAMIO S, TAJIRI T, et al. Enhanced thermal conductivity of carbon fiber/phenolic resin composites by the introduction of carbon nanotubes[J]. Applied Physics Letters, 2007, 90(9): 093125.

[19] KASHFIPOUR M A, MEHRA N, ZHU J. A review on the role of interface in mechanical, therma, and electrical properties of polymer composites [J]. Advanced Composites and Hybrid Materials, 2018, 1(3): 415-439.

[20] ZHANG D, ZHA J, LI C, et al. High thermal conductivity and excellent electrical insulation performance in double-percolated three-phase polymer nanocomposites [J]. Composites Science and Technology, 2017, 144: 36-42.

[21] ZHAO L, YAN L, WEI C, et al. Synergistic enhanced thermal conductivity of epoxy composites with boron nitride nanosheets and microspheres[J]. The Journal of Physical Chemistry C, 2020, 124(23): 12723-12733.

[22] QI W, LIU M, WU J, et al. Promoting the thermal transport via understanding the intrinsic relation between thermal conductivity and interfacial contact probability in the polymeric composites with hybrid fillers [J]. Composites Part B: Engineering, 2022, 4: 109613.

[23] WANG B, YIN X, PENG D, et al. Highly thermally conductive PVDF-based ternary dielectric composites via engineering hybrid filler networks [J]. Composites Part B: Engineering, 2020, 191: 107978.

[24] JI C, YAN C, WANG Y, et al. Thermal conductivity enhancement of CNT/MoS_2/graphene-epoxy nanocomposites based on structural synergistic effects and interpenetrating network[J]. Composites Part B: Engineering, 2019, 163: 363-370.

[25] WANG Z, LIU W, LIU Y, et al. Highly thermal conductive, anisotropically heat-transferred, mechanically flexible composite film by assembly of boron nitride nanosheets for thermal management[J]. Composites Part B: Engineering, 2020, 180: 107569.

[26] DAI W, MA T, YAN Q, et al. Metal-level thermally conductive yet soft graphene thermal interface materials[J]. ACS Nano, 2019, 13(10): 11561-11571.

[27] HAN J, DU G, GAO W, et al. An anisotropically high thermal conductive boron nitride/epoxy composite based on nacre-mimetic 3D network[J]. Advanced Functional Materials, 2019, 29(13): 1900412.

[28] ZHANG Y, LEI C, WU K, et al. Fully organic bulk polymer with metallic thermal

conductivity and tunable thermal pathways[J]. Advanced Science, 2021, 4: 2004821.

[29] ZHOU X, XU S, WANG Z, et al. Wood-derived, vertically aligned, and densely interconnected 3D SiC frameworks for anisotropically highly thermoconductive polymer composites[J]. Advanced Science, 2022, 6: 2103592.

[30] VARSHNEY V, ROY A K, FROUDAKIS G, et al. Molecular dynamics simulations of thermal transport in porous nanotube network structures[J]. Nanoscale, 2011, 3(9): 3679-3684.

[31] VARSHNEY V, PATNAIK S S, ROY A K, et al. Modeling of thermal transport in pillared-graphene architectures[J]. ACS Nano, 2010, 4(2): 1153-1161.

[32] LI A, ZHANG C, ZHANG Y. Thermal conductivities of PU composites with graphene aerogels reduced by different methods[J]. Composites Part A: Applied Science and Manufacturing, 2017, 103: 161-167.

[33] AN D, CHENG S, ZHANG Z, et al. A polymer-based thermal management material with enhanced thermal conductivity by introducing three-dimensional networks and covalent bond connections[J]. Carbon, 2019, 155: 258-267.

[34] WU M C, THIEU N A, CHOI W K, et al. Ultralight covalently interconnected silicon carbide aerofoam for high performance thermally conductive epoxy composites[J]. Composites Part A: Applied Science and Manufacturing, 2020, 138: 106028.

[35] WU Z, XU C, MA C, et al. Synergistic effect of aligned graphene nanosheets in graphene foam for high-performance thermally conductive composites[J]. Advanced Materials, 2019, 31(19): 1900199.

[36] LI J, LI F, ZHAO X, et al. Jelly-inspired construction of the three-dimensional interconnected BN network for lightweight, thermally conductive, and electrically insulating rubber composites[J]. ACS Applied Electronic Materials, 2020, 2(6): 1661-1669.

[37] LI B, HOU L, WU R, et al. Microstructure and thermal conductivity of Mg_2ZnZr alloy[J]. Journal of Alloys and Compounds, 2017, 722: 772-777.

[38] XU Y, KRAEMER D, SONG B, et al. Nanostructured polymer films with metal-like thermal conductivity[J]. Nature Communications, 2019, 10(1): 1-8.

[39] WANG X, KAVIANY M, HUANG B. Phonon coupling and transport in individual polyethylene chains: A comparison study with the bulk crystal[J]. Nanoscale, 2017, 9(45): 18022-18031.

[40] LAFONT U, MORENO B C, VAN ZEIJI H W, et al. Self-healing thermally conductive adhesives[J]. Journal of Intelligent Material Systems and Structures, 2014, 25(1): 67-74.

[41] ZHAO L, SHI X, YIN Y, et al. A self-healing silicone/BN composite with efficient healing property and improved thermal conductivities[J]. Composites Science and Technology, 2020, 186: 107919.

[42] ZHOU Y, WU S, LONG Y, et al. Recent advances in thermal interface materials[J]. ES Materials & Manufacturing, 2020, 7(2): 4-24.

[43] CHIEN H, YAO D, HUANG M, et al. Thermal conductivity measurement and interface thermal resistance estimation using SiO_2 thin film[J]. Review of Scientific Instruments, 2008, 79(5): 054902.

[44] RURALI R, CARTOIXÀ X, COLOMBO L. Heat transport across a sige nanowire axial

junction: interface thermal resistance and thermal rectification[J]. Physical Review B, 2014,90(4): 041408.

[45] ZHAO J,ZHAO R,HUO Y,et al. Effects of surface roughness,temperature and pressure on interface thermal resistance of thermal interface materials[J]. International Journal of Heat and Mass Transfer,2019,140: 705-716.

[46] FONG K,LI H,ZHAO R,et al. Phonon heat transfer across a vacuum through quantum fluctuations[J]. Nature,2019,576(7786): 243-247.

[47] NARUMANCHI S V,MURTHY J Y,AMON C H. Submicron heat transport model in silicon accounting for phonon dispersion and polarization[J]. Journal of Heat Transfer, 2004,126(6): 946-955.

[48] WANG X,NIU X,WANG X, et al. Effects of filler distribution and interface thermal resistance on the thermal conductivity of composites filling with complex shaped fillers [J]. International Journal of Thermal Sciences,2021,160: 106678.

[49] 王明媚.新型导热填料网络的构建及其高分子复合材料的性能研究[D].南昌:南昌大学,2020.

[50] SONG N,GAO Z,LI X. Tailoring nanocomposite interfaces with graphene to achieve high strength and toughness[J]. Science Advances,2020,6(42): eaba7016.

[51] LI Y,TIAN X,YANG W, et al. Dielectric composite reinforced by in-situ growth of carbon nanotubes on boron nitride nanosheets with high thermal conductivity and mechanical strength[J]. Chemical Engineering Journal,2019,358: 718-724.

[52] ZHANG F, FENG Y, QIN M, et al. Stress-sensitive thermally conductive elastic nanocomposite based on interconnected graphite-welded carbon nanotube sponges[J]. Carbon,2019,145: 378-388.

[53] CHEN H,GINZBURG V V, YANG J, et al. Thermal conductivity of polymer-based composites: fundamentals and applications[J]. Progress in Polymer Science, 2016, 59: 41-85.

[54] O'BRIEN P J, SHENOGIN S, LIU J, et al. Bonding-induced thermal conductance enhancement at inorganic heterointerfaces using nanomolecular monolayers[J]. Nature Materials,2013,12(2): 118-122.

[55] BIKERMAN J J. Surface chemistry: theory and applications[M]. Amsterdam: Elsevier, 2013: 1-50.

[56] SEREDYCH M,SHUCK C E,PINTO D,et al. High-temperature behavior and surface chemistry of carbide mxenes studied by thermal analysis[J]. Chemistry of Materials, 2019,31(9): 3324-3332.

[57] PASHLEY R M,KARAMAN M E. Applied colloid and surface chemistry[M]. New York: John Wiley & Sons,2021: 1-60.

[58] LEE H A,MA Y,ZHOU F, et al. Material-independent surface chemistry beyond polydopamine coating[J]. Accounts of Chemical Rescarch,2019,52(3): 704-713.

[59] 罗文谦.电磁屏蔽和导热材料发展现状及行业趋势[J].新材料产业,2019,6: 42-46.

[60] YANG D,NI Y,KONG X,et al. Mussel-inspired modification of boron nitride for natural rubber composites with high thermal conductivity and low dielectric constant[J]. Composition Saence and Technology,2019,177: 18-25.

第2章

智能导热材料概述

智能材料，作为一种新型功能材料，具有感知外界环境信息，进行分析判断，并做出自动改变自身状态的能力。如今，智能材料已逐渐成为新型功能材料领域的重点研究对象，也是继合成高分子材料、天然材料和人工设计材料之后的第四代材料。其不但能够支撑今后高科技的快速发展，而且可以逐步消除传统功能材料与结构材料间的界限，从而达到材料功能化和多元化的目的。20 世纪 80 年代，国际上首先提出了智能材料的概念，目前已实现了力学、光学、电学等性能的综合调控，同时也在热性能调控方面取得了重大突破。我国于 20 世纪 90 年代开始研发智能材料，并将其列入中长期发展的重要战略规划。智能导热材料，作为智能材料的一个重要分支，利用其对热量的感知与响应功能，可以实现对热量更高标准的控制精度和响应速度，在微电子器件、航空航天、人工智能等行业中发挥着重要作用，因而受到了国内外研究人员和工业界的广泛关注和重点研究。近年来，国内外学者对智能导热材料的传热机理、温度控制、应用范围等方面开展了系统的研究。其中，作者团队[1-2]在微纳材料导热、纳米粒子定向控制、高导热材料制备等领域开展了系统的研究工作，并在智能导热材料、高新技术的热管理研究上取得了较为突出的成果。

2.1 智能导热材料概念

智能导热材料是通过智能热控技术，利用热导率可智能调控的特点，实现对被控对象与外界从隔热到良好导热自主调控的新型材料，具有响应速度快，可精确调控被控对象温度和显著降低资源消耗等优势。通常，按照制备工艺的差异性可将智能导热材料分为嵌入式智能导热材料和本征型智能导热材料。

嵌入式智能导热材料一般是将具有高热导率的功能粒子（碳材料、金属粒子、陶瓷等）添加到聚合物基体中，通过进行一定的加工工艺可获得热导率明显改善的智能导热复合材料。该制备方法具有低成本、易加工以及适合工业化生产的特点，是目前国内外制备智能导热材料的主要方法。然而,其主要缺点在于需要高填充含量的导热功能粒子来提升智能导热材料的导热性能,从而牺牲了聚合物材料本身优良的韧性及力学性能,并且基于此得到的材料热导率也并未达到预期效果。

本征型智能导热材料是指聚合物基体本身具有良好的智能导热响应性能,在加工或者合成过程中,聚合物单体分子及分子链结构在受到外界作用下会变成一定的有序结构,从而增加利于声子传输的通道结构,并能够随着环境与时间的变化来改变自身的导热性能。现阶段,对于绝大多数聚合物基体,由于分子链的无序性,其内部结构并不规整,所以其热导率普遍不高。针对于此,一般可以通过采取改变分子链在空间的排布取向来提高声子的传递效率和热导率。但目前本征型智能导热材料仍处于实验室探索阶段,在工业应用方面尚存在较大差距。

2.2　智能导热材料传热机理

2.2.1　声子热传导

对于绝大多数无机非金属材料,由于材质的特殊性,其内部电子被束缚导致没有可以移动的电子作为导热载体,因而电子导热机理并不能合理解释介电材料的导热原理。通常,在非金属晶体材料中,晶格振动是主要的声子传递和传热方式。因此,声子传递也以晶格振动为主要形式[3-4]。当晶体材料受到外界刺激时,内部晶体原子会在自身平衡位置附近振动。同时,受到晶体原子间相互作用力的影响,晶体原子之间彼此又存在着相互联系,因而可以将整个晶格看作一个互相联系的振动体系,晶格之间彼此相互耦合。声子传导作为晶体材料的主要传热方式,其原理可以理解为:当晶格中某一个质点受到较高温度影响发生振动时,相应振幅会变大;如果质点所处温度较低时,则相应振动变弱,振幅也相对较小。此外,当某一质点所处温度较高时,产生的振动会影响其他温度较低的质点,使得温度较低的质点振动加剧。声子传递效率提升,热运动加剧,促使其在晶体材料中完成热量的传递和转移。在上述过程中,非金属晶体材料的热量传递方式是依靠晶格的格波传递的。声子作为晶格振动所产生的能量量子,运动方向一般为声子平均定向运动方向,因而晶格热传导可以看作声子扩散的结果。与晶体材料相比,无机非晶体材料缺少长程有序的结构特点,导热机理需要进行类比简化,通常把只有几个晶距大小组成的晶粒当作“晶体”来处理,利用声子传热理论来描述非晶体无机材料的热传导特性及其规律。无机非晶体材料同样以声子传导作为主要方式,但其热导率远低于晶体材料的。在简化的无机非晶体材料中,由于晶粒仅具有少量晶格,所以声子的平均自由距离可以近似看作恒定的,数值约几个晶格常数。此外,无机非晶体材料的热导率随温度的变化一般可以表述为:当温度较高时,其热导率主要取决于温度和热容。在特殊情况下,如高温情况,需要考虑光子对热导率的贡献。

晶态结构和非晶态结构往往在许多无机非金属材料中同时存在，其温度与热导率的关系变化规律与晶体和非晶体的变化规律相似，导热曲线介于结晶与非结晶曲线的变化规律之间。

2.2.2 本征型智能导热材料声子传导

根据导热载体添加的不同形式，本征型智能导热材料可以分为电子型智能导热材料和声子型智能导热材料。通常，本征型电子型智能导热材料是具有特定结构的材料，可通过化学合成手段制备，如聚苯胺、聚吡咯、聚噻吩、聚乙炔等聚合物。这类聚合物的导热机制主要依赖于主链分子结构内部大共轭 π 键来实现电子的传递，最终完成热量的传递，其往往具有一定的导电特性[5]。因此，本征型导热聚合物一般为导电高分子，导热机制主要以电子传递为主要传输方式，声子传递为辅助传输方式。

在高分子材料中，只有极少数聚合物以电子为导热载体，绝大多数聚合物均以声子为导热载体。与金属和无机材料不同，聚合物材料是一种饱和体系，一般没有可以自由运动的电子，因而热传导方式以声子传递方式为主。然而，聚合物材料具有大分子量及分散性的特点，分子链无规则缠结使其难以完成结晶，无法形成完整连续的网络结构，加之内部分子链振动对声子散射的影响，使得聚合物材料的热导率极低[6]。在聚合物材料中，热传递主要依赖于声子的无规则和无规律性扩散。通常，在确定声子运动速度的情况下，声子的平均自由路径大小主要由具有晶体点阵结构中声子的几何散射及与其他声子的碰撞散射所决定。此外，聚合物大多数为非晶体结构，导热方式主要依靠无规排列分子或原子在固定位置的热振动。非晶聚合物无晶结构使声子在传递过程中受到影响，发生声子散射现象，进而导致平均自由程降低，最终影响热量的高效传递。相反，具有结晶结构的聚合物则可以利用内部结构的有序规整性，使声子传递的平均自由程变大，更加有利于热量的传递，因而具有有序晶格结构的聚合物比非晶高聚物在宏观性能上表现出更高的热导率。但在温度较高的情况下，由于原子间振动加剧，声子散射现象明显，热传递效率反而降低。

声子作为能量的载体，材料内部声子散乱程度决定了宏观热导率。一般将声子散乱分为静态散乱和动态散乱。静态散乱主要由材料中的缺陷、位错和晶界造成；动态散乱则是由分子振动和晶格振动的协调性引起声子之间相互撞击所造成的。一般来讲，大多数聚合物材料的特点是，存在大量缺陷，分子振动和晶格振动不协调，利用声子作为载荷体的效率较低，因而不能实现良好的导热效果。同时，热导率还与分子内部结构的致密程度有关，对于致密程度高的聚合物，热量传输主要是由原子诱发格波振动使得能量从内部热面向冷面传递。此外，相关研究表明：外界的定向拉伸、剪切、模压等方法对热导率的提升有一定的作用。

一般来说，单体分子链结构、聚集态结构、取向、结晶等是影响本征型智能导热材料热导率的主要因素。基于上述因素，可以改变分子链结构以增加材料的结晶取向程度或是借助分子间作用力（氢键、范德瓦耳斯力等）来构造局部有序的结构程度来构建声子传输通道，提升传输效率，提高材料本身的热导率。

2.2.3　嵌入式智能导热材料声子传导

嵌入式智能导热材料是指将导热功能粒子和聚合物基体按照不同的复合方式，以一定加工工艺制备得到的复合材料，其热传导机制仍然符合声子传递规律。对于嵌入式智能导热材料，往往需要在聚合物基体内部添加导热功能粒子，使导热粒子间相互接触并形成连续导热网络，进而提高材料的热导率。在嵌入式智能导热材料中，聚合物基体由于无定形程度过大，导致界面热阻过大，迫使热流沿着界面热阻小的导热粒子网络由高温区向低温区进行热量的传递，因而基体、导热粒子以及基体与导热粒子之间的界面作用对智能导热材料的导热性能影响很大。嵌入式智能导热材料的声子传递方式主要包括导热粒子间的声子传递、导热粒子与聚合物基体间的声子传递，以及聚合物基体间的声子传递三种方式[7-9]。

导热粒子之间的声子传递过程主要有以下六个步骤：①当热源作用于晶体材料表面时，热能首先传递到晶体材料表面的晶格原子；②材料表面的晶格原子获得能量，并产生相应的振动；③材料表面的晶格原子向邻近的晶格原子以简谐运动方式传递振动能量；④同时，相邻的晶格原子获得能量，并继续以同样的方式传递振动能量；⑤热能以同样的方式传播到整个晶体材料中；⑥热能达到材料的相对表面，以传导或辐射方式转移到周围的环境中，从而最终完成热能的传递。

与导热功能粒子相比，聚合物非晶体材料的热传递机理存在着巨大差异。由于高分子聚合物无序晶体结构的特点，聚合物自身热量传递效率大幅降低。当聚合物表面受到热源作用时，热能首先接触的是聚合物表面单体或原子，单体或原子发生振动产生能量。此后，热能在聚合物中依次以相同的方式传递，并进一步扩散，最终在相对面以热辐射或对流方式转移到周围环境中。其中，聚合物无定形、无序晶体结构，使得声子传输不会像在晶体中以简谐波的方式传递，聚合物原子会在其平衡位置发生无序振动或者旋转，造成热传递效率降低。因此，聚合物热导率显著降低。

在热量传递过程中，假设在一段时间内，理论上认为热能可以完全从晶体材料的一侧向另一侧传递。因此，当导热填料末端与高分子聚合物发生部分接触时，两种物质简谐波振动方式的不同会产生声子散射现象（图 2-1），所引起的界面热阻效应会显著降低热传递效率。其原因在于：首先，聚合物大分子链的非规律性振动和声子散射使热传递效率低于导热晶体材料；其次，在相同的时间里，聚合物的热传输距离相比于结晶材料也大大缩短。

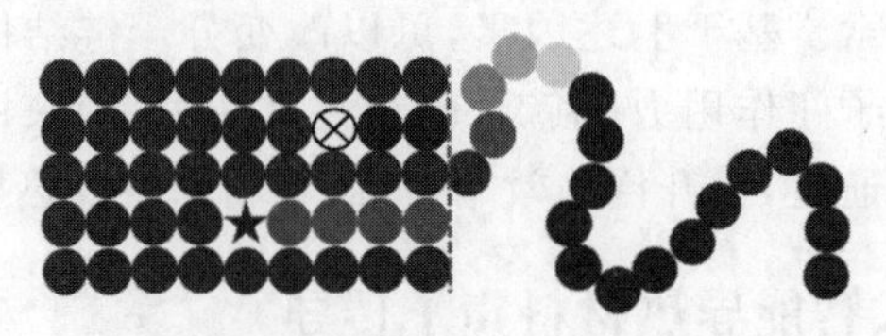

图 2-1 引起声子散射的因素

2.3 影响因素

2.3.1 环境温度

由于智能导热材料内部声子和热传导机理及过程相对复杂，很难定量分析环境温度变化对宏观热导率的影响，只可以定性讨论。一般情况下，当周围环境温度升高时，声子传输效率会显著提高，同时热导率也会随之增大。大部分无机非金属晶体的热导率与高于室温时热力学温度的倒数成正比关系，这与声子传热原理是吻合的。相关实验结果表明：在约 0.28 德拜温度时，声子传递效率最大，热导率也相应出现最大值[10]。

当环境温度上升时，声子的热容逐渐趋于常数，而格波振幅不断增大，振动非简谐程度增大，声子平均自由程下降，这就使得热导率大大降低。当温度高于室温时，无机非晶体材料的声子平均自由程近似为常数，热导率随环境温度升高而呈现正向增大[11]。无机晶体和非晶体混合物的热导率(k)与环境温度(T)的关系一般为

$$k = 1/(AT + B + C/T)$$

其中，A、B、C 为常数。

对于非晶聚合物和结晶聚合物，环境温度变化对声子传导和热导率的变化规律有着很大的不同。对于非晶聚合物而言，声子传递与热导率对温度的依赖基本相似，当环境温度高于 100 K 时，随着环境温度升高，热导率增大直到温度转化为玻璃化转变温度(T_g)，并与热容量成比例。当环境温度高于 T_g 时，热导率随着温度的上升反而降低。与非晶聚合物有所不同，结晶聚合物声子传导和热导率与环境温度的相关性更大。影响结晶聚合物导热性能的因素包括结晶度和晶体类型两方面。在低温区，结晶度改变对热导率的影响较大。在结晶度相同的情况下，对于不同种类的晶体类型，热导率随环境温度的变化而变化。材料的各向异性使声子传递和热导率具有不同的环境温度依赖规律。当温度升高时，高结晶聚合物的热导率迅速提高，这与聚合物热变形温度相对应，说明该温度下聚合物分子链聚集状态发生了明显的改变，并在一定程度上产生了局部有序结构，这为声子的传递建立了较为有利的途径。

因此，在声子传导为主的温度范围内，声子的平均速度 v、声子的平均自由程 l，以及材料的摩尔热容 C 都是影响智能导热材料导热性能的重要因素。其中，v 可以看作常数，只有环境温度较高时，由于介质结构弛豫和蠕变的影响，介质的弹性模量迅速下降，才能使 v 减小。一般情况下，在 1000～1300 K 以上的高温下，局部多晶型氧化物会发生上述现象。摩尔热容 C 与环境温度之间的关系是已知的：在低温（远低于德拜温度）时，与 T^3 成正比，但是在高于德拜温度后，在较高的环境温度（远高于德拜温度）下摩尔热容会趋向于某一数值。声子平均自由程 l 随环境温度的变化与气体分子运动中的变化规律相似，都随周围环境温度的增加而降低。实验表明，声子的平均自由程与周围环境的关系是：在低温条件下，声子平均自由程的上限是晶粒度；在高温条件下，声子平均自由程的下限是晶格间距。但是，随着环境温度的增加，声子的平均自由程会逐渐降低，这一规律是一致的。

例如，图 2-2 为环境温度与 Al_2O_3 热导率的关系曲线图，可以看到，在较低温度条件下，声子的平均自由程 l 增加到晶粒大小，达到了上限，l 值几乎不变，而等容摩尔热容 C_V 则与温度的三次方 T^3 是直接相关的。因此，热导率也可以看作与 T^3 成正比。随着温度上升，热导率会快速增加，但如果温度持续上升，则会使声子平均自由程降低，C_V 随温度的改变而变缓，不再与 T^3 成正比。在德拜温度之后，C_V 将会趋于一个稳定的数值，声子的平均自由程 l 也随着温度的升高而逐渐降低，因此热导率也随着温度的增加而急剧下降。当温度更高时，C_V 基本上已经没有变化了，声子平均自由程也趋于下限，所以温度的变化又变得缓和了。当温度达

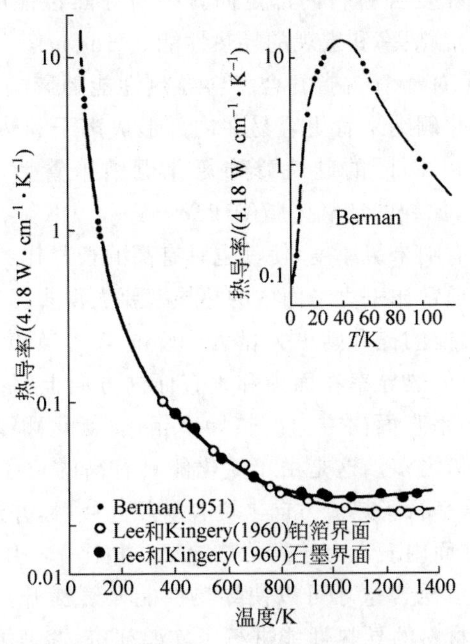

图 2-2　温度与 Al_2O_3 热导率的关系

到1600 K后，热导率又有回升，这是由高温辐射传热带来的影响。高温会使金属的迁移率和热导率降低，但是也将增加电子的能量，使热量得以通过点阵运动被传导。故当温度升高时，金属的热导率往往会降低，保持恒定或稍有下降后稍许上升。

因此，环境温度是可以直接影响智能导热材料的声子传导和导热性能的。通常，环境温度增高，热导率会相应上升。根据晶格振动物理学知识，环境温度升高时，材料固体分子运动会明显加剧，简称"热运动"。孔隙中空气的热传导和孔隙壁之间的辐射也会增加。但温度在0～50℃范围内，其影响不显著，环境温度的影响只需考虑智能导热材料是在高温还是在负温度下。

2.3.2 体积形态

体积形态对智能导热材料声子传递和热导率有着较大的影响，如导热功能粒子的形状、缺陷和微观结构等，这是由介电晶体声子导热机理决定的。一般情况下，从声子传递和热导率提升的效果来说，长径比高的材料要优于长径比低的材料，这是因为长径比高的材料更容易在复合材料内部相互接触并形成稳定连续的声子和热量传输通道。因此，一维、二维等低维材料比三维材料更易于提高智能导热材料的热导率。目前，一维材料的主要形态有纤维状、棒状、线状、管状等，热传导特性主要表现为轴向比径向的热导率更高。比如，碳纳米管的轴向热导率可高达1000～3000 $W \cdot m^{-1} \cdot K^{-1}$，而径向热导率只有100 $W \cdot m^{-1} \cdot K^{-1}$。科学家近年来针对一维材料在复合材料内部定向排列对导热性能的影响进行了重点研究，以极大提升声子传输效率和宏观的导热性能。Huang等[12]以改性氮化硼纳米管为导热材料，研究了对环氧树脂复合材料导热性能的影响。实验结果表明：具有长径比高的改性氮化硼纳米管更容易在内部形成声子和热量传输通道，在环氧树脂中加入含量为30 wt%的硅烷修饰氮化硼纳米管后，热导率显著提高至2.77 $W \cdot m^{-1} \cdot K^{-1}$，比纯的环氧树脂（0.2 $W \cdot m^{-1} \cdot K^{-1}$）提高了近13.6倍。

二维材料由于只有纳米级厚度，使其也具有高的长径比。与一维材料相比，二维材料面内的热导率通常比垂直平面内的热导率要大得多。当二维材料表面与热流方向平行时，导热性能的提升则更为显著。Kim等[13]研究发现，在填充相同含量氮化硼时，复合材料的热导率在面内和垂直面内方向上存在显著的不同。当掺入量为40 wt%时，与垂直面内方向的热导率相比，氮化硼-聚乙烯醇复合材料的面内热导率提高了4倍之多。这是由于氮化硼具有高的长径比，在复合材料的内部能够平行排列，使得平行于热流方向上更容易相互接触，并形成连续的导热和声子的网络结构，因而在面内表现出较高的热导率。相比于一维和二维填充材料，三维材料则需要较高的填充含量才可以使导热性能显著提升。例如，Zhou等[14]对不同形状锌填充复合材料的导热性能进行了实验研究，发现在填充量相同的情况下，二维片状锌效果优于三维球状锌。

此外，导热功能材料粒径也是影响智能导热材料热导率的重要因素之一。截至目前，在实验过程中发现，很难对粒径因素进行单独控制，这主要是由于粒径对其形貌和表面化学性质产生的影响。因而，导热功能材料粒径与复合材料导热性能的理论研究尚未达成一致。大多数研究表明：粒径较小的填料会产生较多的界面，增大了导热材料间的接触面积并诱发声子散射现象，导致材料热导率的降低。而粒径相对较大的填充材料则因界面较少，接触面积也相应增大，声子散射现象明显减弱，从而可具有较高的热导率。Wu 和 Drzal[15] 通过研究不同尺寸粒径石墨纳米片对聚酰亚胺热导率的影响发现，虽然较小粒径石墨纳米片可以搭建良好的声子和热导率传输通道，但其热导率却低于较大粒径石墨纳米片复合材料的。此外，研究也发现，氮化硼微米片比氮化硼纳米片更能有效提升聚酰亚胺的热导率。然而，也有相关研究表明，粒径小的导热功能填料对提升热导率更具优势。Fu 等[16] 研究纳米和微米氧化铝对环氧树脂热导率的提升效果时发现，纳米氧化铝对环氧树脂复合材料导热性能的提升更为显著。这是由于微米氧化铝在固化过程中更容易相分离而产生较大的空隙，进而增大了界面热阻，导致对复合材料的导热性能影响不大。同时，研究还表明，将不同粒径填料按照不同比例混合时更有利于提升复合材料的导热性能。Hsu 和 Li[17] 研究发现，将微米和纳米氮化硼按照比例混合填充时，形成的导热网络结构以微米氮化硼为主，纳米氮化硼主要起到桥连作用，并增大导热接触面积，两者协同作用可以使复合材料的热导率得到进一步提升。研究发现，当氮化硼的填充含量为 30 wt%，微米与纳米氮化硼按照 7∶3 混合时，导热性能提升效果最为明显。

在实际材料中，材料内部总会存在一些不完整性和不规则性，比如面缺陷的晶界和相界面，以及点缺陷的空位和间隙原子，这些缺陷都会使得声子在传递过程中发生散射现象，降低了声子平均自由程与材料的热导率。对于材料的热导率来说，缺陷造成的影响是由声子倒逆过程中平均自由程和相对声子平均自由程决定的。对于小尺寸引起的缺陷，声子平均自由程与缺陷的数量有关，与温度无关。大尺寸缺陷如晶界和气孔在低温下引起散射是影响热量传递的主要因素。与晶界散射相似，晶界面热导率与晶粒尺寸相关，一般表现在自身热导率与内部的差异，以及对声子散射所产生的作用。晶界表面存在的相位差异，使得其排列方式与晶体内部相比显得不规则和杂乱，从而十分容易聚集杂质，使得这一部分的热导率明显降低。多晶体的晶粒内部、晶界和气孔的热导率均不相同，三者决定了多晶体的热导率。

与固体材料相比，气孔的热导率远低于固体，同时气孔也对声子具有散射作用，使得拥有气孔的智能导热材料的热导率偏低。气孔越大，在较高温度下，材料的热导率越小。通常，固体材料中或多或少都会含有气孔，当气孔较小时，可以忽略气孔对声子散射的作用。气孔的热导率主要受气孔内气体的影响，在较低温度下，气孔的辐射热较小，因而会明显降低材料的热导率。随着温度的升高，气孔中的辐射传递明显增多，相应的对流也就增加。所以在气孔较小和温度较低情况下，气孔辐射热传递可以代表气孔的总热传递。

智能导热材料的分子紧密程度也是影响声子传递的重要因素。智能导热材料的密实程度高,会引起原子晶格振动,使得能量从内部传递到冷面的效率提高。此外,交联程度以及流体静压力对声子传递也有影响。

2.3.3 其他因素

传统的强化传热技术,多年以来一直是国内高校和科研机构在传热学和换热学研究领域的研究重点。在剪切应力作用下,智能导热材料中聚合物分子链段会发生一定的结构变化,因而聚合物内部声子传递和热导率也会随之发生相应的变化。分子链段在初始拉伸时发生解缠从而导致链段间作用点减少,声子传输效率降低,热导率下降。持续拉伸使得分子链段发生沿拉伸方向的排列,可提高声子的传递效率,增大导热性能及其热响应能力。哈尔滨工业大学李凤臣教授团队[18]开展了黏弹性流体热导率与流变学的相关研究工作,结果显示,铜纳米流体的剪切黏度具有明显的非牛顿流体特性,其热导率随温度和颗粒体积比例的增大而逐渐增大。上海交通大学刘振华教授团队[19]首次将基于黏弹性液体碳纳米管纳米液进行了研究,对比了不同黏弹性浓度下纳米流体的减阻换热特性,得到了碳纳米管纳米流体温度与热导率间的变化关系。

南京理工大学宣益民教授团队[20]开展了纳米材料应用于强化传热领域的基础研究工作,对纳米流体与热导率、黏度、对流等进行了深入研究,并在此基础上开展了纳米材料在强化换热方面的应用。同时,通过两步法配置了稳定的Cu/(水,机油)悬浮液,利用自行研制的热传导仪和黏度仪,考察了纳米颗粒的种类、体积分数、形状尺寸、温度等因素对热传导性能及黏度的影响。研究结果表明:①纳米粒子对热导率的提高最为明显,导热粒子的含量与热导率呈现正线性相关,纳米粒子的尺寸也直接影响热导率的大小;②纳米粒子的加入使纳米流体的黏度会发生一定程度改变,当加入纳米颗粒后,其黏度随着颗粒体积比的增大而增大。此外,在Koo和Kleinstreuer模型基础上,考虑到粒子的团聚效应,提出了一种新的计算模型——关于悬浮纳米粒子碰撞效果的动态热导率计算模型。

与此同时,清华大学王补宣教授研究小组[21]从粒子及基液的种类入手,研究了其对纳米流体的稳定性。通过对Cu/水等纳米液体的热传导特性及其物理特性的测定,采用分形理论,建立了一种新型的热传导模型,并对其导热性能和低浓度非金属纳米颗粒悬浮液热导率增强的机理进行了分析。

2.4 智能导热材料分类

智能导热材料是实现结构和功能一体化的现代高新技术材料,可感知周围环境并对其做出相应响应,有效提升了热管理能力。智能导热材料通常可根据所选基体材料不同分为：金属基智能导热材料、非金属碳基智能导热材料、聚合物基智能导热材料、相变智能导热材料等。同时，根据其所属应用的功能属性差异，可分为：热致形状记忆智能材料、热致变色智能材料、高导热智能复合材料等。

2.4.1　金属基智能导热材料

金属基智能导热材料一般是以金属作为基体，复配具有良好导热性能和力学性能的增强相。金属基复合材料具有较高的热导率、较低的密度和热膨胀系数等特点，使得其在电子封装设备和热管理应用方面具有较大的优势。金属基智能导热材料可以根据增强相不同分为连续相结构和分散相结构。连续相一般包括单纤维、多纤维或多层膜结构；分散相则主要包括颗粒、晶须和短纤维等。金属基智能导热材料的基体材料主要是以铝、铜及合金为主，此外铍、镁、银和钴等材料也可作为基体材料。金属基智能导热材料的导热性能一般由基体材料和增强相共同决定。

一般来说，以颗粒物作为增强相的金属基智能导热材料（如单片金属）往往具有各向同性的特点。然而，金属基智能导热材料脆性特点导致其导热性能、延展性能和断裂韧性能显著降低。以晶须作为增强相的金属基智能导热材料需要选取高度定向的晶须，以保证其各向同性的特点。如果在成型过程中晶须产生各向异性，会导致材料的延展性和断裂韧性降低。大多数金属基智能导热材料具有各向异性的特点，这一特性使得金属基智能导热材料的热导率、电导率、强度和硬度均为各向异性。金属基智能导热材料与聚合物基复合材料相比，其横向增强作用远大于聚合物基复合材料的。然而，由于两者间的热膨胀系数相差较大，这可能导致在环境温度过高时，材料产生残余应力。同时，在冷却过程中，基体中的热应力也可能导致屈服，并产生较大的残余应力。

金属基智能导热材料制备成型工艺主要包括固态法、液态法、原位制备法和共沉积制备法等。固态法是指在高温和高压条件下，基质金属和增强相在固体条件下发生相互扩散而黏结为金属基智能导热材料的过程，其具有低温成型的优势。液态法制备则是预先将分散好的增强相加入熔融的金属基体中，再通过降温凝固获得金属基智能导热材料。因此，液态法制备金属基智能导热材料的关键因素是界面张力。它是改善增强相和基体之间的润湿性和提高增强相与基体之间界面结合力的重要措施。原位制备法是指在一个增强相中由其前身反应生成，在此过程中熔体会从液态变成固态，增强相在基体中沉淀形成的过程。采用原位制备法得到的金属基复合材料性能往往更好，增强相分布更加均匀，所需设备和反应条件较为简单。但是，原位制备法制备金属基智能导热材料需要使用适当的反应，增强相的选择也会受到限制。共沉积制备法是指在金属基体和分散相同时沉淀形成金属基智能导热材料，一般包括电解共沉积法、喷雾共沉积法和气相共沉积法。

根据金属基导热材料基体选择的不同，主要可以分为铝基复合材料、铜基复合材料等。

铝基智能导热材料一般具有较轻的质量、较低的热膨胀系数和较高的热导率,并且拥有优异的耐磨性能,因而在电子封装领域被广泛应用。铝基智能导热材料可以通过更改增强相和基体之间的体积分数或比例来调整复合材料的导热性能。铝基智能导热材料选取的增强相可以是纤维或颗粒物质,通过复配增强相,所制备的材料的耐磨性和弹性模量有显著的提升。通常,选用碳化硅为增强相的铝基导热材料,拥有较高的热导率,其值在 170～200 $W \cdot m^{-1} \cdot K^{-1}$。此外,碳化硅与铝基体之间有很好的润湿性,使得其很容易分散在铝基体之间,碳化硅-铝基智能导热材料常常应用在密封性材料中。碳化硅-铝基智能导热材料的导热性能受到填充比例的影响,因而可以通过调整两者之间的比例,赋予碳化硅-铝基智能导热材料某些特殊的性能。一般的电子元器件芯片中的热膨胀系数与 50%～60%碳化硅填充量相似,这些特性使得碳化硅-铝基智能导热材料能最大限度地提高散热和产品稳定性。铝基智能导热材料亦可以选取石墨作为增强相,其复合材料的热导率可以达到 300 $W \cdot m^{-1} \cdot K^{-1}$。石墨与铝基之间的热膨胀系数十分接近,使得其可以广泛应用。石墨-铝基智能导热材料特别适用于稳定的仪器平台、电子和热控元器件热管上。

铜基复合材料一般常用于对热导率和导电性要求较高的电子仪器设备中。一般铜基复合材料经常选取以纤维、碳化硅、不锈钢与金刚石等作为增强相并进行复配。其中,纤维增强铜基智能导热材料有着独特的性能,如高强度、高硬度、优异的断裂伸长率、低热膨胀系数等。根据增强相的种类不同,一般可将铜基复合材料分为石墨-铜基智能导热材料、碳纳米纤维-铜基智能导热材料、碳化硅-铜基智能导热材料等。以石墨材料作为增强相,结合石墨材料的低热膨胀系数和良好的润滑性能特点,所得石墨-铜基智能导热材料具有高导电、导热性能,高刚度和高温使用环境。

根据增强相类型不同,石墨-铜基复合材料主要可以分为三类:颗粒增强、短纤维增强和连续纤维增强复合材料。在颗粒增强石墨-铜基智能导热材料中,颗粒的长宽比小于 5 时,在铜基体中颗粒呈分散相。晶须增强石墨-铜基智能导热材料中增强相的晶须长宽比需要大于 5,这种成型方法可以制造结构复杂的零件,但是成本较高。而在连续纤维-铜基智能导热材料中,选取连续纤维作为增强相时,碳纤维因其具有高强度和高弹性模量的特点,是一个理想的低热膨胀系数材料的选择。长纤维通常是以纤维丝的方式存在,直径通常在 5～20 mm。连续纤维的强度非常高,在沿着纤维方向具有优异的力学性能,同时还具有各向异性的特征,这些复合材料往往应用于飞机中特殊部件的定向传热。

相较于传统的导热材料,使用金属基导热材料具有超高导热性能和对于复杂工作环境下的热控制能力。Wang 等[22]通过调控镓、铟、锡三种金属材料的初始配比,制备出从流体和理论上可调控的三元金属相变材料(图 2-3);这项工作与具有单一熔点的传统金属相变材料相比,有着明显的宽熔点范围(10～100℃),在不牺牲其单位体积的潜热(115 J·cm^{-3})和热导率(20.28 W·m^{-1}·K^{-1})的前提下,三元金属相变材料表现出连续的相变,在环境温度变化较大的电子器件中,能够有效地利用潜热(有效潜热)。同时,Ge 等[23]从电子单元散热角度讨论了热界面材料的界面热阻,使用氮化硼纳米片通过混合方式引入低熔点合金(LMPA)来降低导热硅脂的界面热阻。结果表明：使用上述粒子制备复合材料的热导率达到

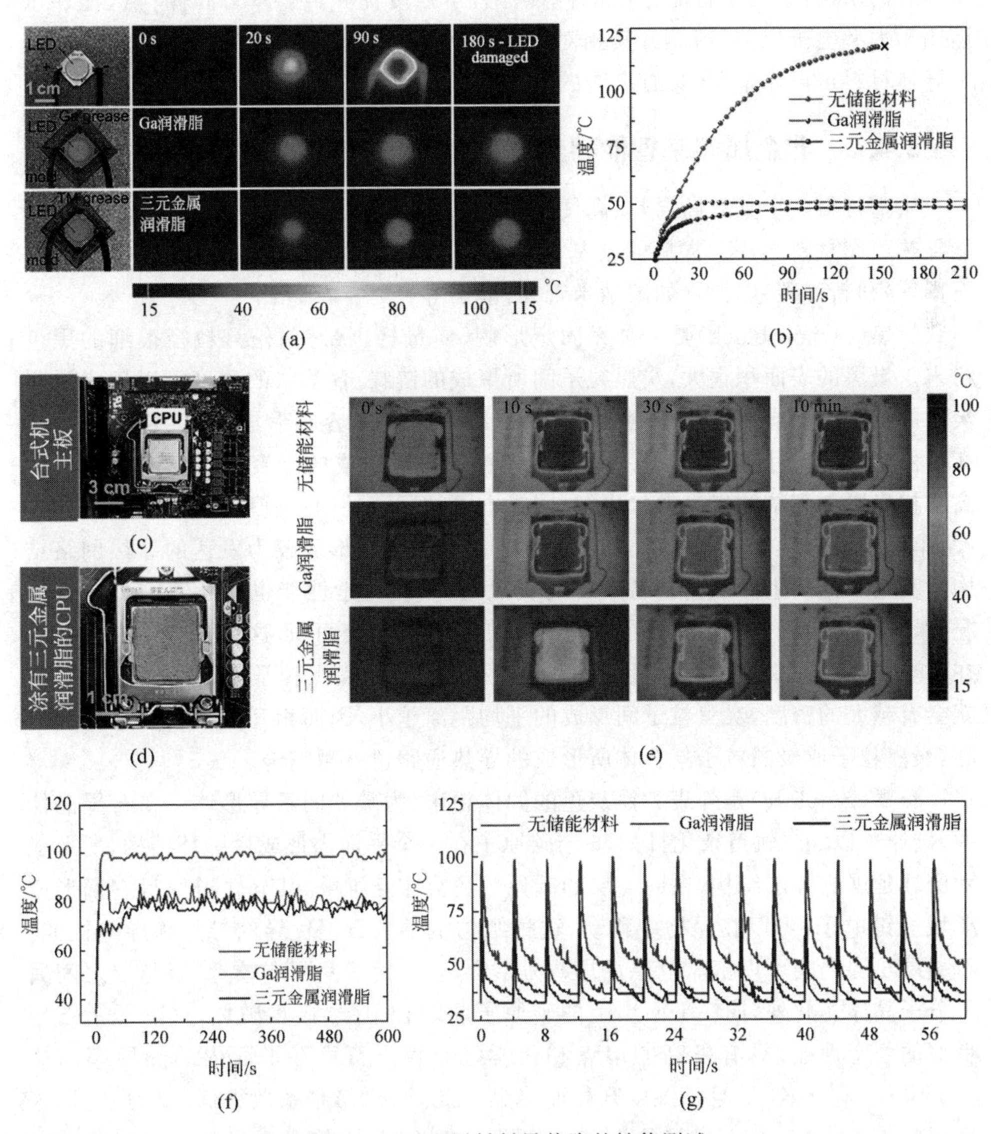

图 2-3　三元金属材料导热脂的性能测试

(a) 不同三元金属材料的导热脂红外热成像图；(b) 具有不同三元金属材料导热脂的工作 LED 的温度-时间曲线；(c) 涂有三元金属材料导热脂的 CPU 的照片；(d),(e) 不同三元金属材料导热脂 CPU 的红外图像；(f),(g) 涂有上述润滑脂的工作 CPU 在瞬时热冲击 15 次循环后的实时温度响应

$1.8\ W \cdot m^{-1} \cdot K^{-1}$,界面热阻从 $13.8℃ \cdot cm^2 \cdot W^{-1}$ 降至 $0.547℃ \cdot cm^2 \cdot W^{-1}$。Zhao[24] 等通过结合弹性体(PDMS)和液态金属(LM)制备出了导热垫(LM/PDMS),具有优异的导热性、低耐热性和高压缩性。此外,Zhao 等在智能手机上进行的散热性能测试进一步证明,与商用导热硅垫相比,在 LM/PDMS 垫背面出现了 5.1℃和 2.11℃的温度下降,表明该方案具有良好的应用前景。

总的来说,金属基智能导热材料具有力学强度优异、热导率高等特点,往往可运用于大型电子仪器设备上,其相对较低的密度和可以设定的热膨胀系数使之与半导体材料可以相媲美,具有广阔的应用前景。

2.4.2 非金属碳基智能导热材料

碳基材料由于具有高导热、高硬度和低热膨胀系数等特点,被认为是理想的智能导热填充材料之一。常见的碳基材料有两类:传统碳基材料(如炭黑、碳纤维、石墨等)和新型碳基材料(如碳纳米管、石墨烯等)。

炭黑(carbon black)是一种无固定形貌、质量轻、状态蓬松且粒径很细的黑色粉末。炭黑的表面积很大,炭黑粒子间所聚成的链状、葡萄状的程度可以用来说明炭黑的结构性。炭黑结构性越高,空间网络通道就越容易形成,而且越不易被破坏。由凝聚体尺寸、形态和每一凝聚体中粒子数量构成的凝聚体组成的炭黑称为高结构炭黑。高结构炭黑颗粒更细,同时有更加紧密的网状链堆积,比表面积也更大,单位质量所含有的颗粒更多,更有利于在聚合物中形成较为发达的导热网络结构。利用不同的生产工艺制备所得的炭黑,其表面化学性能也有所不同。多数情况下,炭黑真实表面积要大于由粒径计算所得的几何表面积,这是由于许多微孔存在于炭黑表面。炭黑的填充量越大,处于分散状态的炭黑粒子或炭黑粒子集合体就会有越大的密度,炭黑粒子间形成的平均距离越小,因而相互接触的概率就会增高,炭黑粒子或炭黑粒子集合体所形成的导热通路也就越完善。

石墨(graphite)是外表为黑灰色的固体粉末,为碳的同素异形体。在石墨晶体中,碳原子以 sp^2 轨道杂化排列,6 个碳原子在一个平面内形成六圆环结构,所形成六圆环延展为片层结构,在同一层的碳原子还会相互堆叠,其 p 轨道使得它们形成离域 π 键电子,可以在晶格中移动,这种结构赋予了石墨优异的导热和导电性能。石墨层与层之间可以依靠范德瓦耳斯力结合起来,使得其距离较近,层与层之间属于分子晶体。此外,同一平面层上的碳原子间结合很强,极难破坏,这赋予了石墨良好的稳定性能,具有极高的熔点和化学稳定性。石墨在平面内的热导率高达 $500\ W \cdot m^{-1} \cdot K^{-1}$,且随温度升高而降低。此外,热膨胀系数很低,仅为铜、铝等金属的 5%～10%。石墨导热性能也超过一般的钢、铁等金属材料。在碳基材料中,石墨价格低廉,综合性能优异,是良好的智能填充导热材料。目前,关于石墨的应用已经遍布各行各业,在石油化工、航空航天、机械工程、电子产业、核工业和国防方面都有着重要地位。

石墨烯(graphene)是一种由碳原子以 sp^2 杂化轨道组成的蜂窝状六边形材料。由于石墨烯的单层结构,二维石墨烯结构可以看作 sp^2 杂化碳材料的基本组成单元。石墨烯是由英国物理学家安德烈·海姆(A. K. Geim)和康斯坦丁·诺沃肖洛夫(K. S. Novoselov)在石墨中成功剥离[25],并吸引了研究者的广泛关注。目前按层数可分为单层、双层、少层(3～10 层)、多层(10 层以上)。随着对石墨烯相关理论的深入研究以及相关测量与表征技术的进步,人们发现单层石墨烯相较于石墨块体而言有着更高的热导率,这可能与石墨烯特殊的声子散射机制有关,因此石墨烯也成为验证和发展声子导热理论的重点研究对象之一。

由于碳原子之间特殊的连接,石墨烯结构十分稳定,其在受到外力作用时,柔韧碳原子面发生形变,并在不发生断裂的情况下保持结构的稳定性,这种稳定的晶格结构使石墨烯具有优良的导热性。另外,它的低维结构使声子在晶界处散射明显减小,并具有独特的声子扩散方式,蜂窝状的晶格使得声子在石墨烯中传递时不会因为晶格缺陷而引发散射,这也是石墨烯具有优异热传导性能的另一原因。相较于其他传统材料,石墨烯具有二维材料的特性,比表面积大,更容易形成导热网络,因而在相同填充含量下更具优势。二维石墨烯的面内热导率可达 4840～5300 $W \cdot m^{-1} \cdot K^{-1}$,高于碳纳米管和金刚石,是目前热导率最高的碳材料。由于石墨烯具有超高的导热性能、高比表面积等优势,在新能源、航空航天、微电子器件等领域有着广阔的应用前景。如图 2-4 所示,作者团队[26]通过调节复合材料的制备参数和变形参数(单向、多向),有效地控制复合材料的结构(取向、密度)和热导率(平面内、横向),进而制备出一种具有高弹性的双连续石墨烯-聚合物网络结构。研究发现,当更改压缩比时,其面内热导率从 0.175 $W \cdot m^{-1} \cdot K^{-1}$ 增加到 1.68 $W \cdot m^{-1} \cdot K^{-1}$,在石墨烯含量为 4.82 wt%时,复合材料的热导率最高可达 2.19 $W \cdot m^{-1} \cdot K^{-1}$。这种可调控热导率的复合材料,可以应用于复杂工况下的电子器件,从而进一步提高器件的运行效率。Liu 等[27]通过研磨法制备了具有微胶囊结构的生物基环氧树脂/石墨烯(GNP)复合材料。在 GNP 含量为 10 wt%时,复合材料的垂直面热导率高达 2.21 $W \cdot m^{-1} \cdot K^{-1}$,比纯环氧树脂提高了 10 倍,所制备的复合材料也成功应用于 LED 芯片的散热垫,并表现出良好的散热能力。

碳纳米管(carbon nanotube,CNT)是呈六边形排列的碳原子构成数层到数十层的同轴圆管,是由石墨单层或若干层原子沿轴卷曲而形成的管状物,其特性主要取决于管的长度和直径,碳纳米管中的碳原子主要是 sp^2,同时六角形的网状结构也会发生一定的卷曲,形成空间拓扑结构,从而形成 sp^3 的复合键,也就是 sp^2 和 sp^3 的混合。碳纳米管可分为单壁碳纳米管和多壁碳纳米管,其表面都存在着一些功能基团,并且由于制备工艺的差异,其表面的形貌也不尽相同。通常情况下,单壁碳纳米管的化学惰性更强,表面更干净;而多壁碳纳米管表面活性更强,且可以与羧基等表面基团相结合。目前,碳纳米管制备方法包括电弧放电、激光烧蚀

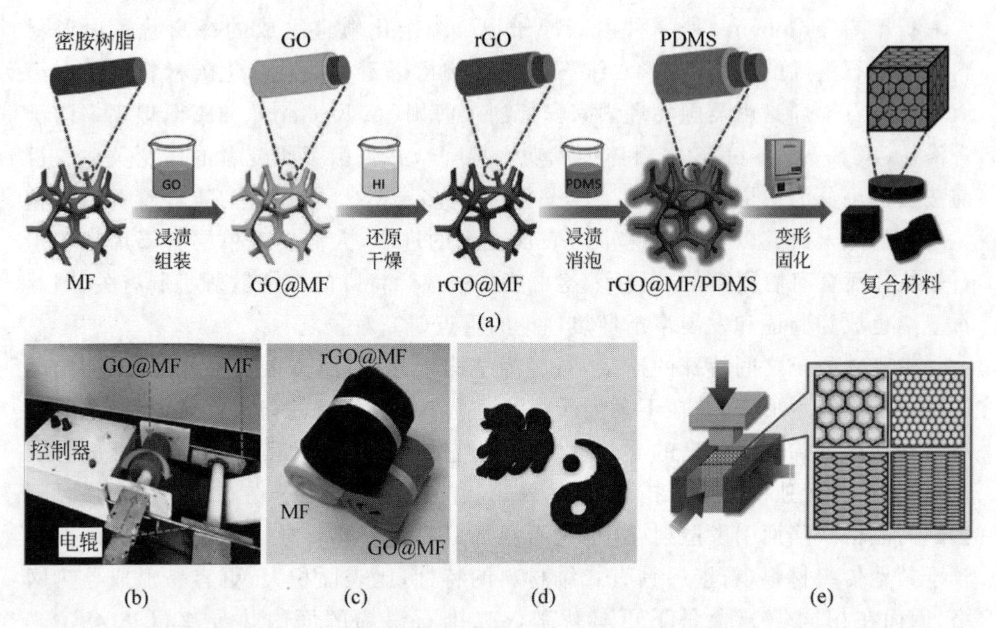

图 2-4 (a) GPN 和聚合物纳米复合材料的总体制备过程；(b) 制备石墨烯@三聚氰胺甲醛泡沫(GO@MF)的辊式浸渍设备；(c) MF、GO@MF 和 rGO@MF 的样本；(d) rGO@MF 被裁剪成各种形状的照片；(e) 通过从不同方向压缩模具来调节网络的密度和方向

法、化学气相沉积法、固相热解法、辉光放电法、气体燃烧法、聚合反应法等。

碳纳米管是一种一维的纳米材料，特殊的结构赋予了其独特的机械、导热和表面特性。碳纳米管的长径比非常大，具有良好的导热性能，主要表现在沿着长度方向具有较高的热量传输性能，而相对于其垂直方向的热量传输性能较弱，因而通过合适的取向，碳纳米管可以制备具有各向异性的智能导热复合材料。同时，碳纳米管极高的热导率也使得其展现出广阔的应用前景，这主要是源于碳纳米管较大的声子平均自由程。作者团队[28]通过在剥离石墨板(EGP)表面生长垂直排列的碳纳米管(VACNT@EGP)，后经热压制备了三维分层碳纳米管/石墨块(CNT/EGB)(图 2-5)。实验结果表明，三维结构的 CNT/EGB 拥有极大的热导率，证明了其在热管理领域中广阔的应用前景。

碳纤维(carbon fiber)是指含碳量在 90%以上的高强度和高模量纤维，其耐高温性居所有化纤之首。碳纤维各层间的间隔为 0.339～0.342 nm，而各层间的碳原子分布较均匀，但排列规则程度弱于石墨，且各层之间的范德瓦耳斯作用力较大。将具有 sp^2 键的石墨沿平行于基面轴向生长即可得到长径比很大的碳纤维，工业上也常利用腈纶和黏胶纤维作原料，经高温氧化制备碳纤维，当碳含量大于 99%时也称为石墨纤维。由于碳纤维是以碳为原料，所以具有良好的耐高温、耐摩擦、导热、耐腐蚀等性能。

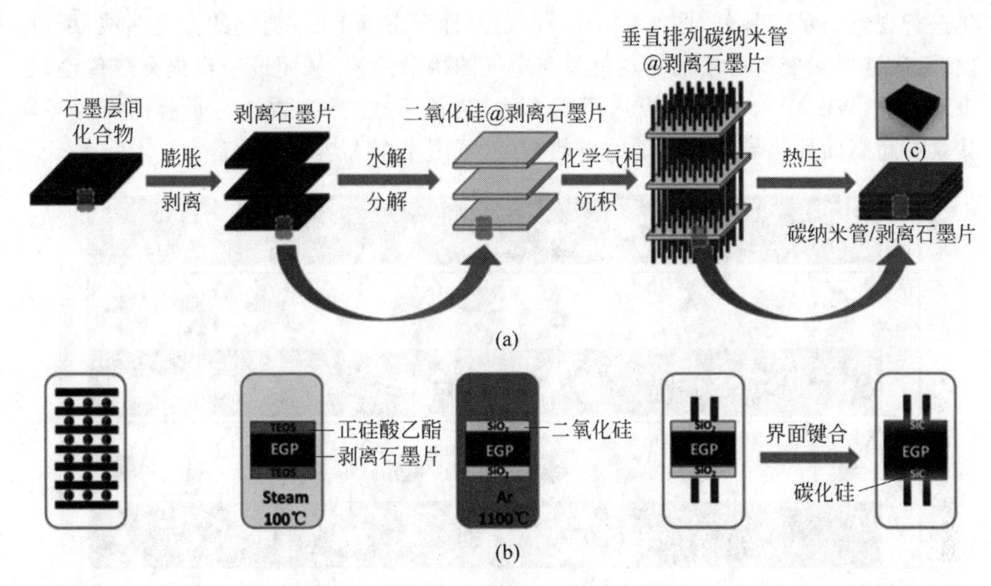

图 2-5 (a) 制备 VACNT@EGP 结构和 CNT/EGB 的示意图；(b) 为(a)和(c)所示区域的放大图；(c) 制备好的 CNT/EGB 图

碳纤维是我国发展国防、军工、国民经济的一种重要战略资源，是技术发展中的重要环节。近年来，随着国内外对碳纤维制备技术的不断深入研究，从短纤碳纤维到长纤碳纤维，碳纤维在发热材料的技术和产品领域也逐渐变得更为普及。Chen 等[29]利用 VACNT 生长在碳纤维织物表面，形成三维分层纳米结构，发现纳米管阵列提高了碳纤维与前驱体聚合物之间的界面相容性，使得碳纤维与碳化硅基体之间的界面结合得到增强。此外，由于在致密结构中形成了导热通道，其复合材料在垂直方向上具备了较高的导热性能。

尽管碳材料的热导率非常高，但由于孔隙、取向、缺陷及界面的存在，宏观的全碳复合材料则通常表现出相对较低的热导率(比微观的单个碳材料低一个数量级)。具体而言，碳材料中的热传导由声子主导，对于具有完美石墨晶体的单个碳材料，热传导是弹道式的，并保持高热导率。相比之下，宏观碳复合材料则包含有大的界面，其散射声子增大并降低了导热能力。碳基智能导热材料主要通过真空抽滤、自主装、化学气相沉积和热压等方法将碳基填料组装成二维或者三维结构的导热功能材料，比如柔性膜、多孔泡沫等。

到目前为止，许多研究致力于将碳基材料特殊性能和优异导热性能相结合，制备出能够积极响应外部环境变化的智能导热材料，以解决现阶段导热材料的应用局限性。Song 等[30]通过诱导自主装和热压技术结构设计，以聚乙二醇(PEG)作为黏结剂将石墨烯纳米片连接起来，制得的膜的热导率高达 19.37 $W \cdot m^{-1} \cdot K^{-1}$。如图 2-6(a)所示，通过 LED 器件实验测试，发现当环境温度高达一定值时，石墨烯/聚乙二醇复合材料(G/PEG/NFC)可以改变形状，这种智能化性能可随温度变化进行视觉表示。另外，图 2-6(b)和(c)是三种形态下 LED 温度的变化曲线，可以发现，通过形状变换可增加导热材料与空气的接触面积，从而进一步提升热传递效果。此外，Wu 等[31]通过平板热压的方法，制备了独立式、柔性可折叠的石墨烯，其具有超高面外热导率和灵敏的电热响应，可用于个人热管理设备。

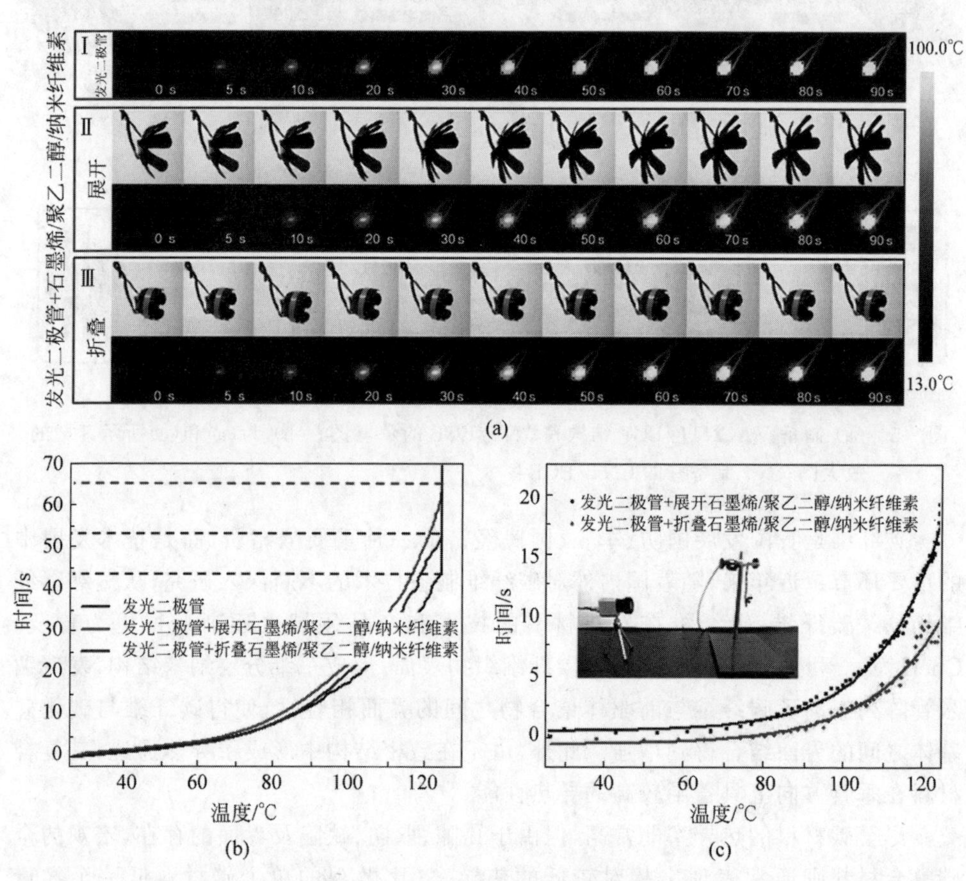

图 2-6　G/PEG/NFC 智能导热膜

(a) 空白 LED 器件的红外热图像(Ⅰ)；具有(Ⅱ)展开和(Ⅲ)折叠的 G/PEG/NFC-5 混合膜的 LED 器件的红外热图像和物理图像；(b) 空白 LED(3W)以及具有展开和折叠的 G/PEG/NFC-5 混合膜的 LED 的中心的时间-温度关系；(c) 空 LED 以及具有展开和折叠的 G/PEG/NFC-5 混合膜的 LED 之间达到相同温度的时间差

如今，碳基智能导热材料已发展成为高度专业化应用的结构和功能材料，特别在电子封装热管理方面。不同于聚合物基材料，碳基材料对复合材料的最终性能做出了重大贡献。一方面，基体本身所具有的性能使得其无需引入其他物质，减少了声子振动差异性所带来的影响；另一方面，碳基材料由于其特殊结构，机械性能远优于聚合物基材料。尽管碳基智能导热材料在导热方向具有很大的优势，但是复杂的步骤所带来的高昂的产品制造费用，限制了碳基智能导热材料的广泛规模化应用，因此需要更多价格便宜的智能导热材料来满足未来的导热智能化发展。

2.4.3　聚合物基智能导热材料

高分子聚合物材料具有成本低廉、力学性能优异、易于加工等特点，使得聚合物基智能导热材料越来越多地被应用于电子封装热管理中。相比于金属及无机非金属材料，通常认为聚合物材料是一种饱和体系，即不存在自由电子。在缺失自由电子的情况下，声子成为聚合物体系中热量传递的主要载体。此外，聚合物分子链并不像晶体结构一样具有较为规则的排列，通常主要以无规则缠结的形式存在，同时相对分子量较大及分布较为分散，使得其难以结晶，加之分子链振动的影响，内部声子散射现象较为严重。基于以上原因，聚合物材料的宏观热导率相对较低。为了改善其导热性能，可改变聚合物物理结构以及通过增加一些对导热有改善作用的填料。按照制备工艺的不同，可将聚合物基智能导热材料分为本征型和填充型聚合物基智能导热材料。

填充型聚合物基智能导热材料是在聚合物中添加与导热有关的填料制备而成的，填料的种类一般有 CNT、SiC、AlN、BN 等，以一定的工艺复合制备得到聚合物基智能导热材料。该方法生产成本不高、加工不复杂，通过合适的方法处理可在工业化生产中使用，也是目前国内外合成导热聚合物材料的重要方法。而本征型聚合物基智能导热材料是在合成过程以及加工过程中，通过对高分子链节结构和材料分子的改变进而得到特殊理想结构来提高其导热性能。例如聚乙烯在高度拉伸取向后，其热导率可以提高至几百倍，能达到某些金属的热导率。

聚合物基智能导热材料是通过激活聚合物的独特功能，使开发能够区分、响应和适应环境变化(温度、压力和/或接触表面)以及结构损伤的新型功能材料成为可能。目前，人们致力于将聚合物自我修复特性与导热性能相结合，制备出自愈型聚合物基智能导热材料。自愈型聚合物基智能导热材料主要以低玻璃化转变温度材料作为基体，依赖于它们的自愈性和良好的表面接触性，能够自主修复结构损伤，并改善传热和压缩过程中的界面黏合。自愈型聚合物基智能导热材料中功能材料的排列和复合均匀性决定了其导热性能、界面热阻特性、弹性和自愈性。然而，在纯聚合物的情况下，很难生产出既具有高导热性又具有良好自愈性的材料。此外，导热填料由于刚性晶体结构，通常不显示自愈合性能。因此，将导热填料优异的热导率与聚合物基的自愈合性能相结合，制备出自愈型聚合物基智能导热材料成为近年来研究的热点。

作者团队[32]将具有柔性和刚性链段交联的自愈弹性聚酰亚胺共聚物(EMPI)填充到垂直排列的碳纳米管(VACNT)结构中，使得 EMPI@VACNT 复合材料的热导率高达 10.83 $W \cdot m^{-1} \cdot K^{-1}$(图 2-7)。这种复合材料被破坏后在 80℃下 80 h 可愈合，弹性模量也可以恢复到原来的 90.8%，依然保持很高的力学强度。导热、自愈合和弹性 EMPI@VACNT 复合材料为各种高功率智能设备中的智能热管理提供了新的解决途径。后续，作者团队[33]又提出通过超分子效应来修复智能导热材料的多级结构、力学性能和热性能，使用侧链带有双酰胺键的扩链剂通过共聚来扩展预聚物，建立了2-[[(丁氨基)羰基]氧基]乙酯-聚二甲基硅氧烷(PBA-PDMS)的刚性和韧性超分子框架。将共聚物引入折叠石墨烯薄膜(FGf)中，制备了具有自修复能力的高导热PBA-PDMS/FGf复合材料。实验结果表明：当优化交联和氢键的比例时，PBA-PDMS/FGf复合材料的热导率高达(13±0.2) $W \cdot m^{-1} \cdot K^{-1}$，室温下拉伸强度和热导率的自愈合率分别为100%和98.65%。智能导热自修复复合材料以其独特的高导热性、可自愈合性和坚固的特点，在未来下一代高集成电子器件散热领域具有广阔的应用前景，尤以聚合物/碳纳米复合材料的研究为重要研究热点。然而，自修复性主要依赖于聚合物分子之间以及聚合物分子与碳材料之间高效的超分子相互作用，但分子相互作用和交联之间的权衡使得其难以同时实现优异的自愈合、高强度和导热性能。因此，作者团队[34]使用选择交联的方法，采用脲基-4[1H]-嘧啶酮(UPy)和硼酸酯改性氨基封端的聚二甲基硅氧烷(PDMS)，其自愈效率高达(97.69±0.33)%，同时在40℃自我修复6 h后，机械性能和热导率分别恢复了(78.83±2.40)%和(98.27±0.13)%。Yang等[35]基于联苯介晶单元4-苯基苯酚贺环氧氯丙烷和2,2-二(羟甲基)丙酸，合成了一种侧链液晶环氧树脂。通过硫醇-环氧亲核开环反应和涂附法制备了具有本征自修复性能的导热液晶环氧膜。如图2-7所示，面内热导率达到1.25 $W \cdot m^{-1} \cdot K^{-1}$，在4个周期自愈合行为后，拉伸强度仍然保持在61.3%。此外，液晶环氧膜的透明度很好，灵活性和可裁剪性能也很高，可以在智能导热材料领域实现广泛的应用。

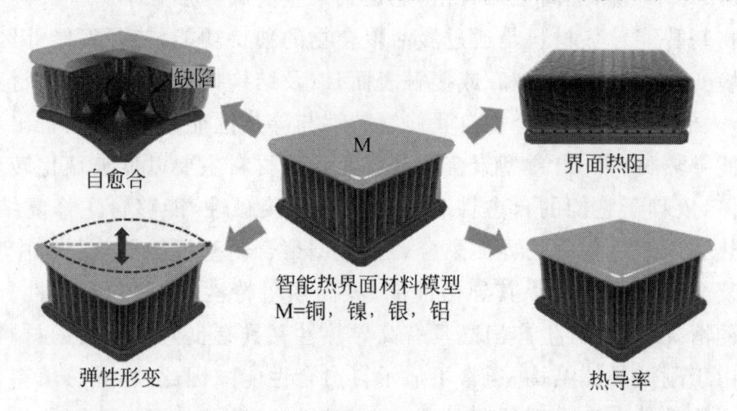

图2-7 高k值、自愈性、低界面热阻(Ri)值和压缩弹性的模型

2.4.4 相变智能导热材料

相变材料(PCM)由于可以极好地调节热能和可有效提高能源利用率，已得到越来越多的研究。目前，相变材料应用已经向多领域、多学科方向快速发展，如微电子器件设备以及可穿戴纺织品的热管理技术。现阶段，添加高热导率纳米功能填料仍然被认为是有效提升相变材料导热性能的重要方法。相变材料中填料种类

可以是很多种，包括零维(0D)、一维(1D)、二维(2D)和三维(3D)纳米填料及其复配纳米填料。通常，纳米填料表面功能化或者耦合可以有效降低界面热阻并提升相变材料的导热性能。然而，有些填料的热导率并不是很高，大量添加不仅降低材料本身的力学性能，导热性能还不能达到预期效果。基于此，构建有效的热传导路径或网络结构是实现相变材料高热导率的重要手段。例如，具有固有高热导率的零维材料需要基体来改善其分散并最终构建导热网络；一维填料利用自身结构和高导热性来建立线性导热传输；二维纳米功能材料则利用大比表面积的优势建立表面导热性。

相变导热材料在常温下保持固态，随着温度的升高，相变材料开始逐渐变软，界面空气被排出。当达到相变温度时，相变材料变为液态，能够吸收大量环境热量作为潜热储存。随着设备处于非工作状态，相变材料再次变为固态，这种根据外界环境变化做出特性响应的方式，使相变材料变得更加智能化，从而在智能导热材料中可以得到大规模应用。相变材料的种类繁多，根据物质相变前后的状态，相变材料可分为固-液相变材料、固-固相变材料、液-气相变材料和固-气相变材料。根据化学性质的差异性，可分为共晶相变材料、有机相变材料和无机相变材料。有机相变材料一般包括石蜡、脂肪酸和多元醇等，具有无毒性、共熔、化学稳定性好、无腐蚀性等优点。无机相变材料通常指水、水合盐熔盐，具有单位质量潜热高、不易燃、单位体积成本低等优点。

目前，在相变材料领域中，热导率的提升研究和应用仍然是研究的重点方向之一。张等[36]采用自主装的方法，制备出以正十八烷为芯、碳酸钙($CaCO_3$)为壁材的相变微胶囊复合材料，所制备的相变微胶囊结构相较于正十八烷热导率提高了290.7%。Chen 等[37]利用食盐作为牺牲模板，制备了三维柔性碳纳米管海绵，以开发基于聚乙二醇的复合相变材料，用于治疗过敏性鼻炎的先进和便携式热疗面罩。图 2-8(a)为热疗面罩示意图，热疗面罩分为捕获层(过滤空气杂质)和热释放层(保持温度恒定)两部分。图 2-8(c)为 CNT 海绵复合材料的温度-时间变化曲线图。其中，具有相变材料层的 CNT 海绵复合材料在 43℃附近保持有长达 30 min 的温度平台。温度平台的出现，表明 CNT 海绵复合智能相变导热材料具有较高的潜热，使得材料温度能够长时间保持恒定。利用 CNT 海绵复合材料保持温度恒定这一特性，通过使用上述方法设计面膜，鼻炎患者通过佩戴面膜，鼻炎组的症状明显减轻，证明其在医疗领域的潜在应用，如图 2-8(d)所示。

Yang 等[38]还使用单向冰模板策略制备了三维排列结构的氧化石墨烯/氮化硼杂化填料网络，其聚乙二醇(PEG)复合智能相变导热材料的热导率分别增加到 $2.77\ W \cdot m^{-1} \cdot K^{-1}$ 和 $3.00\ W \cdot m^{-1} \cdot K^{-1}$，比纯 PEG 提高了 823%和 900%。实验结果证明使用少量具有大横向尺寸的氧化石墨烯可以在 PEG 中起到桥接 BN 的作用，促进形成了更完美的导热网络结构，进一步提高了声子效率。

目前，相变材料作为智能导热材料的一个重要分支，已被广泛应用于微电子器

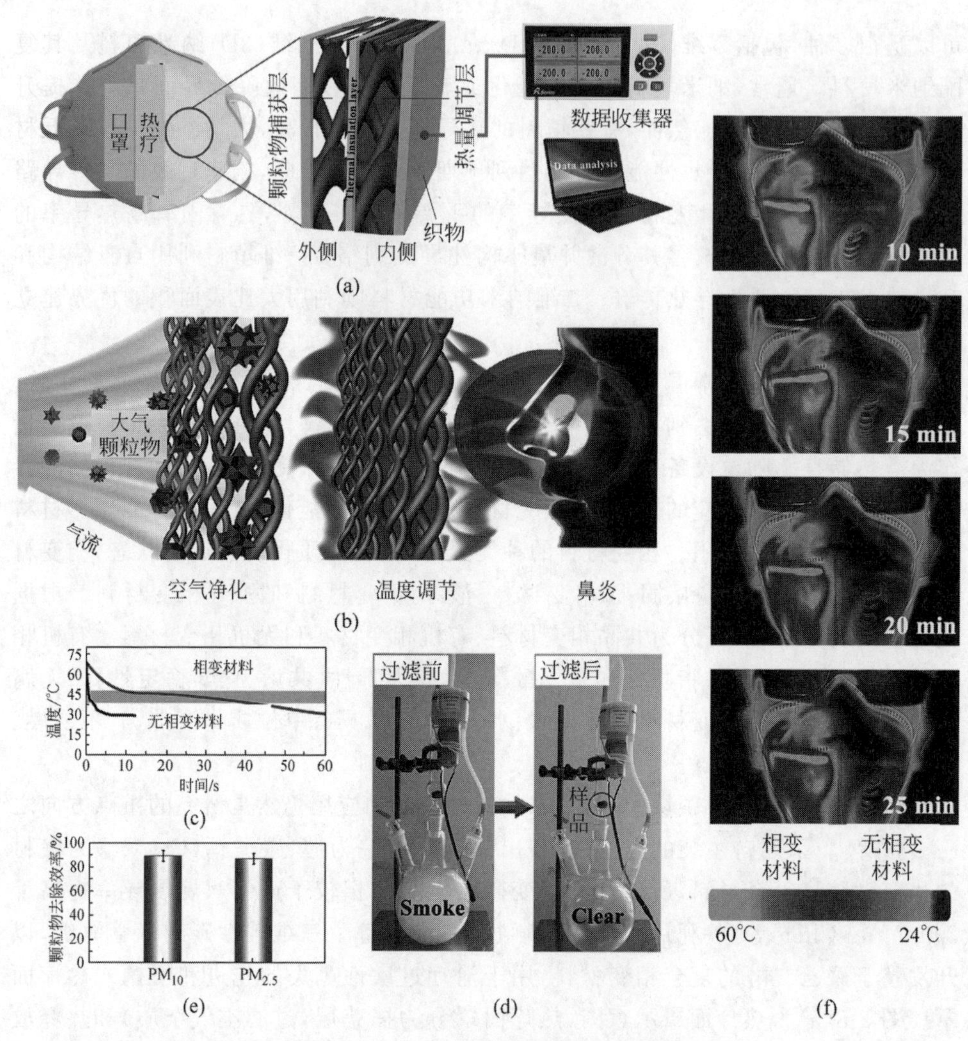

图 2-8 基于 CNT 海绵的相变材料掩模

(a) 热疗和热红外成像；(b) 有/无聚乙二醇包封的热释放性能；(c) 纯聚乙二醇和复合相变材料的热导率；(d) 过滤前后的状态图；(e) 颗粒物去除效率；(f) 苏木精-伊红染色后对照组、鼻炎组和热疗组的鼻组织的代表性切片

件的封装中。此外，由于相变导热材料的功能性，其能够随着温度变化而发生相态的变化，极好的适应性有助于降低复合材料的界面热阻。另外，相变导热材料兼具了导热软片和导热硅脂的优点，在发生相变之前，表现为导热软片的性质，发生相变后，又具有导热硅脂的性质，这样既解决了硅脂涂抹不均的问题，也解决了导热软片带来间隔而引入界面热阻的问题。

2.4.5 热致形状记忆智能材料

热致形状记忆复合材料(SMPC)是一种能够对外界温度刺激做出响应的智能

材料，具有形状记忆性能优良、比强度高和导热性强等一系列优异性能，近年来受到了研究者们的重点关注。国内外对形状记忆材料（SMM）的研究报道已有近百年历史，1932 年瑞典科学家发现，低温条件下塑变的金-镉合金经加热后可变为最初状态。

1962 年，Buehler 等在近等原子比 Ni-Ti 合金中偶然发现，该合金存在形状记忆效应，于是人们开始普遍关注 SMM 的相关研究。随后，Grumman 公司开发了 Ni-Ti 形状记忆合金管接头并成功应用于 F14 喷气式战斗机，这也是 SMM 的首次工业化应用。目前，国内外已在 SMM 相关研究领域取得了较大进展，并在通信电子信息的空间展开结构（铰链、桁架等）、可折叠机翼、航空航天、智能机器人、变形机翼蒙皮等领域有所应用。例如，新型热致 SMPC 在制备过程中可以以碳纤维和树脂为增强体和基体，加入弹性固化剂和高导热石墨烯，制造出石墨烯-碳纤维混杂增强热致 SMPC。与传统的热致 SMPC 相比，石墨烯-碳纤维混杂增强热致 SMPC 中的碳纤维能使其具备一定承载能力，在形状记忆性能的提升方面有重要的作用。而对于材料的热导率和热响应速率方面，高导热石墨烯则起到很大的作用。因此这种热致 SMPC 不仅具有优异的力学、热学性能，同时还具备良好的形状记忆性能，因而具有广泛的应用前景，尤其是在航空航天、军工等领域备受关注（图 2-9）。此外，国内外已同时开展了浸渗规律、成型工艺、形状记忆性能强化规律和弯曲失效规律等方面工作的相关研究，并获得了丰厚的成果。

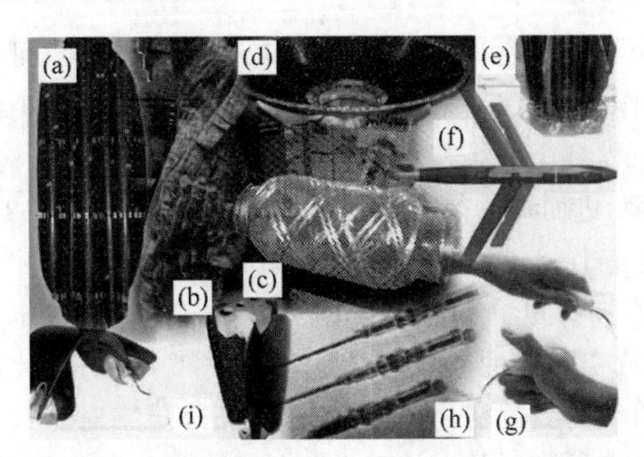

图 2-9 热致形状记忆智能材料的应用领域

(a) 偏馈天线反射器；(b) 可改变样式的衣服；(c) 可重复使用的加工心轴；(d) 可展开的卫星天线反射器的展开状态；(e) 可展开的卫星天线反射器的折叠状态；(f) 具有可变形机翼的飞行器；(g) 残疾人用的勺子；(h) 静脉滞留针；(i) 可以主动变形的铰链

2.4.6 热致变色智能材料

随着我国空间站任务越来越复杂，为应对外界环境的干扰，对热控技术的精确和准确性也越来越苛刻。结合我国目前航天器的任务特点和未来发展方向，智能导热材料的一个主要研究方向就是热致变色。材料的热致变色是指材料颜色根据外界环境温度变化而发生显著改变的现象。迄今为止，国内外关于热致变色材料的研发和应用主要集中在锰酸镧和二氧化钒(VO_2)两种材料上。其中 VO_2 的热致变色性能主要是由其合成过程中生长控制的有关组成成分、合成方法和微观结构所决定的(图 2-10)。此外,由于其还具有较为独特的金属绝缘体转变性质,同样激发了科学家们对 VO_2 规模系统性的研究兴趣。

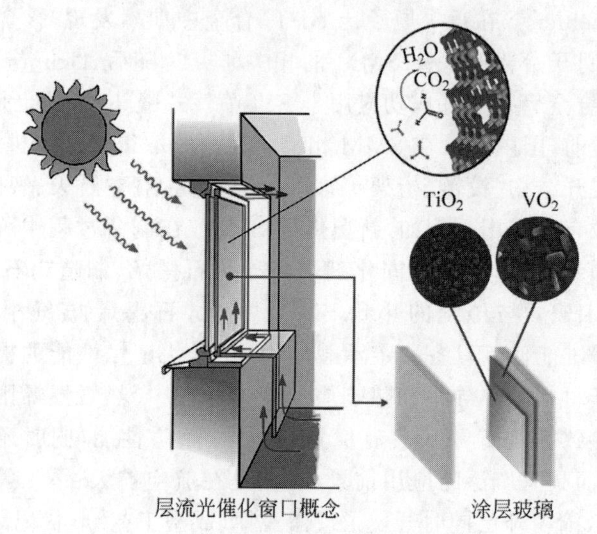

图 2-10 TiO_2/VO_2 双层膜作用机制

一般来讲,对于热致变色材料来说,具有较高的热导率也可以有效提高其对温度变化的敏感度。作者团队[39]采用静电植绒技术将碳纤维和碳纤维-碳纳米管组装成阵列,形成了长程有序的结构,通过静电植绒周期控制结构的密度,并将热致变色材料涂在其表面,进而评估热致变色材料响应程度。如图 2-11 所示,将样品附着到铜柱上,然后把整个装置放置在 80℃恒温的加热板上,其中 RCF-VACNT 60Q/SI 相较于其他样品,拥有更高的垂直方向热导率($7.51\ W \cdot m^{-1} \cdot K^{-1}$),在最短的时间内显示出热致变图案的颜色变化。相比之下,纯的硅片(Si)由于导热性能较差,其热致变色图案的颜色变化最慢。因此,高热导率对热致变色材料的温度响应更加敏感,这可以有效增加其在热致变色材料应用过程中的灵敏度。

2.4.7 高导热智能热界面复合材料

目前,智能热界面复合材料主要包括导热脂、柔性垫片和相变材料等,是可用于微电子器件芯片和散热元件之间的材料。作者团队从复合材料导热原理着手,设计并制备出了卓有成效的新型热界面材料-高导热柔性复合材料,有效解决了电子产品的散热问题。同时,崔永红教授也指出,加大对导热聚合物导热机理和模拟方向的研究与开发,是有效解决纳米填料团聚问题的重要指导方法,也是引领未来合成新型高导热聚合物的一个重要发展方向。例如,碳纳米管在出现时就受到了国内外学者的广泛关注,也是热管理的理想材料之一。其中,羧基化碳纳米管可以

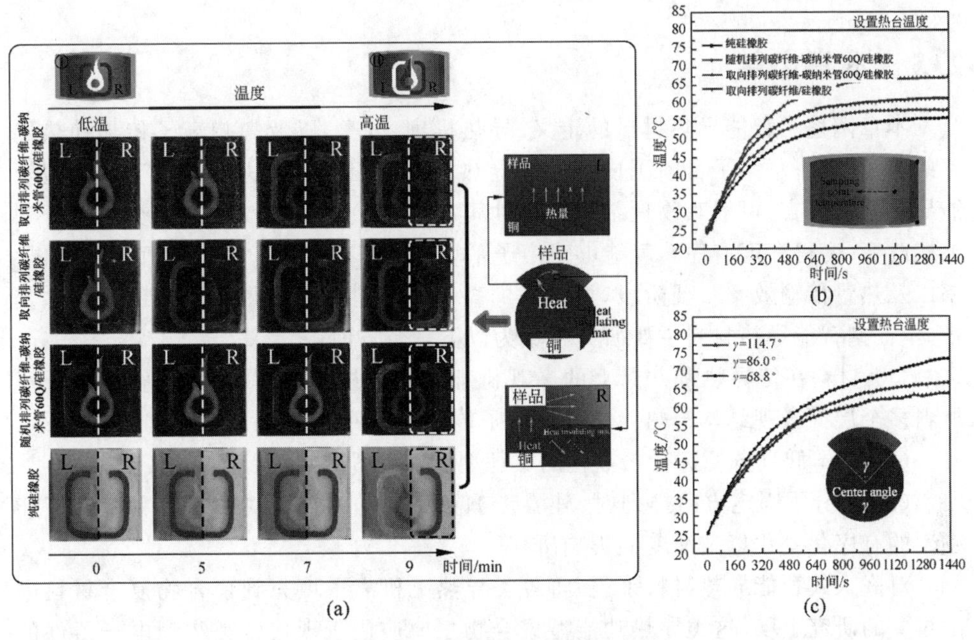

图 2-11 合成复合材料的传热能力

(a) 样品颜色转变的数字照片(插图是显示装置的数字照片和红外热像照片以及样品中热传导的示意图);
(b) 隔热区的温度-时间曲线;(c) 不同曲率的 RCF-VACNT60Q/SI 的温度-时间曲线

有效改善其在聚合物基体中的分散性和复合材料的导热导电性能等。Shaikh 等[40]通过实验研究了不同化学官能团改性碳纳米管对导电和导热性能的影响,结果表明,在增加复合材料的导电方面,通过添加碳纳米管可以对其产生影响,但是添加量很少(约 1 wt%)时对导电性影响并不是很大;只有当碳纳米管的添加量足够大时,才会对复合材料的导电性能产生较大影响。此外,研究还发现,功能化多壁碳纳米管对复合材料导热性能有着较大的提升作用,而具有超高导热的智能材料有利于快速提高响应能力的敏感程度。因此,设计和开发具有快速响应能力的智能导热材料,成为安全预警方向的一个重要研究内容。Qu 等[41]通过将氨基化的黑色磷烯($BP\text{-}NH_2$)以共价键的形式连接于氧化石墨烯(GO)表面,制得了兼具超高热导率和阻燃性能显著提升的柔性薄膜,薄膜的热导率高达(1085.74±37.08) $W \cdot m^{-1} \cdot K^{-1}$,这与多层石墨烯纳米片的理论值((1086.9±59.1) $W \cdot m^{-1} \cdot K^{-1}$)十分接近。但是,目前制备的导热薄膜结构大多具有各向异性的特点,极大地限制了其进一步的应用和发展。Gao 等[42]提出了通过复配不同片径的石墨烯片,以真空辅助抽滤成型方式,制得了具有三维结构的石墨烯纸。其中,片径较大的石墨烯片在水平方向搭接,片径较小的石墨烯片均匀分散并在垂直方向搭接,在垂直方向热导率高达 12.6 $W \cdot m^{-1} \cdot K^{-1}$,证明该方法可以有效解决电子器件日益凸显的散热问题。

2.5 本章小结

本章阐述了智能导热材料的定义、导热机理、分类，以及影响声子传导和热导率的各种因素，总结了目前国内外智能导热材料的相关研究进展。对于本征型智能导热材料而言，可对其物理结构而不对其力学性能进行改变，通过对分子链排列方式改变（变得高度有序），就能够对声子平均自由程产生提升效果，进而影响热导率以及热量传输效率。现阶段，该方向的高分子材料探究取得了重大的发展。其中，本征型智能导热材料主要研究领域为以下三个方面：

（1）材料在传导热量方向上的微观机理和导热过程的模型构建，智能高分子材料多个层面微观结构与热导率以及声子传输间的关系研究；

（2）成本低且方便进行工业化的本征型智能材料的制造以及产出；

（3）对分子固定方向排列时，外界影响条件和加工条件对内部各种基团可能发生的有序化变化以及演变的影响研究。

对嵌入式智能导热材料来说，将各类导热无机离子填充到聚合物复合材料中是重要的研究手段，这类导热功能型聚合物主要应用于现代各类小型电子器件的封装、散热以及航空航天等特殊场合的热量管理。目前，嵌入式智能导热材料的热导率不高，通常高热导率伴随力学强度和韧性的恶化，并且高热导率会造成智能导热材料加工成型困难，这些都是亟待解决的难题。未来应该从多角度、多方面针对性地进行以下几个方面的基础研究：

（1）开发和研究新型多尺度导热填充粒子；

（2）在加工成型过程中优化导热填充材料与聚合物基体间的界面结合，深入研究其结构演化和控制的理论；

（3）加强与本征型智能导热材料交叉领域的基础研究，借助多学科工具探索和解决目前遇到的理论难点。

参考文献

[1] YU H, FENG Y, CHEN C, et al. Highly thermally conductive adhesion elastomer enhanced by vertically aligned folded graphene[J]. Advanced Science, 2022, 9(33): 2201331.

[2] QIN M, HUO Y, HAN G, et al. Three-dimensional boron nitride network/polyvinyl alcohol composite hydrogel with solid-liquid interpenetrating heat conduction network for thermal management[J]. Journal of Materials Science & Technology, 2022, 127: 183-191.

[3] CHEN Y C, LEE S C, LIU T H, et al. Thermal conductivity of boron nitride nanoribbons: Anisotropic effects and boundary scattering[J]. International Journal of Thermal Sciences, 2015, 94: 72-78.

[4] BURGER N, LAACHACHI A, FERRIOL M, et al. Review of thermal conductivity in composites: Mechanisms, parameters and theory[J]. Progress in Polymer Science, 2016,

61: 1-28.

[5] 马文礼. 基于聚苯胺纳米纤维的聚乙二醇复合相变材料储热性能研究[D]. 兰州: 兰州大学,2020.

[6] LI R,YANG X,LI J,et al. Review on polymer composites with high thermal conductivity and low dielectric properties for electronic packaging[J]. Materials Today Physics,2022,22: 100594.

[7] SHIN H K,PARK M,KIM H Y,et al. Thermal property and latent heat energy storage behavior of sodium acetate trihydrate composites containing expanded graphite and carboxymethyl cellulose for phase change materials[J]. Applied Thermal Engineering,2015,75: 978-983.

[8] MONJE I E,LOUIS E,MOLINA J M. Optimizing thermal conductivity in gas-pressure infiltrated aluminum/diamond composites by precise processing control[J]. Composites Part A: Applied Science and Manufacturing,2013,48(1): 9-14.

[9] ZHANG Y,RHEE K Y,PARK S J. Nanodiamond nanocluster-decorated graphene oxide/epoxy nanocomposites with enhanced mechanical behavior and thermal stability[J]. Composites Part B: Engineering,2017,114: 111-120.

[10] 奚同庚. 无机材料热物性学[M]. 上海: 上海科学技术出版社,1981.

[11] 陈树川,陈凌冰. 材料物理性能[M]. 上海: 上海交通大学出版社,1999.

[12] HUANG X,ZHI C,JIANG P,et al. Polyhedral oligosilsesquioxane-modified boron nitride nanotube based epoxy nanocomposites: an ideal dielectric material with high thermal conductivity[J]. Advanced Functional Materials,2013,23(14): 1824-1831.

[13] AHN H J,EOH Y J,PARK S D,et al. Thermal conductivity of polymer composites with oriented boron nitride[J]. Thermochimica Acta,2014,590: 138-144.

[14] ZHOU W,WANG Z,DONG L,et al. Dielectric properties and thermal conductivity of PVDF reinforced with three types of Zn particles[J]. Composites Part A: Applied Science and Manufacturing,2015,79: 183-191.

[15] WU H,DRZAL L T. High thermally conductive graphite nanoplatelet/polyetherimide composite by precoating: Effect of percolation and particle size[J]. Polymer Composites,2013,34(12): 2148-2153.

[16] FU J,SHI L,ZHANG D,et al. Effect of nanoparticles on the performance of thermally conductive epoxy adhesives[J]. Polymer Engineering & Science,2010,50(9): 1809-1819.

[17] LI T L,HSU S L. Enhanced thermal conductivity of polyimide films via a hybrid of micro- and nano-sized boron nitride[J]. The Journal of Physical Chemistry B,2010,114(20): 6825-6829.

[18] ZHANG W H,ZHANG H N,WANG Z M,et al. Repicturing viscoelastic drag-reducing turbulence by introducing dynamics of elasto-inertial turbulence[J]. Journal of Fluid Mechanics,2022,A31: 940.

[19] 郭广亮,刘振华. 碳纳米管悬浮液强化小型重力型热管换热特性[J]. 化工学报,2007,58(12): 3006-3010.

[20] 段慧玲,宣益民. 等离激元纳米流体的光热特性研究[J]. 中国科学: 技术科学,2014,8: 833-838.

[21] 周乐平,王补宣. 颗粒尺寸与表面吸附对低浓度非金属纳米颗粒悬浮液有效热导率的影

响[J]. 自然科学进展,2003,13(4): 4.

[22] WANG H, PENG Y, PENG H, et al. Fluidic phase change materials with continuous latent heat from theoretically tunable ternary metals for efficient thermal management[J]. Proc. Natl. Acad. Sci. USA, 2022, 119(31): e2200223119.

[23] GE X, ZHANG J, ZHANG G, et al. Low melting-point alloy-boron nitride nanosheet composites for thermal management[J]. ACS Applied Nano Materials, 2020, 3(4): 3494-3502.

[24] ZHAO L, LIU H, CHEN X, et al. Liquid metal nano/micro-channels as thermal interface materials for efficient energy saving[J]. Journal of Materials Chemistry C, 2018, 6(39): 10611-10617.

[25] GEIM A K, NOVOSELOV K S. The rise of graphene[J]. Nanoscience and Technology: A Collection of Reviews from Nature Journals, 2007, 6(3): 183-191.

[26] QIN M, XU Y, CAO R, et al. Efficiently controlling the 3D thermal conductivity of a polymer nanocomposite via a hyperelastic double-continuous network of graphene and sponge[J]. Advanced Functional Materials, 2018, 28(45): 1805053.

[27] LIU Y, WU K, LU M, et al. Enhanced thermal conductivity of bio-based epoxy-graphite nanocomposites with degradability by facile in-situ construction of microcapsules[J]. Composites Part B: Engineering, 2021, 218: 108936.

[28] QIN M, FENG Y, JI T, et al. Enhancement of cross-plane thermal conductivity and mechanical strength via vertical aligned carbon nanotube @ graphite architecture[J]. Carbon, 2016, 104: 157-168.

[29] CHEN S, FENG Y, QIN M, et al. Improving thermal conductivity in the through-thickness direction of carbon fibre/SiC composites by growing vertically aligned carbon nanotubes[J]. Carbon, 2017, 116: 84-93.

[30] SONG Y, JIANG F, SONG N, et al. Multilayered structural design of flexible films for smart thermal management[J]. Composites Part A: Applied Science and Manufacturing, 2021, 141: 106222.

[31] WU Z, XU C, MA C, et al. Synergistic effect of aligned graphene nanosheets in graphene foam for high-performance thermally conductive composites[J]. Advanced Materials, 2019, 31(19): 1900199.

[32] YU H, CHEN C, SUN J, et al. Highly thermally conductive polymer/graphene composites with rapid room-temperature self-healing capacity[J]. Nano-Micro Letters, 2022, 14(1): 1-14.

[33] YU H, FENG Y, GAO L, et al. Self-healing high strength and thermal conductivity of 3D graphene/PDMS composites by the optimization of multiple molecular interactions[J]. Macromolecules, 2020, 53(16): 7161-7170.

[34] YU H, FENG Y, CHEN C, et al. Thermally conductive, self-healing, and elastic polyimide @ vertically aligned carbon nanotubes composite as smart thermal interface material[J]. Carbon, 2021, 179: 348-357.

[35] YANG X, ZHONG X, ZHANG J, et al. Intrinsic high thermal conductive liquid crystal epoxy film simultaneously combining with excellent intrinsic self-healing performance[J]. Journal of Materials Science & Technology, 2021, 68: 209-215.

[36] 张凯，王继芬，徐利军，等. 不同乳化剂种类和浓度对正十八烷@碳酸钙相变微胶囊的性能影响[J]. 上海第二工业大学学报，2021，38(1)：9.

[37] CHEN X, GAO H, HAI G, et al. Carbon nanotube bundles assembled flexible hierarchical framework based phase change material composites for thermal energy harvesting and thermotherapy[J]. Energy Storage Materials, 2020, 26: 129-137.

[38] YANG J, TANG L S, BAO R Y, et al. Hybrid network structure of boron nitride and graphene oxide in shape-stabilized composite phase change materials with enhanced thermal conductivity and light-to-electric energy conversion capability[J]. Solar Energy Materials and Solar Cells, 2018, 174: 56-64.

[39] JI T, FENG Y, QIN M, et al. Thermal conductive and flexible silastic composite based on a hierarchical framework of aligned carbon fibers-carbon nanotubes[J]. Carbon, 2018, 131: 149-159.

[40] SHAIKH S, LAFDI K, HALLINAN K. Carbon nano additives to enhance latent energy storage of phase change materials[J]. Journal of Applied Physics, 2008, 103(9): 094302.

[41] QU Z, WU K, XU C, et al. Facile construction of a flexible film with ultrahigh thermal conductivity and excellent flame retardancy for a smart fire alarm[J]. Chemistry of Materials, 2021, 33(9): 3228-3240.

[42] GAO J, YAN Q, LV L, et al. Lightweight thermal interface materials based on hierarchically structured graphene paper with superior through-plane thermal conductivity[J]. Chemical Engineering Journal, 2021, 419: 129609.

第3章 智能化性能设计

智能材料最突出的特点在于能够“感知”周围环境的某种或多种变化,并针对这些变化做出适应性改变,具体包括传感、驱动、自诊断、自修复和自调节等功能。对材料智能化性能的设计包括两大类,一是对材料本体性能的智能化设计,二是对材料与周围结构整合的智能化设计。前者通常依赖于具有刺激响应性能的材料,要求材料同时具备感知和执行两种功能;后者对材料的功能集成性要求不高,主要依靠材料与机械、电子结构的配合使用,可实现更精细和复杂的调节效果。具体到导热材料而言,其主要目的是用于调控热源或受热体的温度,因此对温度的感知成为其智能化设计的首要要求;其次,在感知到温度变化后,需进一步做出适应性调控,以满足热源或受热体的温控需求。此外,发热设备功率密度的增加、压缩载荷的变化、应力分布不均常导致导热材料的结构易损伤,界面接触性变差,因此,自修复性也成为其智能化设计的目标之一。本章将对导热材料实现温度感知、自适应调控、自修复等功能所依托的材料类型及基本原理进行概述。

3.1 温度感知

3.1.1 形状记忆聚合物材料

形状记忆聚合物(shape memory polymer,SMP)是一种可控多刺激响应形变的聚合物。在室温时,它具有固定形状,当温度上升到转变点之后可以在外力下赋形,并维持到冷却;重新加热时,SMP 的形状恢复到原始状态。

1. 单向形状记忆

单向形状记忆是形状记忆的传统形式和基本形式,仅包含一个刺激响应后从临时形状向永久形状的回复,它的编程步骤和分子机制概括在图 3-1 中[1]。与在低温下变形并在高温下回复原始形状(马氏体-奥氏体转变)的形状记忆合金类似[2-5],形状记忆聚合物的温度 T_2 首先被加热到变形温度 T_{trans}($T_2>T_{trans}$),并保持等温以达到热传导平衡，样品在该温度下表现出黏弹性，并且链的流动性被显著激活。在外部载荷下，聚合物链构相发生变化，熵减小并存储为弹性势能。在保持外部载荷的条件下，将样品冷却至固定温度 T_1（$T_1 > T_{trans}$）以冻结聚合物链的运动，聚合物链的亚稳态构象被固定，在卸载外力后聚合物固定为一个临时形状。当 SMP 在无应力的条件下，被重新加热到 T_{trans} 以上时，链的流动性被重新激活，聚合物链倾向于从伸直链的亚稳态构象回复至蜷曲链的稳态构象，存储的弹性势能被释放，回复至永久形状[6-9]。

这种 SMP 的编程过程和分子机制也可以从能量学的角度解释。如图 3-1 所示，当样品加热到 T_1 并变形时，变形能量 W_1 和热量 Q_1 被施加在样品上，使其内能增加到不稳定状态 U_b。在外力的作用下冷却到 T_0 后，它释放出 Q_2 的能量并淬火成亚稳态 U_1，对应于临时形状（ε_1）（图 3-1）。由于能量势垒 U_b 的存在，它不能自发回复永久形状，直到它被加热，产生形状记忆行为。如果我们假设在变形和形状回复过程中没有能量耗散，则由热力学第一定律可知，$U_0 + W_1 = U_1$。也就是说，形状恢复效应是以材料的弹性势能形式存储的机械能的释放。

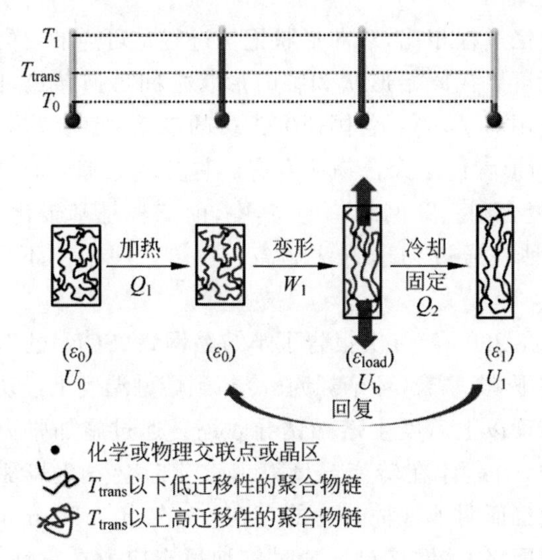

图 3-1　从机械力角度对单向形状记忆效应的原理和分子机制进行图解[1]

通常使用两个参数来描述单向形状记忆效应，一个是形状固定比(R_f)，用于表征量化样品在降温和去除负载后保持施加的机械变形的能力；另一个是形状回复率(R_r)，用于表征量化样品回复其永久形状的能力[10]。

$$R_f = \frac{\varepsilon(N)}{\varepsilon_{load}(N)} \times 100\% \tag{3-1}$$

$$R_r = \frac{\varepsilon(N) - \varepsilon_{rec}(N)}{\varepsilon(N) - \varepsilon_{rec}(N-1)} \times 100\% \tag{3-2}$$

其中，ε_{load} 是移除外力前的最大应变；ε 是卸载和冷却后的应变；ε_{rec} 是回复步骤

的应变；N 是形状记忆试验循环圈数[11]。

对于单向 SMP，临时形状和永久形状回复由 T_{trans} 决定，当温度低于和高于 T_{trans} 时，链运动分别被冻结和激活。有些聚合物具有不止一种可逆热转变(玻璃态聚合物的玻璃化转变温度 T_g、半结晶聚合物的熔融转变温度 T_m 或液晶聚合物的相变温度 T_{cl})时，会表现出多重形状记忆效应。在 T_{trans} 以上及外力作用下，聚合物链可能发生不可逆的滑移，导致熵增加，从而降低与熵相关的弹性势能和形状回复的驱动力[11]。聚合物链之间的这种不可逆滑移可以通过化学或物理交联防止、抑制，从而增加和存储熵相关的弹性势能，产生高形状回复率。相对于强交联网络的永久形状不可改变，动态交联网络的永久形状可被重新定义，材料可实现回收使用。其中，动态化学交联包括酯交换反应[12-15]、氨基甲酰化[15-17]、第尔斯-阿尔德(Diels-Alder)键[18-19]、二硫键[20]、二硒键[21]和三唑啉二酮[22]等；动态物理交联包括氢键[23]、离子键[24]、π-π 堆叠[25]、电荷转移相互作用[26]和金属-配体络合[27]。

2. 双向形状记忆

与单向形状记忆过程相比，双向形状记忆过程是可逆的，样品不需要经过使用者进行再次变形就可以在原始形状和临时形状之间可逆转换，因此具有极高的实用价值和广阔的应用前景，受到各国研究人员的广泛关注，成为当前的研究热点之一[28-29]。制备双向形状记忆聚合物通常有四种分子策略：液晶弹性体、半结晶网络、双向形状记忆复合和互穿网络[30]。其中，前三种是基于化学合成和相关的预处理制备，最后一种是通过物理方法制备。图 3-2 展示了不同策略的原理和优缺点。

Mather 等[31]在 2008 年首次报告了半结晶网络(SCN)的双向形状记忆行为。在恒定张力的存在下，交联聚(环辛烯)在冷却到熔融温度下经历结晶诱导伸长，并且在加热到熔融温度以上后发生熔融诱导收缩。通过施加张力，微晶在冷却过程中沿拉伸方向取向，当晶体在转变温度以上熔化时会发生熵驱动的收缩[32]。之后，在其他 SCN 中也证明了这种行为的存在[33-36]。Lendlein 小组[37]报道了一种双向可逆三重形状网络，该网络可以通过施加恒定应力在三种形状之间可逆地切换。因此，可以得出结论，SCN 的双向形状记忆效应是基于恒定应力或无应力条件下的结晶诱导伸长(CIE)和熔融诱导收缩(MIC)[38]。CIE 归因于两种不同的伸长机制：第一种是橡胶区的熵弹性效应，第二种是接近结晶温度导致的结晶诱导效应。CIE 实现的伸长率通常为 20%，但通过施加更高的张应力也可以获得高达 100%的伸长率。2013 年，Lendlein 等[39]合成了含聚十五内酯和聚己内酯链段的聚氨酯网络，在无应力的情况下呈现出可逆的形状转变。由于可编程行为，这种合成聚合物很重要。通过加热样品以重置温度，样品恢复到原来的形状，并且能够以不同的方式进行编程。

Wu 等[32]提出的弹性体和结晶聚合物互穿网络(IPN)是制备双向形状记忆聚

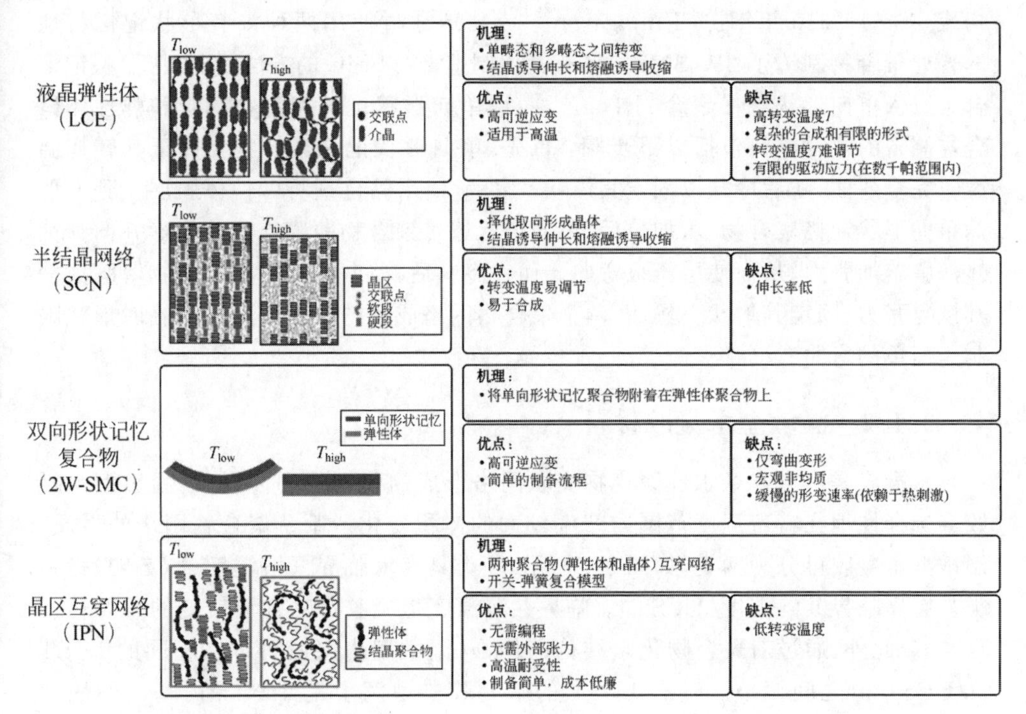

图 3-2　液晶弹性体、半结晶网络、双向形状记忆复合和互穿网络在温度变化过程中的结构、机理和优缺点[30]

合物的最新策略。IPN 是至少两种聚合物网络的组合，聚合物分子交错存在于基质中[40-43]。网络之间没有共价键，因此可以观察到相分离。IPN 涉及开关弹簧组合模型，无需外部载荷和编程处理，如图 3-3 所示。基于此模型，弹性体聚合物起到弹簧的作用，而结晶网络则起到开关作用。通过将系统加热到结晶网络的转变温度以上，开关部分打开，导致系统收缩，同时弹性体被压缩。相反，当系统冷却到结晶网络的转变温度时，由于弹簧的弹性恢复，结晶发生在弹性的方向上[30]。

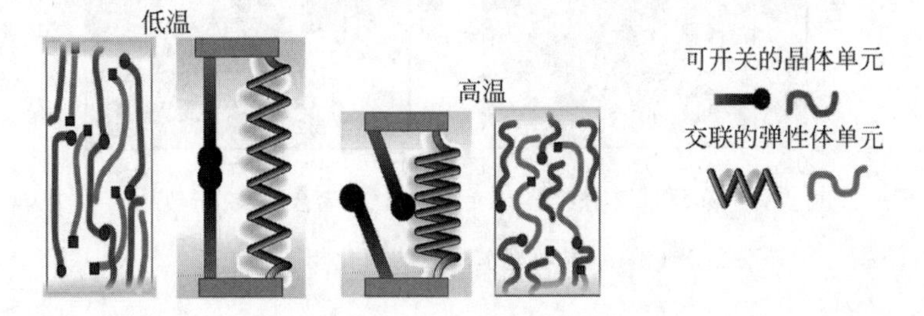

图 3-3　聚合物互穿网络型双向形状记忆效应的高温和低温开关弹簧模型[30]

双向形状记忆复合材料(2W-SMC)是两层聚合物材料在黏合剂的帮助下形成的。通常由两层单向形状记忆聚合物或一层单向形状记忆聚合物和弹性聚合物层构成[44-45]。2010 年年初，Tamagawa[46]成功地通过使用两种没有形状记忆特性的普通聚合物制造了 2W-SMC。还有其他制造 2W-SMC 的方法，例如将形状记忆合金嵌入单向形状记忆聚合物中[47-48]。用单向形状记忆聚合物薄膜和弹性体聚合物制备的复合材料包括以下步骤：首先，单向形状记忆聚合物在高于其转变温度时完全弯曲，随后冷却以固定其形状；然后，使用黏合剂将弹性体膜层压到变形的单向形状记忆聚合物上，加热后，单向形状记忆聚合物薄膜恢复其变形并向弹性体薄膜施加张力，从而使层压板弯曲。而在冷却后，单向形状记忆聚合物薄膜失去其恢复张力，固定其形状。然而，两个聚合物网络成型的必要条件是将临时形状限制为简单的弯曲[49]。

3.1.2 温敏型水凝胶材料

水凝胶是由水和亲水性聚合物交联网络形成的弹性半固体材料，温敏型水凝胶会选择性地在特定温度范围内产生较大的体积变化。基于聚合物网络的性质，温敏型水凝胶可分为两类，如图 3-4 所示，一类具有低临界共溶温度(LCST)，另一类具有高临界共溶温度(UCST)。临界共溶温度是凝胶体系性质转变的重要转折点[50]。此外，通过对聚合物化学结构的修饰，温敏型水凝胶可以在不同的 LCST 和 UCST 值之间调节。具有 LCST 的水凝胶典型例子是聚 N-异丙基丙烯酰胺(PNIPAm)，其研究最为广泛，LCST 约为 32℃；当其温度上升至 LCST 时，PNIPAm 水凝胶会脱水导致体积减小，而当温度降回 LCST 以后，PNIPAm 水凝胶会重新吸水使体积膨胀[51]。具有 UCST 的水凝胶则相反，以聚(丙烯酸-丙烯酰胺)(P(AAc-*co*-AAm))为例，温度上升时水凝胶吸水膨胀，温度降低时水凝胶脱水收缩[52]。

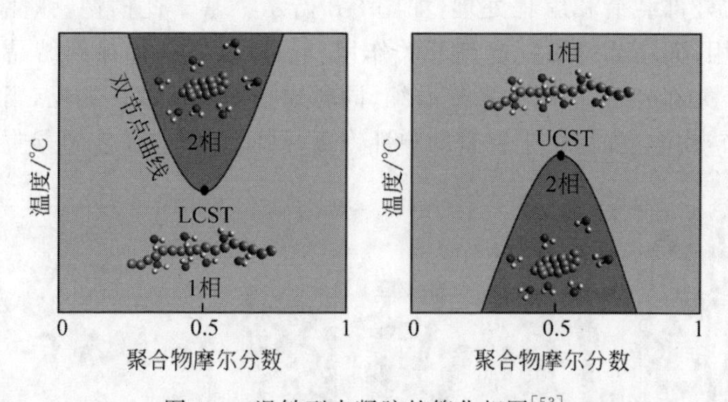

图 3-4 温敏型水凝胶的简化相图[53]

关于温敏型水凝胶热致可逆转变有多种机制，但温度变化时聚合物链亲疏水性的变化导致聚合物溶解度的变化已被证实符合多种温敏型水凝胶。当聚合物溶解在水中时，体系内存在三种相互作用：聚合物链之间、聚合物和水之间以及水分子之间[54]。对于具有 LCST 的水凝胶体系，在临界温度以下，聚合物分子与水分子的相互作用占优势，形成水合状态。随着温度升高，分子振动削弱氢键，此时聚合物链之间相互作用占优，导致脱水和收缩[55-56]。相反，具有 UCST 的聚合物在较低温度下具有更强的链间相互作用，从而防止分子链由于焓壁垒而溶解。升温会增强熵的影响，有利于溶质与溶剂的相互作用，表现为在临界温度以上可溶，在临界温度以下聚集[57]。

Wang 等[58]基于 LCST 和 UCST 型水凝胶，通过喷涂和原位交联工艺引入棉织物的双面，设计了一种温度响应型 Janus 织物，具有可逆的水传输和自适应热管理能力。这两种聚合物分别是聚[2-(2-甲氧基乙氧基)乙氧基乙基-甲基丙烯酸酯]($PMEO_2MA$，具有 LCST)和聚[N,N-二甲基(甲基丙烯酰基乙基)丙烷磺酸铵](PDMAPS，具有 UCST)，两者具有相似的临界转变温度，为 26～27℃，并且无毒害，具有生物相容性。通过在相反侧引入该两种聚合物，可以在一块织物中实现温度变化时可逆的润湿性梯度。在高温(T＞LCST/UCST)下，水可以从疏水的 LCST 侧(内部)输送到亲水的 UCST 侧(外部)，以便穿着该织物的人体汗液可以快速扩散和蒸发并带走身体产生的热量。而在低温下(T＞LCST/UCST)下，内侧亲水外侧疏水，水分和热量可以有效地保留在内侧，以保持内部微环境温暖湿润。这项工作利用两种不同特性的温敏型水凝胶开发了两侧动态响应性和可逆梯度的纺织品，为人体智能热管理提供了新思路，以确保穿着者在各种外界温度下拥有最大的舒适度。常见的 LCST 与 UCST 聚合物如图 3-5 所示。

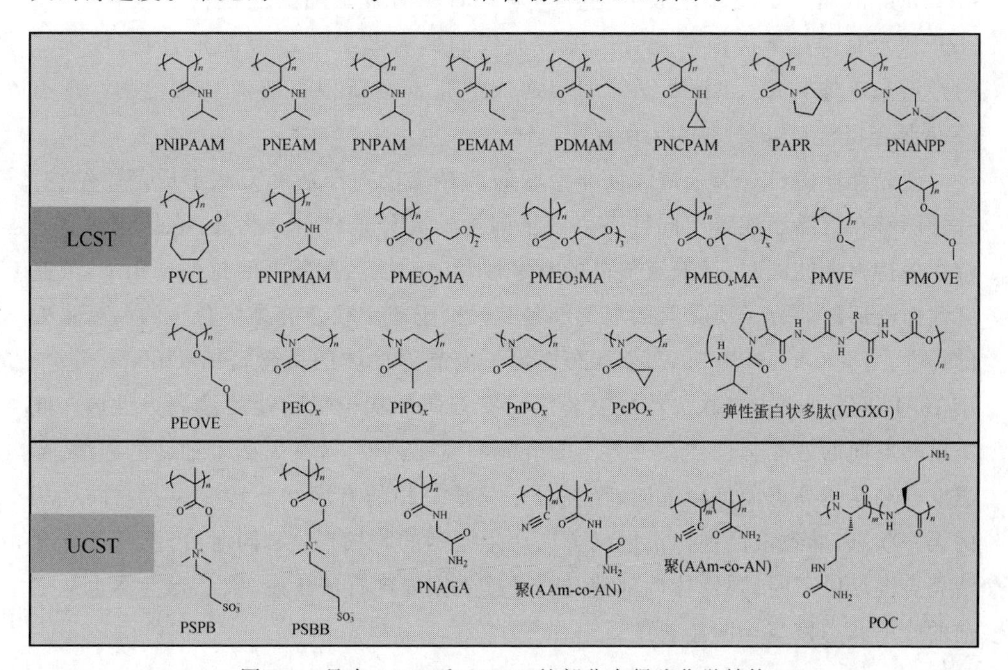

图 3-5　具有 LCST 和 UCST 的部分水凝胶化学结构

3.1.3 液晶弹性体材料

液晶聚合物(liquid crystal polymer,LCP)是一类由液晶分子发生聚合反应或接枝在柔性聚合物主链上得到的功能性高分子聚合物。液晶聚合物的分子排布通常具有一维或二维有序性,且由于分子中含有大量以苯环、杂环等刚性结构为核的液晶基元,所以这类高分子材料具有较好的力学性能,以及优异的热稳定性、阻燃性和导热性能。液晶聚合物现已被制备成各种复合材料,广泛应用于航空、军事等领域,例如美国杜邦(DuPont)公司开发的以聚对苯二甲酰对苯二胺为基本原料的凯芙拉(kevlar)纤维,已被制成各类防爆材料。

液晶聚合物有多种分类方式(例如按形态分类、形成条件分类等),根据液晶分子和聚合物的连接方式,可将液晶聚合物分为主链型液晶聚合物以及侧链型液晶聚合物。顾名思义,主链型液晶聚合物的液晶基元位于聚合物主链上,其液晶分子之间通过柔性烷撑基或硅氧烷相连。液晶基元是引入液晶性的必要条件,其结构上往往含有极性或可极化基团,与柔性间隔链一起降低聚合物的相转变温度,同时极性基团之间的电性力和色散力可以促使液晶分子保持一定的取向有序。主链型液晶聚合物的制备通常利用缩聚反应来制备主链型液晶聚合物,如联苯类二元醇液晶分子与异氰酸类化合物缩聚而成的聚氨酯类主链液晶聚合物、二元醛和含有偶氮苯类液晶化合物缩聚而成的偶氮苯类主链液晶聚合物、联苯二酚类液晶单体与二元酸/酞氯等缩聚而成的联苯类新型主链液晶聚合物。现有液晶聚合物材料如表 3-1 所示。

液晶弹性体(LCE)是指线性非交联的液晶聚合物经适度交联形成网络结构,并且能够在液晶态或各向同性态表现出弹性的高分子材料。此外,液晶弹性体能够在保持弹性的同时,又兼有液晶的有序性和流动性。在外力的拉伸作用下,液晶弹性体内部液晶分子所具有的取向性是其区别于非交联型液晶聚合物的一个重要的特性。De Gennes 于 1975 年首次提出了液晶弹性体的概念,Finkelmann 等[60]于 1991 年通过两步交联法首次制备出具有双向形状记忆功能的液晶弹性体。此类单畴取向的液晶弹性体在外界不断升高的温度刺激下,首先产生细微的收缩,当温度升高至清亮点温度以上时,液晶分子从液晶相的有序状态转变为各向同性相的无序状态,导致液晶弹体沿取向方向产生剧烈的收缩形变;同时,当温度下降至清亮点温度以下时,弹性体内部液晶分子逐步恢复到有序状态,液晶弹性体也从之前的收缩状态恢复至起始长度。

表 3-1 常见的侧链型和主链型液晶聚合物体系[59]

	主链		交联剂	液晶单元	排列方式	微/纳制造
侧链 LCEs	聚硅氧烷 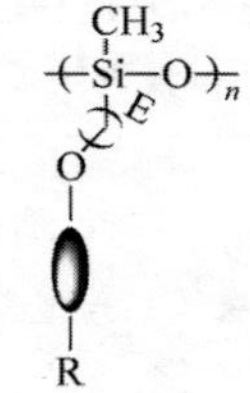 $\leftarrow Si(CH_3)-O \rightarrow_n$	LC	 94	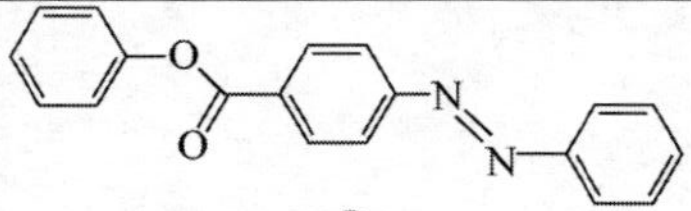 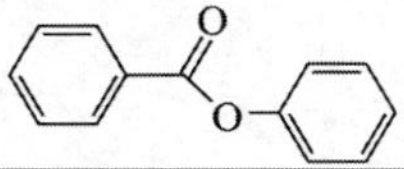	机械应力	×
		Non-LC	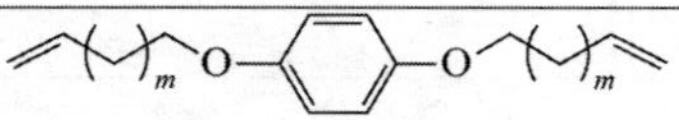 70,71	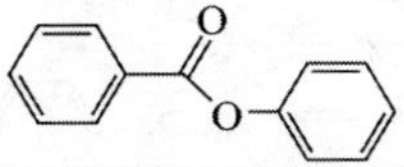		
		Both	 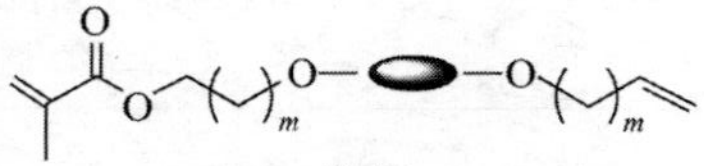 69,96	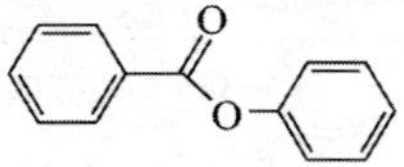 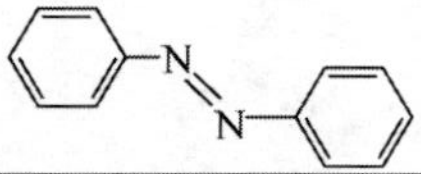		
	聚丙烯酸酯 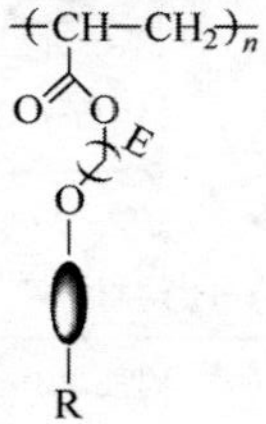 $\leftarrow CH-CH_2 \rightarrow_n$	LC	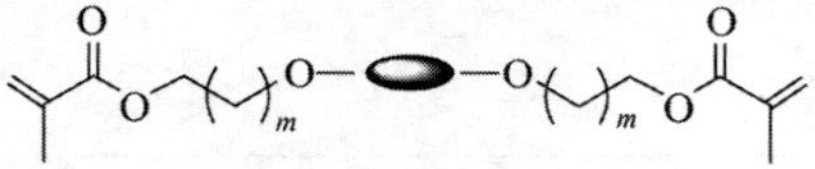 62,78	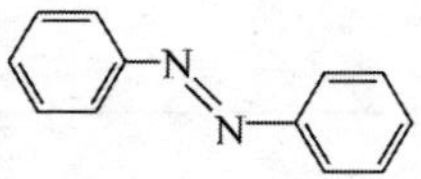	表面排列	☺
		LC	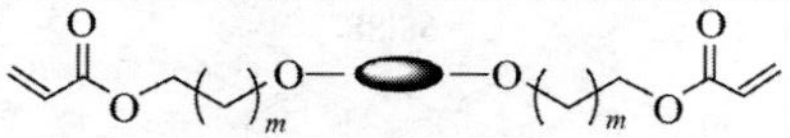 57,62,74,77,78,81,83,86	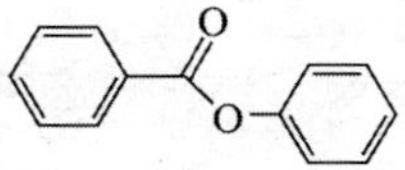	电场/磁场	
		Non-LC	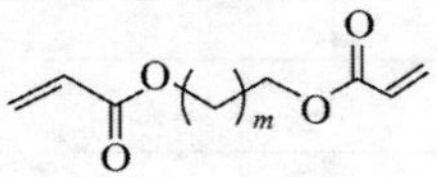 34,79,80,82,84,85,90	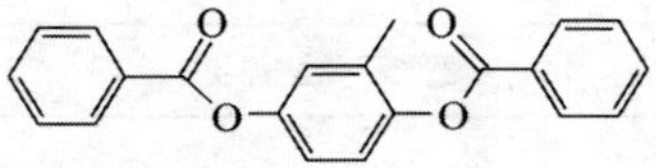	微流体	

续表

	主链	交联剂		液晶单元	排列方式	微/纳制造
侧链 LCEs	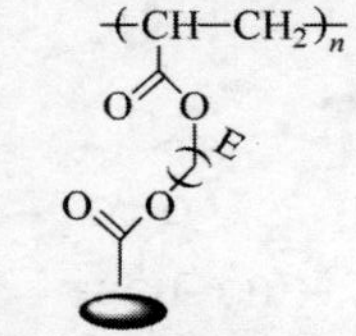 $-(CH-CH_2)_n-$	Non-LC	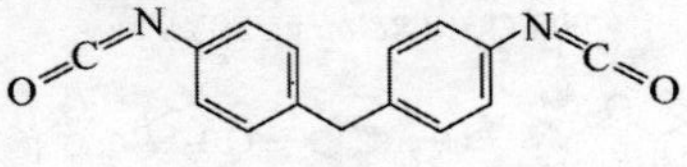 O=C=N–…–N=C=O 88,89	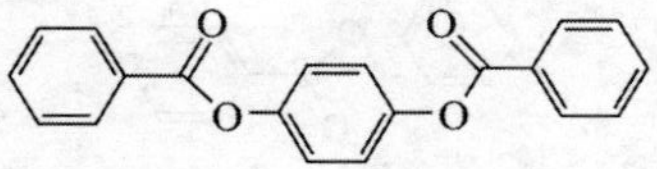	机械力/光	☺
主链 LCEs	硫醇-烯基  $-(CH_2-⬬-CH_2)_n-$	LC	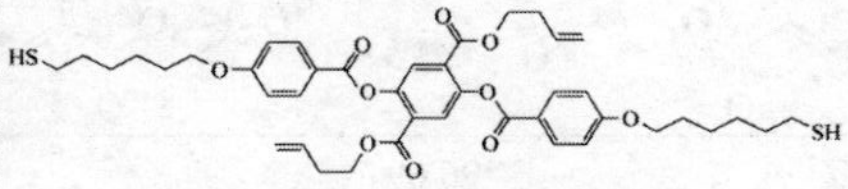 HS…SH 54	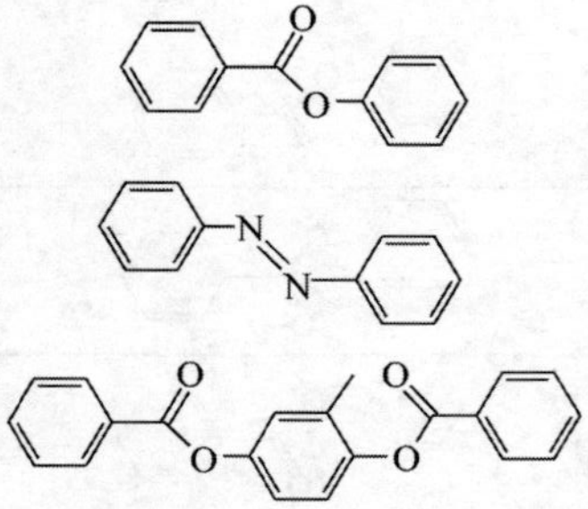	磁场	☺
		Non-LC	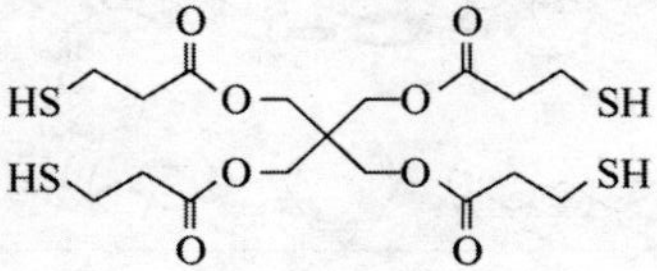 HS, HS, SH, SH 97			
	聚丙烯酸酯基 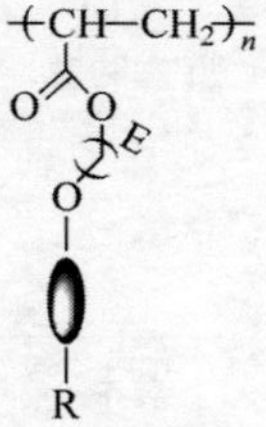 $-(CH-CH_2)_n-$ … R	LC	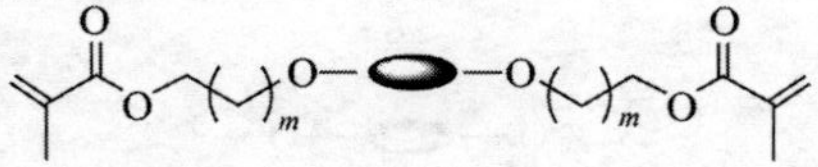 58,87		机械力	×

续表

	主链	交联剂		液晶单元	排列方式	微/纳制造
主链 LCEs	硅氧烷基  $-(CH_2-$⬬$-CH_2)_n-$	Non-LC	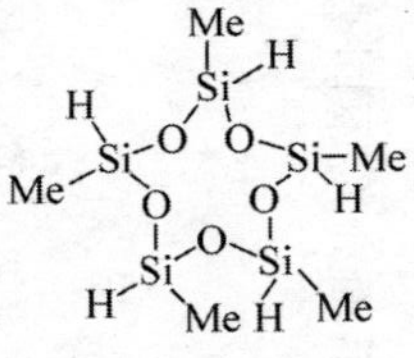 环状甲基氢硅氧烷（Me、H、Si、O）98			×
	环氧基 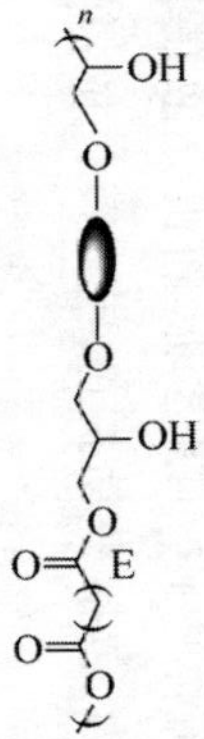	Non-LC	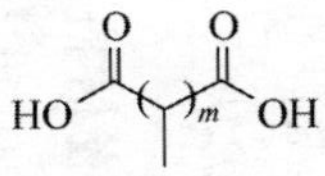 HOOC–(CH(CH₃))ₘ–COOH 93,95	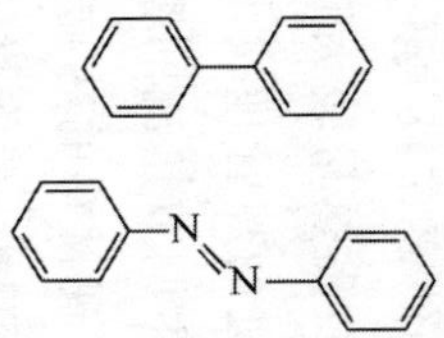 联苯；偶氮苯（Ph–N=N–Ph）	机械力	×

3.2 智能导热调控

目前主流的热控技术分为被动热控技术和主动热控技术。被动热控技术发展较为成熟，通常使用热控涂层、多层绝热部件和其他热控材料，通过优化系统器件的布局和结构优化工作系统与环境间的热量交换。但是，被动热控制技术是一种开环控制技术，在控制过程中控制系统因得不到被控对象的温度反馈，无法实时响应环境的温度变化，可控性较低。现有的主动热控制技术包括电加热器、百叶窗等，多为单一的加热或者散热技术，很难满足一些复杂的传热要求，且能耗较高，在寿命和响应性方面仍然存在较大不足。在空间技术领域，对于温度敏感且环境温度波动大的载荷，以及发热量较大且工作温度范围要求严格的设备，如通信终端、蓄电池等，亟需更先进的热管理技术来满足其温度控制需求。因此，对能够实时响应外界环境变化、自主调节热流的智能热控技术的需求非常紧迫，而实现智能热控制技术的关键是要实现材料的热物性智能调控。

对于热学性质的调控，智能材料热导率的主动和可逆调节是关键。其热导率 k 需要能根据外部刺激做出响应，在开（高）/关（低）状态之间切换，或连续改变热导率的大小。衡量热智能材料最关键的指标是其响应前后热导率的最大变化幅度 $r=k_{on}/k_{off}$（k_{on} 和 k_{off} 分别为热智能材料的最大和最小热导率）。近些年，已有不少研究者研发了不同的材料，通过不同的操纵机制实现了对材料热导率的可逆调节。本节将不同响应机理总结在图 3-6 中，并在后面介绍不同类型热智能材料的响应机理、调控幅度以及优缺点。

3.2.1 纳米悬浮液材料

低维纳米颗粒拥有卓越的导热性能[62]，例如碳纳米管、石墨烯的热导率超过了 1000 $W \cdot m^{-1} \cdot K^{-1}$。研究者将高导热纳米颗粒添加到传统换热工质（如水、有机溶剂等）中制备得到纳米颗粒悬浮液，希望提高其导热性能。但大量实验结果显示，单纯地添加纳米颗粒对流体基质的热导率提升幅度有限[63]，原因之一是低维纳米颗粒的性能具有各向异性，其高导热性能需沿某一方向定向排列才能体现，而纳米颗粒与流体基质间的界面热阻限制了系统热导率的提升[64]。无外场时，纳米颗粒在流体中作布朗运动，随机分散在基质中。布朗运动实质是颗粒在液体中的扩散行为，包括平动扩散与旋转扩散，纳米颗粒的旋转扩散与其定向行为直接相关。

清华大学曹炳阳研究团队[63,65-66]发展了计算纳米颗粒的扩散系数及扩散张量的方法，验证了旋转扩散系数与颗粒定向性之间的关系，模拟证明了电场下低维纳米颗粒会在溶液中转动并首尾相接而形成链状结构，形成有效导热网络（图 3-6(a)）。此时，热量的传输主要通过由颗粒形成的网络进行，热导率得到有效提升，达到“渗

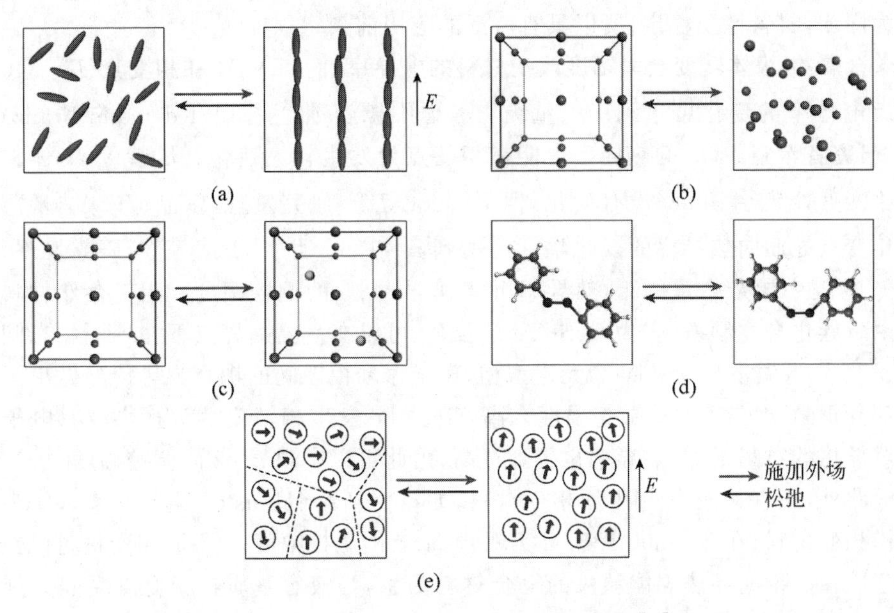

图 3-6　不同热智能材料响应机理示意图[61]

(a) 纳米颗粒悬浮液；(b) 相变材料；(c) 原子插层材料；(d) 软物质材料；(e) 受电磁场调控的材料

流”的效果[67]。在电场作用下，低维纳米颗粒极化形成偶极子，两个极化后的低维纳米颗粒受到库仑力作用而相互吸引，形成链状结构。在此基础上，曹炳阳研究团队[68]利用石墨烯片状纳米颗粒作为悬浮颗粒，利用电场作为外场调节，实现了 $r=1.4$ 的调节幅度，其响应时间在毫秒量级。Philip 等[69-71]利用 Fe_3O_4 铁磁性纳米颗粒作为悬浮颗粒，磁场作为外场，进行了一系列的实验研究。他们发现，Fe_3O_4 铁磁颗粒-煤油系统在 $B=1.01\times10^{-2}$ T 时，调节幅度最大可达到 $r=2.16$，并根据颗粒的扩散弛豫时间计算系统的响应时间约为微秒量级。同时，也有研究者利用高热导率的碳纳米颗粒，如石墨烯等来替代铁磁性颗粒。Sun 等[72]利用石墨烯纳米片作为悬浮颗粒，磁场作为外场，在 $B=4.25\times10^{-2}$ T 时实现了 $r=3.25$ 的调节幅度。使用纳米颗粒悬浮液作为热智能材料，响应速度在毫秒量级，能耗小，并且可以连续调节热导率的变化。

3.2.2　相变材料

相变材料在相变温度处会发生相态变化，使得自身的物质结构发生转变(图 3-6(b))，材料的热导率也随之改变。当温度回到原区间时，其结构和热导率也会恢复原样，从而实现开关型热调控的效果。按照相变形式，相变材料可分为固-液、固-固、固-气、液-气四类。由于固-气和液-气相变材料相变前后体积差异较大，所以广泛研究与应用的主要是固-固与固-液两类相变材料。固-固相变材料包含多种类型，如金属-绝缘相变材料、相变存储材料、磁结构相变材料等，由于转换前后均为固相，材料性质稳定，所以具有广泛的应用前景。

金属-绝缘体转变会大幅度改变材料的电导率，例如 VO_2 在相变点 $T=340$ K 附近电导率的变化可达到 10^5 量级。考虑维德曼-弗兰兹（Wiedemann-Franz）定律，研究者希望 VO_2 的热导率也能在相变点处发生较大变化。尽管 VO_2 体材料在相变点处热导率几乎没有变化，但 Kizuka 等[73]研究发现，多晶 VO_2 纳米薄膜在相变点处面向热导率的变化幅度可达到 $r=1.6$。此外，Lee 等[74]研究发现，在 VO_2 薄膜中掺杂少量的钨，热导率可实现 $r=1.5$ 的调控幅度。相变存储材料主要由硫族化合物制备，多为 GeSbTe 系合金，可以在室温临界点下在不同相态间切换[75-76]。低温下，GeSbTe 为无定型相，声子振动模态间的耦合为热传导做出了绝大部分贡献，热导率低；随着温度升高，GeSbTe 发生相转变，变为六方相，电子运动对导热的贡献增加，热导率也得到提高，由此可以实现 $r=2$ 的调控幅度[77]。

此外，还有其他一些固-固相变材料，如霍伊斯勒（Heusler）合金[78-79]，作为磁结构相变材料，在 $T=300$ K 时可实现 $r=1.6$ 的调控幅度。固-液相变材料以在液态基质中掺杂高导热固体颗粒的复合材料为主，当液态基质在相变点凝固为针状晶体后，内含的固体颗粒会沿晶界排列，搭接形成有效的导热通路，在低温下提升系统的热导率。Zheng 等[80]最早选用石墨烯-十六烷复合材料，在 $T=291$ K 下，实现了 $r=3.2$ 的调控幅度，且调控范围经多次循环后没有明显变化。后续研究结果表明，将石墨烯片更换为其他低维碳材料，基本上都能取得类似的调节效果[81-85]。相变材料的响应速度与系统和环境的温差有关，可通过调整外界制热/制冷功率来调整系统响应时间的快慢。

3.2.3 原子插层材料

对于具有层状结构的材料，在其原子面间插入新原子，会改变材料的微观结构，进而改变其热学性质。将原子插入层状材料的有序晶格中会导致其晶格产生缺陷，如图 3-6(c)所示，使得声子散射增强，材料热导率降低。例如，锂离子的插入会导致石墨和 MoS_2 薄膜热导率的降低[86-87]。目前除利用静态插层技术改变材料热导率，通过电化学驱动使原子动态进出晶体结构的技术也得到了发展，使层状材料的热导率可以进行可逆转换，从而实现了智能调节的效果[88]。

Cho 等[89]发现，对于电化学电池中的 $LiCoO_2$ 薄膜电极，在充放电循环中，$LiCoO_2$ 进行了锂化与去锂化过程，在 $Li_{1.0}CoO_2$ 与 $Li_{0.6}CoO_2$ 间转化，热导率发生可逆变化，调节幅度可达到 $r=1.46$，但系统响应时间缓慢，一次充放电循环长达数小时。类似地，对于二维材料黑磷，锂离子的浓度也会在充放电过程中发生变化，导致其面向热导率发生可逆转变，调节幅度达到 $r=1.6$。Lu 等[90]利用铁（Ⅱ）自旋交越（SCO）材料，通过改变其两端的电极方向使 SCO 材料发生氢化或氧化，在钙钛矿相（BM-SCO）、闪锌矿相（P-SCO）和高掺杂钙钛矿相（H-SCO）三种不同的相态间转变，实现了最高 $r=10$ 的调控幅度，但其调节过程仍需要数十分钟来完成[91]。使用电化学手段调控材料的热导率，最大的问题在于其响应时间，由于离子出入晶体的过程相对缓慢，其调节过程可能长达几分钟甚至几小时。

3.2.4 软物质材料

软物质材料的物态介于固态和流体之间，液晶、橡胶等材料均为软物质材料。在外界微小的作用下，软物质材料的结构或性能会发生显著变化，如聚合物基团的构象转变等。这种外界作用可以是力、热、光、电磁及化学扰动等[92]（图 3-6(d)）。该特性使软物质材料具有成为热智能材料的潜力。

Shin 等[93]发现，光敏型偶氮苯聚合物在可见光和紫外光的照射激发下，偶氮苯基团的构象会在顺式和反式之间变化，π-π 堆积几何结构改变，热导率也产生较大变化，可实现 $r=2.7$ 的调控幅度，响应时间在 10 s 量级。Li 等[94]以热敏型聚合物聚异丙基丙烯酰胺（PNIPAM）的稀释水溶液作为研究体系，发现在其相变点 $T=305$ K 附近，PNIPAM 链构象发生变化，热导率调节幅度可达到 $r=1.15$，由于其为二阶相变，响应时间快，在毫秒量级。类似地，Shrestha 等[95]发现，结晶化的聚乙烯纳米纤维在温度临界点 $T=420$ K 处，部分聚合物链发生分段旋转，从高度有序的全反式构象转变为具有旋转无序性的高切式与反式构象的混合，热导率发生变化，平均调节幅度高达 $r=8$。Zhang 和 Luo[96]针对聚乙烯纳米纤维进行了分子动力学模拟研究，在机理上证实了聚合物链的分段旋转会导致链结构的无序，从而影响声子沿分子链的传输，使热导率下降。Shin 等[97]研究发现，向列相液晶在磁场作用下，通过液晶单体的光聚合作用，形成了定向的液晶网络，在 $B=0.4$ T 时实现了 $r=1.4$ 的调控幅度，响应时间为数百秒。Tomko 等[98]考虑生物大分子材料，设计了具有串联重复序列的蛋白质，其链结构可在水合作用下发生变化，使热导率的调控幅度达到 $r=4$，响应时间为百秒量级。作者团队[99]在水凝胶系统中实现了智能热开关，在室温下调控幅度达到 $r=3.6$，并分析了含水量和内部结构变化对调控效果的影响。软物质材料可针对多种外部刺激做出反应，响应性好，且响应时间的跨度很广，可从毫秒量级到数十分钟，但由于自身热导率偏低，一定程度上降低了其高调控幅度的应用价值。

3.2.5 受特定外场调控的材料

部分铁电材料可通过电场控制实现热导率的可逆调节，铁电材料中的电畴密度会影响声子输运[100]，进而改变材料的热导率。无外场时，大量的畴区具有不同的极化方向，施加电场后，偶极子沿电场方向排列，如图 3-6(e)所示，使畴壁密度降低，畴壁引起的声子散射降低，材料的热导率提高。

Ihlefeld 等[101]选用多晶锆钛酸铅（PZT）双层薄膜作为研究系统，施加电场降低薄膜中纳米级畴壁的密度，使薄膜热导率提高。外加 $E=475\ \mathrm{kV\cdot cm^{-1}}$ 的电场，可实现 $r=1.11$ 的调节幅度，其响应时间在亚秒量级。外加电场还会使部分铁电材料产生铁电相变,从而改变材料的热导率。Kalaidjiev 等发现,硫酸三甘肽在 $E=4.2\ kV \cdot cm^{-1}$ 的电场下,热导率会提高,可实现 $r=1.2$ 的调控幅度。Deng 等[102]通过电场影响有机铁电材料聚偏氟乙烯(PVDF)的原子结构,从而对其热导率进行调控,调控幅度可达 $r=1.5$。此外,Deng 等[103]通过模拟发现,通过电场调控氢键同样可以实现对有机尼龙热导率的控制,调控幅度可达 1.5。

对于磁场,维德曼-弗兰兹定律在磁场的存在下仍然成立,经典磁电阻模型预测磁场会降低金属或半导体的电导率,并因此降低热导率,但对于室温下的大多数金属而言,这种效应可以忽略不计。但在铋和铋合金中观察到了较为明显的磁电阻效应,对于锑化铋合金,室温下施加 $B=0.75$ T 的磁场,可实现 $r=1.2$ 的调控幅度。除经典磁电阻效应,当纳米尺度的金属铁磁体被非磁金属薄域隔开时,会产生巨磁电阻效应[104]。当无外场时,磁极矩无序排列,材料电阻率较高,施加磁场后,磁矩沿磁场方向排列,材料电阻率降低,并带动热导率提高。Kimling 等[82]发现 Co/Cu 多层薄膜的法向热导率在 $B=0.2$ T 的情况下可实现 $r=2$ 的调控幅度,面向热导率可实现 $r=1.2$ 的调控幅度,其响应时间在微秒量级。

在应力作用下,材料会发生构型变化,引发材料性质的改变。利用应力来调控材料的电学、光学、力学等性能的技术已经比较成熟[105]。模拟方面,Li 等[106]利用分子动力学方法研究了应变场对二维硅材料热导率的影响,表明当硅纳米线由拉伸状态转为压缩状态时,其热导率会不断提高,这是由模态化声子的群速度和单独声子支的比热在纳米线压缩过程中均发生下降造成的。Yang 等系统研究了应力对一维材料的热导率影响,包括二硫化钼纳米管[107]、一维范德瓦耳斯异质结构(碳-氮化硼纳米套管)[108]、环氧树脂原子链[109-110]等。研究发现,应力可以高效调控一维材料的热导率,调控幅度最高可达 $r=30$。实验方面,Yu 等[111]研发了一种液态金属泡沫弹性体复合材料,当应变率达到 400%时,可实现 $r=3.5$ 的调控幅度。Du 等[112]制备了一种可压缩的开孔石墨烯复合泡沫材料,当压缩率为 80%时,可实现 $r=8$ 的调控幅度,其调控时间在十分钟量级。

3.3 自修复导热调控

自修复导热复合材料是一类可以自发或者在外界刺激(水、热等)下识别结构损伤并恢复其原有性能的新型智能材料。近年来,导热自修复复合材料作为智能导热领域的一个新概念,在实现高导热的基础上,增强了材料的结构和性能的稳定性。聚合物易修饰,链段运动性好,材料界面相容性强,因此聚合物基自修复导热复合材料成为导热材料领域最为关注且发展最为迅速的研究对象之一。同时,根据聚合物是否添加外加修复剂,自修复导热复合材料又可分为外援型自修复导热材料和本征型自修复导热材料[113-114]。下面对自修复的机理、影响因素及分类进行论述。

3.3.1 自修复概况

对于自修复理论的理解，结合链段扩散理论，聚合物的自修复一般可分为五个阶段：①表面重排，②表面接近或接触，③润湿过程，④扩散过程和⑤链段随机化[115-118]。自修复为链段靠近，然后相互浸润、扩散以及重排的过程。界面处的分子扩散和链段随机化的蠕动模型如图 3-7(a)所示[65]。

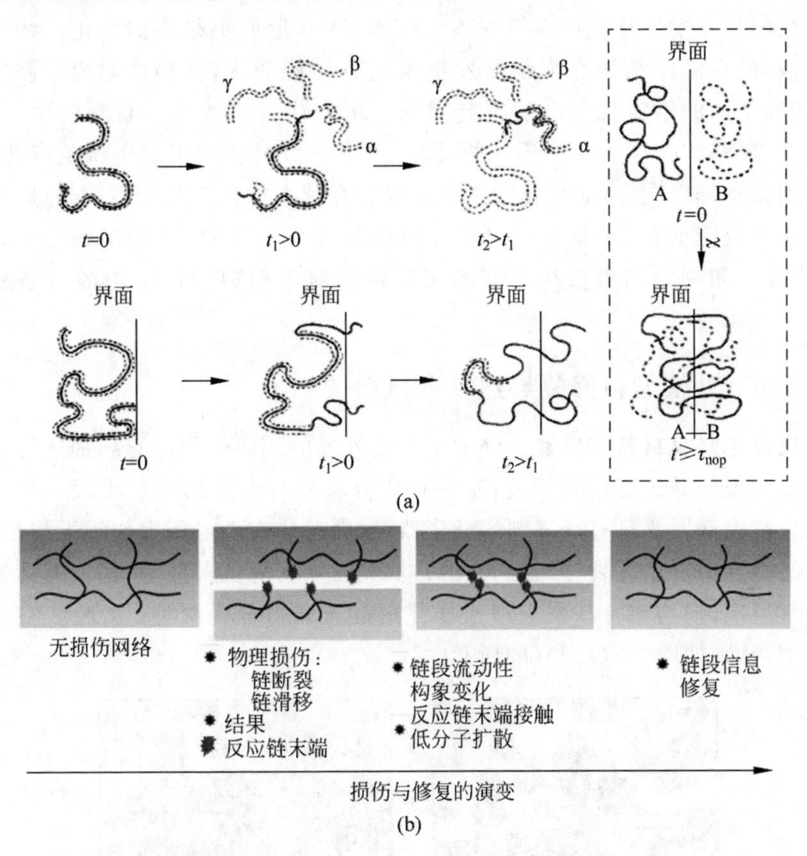

图 3-7 (a) 修复过程中跨界面的分子扩散和随机化行为的蠕动模型[115]；(b) 聚合物材料中理想损伤-修复循环演变的示意图[117]

在自修复理论上，van der Zwaag 等[119-120]认为材料的自修复需要实现三个概念：位置、时效、运动性。所谓位置就是指破坏发生的区域(材料表面还是内部)及破坏程度，即损伤可以是表面的(划痕、裂缝或割伤)，也可以是深度的(表面损伤的传播、纤维脱粘或分层、导热材料网络受损等)。时效是指完成自修复过程的时间，主要包括两种：材料内部修复剂的扩散时间，断裂后化学键的重组时间。由于损伤是瞬态的，材料结构的修复存在时间过程，所以降低修复时间成为研究的关键。运动性是材料内部修复剂在基体内的扩散及本征型聚合物的分子链段的运动程度。哲学上讲,其属于量变到质变的一个具体过程。在这一基础上,Utrera-Barrios等[120-121]完善了材料自修复的机理,提出材料的自修复主要是通过材料内部的修复剂或材料分子链段内的动态可逆化学作用来实现的。

如图 3-7(b)为聚合物材料中理想损伤-修复循环演变的示意图。Yang等[115-116]认为在外界的作用下,聚合物网络在损伤处发生分子链断裂或滑移,并产生反应性基团。假如材料具有结构自修复功能,则在周围环境下反应性基团能够在基体之间自发发生反应($\Delta G=\Delta H-T\Delta S<0$),形成更稳定的氧化产物或者聚合物链段,使得链段结构在损伤处发生重组或异构变化,材料缺陷得以修复。因此,反应性基团的稳定性以及能否与周围环境发生反应决定着材料的修复效果。除此之外,裂解或移位的大分子片段运动,也会导致材料组织发生构象变化、扩散和宏观网络重排。同时,如果化学物理过程相互独立或在空间上不同步,则化学键重组的化学反应受限,必将导致自修复可能性降低,这同样适用于物理变化。因此,化学反应和物理网络重构之间的相互作用对于材料损伤结构的自修复至关重要。

3.3.2 外援型自修复导热复合材料

外援型自修复材料在修复条件上不需要外界的刺激作用(加热、加压等),能够自发地识别损伤并实现自我修复,是一种研究较早且有效的修复手段。基本原理是先在材料内部埋入具有修复剂的微容器,材料基体在外界压力作用下损伤,此时损伤处的微容器发生破裂,修复剂流出并填充在损伤部位。然后,修复剂与聚合物引发化学反应,损伤愈合。根据埋入修复剂的方式可分为两种:微胶囊型和微脉管网络型,分别如图 3-8(a)和(b)所示[121]。

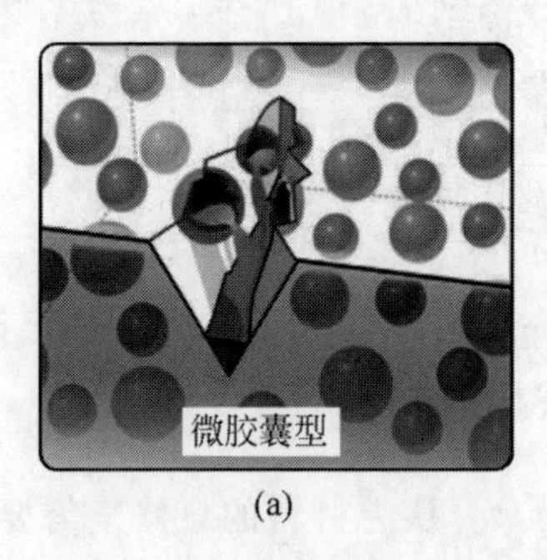

(a)

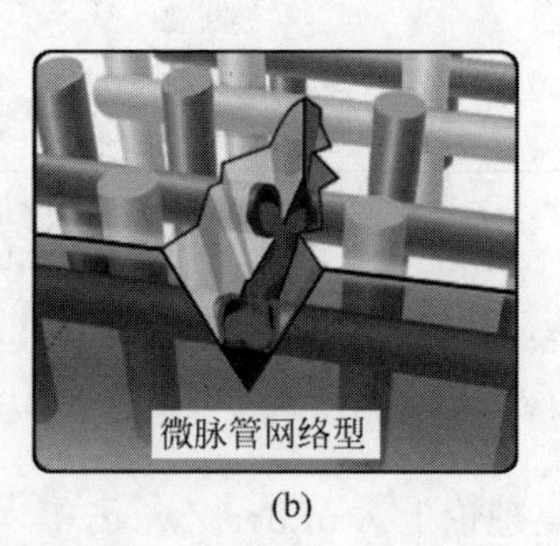

(b)

图 3-8 (a)微胶囊型及(b)微脉管网络型自修复机理图[121]

1. 微胶囊型自修复材料

近年来,国内外多所研究机构对微胶囊体系进行了更加深入的研究,突破性地发展了多种新型微胶囊体系。如图 3-9(a)所示[122],除了微胶囊/分散催化剂体系,微胶囊型体系创新地发展了以下四种体系。①单胶囊体系:胶囊内部含单种类型的修复剂。材料受损时，修复剂释放，然后与基质自发地或在外界刺激下引发聚合反应，实现缺陷的自修复。②相分离/微胶囊体系：胶囊内含有一个或多个相分离的胶囊均匀分散在基质内，受损后胶囊破裂，胶囊间发生反应，损伤修复。③多胶囊体系：含有两种或两种以上的修复剂，放置在不同的胶囊里并均匀分散在基质材料中，实现多种胶囊共同修复。④一体化微胶囊体系：该体系延续了微胶囊/催化剂自修复材料，不同的是将修复剂和催化剂等以分层方式放置于同一胶囊内，当受外力损伤时，胶囊破裂且分离层断开，两者聚合反应实现修复。

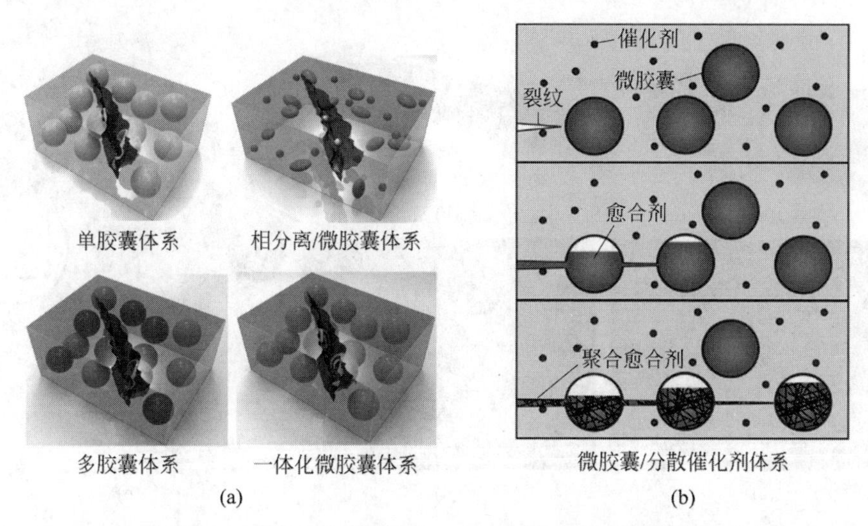

图 3-9 (a) 多种微胶囊自修复体系；(b) 微胶囊/分散催化剂体系自修复过程

2001 年，伊利诺伊大学 White 等[122]在环氧树脂基体内均匀掺杂二环戊二烯和铂催化剂，当材料结构发生断裂时，掺杂剂与基体发生反应而实现热固性塑料结构的自修复，修复后的材料韧性的修复率为 75%，如图 3-9(b)所示[123]。该工作是外援型自修复研究的新起点，但材料的修复效率较低。Keller 等[124]发展了外援型修复材料，用乙烯基聚二甲基硅氧烷和铂催化剂得到了一种可自修复的有机硅弹性体，力学强度的自修复效率高达 120%。在导热方面，Wang 等[125]通过在石蜡中填充不同质量分数和不同类型的石墨，开发了一种新型的微胶囊型相变复合材料(PCC)，该材料的导热性相对于原始石蜡提高了 70 倍，经 500 次循环，其热性能保持稳定。虽然近期研究的修复效率得到了明显提高，但由于该体系常将修复剂装载于胶囊中，催化剂均匀掺杂在基体内，修复损伤的即时性较差，所以材料的修复效率相对较低[126-129]。

2. 微脉管网络型自修复材料

利用微胶囊型制备得到的自修复聚合材料显示出较强的力学性能和自修复性能，但是修复区域仅限于材料含有胶囊愈合剂的位置，不能全方域进行修复。此外，胶囊型自修复是由胶囊破裂后，愈合剂与基体发生反应导致的，基体内愈合剂的量决定了材料修复的次数，当愈合剂流失时，材料的自修复性能就会丧失[128]。为了使聚合物及复合材料实现多个周期的自修复，研究者们受生物皮肤愈合理论启发，仿照3D微血管网络设计了一种能够自主且重复修复损伤的自修复系统(图3-10(a))。Dry等[130]最早将环氧树脂涂覆在填充黏合剂的中空玻璃纤维上，得到微脉管型材料，并定性地检测了材料的修复能力(图3-10(b)～(d))。Toohey等[115]将含有双环戊二烯的微脉管网络结构与含有Grubbs催化剂的环氧树脂基体进行机械共混，结果发现，材料经7次损伤愈合后，修复效率仍可达50%。

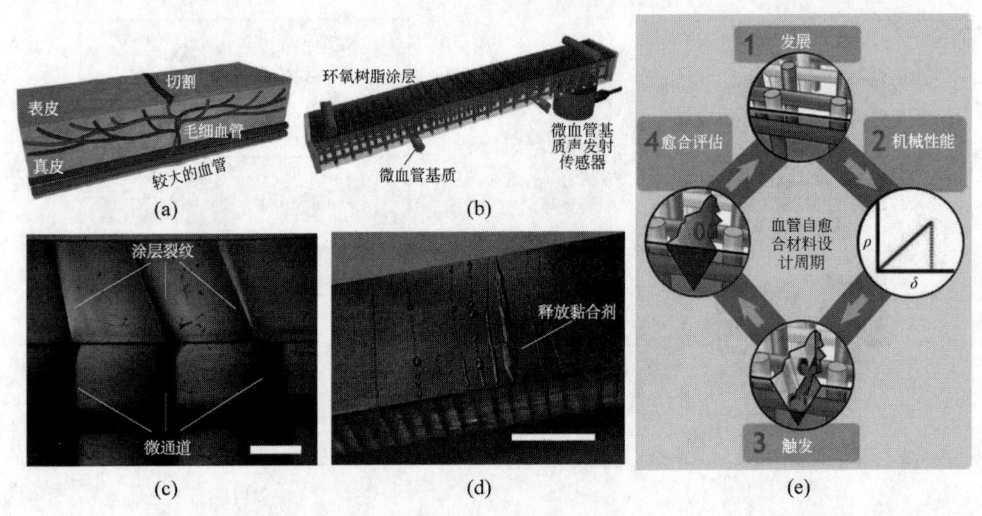

图3-10 (a) 皮肤真皮层的毛细血管示意图；(b) 由微血管基底和环氧树脂涂层组成的自修复结构；(c) 涂层的横截面照片；(d) 涂层中形成裂纹后自修复结构的光学图像；(e) 胶囊基自修复材料的修复过程

此后，研究者们进一步扩展了微脉管型体系，利用3D打印等多种技术手段，构建了2D或3D的修复体系。研究人员还将多种修复剂分别装载于不同微管路网络中，从而进一步提高了材料的修复次数和修复效率。微脉管网络型能存储更多修复剂，当损伤部位附近的微管内修复剂不足时，修复剂可由周围得到补充而达到多次修复目的，补充来源包括由外部注入或从微管路体系中其他未受损区域补充(图3-10(e))。

3.3.3 本征型自修复导热复合材料

化学方面，在自修复材料的分子结构中"引入"可逆相互作用，有助于聚合物网络的重构，达到材料的自修复效果。与外援型自修复材料不同，本征型修复材料不需要在基体内掺杂修复剂，可利用材料本身的大量可逆动态化学键或弱相互作用实现材料的多次自修复。但本征型自修复材料的自修复过程常需要外界辅助条件，如加热、光照、电磁作用等。从"引入"键的类型来看，本征型的自修复材料可分为动态共价键型自修复材料(狄尔斯-阿德尔(Diels-Alder)反应、硼酯键、酰腙键、二硫键等)、动态非共价键型自修复材料(氢键、配位键、离子键、主客体相互作用、π-π 堆积等),以及两者结合的自修复材料三大类。下面对近期的相关研究进展进行论述。

1. 基于动态共价键的自修复材料

动态共价键是指在外部刺激下发生可逆断裂和形成(重组)的化学键。动态共价键的键能较大且稳定,因此,设计材料的强度较高,常作为高机械强度的材料基体。但是由于共价键的键能较高,共价键的可逆性修复所需要的条件较为苛刻。下面将对不同动态共价键类型的自修复材料及其在导热方面的应用进行详细论述。

(1) 狄尔斯-阿德尔反应

狄尔斯-阿德尔反应主要是依靠一个共轭双烯和一个取代烯烃进行可逆成环反应,是合成自修复塑性材料的理想选择之一[131]。主要机理是升温过程中,交联产物在较高温度下(120℃左右)断裂生成共轭双烯和烯炔;降温过程中,具有热可逆的化学交联网络重新生成,材料重新达到初始性能[132]。

狄尔斯-阿德尔反应对于材料的可重复循环使用具有很强的促进作用。Truong 等[133]利用软硬段之间存在动态狄尔斯-阿德尔反应设计了一种热固性聚氨酯。材料的最高机械强度为 30 MPa,杨氏模量达 225 MPa,在 60～70℃温度范围内具有较好的修复能力,最高修复效率达 95%。在复合材料方面,如图 3-11(a)所示,Cao 等[134]利用狄尔斯-阿德尔反应将马来酰亚胺改性氮化硼(*m-h*BN-OH)和含糠醛胺的环氧树脂基体复合,得到 *m-h*BN-OH/环氧树脂自修复导热复合材料。当 *m-h*BN-OH 含量为 5 wt%时,复合材料的热导率为 0.44 $W \cdot m^{-1} \cdot K^{-1}$,140℃条件下自修复效率达 70%。该体系的热导率较小,对修复的条件要求较为苛刻,但是为两相复合下自修复导热复合材料的制备指明了道路。相同机理下,Chen 等[135]选择丙烯酸和原始石墨分别为亲二烯和二烯,利用狄尔斯-阿德尔反应对石墨进行表面改性,然后填充在聚乙烯醇基体内(AA@G)。良好的界面相互作用使得材料的稳定性提高,当填料含量为 30 wt%时,AA@G 复合材料的热导率高达 21.3 $W \cdot m^{-1} \cdot K^{-1}$(图 3-11(b))。后来研究者将原始石墨与丙烯酸通过狄尔斯-阿德尔反应进行了改性,以提高石墨的惰性(AA@G)。AA@G 的最大热导率达到 21.3 $W \cdot m^{-1} \cdot K^{-1}$,较未改性的相同质量分数的石墨复合材料其热导率提高 44%。但是由于材料内部狄尔斯-阿德尔反应有限,所以修复性能较差。

为了提高材料的自修复性能,Li 等[136]选择糠酰缩水甘油醚(FGE)、Jeffamine® EDR-176(EDR)、4,40-双马来酰亚胺二苯乙基(MDPB)和氟化石墨烯(FGO)作为原料,利用狄尔斯-阿德尔反应制备得到带有四个呋喃基团的长链 FGE-EDR/MDPB@FGO 自修复材料。该材料实现了快速、高效的多通道自修复,在 110℃条件下自修复效率达 90%,红外光照射 5 s 的自修复效率达 106%,微波

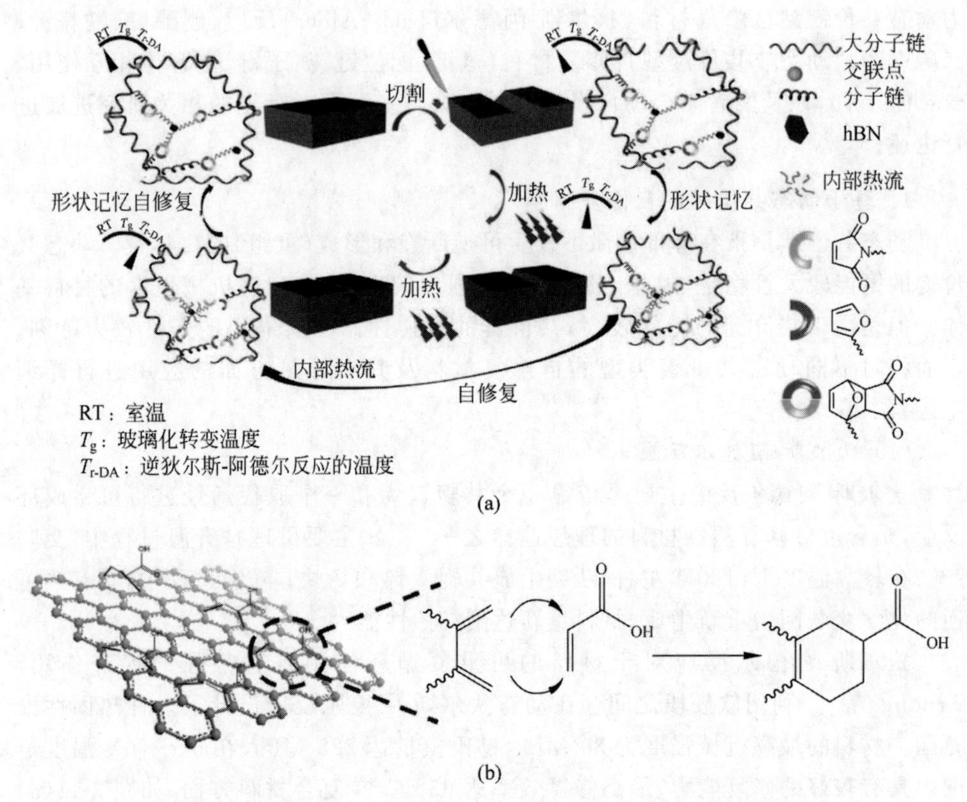

图 3-11 (a) 基于狄尔斯-阿德尔反应的 m-hBN-OH/环氧树脂的结构设计[134]；(b) AA@G 的界面化学结构示意图[135]

辐射 60 s 的自修复效率达 133%，平均光热转换效率可达 59.8%。狄尔斯-阿德尔反应获得的材料机械性能优异，能够修复完整的切割和宏观损伤，在军事装备、防护涂料、建筑材料等方面具有广阔的应用前景。但由于目前其反应温度较高，高温下材料易分解，修复条件较为苛刻等原因，导致狄尔斯-阿德尔反应在导热材料方向的发展和应用受到限制。因此，未来可以通过有效改造狄尔斯-阿德尔反应基团，达到低温修复、防止降解、热稳定性较高的目标。

(2) 硼酯键作用

硼酸酯是通过硼酸和二醇在本体或无水有机溶剂中结合而形成的可逆三角平面化合物。调节邻位基团，硼酯键的酯交换极易在惰性和活性之间调整。同时，硼酸酯中 B—O 键的动态行为可通过多种方式获得，例如水解/脱水、与外部添加的二醇的酯交换，以及不同硼酸酯化合物之间的分解等，因此常被用于设计自修复、可降解和可转换的聚合物材料[137-138]。

Bao 等[139]利用聚丙二醇(PPG)链末端的邻氨基甲基苯硼酸基团的三聚反应，合成了与氮配位的 3D 聚合物网络；然后，利用含氮配位的硼氧烷基 PPG 与聚丙烯酸(PAA)聚合,制备了具有拉伸强度为 0.19 MPa、6 h 自修复率高达 99%的聚合物材料(图 3-12(a),(b))。Lai 等[140]利用硼酯键动态可逆修复的原理合成了含动态硼氧六环的聚合物。该聚合物材料拉伸强度为 8 MPa,可承受 450 倍载荷的质量,在水辅助 70℃下修复 12 h,修复率高达 100%。上述多个自修复实验都是将水、紫光等作为辅助条件。为了解决这一突出问题,Delpierre 等[141]以动态共价键硼酯键为基础,在材料网络中加入亚氨基硼酸酯键,利用动态硼酸/硼酸平衡和亚氨基硼酸盐化学,构建得到不需要任何外部能量激活就能自我修复的高分子材料。在导热方面,由于硼酯键的修复需要一定的湿度,在导热方面的关注度相对较低。

(3) 酰腙键作用

酰腙键是酰胺类化合物特有的化学键与官能团,通常由酰肼和醛基或酮之间缩合而制备得到[142-143]。酰腙键在酸性条件下反应可逆,碱性或中性下不可逆。

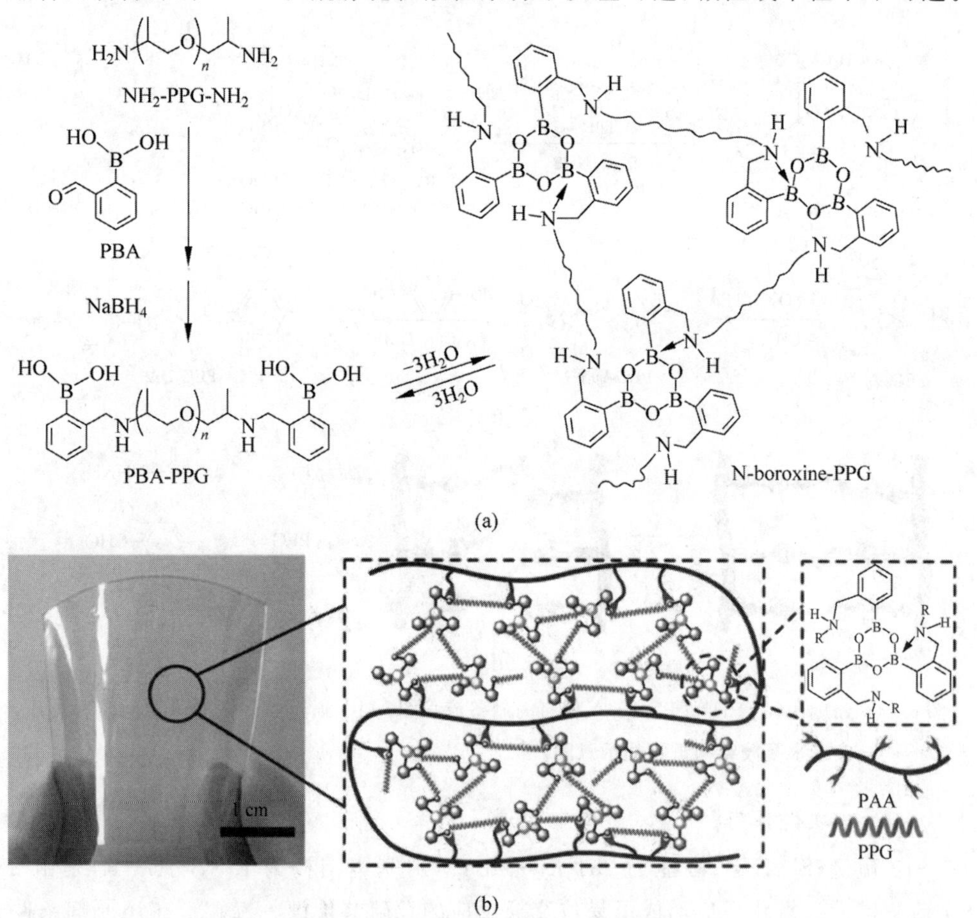

图 3-12　(a) PBA-PPG 和 N-硼氧烷(boroxine)-PPG 的合成路线;(b) N-boroxine-PPG/PAA-10%复合薄膜的数码照片及其相应的结构示意图[139]

因此,常作为酸碱响应的自修复材料研究使用。

Yang 等[144]通过动态酰腙键原理,第一步化学合成了羧乙基纤维素接枝二硫代二丙酰肼(CEC-TPH)和二苯甲醛封端聚乙二醇(PEG-DA);第二步在催化剂作用下得到了具有双重响应性、高自修复效率和较强机械性能的新型纤维素水凝胶。在室温下,修复效率高达 96%(图 3-13)。自修复材料的应用范围大都属于无水环境,因此材料不能在电子、航天等导热方面应用。Zhang 等[145]探索了酰腙键的修复机理并得到了高自修复的非水凝胶材料。利用两步合成,先合成了四酰基肼封端的 PDMS,然后将产物和对苯二甲醛聚合,得到了一种含有酰腙键的 PDMS 自修复弹性体。该聚合物材料在室温乙酸条件下修复 48 h,修复率可达 85%;120℃下修复 2 h,可实现完全修复。由于酰腙键修复条件为酸性,在热界面材料方面还未有研究。未来可通过结构优化和官能团配比,实现在生物、电子、智能机械等方面的推广利用。

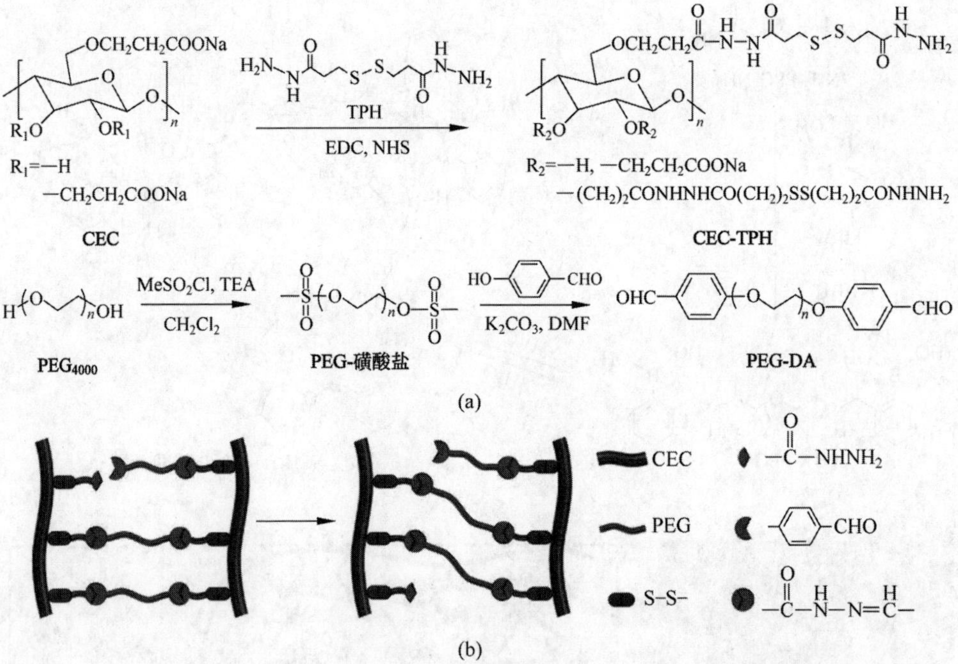

图 3-13 (a) CEC-TPH 和 PEG-DA 材料的制备流程图;(b) 通过酰腙键的可逆断裂和形成实现水凝胶结构重排的示意图[144]

(4) 二硫键作用

二硫键(S—S 键,键能为 251 $kJ \cdot mol^{-1}$),基本结构为 R—S—S—R,是由 2 个硫醇键经过氧化反应形成可易位交换反应的双硫共价键。二硫键在还原剂条件下可成为巯基,反应条件温和。在材料加工和应用方面,基于二硫键的聚合物材料的机械强度及机械加工性能优异,因此在生物医药、高分子材料合成、功能高分子等领域被广泛应用。

Li 等[146]合成了一种含 S—S 键的聚氨酯丙烯酸酯(PUA),然后利用数字脉冲光处理 3D 打印技术制备了一种具有优异自修复能力的聚氨酯弹性体(图 3-14(a))。材料的拉伸强度和断裂伸长率分别为(3.39±0.09) MPa 和(400.38±14.26)%,80℃修复 12 h 的修复效率可达 95%。Shan 等[147]基于动态 S—S 键,利用商用生物基环氧树脂(ESO)、含芳香族二硫化物的试剂(DTSA)和二聚体脂肪酸(DAA)作为原料来制备具有不同比例的[DAA/DTSA]生物基环氧弹性体。然后,通过与碳纳米管复合,获得了热稳定性较高的兼具导电、导热、可自修复的复合材料。此外,Yang 等[148]利用亲核开环反应制备硫醇环氧弹性体,然后原位聚合将微米级氮化硼(mBN)填料引入弹性体,最后制备出高导热、自修复且可回收的 mBN/硫醇环氧弹性体复合材料。当 mBN 含量为 60 wt%时,复合材料的热导率为 1.058 $W \cdot m^{-1} \cdot K^{-1}$,自修复效率为 85%(图 3-14(b)~(d))。该研究促进了 S—S 键在导热体系的研究,但缺点是自修复过程需要热压,材料的界面热阻和质量上的要求无法保证。Zhang 等[148]报道了一种基于 S—S 键的自修复和可再加工的高导热石墨烯纳米片/液晶弹性体复合材料(GNP/SHLCE)。当 GNP 含量为 20%时,GNP/SHLCE 的热导率高达 5.08 $W \cdot m^{-1} \cdot K^{-1}$,修复后的拉伸强度可保持在 93%以上。但是,GNP/SHLCE 复合材料的自修复过程要求的温度相对较高(150℃)。

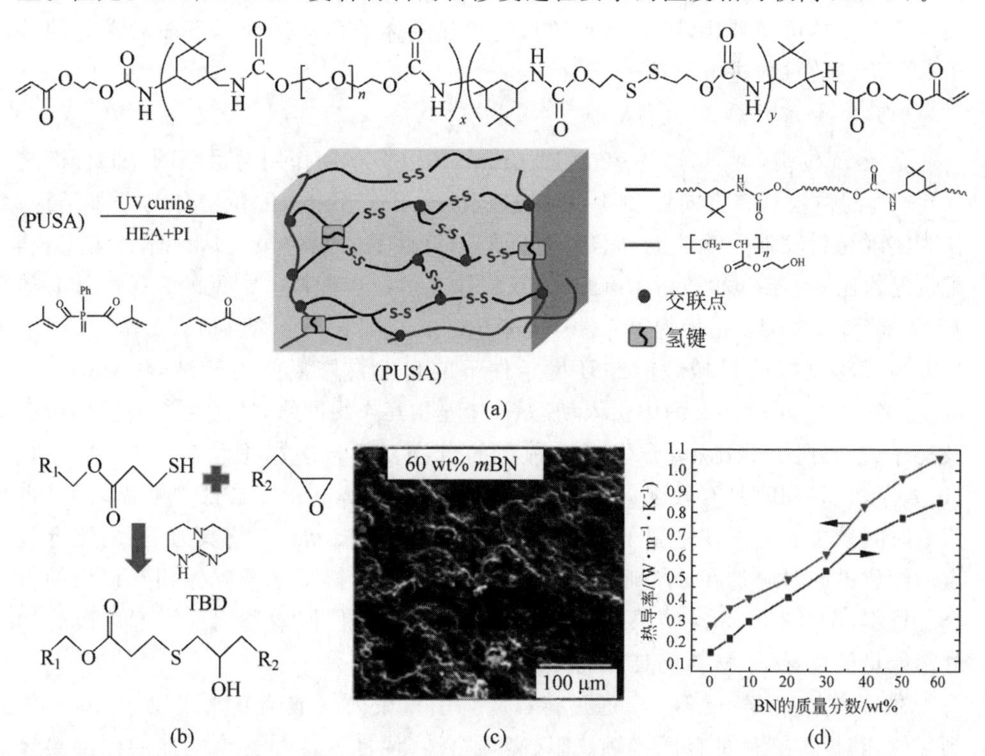

图 3-14　(a) PUSA 的合成路线图和 PUA-N1 弹性体的结构[146];(b)~(d) 聚合物的制备流程、复合材料形貌及导热性能[148]

为了提高材料的自修复效率，降低修复的条件，研究者们将二硫键与其他共价键复合。Lafont 等[149]将氮化硼或石墨颗粒分散到两种类型的聚硫基热固性基体中，制备了具有温度触发自修复合反应的导热复合材料。当填料为 20%的氮化硼或者石墨烯时，材料的热导率分别为 1 $W \cdot m^{-1} \cdot K^{-1}$ 和 2 $W \cdot m^{-1} \cdot K^{-1}$，导热性能在 65℃修复 10 min 后可达到完全修复。通过该实验再次证明，使用含有可逆二硫化物键的固有自修复橡胶热固体，并装载惰性导热填料，可制备出具有快速自修复和高导热性兼顾的多功能自修复高导热复合材料。

Lv 等[150]在聚二甲基硅氧烷中引入芳香族二硫键和亚胺键，制备了具有高拉伸性(原始长度的 2200%)、室温自固化性、可重复再加工性和可控降解性的弹性体，在室温下 4 h 即完成自修复。Lee 等[151]将含有亚胺和二硫键的席夫碱与 1,4-丁二醇共混，然后添加到聚氨酯前驱体中，产物实现了聚氨酯在紫外线照射下 65℃处理 120 min 后损伤的完全自修复。因此，实现高导热快速自修复是一个完全可行的研究设想。

2. 基于动态非共价键的自修复材料

动态非共价键，又称超分子作用，是不同原子或分子之间的弱相互作用。与基于共价键的自修复材料相比，非共价键型自修复材料的力学强度较低，因此不适宜作为高强度、高稳定性的基体材料使用[151-152]。但非共价键型的键能较小，较容易实现聚合物的可逆转化，是高修复效率的导热基体的最佳选择。下面对常见的基于非共价键的材料进行论述。

(1) 金属-配体作用

金属-配位键，键能为 50～200 $kJ \cdot mol^{-1}$，是分子间作用力最强的非共价键之一[152]。配位键具有方向性和动态可逆性，科研工作者常将配位键作为分子结构，作为实现材料较强力学性能和自修复性能等特性的常用手段。从配体种类来说，配位键的配体主要包含三种：单配体、双配体或多位点配体。常见的有机配体有羧基、邻苯羟基，吡啶及衍生物等。常用离子包含 Fe^{3+}、Zn^{2+}、Fe^{2+} 和 Cu^{2+} 等[153]。

为了将良好的机械性能与环境条件下的自发自修复能力相结合，Mozhdehi 等[154]在硬/软两相共聚物中引入动态锌-咪唑相互作用网络，通过控制链段参数以及配体/金属离子的比率，开发了一种新的自修复复合多相聚合物(图 3-15(a)，(b))。该材料同时具有较强的机械性能和室温下的 300 min 自修复性能，但是自修复时间较长。为了在室温下实现自主快速自修复，Li 等[155]将具有强、弱结合位点的配位键同时施加在 2,6-吡啶二甲酰胺结构中，获得了基于配体相互作用的自修复材料(图 3-15(c))。结果表明，在－20℃，不存在任何增塑剂或溶剂以及施加外部能量的情况下，材料仍具有优异的自修复性能。

在导热方面，Yang 等[156]通过将石墨烯引入聚丙烯酸酯基水凝胶中，Fe^{3+} 作为配体，获得了一种具有低接触热阻、高导热性、优良弹性和自修复性的新型热界面材料(图 3-15(d))。在水凝胶中引入石墨烯可以改善热界面材料的导热性(石墨

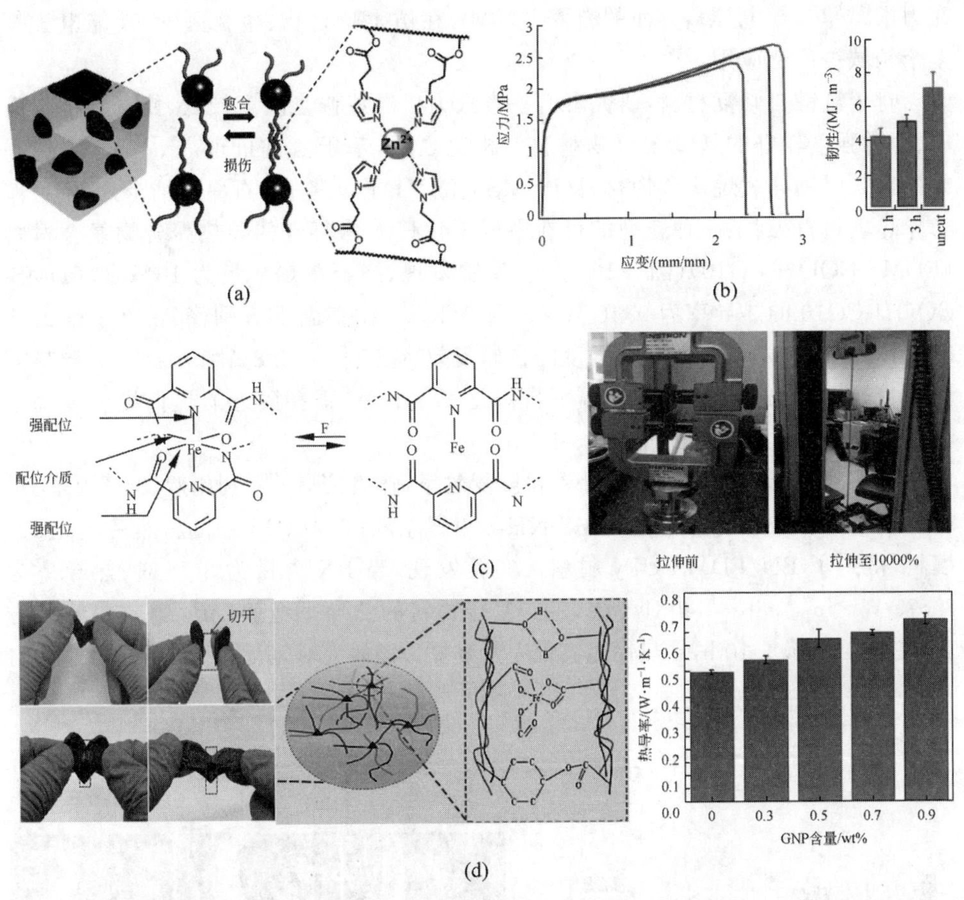

图 3-15 可逆重构的(a)示意图及(b)力学强度[154]；(c) 设计机理及拉伸前后的光学图像[155]；(d) Fe^{3+} 配位的石墨烯/聚丙烯酸酯复合材料的修复性能、机理及导热性能[156]

烯含量为 0.9 wt%时的热导率为 0.71 $W \cdot m^{-1} \cdot K^{-1}$)，并提高水凝胶的拉伸性能。同时，水凝胶基体的自修复性精确满足热界面材料的动态工作环境。在 35℃，当压力从 10 psi(1 psi≈6.895 kPa)增加到 50 psi 时，热接触电阻降低到 0.069 $K \cdot cm^2 \cdot W^{-1}$。Wang 等[157]提出了一种新的策略，以金属配体配位交联超分子弹性体为基础，嵌入 3D 互连纳米杂化网络，得到具有高的光热转换效率和优异的自修复性能的机器人。由于填料含量较低，所以金属配体下材料的导热性能较差。

(2) 氢键作用

氢键，一种较弱的非共价相互作用，具有较低的结合强度和键能，在室温或高温等条件下可实现可逆的缔合和断裂，同时高密度氢键的聚合物可以提高材料的稳定性[158-160]。因此，氢键成为研究者构建新材料、获得新功能改性的常用非共价键[161]。更重要的是，含有分子间氢键的聚合物可形成可逆的相互作用，赋予材料在力学、导热、导电等多方面的自修复功能，在仿生聚合物、生物医学、功能电子等多个领域被广泛应用。

对于氢键自修复材料，研究者们一直致力于寻找修复温度较低、修复条件较简单、力学强度较好的新型聚合物材料。相比之下，基于氢键机理，Yue 等[162]选择柔性聚二甲基硅氧烷聚合物材料(PDMS-COOH)作为基体，石墨烯纳米片(CG)作为导热填料，得到了一种新型的可在室温下快速自修复合的导热聚合物复合材料(PDMS-COOH-CG10)(图 3-16(a))。实验发现，当石墨烯含量为 10%时，PDMS-COOH-CG10 的热导率为 0.48 $W \cdot m^{-1} \cdot K^{-1}$，在室温下分别修复 30 s 和 24 h 时，PDMS-COOH-CG10 拉伸强度的自修复效率分别为 53.8%和 84.6%。导热方面，动态红外热成像表明，在室温下自修复 2 min 后，损伤附近的热传导温度基本恢复到原始样品的传热水平(图 3-16(b))。

为了进一步提高材料的热导率和修复效率，作者团队[163]利用双(3-氨丙基)封端的聚二甲基硅氧烷(H_2N-PDMS-NH_2)与脲基嘧啶酮(UPy)反应，然后填充 BN 填料，得到了 BN/PDMS-UPy 材料。实验发现，当 BN 含量为 30%时，热导率为 2.579 $W \cdot m^{-1} \cdot K^{-1}$，相对于聚合物，复合材料的热导率增加 210%。在自修复方面，在 60℃下修复 10 h，导热性能实现完全修复。该研究对氢键在材料导热通道的自

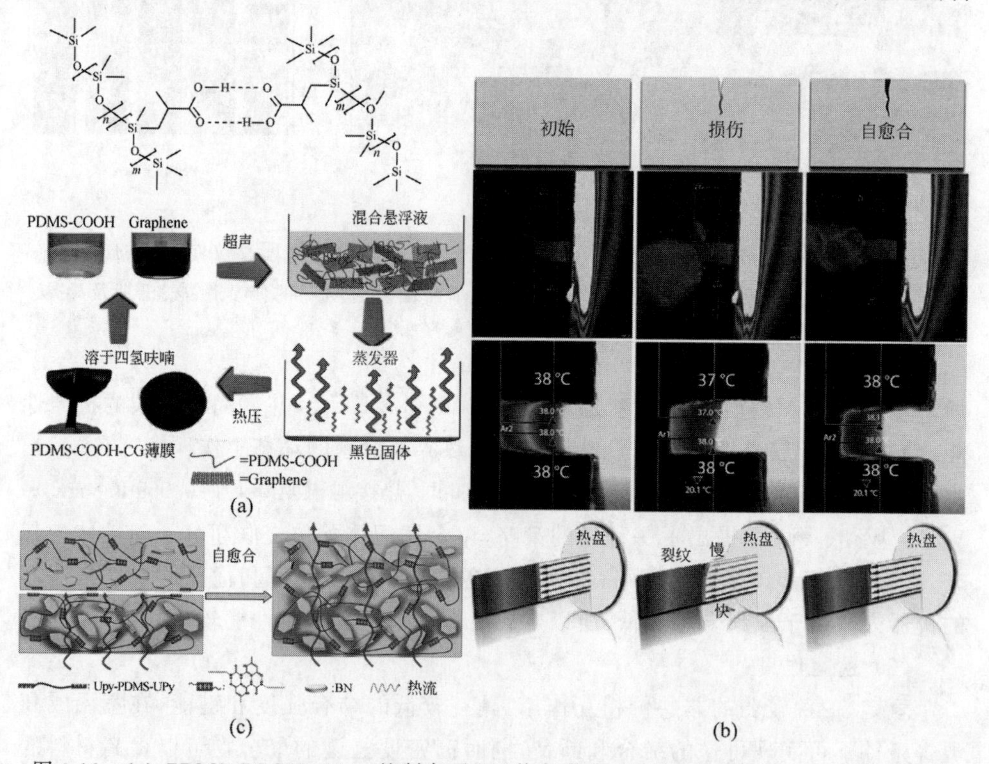

图 3-16 (a) PDMS-COOH-CG10 的制备及(b)修复前后 PDMS-COOH-CG10 薄膜的导热图[162]；(c) PDMS-UPy/BN 自修复导热复合材料的修复机理[163]

修复机理进行了解释，认为氢键可以实现断裂处导热通道的重组和修复(图 3-16(c))。

经过多年探索，Aida 等[164]设计并制备了一种具有高机械强度、室温快速自修复的新型含氢键聚合物材料。他们采用聚醚硫脲为原料，氢键作为交联官能团获得了一系列室温修复的聚合物材料，最高屈服应力为(45±8) MPa，室温下 30 s 即可实现自修复。这说明室温下含有高密度氢键的聚醚硫脲新材料可构建出密集无序的氢键网络，同时损伤处的氢键可实现网络快速重建。该研究通过调节氢键的构象设计出室温快速自修复的高强度聚合物新材料，为自修复材料在导热复合材料推广和应用开辟了新的道路。Wang 等[165]采用共混法制备了石墨烯热塑性聚氨酯(G-TPU)柔性导电膜，并利用红外光和电学方法系统地研究了 G-TPU 柔性导电膜的电学、热学和自修复合性能。实验发现，当石墨烯含量为 4 wt%时，最大热导率为 0.332 $W \cdot m^{-1} \cdot K^{-1}$，13℃下修复 15 min 可实现材料结构和性能的完全修复。然而，该材料相对热导率较低，而且材料在修复过程中需要的环境温度较高，因此在应用中修复性能较差，无法进行推广。但该研究利用动态氢键，实现了高弹性、自修复、低热阻复合材料的制备，为进一步构建新型热界面材料提供了思路。

除此之外，为了提高自修复导热复合材料的导热性能，Xing 等[166]利用物理共混方法，将表面功能化剥离后的 BN(BNNS)填充到基于氢键超分子聚合物中。当填料含量为 8 vol%时，热导率约为 1.31 $W \cdot m^{-1} \cdot K^{-1}$，且损伤在 85℃下修复 30 min 可实现 5 次循环完全修复。低填料含量下，填料与聚合物之间的界面较少，复合材料具有较好的自修复功能。但是该材料体系的修复温度要求较高，同时导热性能较差。因此设计新的高导热、自修复导热复合材料是现阶段功能导热复合材料的主要任务之一。

(3) 离子键作用

离子键是正负离子之间形成的可逆相互作用[167-168]。离子键具有较强的作用力、不饱和性和无方向性的特点，相比之下其强度与共价键相似，但比氢键强。基于离子键合是设计和制备自修复材料的常用方法之一。

Wang 等[169]提出了一种接枝在聚吡咯上的明胶基水凝胶，该材料具有导电性、自修复合性和可注射性。通过将甲基丙烯酸硬石膏接枝到明胶上，产生双键功能明胶(GelMA)，然后将普通导电聚合物聚吡咯接枝到明胶上(PPy-GelMA)。最终，通过双键反应(图 3-17(a)，(b))聚吡咯接枝明胶与铁混合而形成水凝胶(PPy-GelMA-Fe)(图 3-17(c))。结果表明，由于铁离子与明胶和聚吡咯的可逆相互作用，水凝胶具有较好的导电性和自修复能力。由于离子键无饱和性，无方向性，对温度的影响较小，因此自修复效率较明显。Chaleshtari 等[170]在自修复水凝胶的设计中，水凝胶的自修复能力可以通过铁离子与明胶的可逆离子以及铁离子与聚吡咯的可逆离子的相互作用来获得。但是，由于离子键对环境酸碱性的敏感性较高，而酸碱对材料的应用环境具有较大的挑战，从而离子键聚合物及复合材料在自修复导热方面还无具体研究，未来希望找到合适的应用环境，构建出基于离子键的自修复导热复合材料。

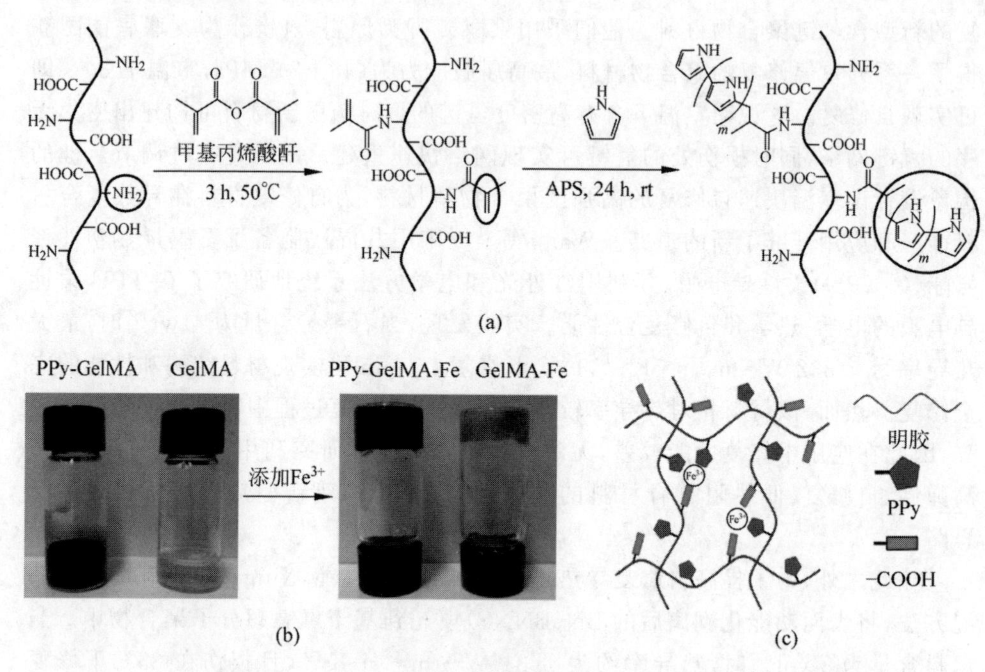

图 3-17 （a）MA 和 PPy-GelMA 合成路线示意图；（b）PPy-GelMA 和 GelMA 的照片；（c）PPy-GelMA-Fe 网络结构示意图[169]

（4）π-π 作用堆积

π-π 作用是一种芳香环之间的动态弱相互作用[171]。从组成上看，一部分为缺少 π 电子基团的折叠低聚物，另一部分为富含 π 电子基团的低聚物。在适当情况下，两部分之间可通过快速络合作用形成 π-π 堆叠的动态聚合物网络结构，同时赋予材料相对敏感的自修复性能[172]。

除了上述 π-π 堆叠，芳环上的氢原子可与其他芳环上的 π 电子形成弱氢键作用[173]。修复机理上，材料受热时，π-π 堆叠作用被破坏，降低温度而实现 π-π 堆叠作用的重构[174-175]。Mei 等[176]利用 Pt…Pt 和 π-π 相互作用的组合，通过引入环金属化铂（Ⅱ）配合物 Pt(C)，获得了一种新型的自修复聚合物（图 3-18(a)）。所制备的聚合物可拉伸至其原始长度的 20 倍以上。当聚合物受损时，无需任何愈合剂或外部刺激即实现在室温下的完全自修复。这项工作是第一个利用有吸引力的亲金属相互作用和 π-π 相互作用来设计自修复材料的例子。这为引入 π-π 相互作用来优化聚合物交联，调节材料拉伸性和自修复性创造了新策略。Burattini 等[177]利用氢键和 π-π 两种相互作用得到了具有快速自修复功能的聚氨酯材料，最大修复效率为 80%（图 3-18(b)）。高的自修复效率使得材料在导热方向也得到了应用和推广。Szatkowski 等[178]在碳纳米管存在的情况下合成自修复聚氨酯（PU）。

实验测量了不同碳纳米管含量的 N3300 异氰酸酯和聚四氢呋喃合成的聚氨酯的自修复能力。研究发现，含有 40%聚氨酯软段材料的自修复性远好于含有 50%含量的，在 2 wt%填料时热导率为 0.55 $W \cdot m^{-1} \cdot K^{-1}$。受 π-π 及氢键的共同相互作用，碳纳米管/聚氨酯复合材料（CNT/PU）的机械强度和热导率的自修复性都得到明显提高（图 3-18(c)，(d)）。

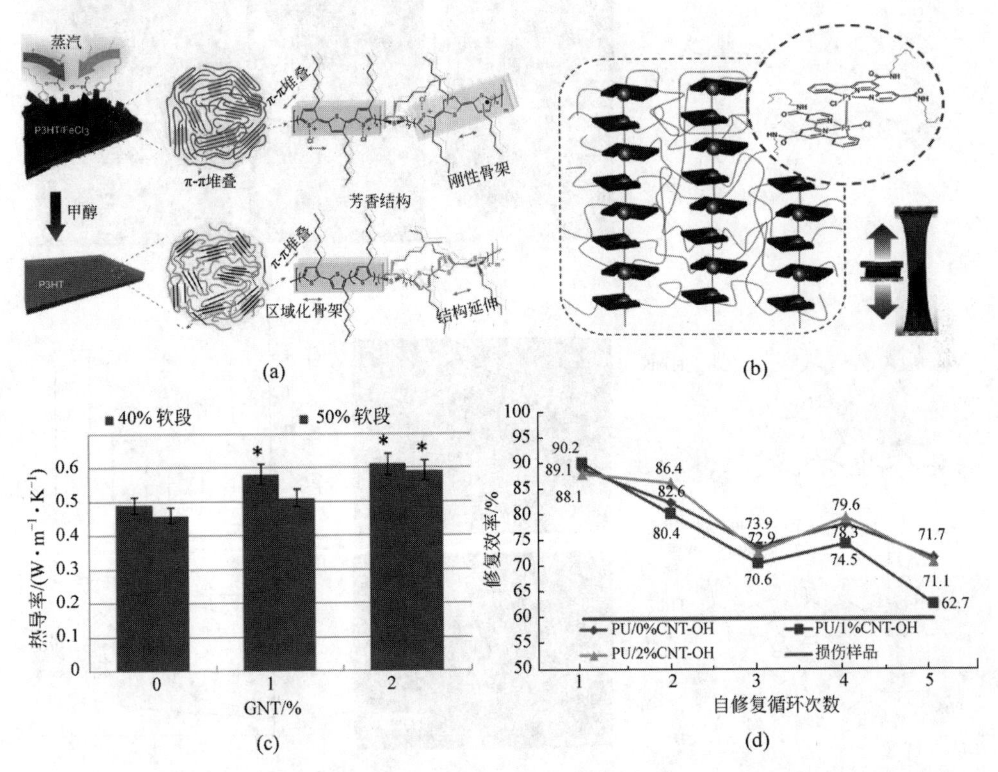

图 3-18 (a) 利用 Pt…Pt 和 π-π 相互作用制备的聚合物[176]；(b) 利用氢键和 π-π 堆叠机理制备自修复聚氨酯材料[177]；(c)，(d) CNT/PU 复合材料的热导率及修复效率[178]

3. 基于共价键和非共价键的自修复材料

在动态共价键和动态非共价键不断发展的过程中，科研工作者将可逆共价键和可逆非共价键结合，获得了多个兼具自修复和力学性能的自修复材料。因此，常将两种共价键相结合的材料称为第四代自修复材料。

Rekondo 等[179]基于动态氢键和动态二硫键设计制备了一种新型芳香族二硫化物交联的聚脲-聚氨酯高强度自修复材料，室温下 24 h 的自修复效率约为 97%（图 3-19(a)，(b)）。华琼瑶等[180]借助二硫键和配位键，将液态金属（LM）与聚硫橡胶（PSR）物理共混，得到一些兼具高导热与自修复功能的高拉伸导热材料（LM-SH）（图 3-19(c)～(f)）。在动态二硫键、金属-巯基可逆配位键的作用下，当液态金属含量为 50%时，复合材料的热导率为 0.70 $W \cdot m^{-1} \cdot K^{-1}$，在 90℃自修复 4 h，修复效率达到 98.3%,导热性能修复。总之,将动态共价键和非共价键结合,自修复条件也得到了较大缓和,材料自修复效率提高,材料的机械性能和在导热自修复方面的性能得到明显改善[180]。因此,利用动态键可实现材料力学、热学、加工性能等的互补,达到快速自修复的目的。

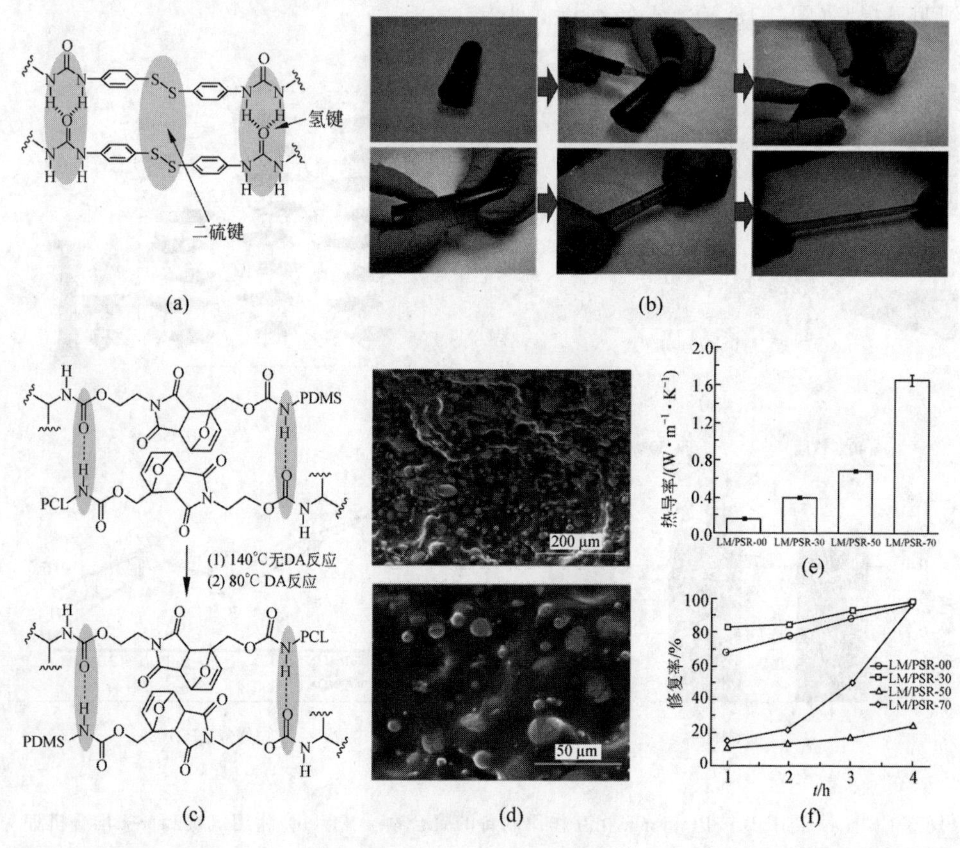

图 3-19 聚脲-聚氨酯的(a)结构式及(b)修复前后的照片[179];(c)~(f) LM-SH 的流程图、形貌及导热自修复性能[180]

3.4 热响应开关

近年来,具有独特性能的刺激响应材料迅速涌现,为智能响应材料的发展提供了新的机遇。最常用的刺激响应材料包括形状记忆聚合物(SMP)、液晶弹性体(LCE)、水凝胶和其他复合材料。这些材料能够对外部物理场的刺激做出反应,例如热、化学品、光场、电流、磁场和压力作用。材料在受到刺激时,可以自动变形、运动并改变其结构特性或根据外部环境发挥作用。热能是自然界中最常见的能量形式之一。长期以来,人们在活性材料的设计中一直使用热驱动方法。热驱动法的基本原理是通过控制热交换来改变热响应材料的性质或形状。从广义上讲，利用热化学反应、光热效应、电热效应和磁热效应的方法都可以归类为热驱动法。热开关是一种可以调节热通量并根据需要使其处于“开”模式或“关”模式的装置。

随着传感器、智能开关、智能建筑、热能储存等多种应用的普及，材料电导率和热导率的温度调节引起了广泛关注。电导率(EC)调节可以通过金属-绝缘体(M-I)转变实现，这种转变可在凝聚物质系统中广泛观察到，例如有机薄膜、硫系化合物、金属氧化物和钙钛矿。大多数 M-I 材料具有相对较高的转变温度，其中 M-I 材料的最低转变温度为 68℃(如 VO_2)。虽然掺杂可以降低转变温度，但相应的工艺会增加成本并降低温度系数。此外，由于在固态相变过程中热导率(TC)的变化很小，热导率的温度调节比电导率要困难得多。在室温附近具有电导率和热导率调节性能的材料在日常生活中有着巨大的潜在应用价值。

3.4.1　固液相变热开关

相变是指当外场(如温度、外力)持续施加于材料直到特定条件时，材料微观结构的变化过程，这种影响总是伴随着物理力学的变化。最常见的相变现象是材料在固相、液相和气相之间的相互转变。在相变过程中，各组分之间的分子水平相互作用使整个材料发生了一系列的性质或形态变化。因此，相变现象本质上是材料内部微观结构的重新配置。而由相变效应引起的力学性能和形状记忆效应的变化可以作为热开关的构建方法。

材料的导电性和导热性的可逆温度调谐在许多应用中都很有意义，例如建筑温度的季节性调节、蓄热、传感等。一般导电性可以通过使用金属-绝缘体转换的温度来调节，但由于在固态相变过程中，热导率的温度调节非常困难，所以热导率变化不大。特别是研究发展一些可在接近室温的条件下调节导电性和导热性的材料，对于未来研究和应用更加重要。

温度敏感材料(TSM)因其物理或化学性质在特定温度范围内可以改变而引起了许多研究人员的兴趣。温度敏感材料包括热致变色材料、热致形状记忆材料、温度敏感电阻(热敏电阻)等。热敏电阻由于其在传感器、温度控制、热能存储等领域的潜在应用而成为最受欢迎的温度敏感材料之一。在过去的几年里，研究人员开发了氧化钒、钛酸盐和聚合物复合材料等多种热敏电阻。然而，这些热敏电阻的调节温度与室温相差甚远。为了在日常生活中实现节能和自动控制，开发一种接近室温的智能材料仍然是一个挑战。

1. 石墨/十六烷复合材料

不同材料的相变温度范围不同，液-固相变材料是一种很有吸引力的可用于电或热进行动态调节的一种功能材料。由于液-固相变通常不会导致金属-绝缘体相变，所以可以将高电导率和/或热导率的纳米颗粒添加到液体中，以增加液体和固体状态之间的电导率和/或热导率对比度。在液体冻结过程中，颗粒被挤压到晶界。冷冻过程中产生的内应力改善了颗粒之间的接触，增加了复合材料的电导率和/或热导率。当固体重熔时，颗粒将恢复混沌分布，复合材料的电导率和/或热导率将同时降低。通过结合这些效应，可以合成在较窄的室温范围内具有较大电导率和热导率变化的新型开关复合材料。

Zheng 等[113]展示了一种一阶相变策略来调节电性能和热性能(图 3-20)。以石墨/十六烷悬浮液为例，在18℃左右实现了电导率的2个数量级变化和热导率的3倍变化。该方法的通用性也在其他材料中得到证明，例如石墨/水和碳纳米管/十六烷悬浮液。通过选择具有适合的相变温度的主体流体，这种温度响应复合材料的临界温度可以很容易地针对特定应用而进行调整。

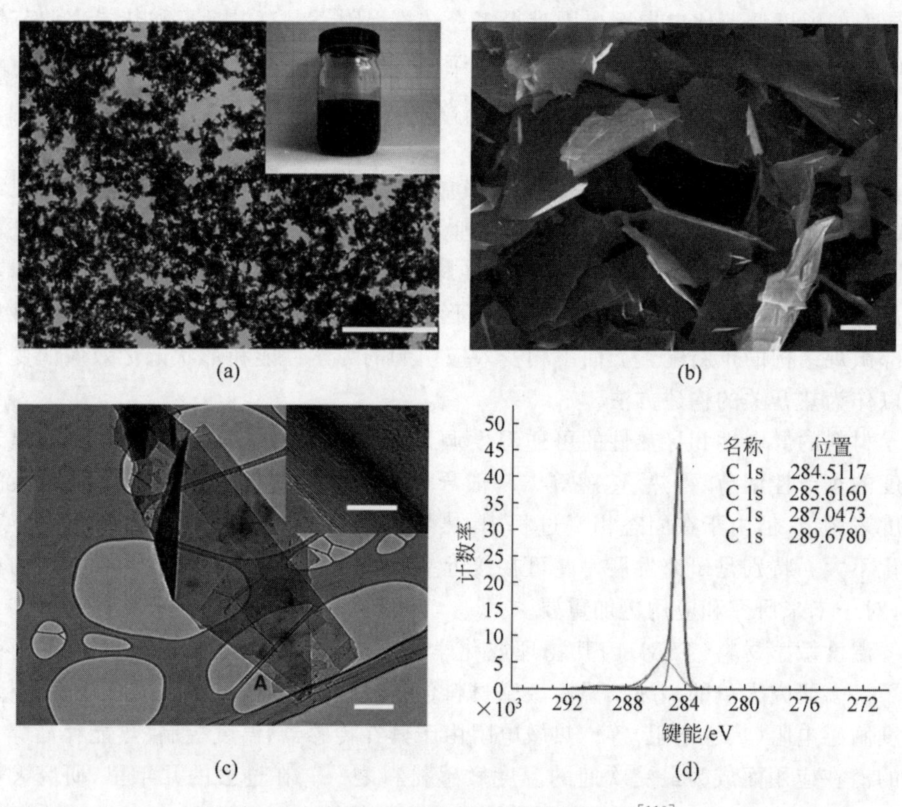

图 3-20 石墨/十六烷悬浮液的微观结构[113]

Zheng 等通过实验测量了十六烷环境中两个高度有序的热解石墨(SPI-1)薄片之间的接触电阻。随着温度从 18.5℃降至 17.5℃，电路的电阻降低了 400 倍。在冷冻十六烷中测量的应力分布表明，在平均压力约为 160 psi 的区域中，应力分布不均匀，这种压力分布不均匀是由十六烷的各向异性生长晶体造成的。概念过程如图 3-20(a)和(b)所示，与剥离的石墨片类似，自然剥离的高度有序的热解石墨片是不均匀的和弯曲的。在液态下，接触面积很小，因此两片薄片之间的电阻很高。十六烷晶体表现出强烈的各向异性生长动力学。在十六烷的冷冻过程中会形成针状结构(图 3-20(c)和(d)),其纵横比主要取决于冷冻速度。十六烷晶体的各向异性生长产生应力并增加石墨片的接触面积。应力还可以通过减少石墨片之间绝缘液体的厚度来改善电接触。冷冻后,接触面积和电阻稳定。当十六烷重熔时,由于石墨片的弹性恢复和颗粒间的排斥作用,石墨片上的压力被释放,接触面积减小。热导率也存在类似的趋势。使用液态和结晶固态之间的一级相变,通过在液体中加入颗粒以形成稳定的悬浮液。用石墨/十六烷悬浮液展示的策略是通用的,流体和颗粒都可以改变,以针对特定应用进行优化。基液应该是固态结晶的材料。当主体材料处于液态时可以形成稳定的悬浮液,颗粒可以是任何具有高电导率和热导率的材料。可以针对电导率或热导率或两者进行定制,并且可以在期望的温度范围内操作。该方案在室温附近能可逆地调整电学和热学特性,在温度调节和传感方面具有潜在的应用价值。

研究人员已经证明了一种有效的策略来调节材料的导电性和导热性,即通过在液体中播种微粒以形成稳定的悬浮液,利用液态和结晶固态之间的一级相变(图 3-21)。在相变过程中,内应力会降低微粒形成的渗滤网络中的电接触电阻和热接触电阻,从而导致电导率和/或热导率的较大变化。该策略是通用的,可针对导电性和/或导热性进行定制,并可在所需温度范围内运行。例如,在室温附近电和热特性的可逆调,从而在温度调节和传感方面具有潜在的应用。该方法可以扩展应用于太阳能热储能和发电,使用高熔点材料,如熔盐和离子液体等。通过渗流网络和结晶过程中产生的应力对材料性能进行温度调节,与磁流变液和磁流体等其他主动控制悬浮液互补。

2. 碳纳米管与十六烷复合材料

室温开关效应在智能建筑、传感器、热能储存和自动温度控制等许多应用中都具有重要意义。由于填料可以在相变过程中重新排列,所以液固相变可以作为室温调节的替代途径。一些有机物的相变温度接近室温,可用于开发室内温度敏感材料。由于十六烷无毒、化学惰性高、稳定性好,故采用十六烷作为基础液。十六烷的相变温度约为18℃,适用于智能建筑、空调、温敏电源开关、药品储存柜、细菌培养箱等多种应用。碳纳米材料因其优异的导电性、低密度、良好的稳定性和易获得性而被广泛用作复合材料的填料。在之前的工作中,石墨/十六烷复合物被设计用于调节电、热传输和介电性能。因此,可以结合两者导热导电特性,制成具有优异性能的热开关。

Wu 等[181]报道了一种室温可切换的碳纳米管(f-MWCNT)/十六烷复合材料(图 3-22);在 18℃左右,f-MWCNT/十六烷复合材料具有最大开关比,其电导率变化、热导率变化和介电常数分别达到 5 个数量级、3 倍和 106.4;并且分析了功能化 f-MWCNT/十六烷复合材料的多功能开关特性;经过化学氧化和酰胺化,多壁碳纳米管(MWCNT)在十六烷中均匀分布;可以发现 MWCNT/十六烷悬浮液

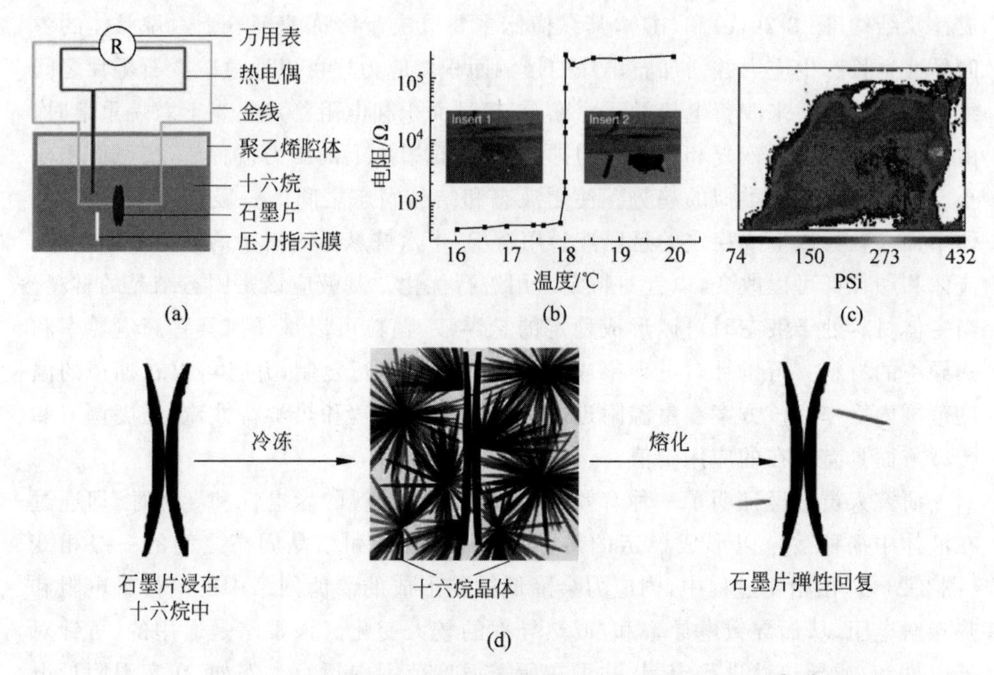

图 3-21 石墨/十六烷电导率和热导率可逆温度控制的机理[113]

的电导率、热导率和介电常数在 18℃左右发生显著变化。除了室温开关效应，复合材料还显示出良好的稳定性和耐久性。此外，表面改性和填料长径比对开关性能也具有一定的影响。

另外，f-MWCNT/十六烷复合材料的开关行为可以从微观结构演变来解释。相变温度附近电导率的急剧变化是由复合材料微观结构的变化引起的。冷冻过程中产生的内应力调节簇间的接触，降低了复合材料的内阻。冷冻十六烷的平均内应力约为 160 psi。此外，f-MWCNT 团簇被挤压到晶界并形成导电网络。高 f-MWCNT 体积分数样品中出现的渗透网络在很大程度上促进了电导率的提升。热导率对比度在比电导率的提升对比度低的体积分数处达到峰值，这可能是由于电子和声子之间的传输机制不同。较大的团簇会促进电子传输，但不一定会增加复合材料中的声子传输。在相变过程中，f-MWCNT 渗流网络的变化也会导致介电常数的变化。如果导电网络中的聚集体与一个电极直接接触，则空间电荷将注入纳米复合材料中，这可视为一种电极化过程。因此，导电网络增强了电极注入，改善了内部电子迁移，降低了界面电阻；同时，介电常数将大幅增加。此外，填料与固体基体之间的界面引起了较强的麦克斯韦-瓦格纳弛豫，使冷冻复合材料的介电常数大幅增加。

表面改性在提高对比度和循环稳定性方面起着重要作用。我们不能忽视，表面修饰会在 MWCNT 表面引入缺陷和官能团，这会明显降低 MWCNT 之间的界

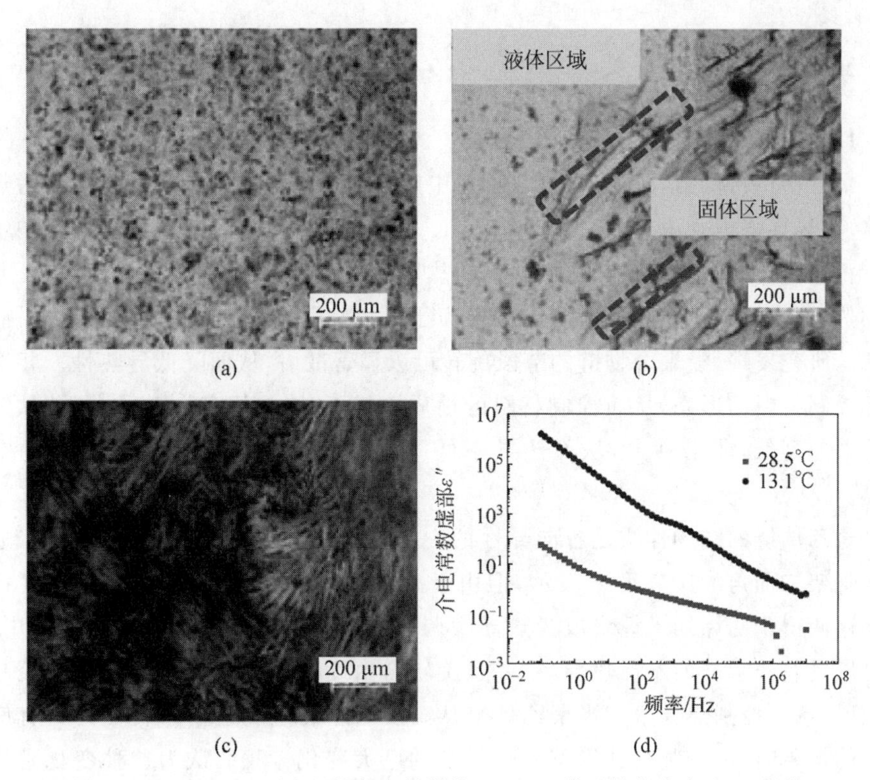

图 3-22　f-MWCNT/十六烷复合材料的(a)～(c)微观结构演变及(d)性能

面电导率。功能化后,热导率在固态和液态都得到了改善。热传输和电传输机制不同,电子只能通过导电的 MWCNT 簇,而热量可以通过固体和液体进行传导。表面官能团有利于降低热界面电阻,提高热导率。功能化也是抑制复合材料中簇生长的有效策略,这对于保持开关耐久性至关重要。

另外,填料长径比对开关性能也有很大影响。虽然初级乙炔炭黑(CB)粒子是准球形的,长径比接近 1,但 CB 粒子倾向于在基质中聚集并形成链状结构,平均长径比将大于 1,接近纳米管的。高纵横比意味着填料在较低体积分数下容易形成渗流结构,这使得石墨渗流结构的界面阻力低于其他两种填料。这可以解释石墨/十六烷复合物在相同体积分数下具有最高的电导率。但是,对于切换对比度,建议使用低纵横比的粒子。总之,高长径比有助于降低复合材料的电阻,但低长径比填料之间的更多界面有助于提高复合材料的对比度。碳/十六烷复合物中的热导率与电导率有很大不同。不同体积分数的热导率对比度与石墨和 f-CB 复合材料中电导率对比度的趋势相同,但在 f-MWCNT 复合材料中则是反常的。由于弯曲形状和大长径比,f-MWCNT 很容易在基质中团聚。f-MWCNT 在高体积分数样品中的团聚可能会导致更少的导电路径和更高的热阻,这可以解释电导率和热导率比值峰值的差异。因此,可以得出结论,低纵横比有利于提高热导率对比度。

3.4.2 软物质开关

1. 纳米聚乙烯纤维

聚合物价格低廉，容易获得，在工业中广泛使用。尽管非晶聚合物被称为热绝缘体，其热导率为 0.1～0.3 $W \cdot m^{-1} \cdot K^{-1}$，但聚合物纤维，特别是超拉伸纳米纤维，由高度排列的聚合物链组成，它们的热导率比其非晶对应物的高数百倍。非常高的热导率来源于一维声子输运，其中声子可以在聚合物直链内长距离传播而不衰减。研究发现，沿聚合物链的节段旋转可以显著散射，从而降低导热性。相变可用于控制材料的形态，从而控制材料的性质。然而，传统相变材料通常是"软"的，声子群速度低，非谐性大，从而热导率低。因此，它们为热导率调节提供的空间很小。

聚乙烯链的结构性质是各向异性的。尽管它们在旋转自由度方面很软，通常用链骨架二面角的柔软度来表示，但由于碳键很强，键拉伸和键弯曲自由度都很硬。这使得聚乙烯纳米纤维成为热导率调节的理想平台。由于强键相互作用，它们可以具有非常高的本征热导率，并且旋转自由度中的无序可以很容易地控制声子散射，从而控制热导率。当聚乙烯链从高度有序的全反式构象转变为具有旋转无序的构象时，可以观察到形态和动力学的巨大变化。我们认为这种变化是相变的一种形式，可以使用一系列大规模分子动力学模拟，利用聚合物纳米纤维的这种相变演示高对比度、可逆的导热规律。

Zhang 和 Luo[96]已经证明，使用聚乙烯纳米纤维可以实现完全可逆的热导率切换(图 3-23)。这种热导率变化是温度变化、应变或其组合所引起的相变的结果。不同相沿聚乙烯链有不同程度的节段有序。增加的节段旋转沿链形成结构缺陷，导致无序声子散射，从而降低热导率。通常，较高的温度会导致横截面的热膨胀，从而增大链间距离，为链段旋转创造更多空间。在较高的温度下，原子动能也较大，使得相对较小的二面体能垒容易被克服，从而产生更多的分段旋转。这种节段旋转破坏了分子链上的晶格秩序，引入了显著的结构紊乱，从而散射声子并降低热导率。当温度降低时，分子间距离减小，使链运动更加受限。即使在模拟中存在对热导率的有限尺寸效应，热导率的可调性也只在 5～12，其中最大的可调性是由应变和温度效应共同实现的。在实际材料中，调谐因子预计会更大。通过控制调节纳米纤维的尺寸，开关的温度范围也变为 317～396 K。这种基于廉价聚乙烯纳米纤维的相变诱导、高对比度和可逆热导率开关，将激发纳米级热传输控制领域的研究兴趣，并可能实现广泛的应用。

2. 聚(N-异丙基丙烯酰胺)水凝胶

与传统的热敏开关相比，基于水凝胶的器件具有合成难度低、成本低廉、灵活

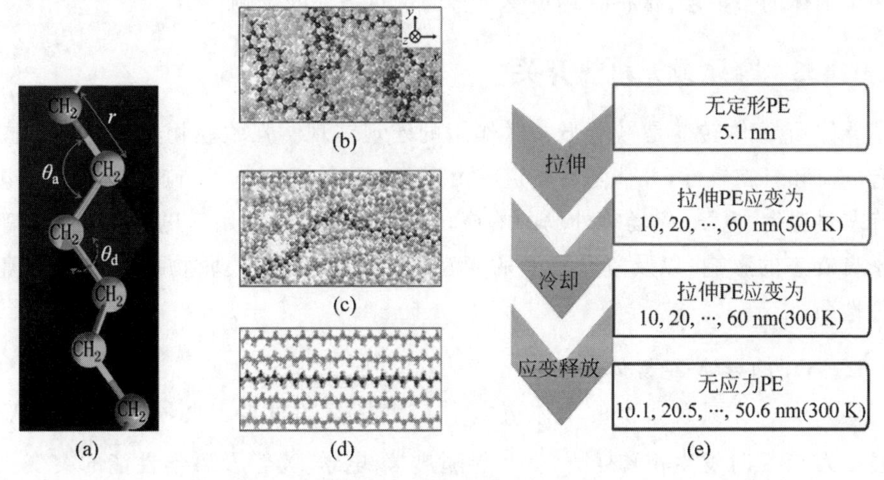

图 3-23 超拉伸过程中聚乙烯分子链结构模拟[96]

性高等压倒性优势。基于水凝胶的热敏开关不需要任何辅助机械结构或设置,并且可以通过环境刺激来改变。换句话说,基于水凝胶的热开关非常易于制造,并且可以应用于不同的场景。

作为典型的热响应水凝胶,聚(N-异丙基丙烯酰胺)(PNIPAm)水凝胶得到了很好的研究。当加热至高于或低于临界溶解温度时,水凝胶表现出不同的热性能。有研究者提出了基于 PNIPAm 聚合物水溶液的热敏开关,其开关比达到 1.15[94]。然而,对于基于水溶液的热敏开关,与复合材料制成的开关相比,溶液状态的性质和较小的开关比严重限制了它的实际应用。

Hao 等[99]设计了一种实用性好、开关比高的热敏开关。使用瞬态热线(THW)方法在不同温度下测量 PNIPAm 水凝胶的热导率。当温度升高到高于低临界溶解温度(LCST,33℃)时热导率急剧下降(从 0.51 $W \cdot m^{-1} \cdot K^{-1}$ 降至 0.35 $W \cdot m^{-1} \cdot K^{-1}$),获得了高开关比(3.6)的热阻。通过扫描电子显微镜(SEM)和分子动力学模拟,讨论了热性能与内部结构的关系。基于温度诱导调节 PNIPAm 水凝胶热导率的机理,设计并演示了一种结构简单、可靠性好、开关比高的水凝胶热敏开关。这种热敏开关在各个领域都显示出巨大的潜力,尤其是在生物医学应用中。高开关比源于水凝胶由温度诱导的亲水性向疏水性的转变,导致水排出和收缩。电磁感应(EMA)和分子动力学(MD)模拟也可用于评估热导率和含水量之间的关系,测得结果与实验数据吻合良好。在整个水凝胶的动态过程实验中,随着热导率的降低,收缩过程的速度显著下降。基于热响应的水凝胶热开关将在许多应用中具有广阔的潜力。一方面,它不需要辅助机械结构或设置,良好的机械性能使该器件适用于多功能的软电子产品。另一方面,水凝胶良好的生物相容性表明其在生物医学领域的巨大应用潜力。例如,基于水凝胶的热敏开关可以作为生物体的保护层,保护它们免受有害的过热条件的影响。

3.4.3 金属或无机热开关

导体-绝缘体转变是电子强关联作用的宏观体现。强关联物质中的电子同时具有电荷和自旋属性,并伴随有轨道自由度。电子输运与电子自旋态的关联,电子自旋态对温度、电场、磁场等外场的响应,自旋-自旋相互作用、自旋-轨道耦合等对电子自旋态的影响,以及复杂多变的相互作用等,使得强关联物质表现出丰富的物理性质。

1. VO_2 的导体-绝缘体相转变

VO_2 是一类具有典型的导体-绝缘体转变特性的材料。大量研究表明,VO_2 在温度为68℃时发生相转变[182-183],伴随热学、电学、光学及磁学性能的突变。在转变前后,其电阻也会发生大的改变,因此 VO_2 在温控设备、电开关、光学器件等方面有着很好的应用前景。VO_2 的结构受生长条件的影响而呈现出如单斜、四方、三斜以及正交等不同的晶体结构形式。在一定条件下,这些晶体结构能够相互转变。当温度高于68℃时,处在四方晶相(rutile,R),表现为金属态行为,具有良好的导电性能;而在温度低于68℃时,处在单斜晶相(monoclinic,M),表现为绝缘体态行为,电阻率急剧增加。在68℃温度下发生的导体-绝缘体相变即从高温R相到低温M相的结构相变。VO_2 在导体-绝缘体转变前后巨大的性能变化,使其在光和电开关方面有巨大的应用价值。然而,由于远高于室温的转变温度的限制,制约了其发展。研究人员通过离子掺杂、外应力作用、施加外电场等方法对其进行调控,可以将转变温度降低至室温。因此,基于热致导体-绝缘体转变原理可用于开发热敏开关或热敏电阻。

Viswanath 等[184]通过射频溅射在550℃下沉积高质量的 VO_2 薄膜,通过不完全马氏体转变和在相变边界的一系列温度下进行的热停滞试验,证明了在相变过程中的最大恢复力提供一系列驱动力的可能性。相变过程中,VO_2 经历了从单斜晶到四方晶的结构相变,并且在转变温度上下均稳定。在这两种结构中,氧形成体心立方(BCC)晶格,其中八面体位置被V原子填充,VO_2 的电子性质主要由V原子的位置决定。虽然具有局部d电子的倾斜八面体中的V原子导致绝缘状态,但当V原子占据具有离域d电子的完美八面体位点时,可实现金属态,该离域d电子由V原子的无限网络结构共享。在过渡期间的应力变化与这种结构变化直接相关。当温度提高到相变温度以上时,发生了从压应力到拉应力的转变,这与单斜体到四斜体转变时的体积膨胀(约0.32%)的预期一致。在局部,这种体积变化与V和O原子的相对位置的变化有关,V—O键的收缩和膨胀导致八面体变形,为相变过程中的可逆应力变化提供了基础。

2. 液态镓填充碳纳米管

Dorozhkin 等[185]制作了第一个小型化、电控温度检测器和开关,它基于一个部分充满液态镓(Ga)的单独的碳纳米管,并将其置于两个金属电极之间。管的电阻被用作温度的测量。这款纳米管温度计易于校准,可在−80℃到大约500℃的宽温度范围内工作。该实验室合成了Ga填充的多壁碳纳米管。样品中的所有Ga材料都封装在纳米管中,纳米管外壳没有金属修饰,通过使用透射电子显微镜(TEM)直接观察这种填充Ga的纳米管在加热或冷却过程中Ga柱高度的可逆变化,从而用于温度测量。由于液态Ga的宽温度范围及其相当大的热膨胀系数,所以Ga填充的碳纳米管可用于测量高达至少500℃的温度。研究发现,当Ga被限制在纳米管内时,与正常环境中的+29.8℃相比,Ga表现出不寻常的冻结和熔化行为,在低至−80℃的温度下保持液态,因此它提供了异常广泛的温度测量范围。

上述发现为实现电控纳米管温度传感器提供了基础,将一个单独的Ga填充碳纳米管放置在两个金属电极上,并将其连接到电阻测量电路。例如,在室温下通过原子力显微镜(AFM)尖端在Ga柱中产生所需长度的间隙,该设备可用作温度计或电气开关。事实上,温度升高或降低,将导致Ga柱按线性比例膨胀或收缩。相应地,总管电阻$R(T)$与Ga填充物中的间隙的减小或增加成比例变化:$\Delta R(T)=R(T)-R(T_{room})=\rho\alpha(T-T_{room})$,其中$\rho$是每单位长度的管电阻($k\Omega\cdot\mu m^{-1}$),$\alpha$是Ga柱线性热膨胀系数($\mu m\cdot ℃^{-1}$)。如果达到足够高的温度,Ga填充中的间隙可以缩小到零。此时,$T_0=T_{room}+10/\alpha$,预计管电阻会出现显著的急剧下降(δR)。这种下降将对应于两个单独的Ga柱和纳米管碳壳间的总接触电阻。按需通过AFM操纵Ga填充间隙的初始(室温)间隙大小,可以调整切换温度T_0的值到任何所需的值。上述装置有望作为一个温度检测器工作,在广泛的温度范围内具有线性$R(T)$依赖性,并在任何预定的温度T_0下提供开关动作。

3.5 多重智能功能集成

在实际应用中,单一的智能导热材料应用范围十分受限,考虑到应用环境的复杂性,开发具有可控性能,能够对外界环境做出响应并自发进行调整的新型智能导热材料显得尤为重要。人们通过对应用环境进行分析,与其他智能材料进行有效的集成,制备出具有多重功能的智能导热材料。集成后的智能复合材料一般拥有传感功能、反馈功能、信息识别功能、响应功能、自修复功能、自调节能力中的一种或几种。根据组成的不同可以分为热管理-传感材料、热管理-红外材料、热管理-相变材料、热管理-自修复材料等。

3.5.1 热管理-传感材料

随着人们对自身健康问题的日益关注,能够识别健康状况并采取针对性治疗方法的可穿戴医疗保健设备已经引起广泛关注。热舒适对人类的心理健康是至关重要的,因此在医疗设备中,研发灵敏的热管理可穿戴设备是非常重要的。运动员和老年人可能经常受伤,导致关节症状,如肿胀和肌肉僵硬等[186]。焦耳加热热疗是缓解这些症状的一种典型方法,产生的热量可以加热血管和周围的肌肉组织,以驱动血液流动,缓解疼痛,减少关节麻木。

Tian 等[187]制备了一种用于电热的多功能韧性导电碳化棉织物。这种经还原氧化石墨烯改性的棉花和聚酯织物具有巨大的电热应用潜力。单一的导热智能材料由于导电导热结构简单,所以电热性能不理想,灵敏度较差,响应时间慢,并且耐久性差。活性材料的优化和选择合适的生物结构衬底是优化导热智能材料的两种策略。学者们在柔性电子学领域对不同导电聚合物的应用研究做出了重大贡献,如聚苯乙烯(PANI)、聚乙炔和聚(3,4-乙烯二氧噻吩)(PEDOT)[188]。

Gong 等[189]用导电石墨烯/聚吡咯(G-PPy)修饰由植物提取出的三维多孔Juncus(JE)纤维,制成了具有焦耳加热和应变传感特性的柔性智能纤维(G-PPy-JE)(图 3-24)。G-PPy-JE 纤维是将石墨烯薄片和 PPy 纤维分层固定在三维 JE 微纤维上制备的。通过浸涂聚合法将具有三维多孔骨架的生物质衍生柔性木质纤维素乙纤维与导电石墨烯和 PPy 集成,并将其设计为可穿戴加热器和应变传感器。JE 纤维独特的结构和活性表面改善了导电组分的沉积,石墨烯和 PPy 之间的协同效应也促进了它们在 JE 纤维上的分布。结果表明,G-PPy-JE 纤维在所有测试样品中电导率最高,故其具有很强的焦耳加热和应变传感性能。G-PPy-JE 纤维可以在 10 V 电压下加热到 147℃,响应速度快(10 s),在 5 个循环后依然显示出良好的可重用性。该纤维可作为可穿戴的电热器件编织成织物,具有良好的应变传感性能,对不同的人体运动具有较高的灵敏度、稳定性和耐久性,具有良好的应用前景。

Long 等[190]通过实验证明了石墨烯覆盖的碳化硅超表面具有主动可调的红外吸收特性。实验结果表明,通过固体聚合物电解质可以调节石墨烯覆盖超表面的热辐射特性。为制造用于动态辐射热管理和传感应用的可调谐红外器件提供了一种新方法。Xu 等[191]将聚二甲基硅氧烷(PDMS)集成到温度传感器上,开发了一种基于量热传感机制的大规模柔性热流传感器阵列。传感器集成在聚对苯二甲酸乙二醇酯(PET)薄膜上,以丝网印刷银(Ag)作为互连电极,然后将聚合物封装起来,以获得长期的稳定性。调节柔性温度传感器使其作为可穿戴传感器贴片,其热传感精度提高了大约 50 倍,即使周围的条件突然发生变化,也可以实时精确诊断皮肤温度的变化。这种对热对流和传导的合理控制,不仅可以动态监测气流,还

图 3-24　基于 JE 光纤的多功能可穿戴设备的设计理念[124]

(a) 显示了 JE 纤维从植物中产生的进化路径 num. six，进而制成焦耳加热和应变传感应用的多功能可穿戴电子设备；(b) G-PPy-JE 纤维的制备工艺示意图；(c) 原始 JE 纤维和 G-PPy-JE 纤维的照片；(d) G-PPy-JE 应变传感器的照片，在用可降解塑料封装后显示出良好的拉伸性和灵活性；(e) 工业织造机的织造装置的照片，放大照片显示一块编织的 G-PPy-JE 织物(G-PPy-JE 作为经纱，聚酯纤维作为纬纱)；(f) 一张基于 5 cm×5 cm G-PPy-JE 的双普通织物的照片；(g) 红外图像显示 G-PPy-JE 织物在 3V 驱动电压下的焦耳加热性能可以观察曲面上的大规模气流分布。

3.5.2 热管理-红外材料

如今,随着材料科学和节能技术的快速发展,调节和控制体温的温度调节膜引起了热管理领域研究者的极大兴趣[192]。可操纵红外辐射的温度调节膜在热管理中有良好的应用前景。鉴于低红外发射率的贵金属涂层可以实现红外绝缘,Yue等[193]通过简单的银镜反应和随后的真空过滤工艺制备了银纳米颗粒包覆纤维素膜,以提高人体保温膜的红外反射性能。然而,这些复合材料的力学性能差并且具有不可控的红外辐射,这两点是其实际应用的主要障碍。

为了克服这些缺点,Yue 等[194]成功地在纤维素纤维基底膜上通过真空过滤超长二氧化锰纳米线和铜纳米线,制备了具有保温和散热功能的夹层结构——纤维素膜。最近的理论和实验工作揭示了红外热管理调节的一些关键现象。例如,人体的吸热和散热在很大程度上是由波长为 6～20 μm 的红外辐射决定的。出乎意料的是,当前的纤维素膜很难满足人们在不断变化的环境中的需求,因为我们的皮肤和纺织品都不能动态控制红外辐射进行热管理。因此,探索一种构成红外辐射调制服装的层压膜具有重要意义。

Gu 等[195]利用真空过滤泵进行有序组装,成功制备了由锌铝层状双氢氧化物(LDH)/棉纤维(CZCALM)和氧化锌纳米棒/CF(CZCZLM)组成的层压膜。通过控制 CF@Zn-AlLDH 层的红外发射率,可以控制其热管理特性,包括红外绝缘和散热(图 3-25)。

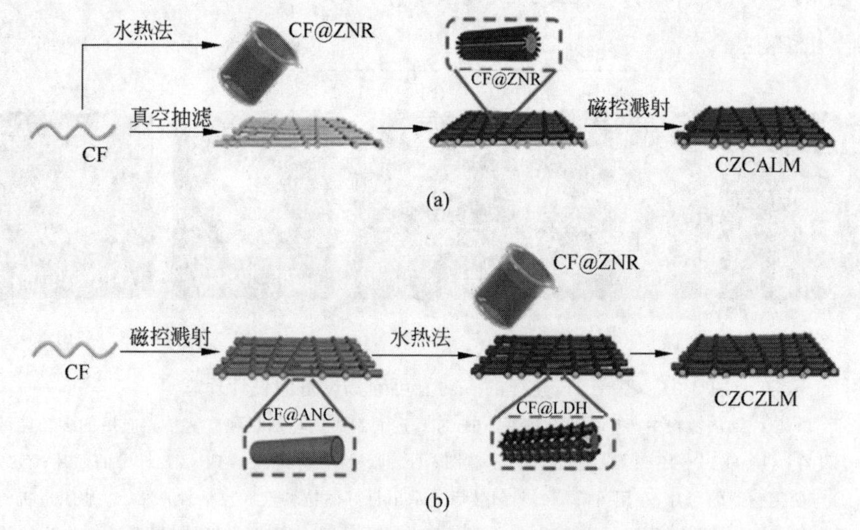

图 3-25 (a)CZCALM 和(b)CZCZLM 的制造工艺说明[132]

高温红外(IR)伪装对于有效隐藏高温物体至关重要,但成功制备高温红外伪装材料仍然是一个具有挑战性的问题,因为物体的热辐射与温度 T 的四次幂(T^4)

成正比。Zhu 等[196]通过将用于保温的硅气凝胶和用于同时辐射冷却的 Ge/ZnS 多层波长选择性辐射器(5～8 μm 非大气窗口中的高辐射率)结合使用,成功实现了红外伪装(8～14 μm 大气窗口中的低辐射率),物体的表面温度从 873 K 降低到了 410 K。室内/室外(有/无地光)辐射温度为 310 K/248 K,比地球照明的锁定范围降低了 78%。该方案可为高温热管理和红外信号处理提供思路。Gong 等[197]构建了一个灵活的红外-电致变色器件(IR-ECD),以实现在低能量模式下的可变光学和热管理。在该器件中,EC 聚苯胺阴极和铝箔阳极之间存在一个内置的 1.36 V 的电位差。因此,在连接两个电极后,器件的红外反射率迅速增加。它在 1500 nm 波长下的自驱动反射率对比度超过 20%,器件的着色效率最高可达 93.6 $cm^2 \cdot C^{-1}$,并且器件表面的最大表观调制温度最高可达 5.6℃。同时,自驱动的 IR-ECD 在太阳能电池的驱动下可以恢复到原始状态,表明其具有良好的可逆性和稳定性。

与静态材料相比,动态热管理材料由于其能够很好地适应环境的变化和拥有更大的节能效率,因而吸引了越来越多科技工作者的兴趣。然而,基于二氧化钒(VO_2)的红外辐射调节器的高转变温度、低发射率和低可调谐性,限制了其实际应用。Gu 等[198]通过提出一种基于法布里-珀罗(Fabry-Perot)腔结构($VO_2/HfO_2/Al$)的智能红外辐射调节器来解决上述问题,该结构由高功率脉冲磁控溅射(HiPIMS)制备而成,具有大规模生产的潜力。值得注意的是,通过钨(W)掺杂而将相变温度降低到接近室温 27.5℃,其发射率可调性变得十分优异,达到 0.51。此外,在 0～60℃范围内,可以获得 196.3 $W \cdot m^{-2}$(在 8～14 μm 波段)的数值热管理功率。因此,二氧化钒红外辐射调节器的优异性能在建筑和车辆的热管理领域中显示出了巨大的应用潜力。

Mandal 等[199]研究了 $Li_4Ti_5O_{12}$(LTO)的宽带电致变色特性及其对红外伪装和温度调节的适用性。在 Li^+ 插入时,LTO 从宽带隙半导体转变为金属导体,导致金属上的 LTO 纳米粒子从超宽带光学反射器转变为太阳能吸收器和热发射器。LTO 在不同的电化学循环试验下表现出稳定的电致变色性能。LTO 在 Al 上获得的 ε 范围允许基于 LTO 的电极通过反映其环境的温度和热特性来伪装自己,并使其在热伪装应用中具有很大潜力。此外,在白天和黑夜,LTO 显示了不同的自身加热和辐射冷却的能力。LTO 在阳光下可获得极大的可调温度范围(18℃)和亚环境温度(约 4℃),使其可以用于陆地环境中的节能温度调节。因此,$Li_4Ti_5O_{12}$ 在红外伪装和热调节方面具有广阔的应用前景。

3.5.3　热管理-相变材料

传统的加热策略,如空气对流或电加热,将消耗额外的能量。考虑到电池充电过程中产生的热量通常在空气中消散,若在环境温度下降时释放,可以使电池升温,提高其工作性能。研究人员目前在改进内能加热系统方面进行努力。Wang 等[200]提出了一种内置镍电极的自热锂电池,可以产生热,但是所释放出的热量不能储存起来,需立即使用。Zhang 等[201]利用相变浆液来加热电池。当电池温度下降到目标温度时,相变浆液会凝固,释放出热量。该方法释放热量效率高,但相变浆液熔化时存在泄漏风险。Ling 等[202]使用六水合氯化钙来储存电池产生的多余热量,但是储存的热量必须通过使用机械触发来释放。

Wang 等[203]将六水合氯化钙(CCH)封装在碳混合气凝胶中,制备出 CCH@MOF-C/GO 相变复合材料,其蓄热性能显著,包括高焓(140 $J \cdot g^{-1}$)、高热导率(1.36 $W \cdot m^{-1} \cdot K^{-1}$)、形状稳定性,以及 100 次循环后的耐久性,所有这些都来自于混合气凝胶的三维网络,以及稳定存储的 MOF-C 与高导电性氧化石墨烯(GO)之间的协同效应。基于 CCH@MOF-C/GO 相变复合材料,设计并制作了具有梯度熔点的多层结构作为智能相变体系(图 3-26)。结果显示,相邻相变材料层间的冰点差为 5℃,在目标温度下自动实现无级热释放或级联相变。在电池测试中,两层相变材料比一层相变材料的放热时间延长了 200%,增加了 50%的放电容量,有效地提高了电动汽车电池的低温电阻。

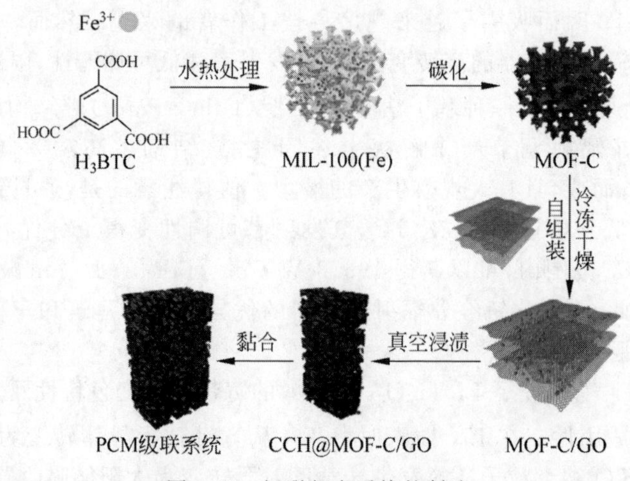

图 3-26 级联相变系统的制造

Wei 等[204]提出了一种可行的复合方法来制备含 PEG、GNP 和 CNC 的复合相变材料。在 CNC 的帮助下,大大改善了复合材料中 GNP 的分散性,成功构建了集成度更高的 GNP 网络,使复合材料在载荷条件下具有较高的形状稳定性和高导热性。结果表明,PCG-4 复合相变材料与热敏开关相结合,可作为热管理部件,通过确保合适的环境温度来保证电子器件的正常运行。

3.5.4 热管理-自修复材料

聚合物材料已应用于各领域,包括运输工业(汽车、船舶、飞机)、国防工业、土木工程、电子工业等。然而,这些材料在断裂或损伤后容易发生故障,这导致其可持续性、安全性和使用寿命的急剧下降。因此,探索在机械损伤后能够自我修复的自愈聚合物材料是非常必要的。几十年来,科学家和工程师们一直高度关注开发自愈高分子材料，以提高人造材料的安全性、寿命、能源使用效率，并减小对环境的污染。

Huang 等[205]报道了一种由石墨烯(FG)和热塑性聚氨酯(TPU)制备而成的新型自愈合材料。与传统的自愈高分子材料不同，这种 FG-TPU 自愈材料除增强机械性能，还可以通过加热、红外光、电、电磁波等不同的方法进行愈合，愈合效率高于 98%。导热、坚固且可自修复的聚合物/碳纳米复合材料是当前功能材料的研究重点。然而，分子相互作用和交联之间的权衡使得很难同时实现良好的自愈合、高强度和热传导等性能。作者团队[206]将硼氧辛聚(二甲基硅氧烷)和 2-脲基-4[1H]-嘧啶酮通过分子硼酯键和氢键选择性交联制得复合材料。通过优化可逆相互作用，在硼氧苷与 2-脲基-4[1H]-嘧啶酮的物质的量比为 1∶3($BE\text{-}PDMS_{1:3}$-UPy)条件下，最大强度达到 7.33 MPa，自愈合效率达到(97.69±0.33)%。利用 UPy 改性的石墨烯气凝胶获得了高强度的 $BE\text{-}PDMS_{1:3}$-UPy 复合材料(图 3-27)。横切样品在 40℃自愈合 6 h 后，恢复了其力学性能((78.83±2.40)%)和热导率((98.27±0.13)%)。在化学分子结构设计方面，通过对柔性有机硅的分子修饰和交联，基于硼酯键和 UPy 在聚合物链间构建了分子级相互作用(多重氢键和动态共价键)，可以有效地调控聚合物的交联强度和链段运动能力，赋予聚合物柔性和回弹性；通过在有机硅分子链上连接刚性硼酯聚合物并控制嵌段比例，实现聚合物柔性和导热性能的可控调节；同时，结合三维石墨烯网络、碳纳米管阵列、碳纤维阵列等的引入，构建了高导热聚合物基复合材料。聚合物-石墨烯界面上氢键优

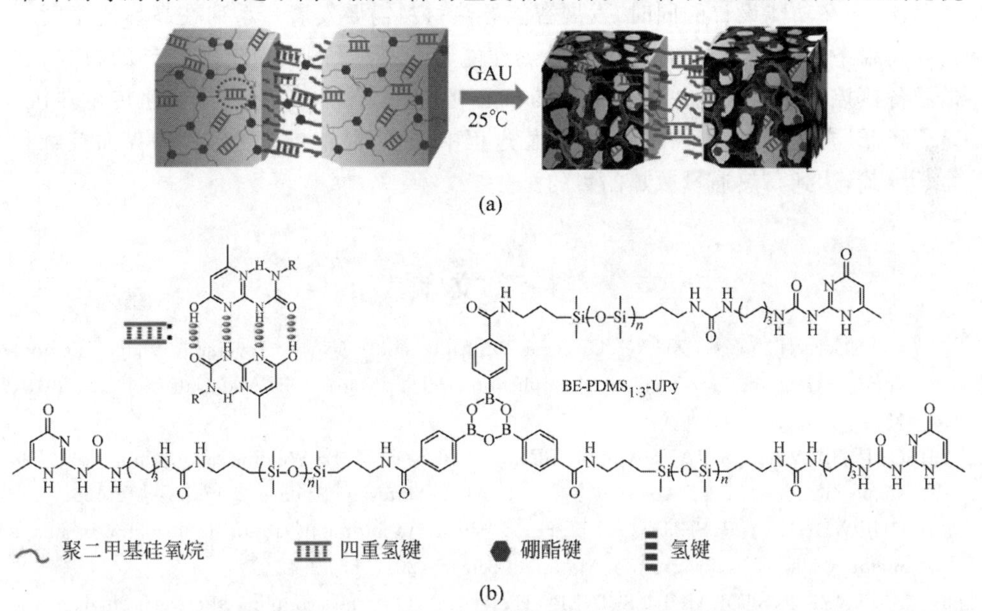

图 3-27　(a) 自修复、稳健的 $BE\text{-}PDMS_{1:3}$-UPy/GAU 复合材料示意图，以 GAU 网络作为增强模板(黑色网络)制备了复合材料，复合材料可以通过在界面上 UPy 和 BE 之间形成可逆的氢键(粉红色)和动态的 B-O 键(红色)来愈合；(b) $BE\text{-}PDMS_{1:3}$-UPy 的化学结构[143]

异的可逆缔合/解离性能，使得该复合材料成为界面热导管中的结构-功能集成材料。

多键和不同界面可逆相互作用是设计结构材料自修复、坚固的碳纳米复合材料的有效策略。在热传导方面，复杂的环境如高压等不会影响材料的自愈，并可以通过控制热流和压缩来进一步提高自愈性能。因此上述研究结果为自愈合机制提供了更好的解释，使开发出可以实际应用的坚韧、高机械强度的自愈合材料成为可能。

3.6 本章小结

本章分别从温度感知、智能导热控制、自修复导热控制、多重智能功能集成四个方面出发，论述了智能导热材料的设计方法及当前存在的问题。智能材料应用广泛，但材料的功能各异，对导热基体的优化和选择是材料设计的重点。同时，选择多种设计工艺的智能导热材料是面向市场和研究者的重要策略。例如，形状记忆、温敏性水凝胶可面向材料的生物应用和航天军事；相变材料可以通过控制其对热的敏感性，实现材料对传热的和显热的不同效果，这是未来发展智能导热的另一重要方向。

此外，在功能设计的同时，发展智能导热材料需要发展一系列在高热流密度或局部高温条件下，能利用自身的高导热性能，实现热量的快速定向疏导的材料，这是制备热控结构与功能一体化构件的核心材料。该材料能将热量快速传至热沉，显著降低局部温度，并且在高低温交替过程中，始终保持与高温部件的界面接触和力学承载，达到高热通量散热的目的。

参考文献

[1] WANG K, JIA Y G, ZHAO C, et al. Multiple and two-way reversible shape memory polymers: Design strategies and applications[J]. Progress in Materials Science, 2019, 105: 100572.

[2] OLIVEIRA J P, MIRANDA R M, FERNANDES F M B. Welding and joining of NiTi shape memory alloys: A review[J]. Progress in Materials Science, 2017, 88: 412-466.

[3] CHOWDHURY P, SEHITOGLU H. A revisit to atomistic rationale for slip in shape memory alloys[J]. Progress in Materials Science, 2017, 85: 1-42.

[4] SITTNER P, SEDLAK P, SEINER H, et al. On the coupling between martensitic transformation and plasticity in NiTi: Experiments and continuous based modelling[J]. Progress in Materials Science, 2018, 98: 249-298.

[5] CHOWDHURY P, SEHITOGLU H. Deformation physics of shape memory alloys—fundamentals at atomistic frontier[J]. Progress in Materials Science, 2017, 88: 49-88.

[6] HU J, ZHU Y, HUANG H, et al. Recent advances in shape-memory polymers: Structure,

mechanism, functionality, modeling and applications[J]. Progress in Polymer Science, 2012, 37(12): 1720-1763.

[7] BERG G J, MCBRIDE M K, WANG C, et al. New directions in the chemistry of shape memory polymers[J]. Polymer, 2014, 55(23): 5849-5872.

[8] HAGER M D, BODE S, WEBER C, et al. Shape memory polymers: Past, present and future developments[J]. Progress in Polymer Science, 2015, 49-50: 3-33.

[9] KUMAR K S S, BIJU R, NAIR C P R. Progress in shape memory epoxy resins [J]. Reactive & Functional Polymers, 2013, 73(2): 421-430.

[10] XIE T. Tunable polymer multi-shape memory effect [J]. Nature, 2010, 464 (7286): 267-270.

[11] WANG K, JIA Y G, ZHU X X. Biocompound-based multiple shape memory polymers reinforced by photo-cross-linking [J]. ACS Biomaterials Science & Engineering, 2015, 1(9): 855-863.

[12] ZHAO Q, ZOU W, LUO Y, et al. Shape memory polymer network with thermally distinct elasticity and plasticity[J]. Science Advances, 2016, 2(1): e1501297.

[13] FANG Z, ZHENG N, ZHAO Q, et al. Healable, reconfigurable, reprocess-able thermoset shape memory polymer with highly tunable topological rearrangement kinetics[J]. ACS Applied Materials & Interfaces, 2017, 9(27): 22077-22082.

[14] LI A, FAN J, LI G. Recyclable thermoset shape memory polymers with high stress and energy output via facile UV-curing[J]. Journal of Materials Chemistry A, 2018, 6(24): 11479-11487.

[15] JIN B, SONG H, JIANG R, et al. Programming a crystalline shape memory polymer network with thermo-and photo-reversible bonds toward a single-component soft robot [J]. Science Advances, 2018, 4(1): eaao3865.

[16] WANG Y, PAN Y, ZHENG Z, et al. Reconfigurable and reprocessable thermoset shape memory polymer with synergetic triple dynamic covalent bonds[J]. Macromolecular Rapid Communications, 2018, 39(10): 1800128.

[17] ZHENG N, HOU J, XU Y, et al. Catalyst-free thermoset polyurethane with permanent shape reconfigurability and highly tunable triple-shape memory performance [J]. ACS Macro Letters, 2017, 6(4): 326-330.

[18] ZHANG G, ZHAO Q, YANG L, et al. Exploring dynamic equilibrium of diels-alder reaction for solid state plasticity in remoldable shape memory polymer network[J]. ACS Macro Letters, 2016, 5(7): 805-808.

[19] ZHANG G, PENG W, WU J, et al. Digital coding of mechanical stress in a dynamic covalent shape memory polymer network[J]. Nature Communications, 2018, 9: 4002.

[20] MICHAL B T, JAYE C A, SPENCER E J, et al. Inherently photohealable and thermal shape-memory polydisulfide networks[J]. ACS Macro Letters, 2013, 2(8): 694-699.

[21] XIA J, ZHAO P, ZHENG K, et al. Surface modification based on diselenide dynamic chemistry: Towards liquid motion and surface bioconjugation[J]. Angewandte Chemie-International Edition, 2019, 58(2): 542-546.

[22] VAN HERCK N, DU PREZ F E. Fast healing of polyurethane thermosets using reversible triazolinedione chemistry and shape-memory[J]. Macromolecules, 2018, 51(9):

3405-3414.

[23] CHEN H,LI Y,TAO G, et al. Thermo-and water-induced shape memory poly (vinyl alcohol) supramolecular networks crosslinked by self-complementary quadruple hydrogen bonding[J]. Polymer Chemistry,2016,7(43): 6637-6644.

[24] YASIN A,LI H,LU Z, et al. A shape memory hydrogel induced by the interactions between metal ions and phosphate[J]. Soft Matter,2014,10(7): 972-977.

[25] WANG Q,BAI Y,CHEN Y,et al. High performance shape memory polyimides based on pi-pi interactions[J]. Journal of Materials Chemistry A,2015,3(1): 352-359.

[26] LIU D,NIE W C,WEN Z B, et al. Strategy for constructing shape-memory dynamic networks through charge-transfer interactions [J]. ACS Macro Letters, 2018, 7 (6): 705-710.

[27] WANG L,DI S,WANG W,et al. Self-healing and shape memory capabilities of copper-coordination polymer network[J]. RSC Advances,2015,5(37): 28896-28900.

[28] ZHOU J,TURNER S A,BROSNAN S M,et al. Shapeshifting: Reversible shape memory in semicrystalline elastomers[J]. Macromolecules,2014,47(5): 1768-1776.

[29] HUANG M M,DONG X,LIU W L, et al. Recent progress in two-way shape memory crystalline polymer and its composites[J]. Acta Polymerica Sinica,2017,(4): 563-579.

[30] ZARE M,PRABHAKARAN M P,PARVIN N, et al. Thermally-induced two-way shape memory polymers: Mechanisms, structures, and applications[J]. Chemical Engineering Journal,2019,374: 706-720.

[31] CHUNG T,RORNO-URIBE A,MATHER P T. Two-way reversible shape memory in a semicrystalline network[J]. Macromolecules,2008,41(1): 184-192.

[32] WU Y,HU J L,HAN J, et al. Two-way shape memory polymer with "switch-spring" composition by interpenetrating polymer network[J]. Journal of Materials Chemistry A, 2014,2(44): 18816-18822.

[33] RAQUEZ J M,VAN DER STAPPEN S, MEYER F, et al. Design of cross-linked semicrystalline poly (epsilon-caprolactone)-based networks with one-way and two-way shape-memory properties through Diels-Alder reactions [J]. Chemistry-A European Journal,2011,17(36): 10135-10143.

[34] RAZZAQ M Y,BEHL M, NOECHEL U, et al. Magnetically controlled shape-memory effects of hybrid nanocomposites from oligo (omega-pentadecalactone) and covalently integrated magnetite nanoparticles[J]. Polymer,2014,55(23): 5953-5960.

[35] BAKER R M,HENDERSON J H, MATHER P T. Shape memory poly (epsilon-caprolactone)-*co*-poly(ethylene glycol) foams with body temperature triggering and two-way actuation[J]. Journal of Materials Chemistry B,2013,1(38): 4916-4920.

[36] BOTHE M,PRETSCH T. Two-way shape changes of a shape-memory poly (ester urethane)[J]. Macromolecular Chemistry and Physics,2012,213(22): 2378-2385.

[37] ZOTZMANN J,BEHL M,HOFMANN D,et al. Reversible triple-shape effect of polymer networks containing polypentadecalactone-and poly (epsilon-caprolactone)-segments [J]. Advanced Materials,2010,22(31): 3424-3429.

[38] XIE H,CHENG C,DENG X, et al. Creating poly (tetramethylene oxide) glycol-based networks with tunable two-way shape memory effects via temperature-switched netpoints

[J]. Macromolecules, 2017, 50(13): 5155-5164.
[39] BEHL M, KRATZ K, ZOTZMANN J, et al. Reversible bidirectional shape-memory polymers[J]. Advanced Materials, 2013, 25(32): 4466-4469.
[40] RATNA D, KARGER-KOCSIS J. Shape memory polymer system of semi-interpenetrating network structure composed of crosslinked poly (methyl methacrylate) and poly (ethylene oxide)[J]. Polymer, 2011, 52(4): 1063-1070.
[41] WOODARD L N, PAGE V M, KMETZ K T, et al. PCL-PLLA semi-IPN shape memory polymers (SMPs): Degradation and mechanical properties[J]. Macromolecular Rapid Communications, 2016, 37(23): 1972-1977.
[42] LU C, LIU Y, LIU X, et al. Sustainable multiple-and multistimulus-shape-memory and self-healing elastomers with semi-interpenetrating network derived from biomass via bulk radical polymerization[J]. ACS Sustainable Chemistry & Engineering, 2018, 6(5): 6527-6535.
[43] WOODARD L N, KMETZ K T, ROTH A A, et al. Porous poly(epsilon-caprolactone)-poly(l-lactic acid) semi-interpenetrating networks as superior, defect-specific scaffolds with potential for cranial bone defect repair[J]. Biomacromolecules, 2017, 18(12): 4075-4083.
[44] CHEN S, HU J, ZHUO H, et al. Two-way shape memory effect in polymer laminates[J]. Materials Letters, 2008, 62(25): 4088-4090.
[45] CHEN S, HU J, ZHUO H. Properties and mechanism of two-way shape memory polyurethane composites[J]. Composites Science and Technology, 2010, 70(10): 1437-1443.
[46] TAMAGAWA H. Thermo-responsive two-way shape changeable polymeric laminate[J]. Materials Letters, 2010, 64(6): 749-751.
[47] TOBUSHI H, HAYASHI S, SUGIMOTO Y, et al. Two-way bending properties of shape memory composite with SMA and SMP[J]. Materials, 2009, 2(3): 1180-1192.
[48] GHOSH P, RAO A, SRINIVASA A R. Design of multi-state and smart-bias components using shape memory alloy and shape memory polymer composites[J]. Materials & Design, 2013, 44: 164-171.
[49] GE Q, WESTBROOK K K, MATHER P T, et al. Thermomechanical behavior of a two-way shape memory composite actuator[J]. Smart Materials and Structures, 2013, 22(5): 055009.
[50] PRAWATBORISUT M, JIANG S, OBERLANDER J, et al. Modulating protein corona and materials-cell interactions with temperature-responsive materials[J]. Advanced Functional Materials, 2022, 32(2): 2106353.
[51] CHI E Y, KRISHNAN S, RANDOLPH T W, et al. Physical stability of proteins in aqueous solution: Mechanism and driving forces in nonnative protein aggregation[J]. Pharmaceutical Research, 2003, 20(9): 1325-1336.
[52] CHOI S, CHOI B C, XUE C Y, et al. Protein adsorption mechanisms determine the efficiency of thermally controlled cell adhesion on poly(n-isopropyl acrylamide) brushes [J]. Biomacromolecules, 2013, 14(1): 92-100.
[53] BORDAT A, BOISSENOT T, NICOLAS J, et al. Thermoresponsive polymer nanocarriers for biomedical applications[J]. Advanced Drug Delivery Reviews, 2019, 138: 167-192.

[54] KLOUDA L,MIKOS A G. Thermoresponsive hydrogels in biomedical applications[J]. European Journal of Pharmaceutics and Biopharmaceutics,2008,68(1):34-45.

[55] DAILY M D,OLSEN B N,SCHLESINGER P H,et al. Improved coarse-grained modeling of cholesterol activation in lipid bilayers[J]. Biophysical Journal,2013,104(2):590A-591A.

[56] DE JONG D H,PERIOLE X,MARRINK S J. Dimerization of amino acid side chains:Lessons from the comparison of different force fields[J]. Journal of Chemical Theory and Computation,2012,8(3):1003-1014.

[57] DE PLANQUE M R R,KRUIJTZER J A W,LISKAMP R M J,et al. Different membrane anchoring positions of tryptophan and lysine in synthetic transmembrane alpha-helical peptides[J]. Journal of Biological Chemistry,1999,274(30):20839-20846.

[58] WANG Y,LIANG X,ZHU H,et al. Reversible water transportation diode:Temperature-adaptive smart janus textile for moisture/thermal management[J]. Advanced Functional Materials,2020,30(6):1907851.

[59] SHAHSAVAN H,YU L,JAKIL A,et al. Smart biomimetic micro/nanostructures based on liquid crystal elastomers and networks[J]. Soft Matter,2017,13(44):8006-8022.

[60] FINKELMANN H,KOCK H J,REHAGE G. Investigations on liquid crystalline polysiloxanes 3-liquid crystalline elastomers-a new type of liquid crystalline material[J]. Macromolecular Rapid Communications,2005,26(9):667-672.

[61] CAO B Y,ZHANG Z T. Thermal smart materials and their applications in space thermal control system[J]. Acta Physica Sinica,2022,71(1):014401.

[62] BAUGHMAN R H,ZAKHIDOV A A,DE HEER W A. Carbon nanotubes—the route toward applications[J]. Science,2002,297(5582):787-792.

[63] CAO B Y,DONG R Y. Molecular dynamics calculation of rotational diffusion coefficient of a carbon nanotube in fluid[J]. Journal of Chemical Physics,2014,140(3):034703.

[64] CHO J,LOSEGO M D,ZHANG H G,et al. Electrochemically tunable thermal conductivity of lithium cobalt oxide[J]. Nature Communications,2014,5:4035.

[65] DONG R Y,CAO B Y. Anomalous orientations of a rigid carbon nanotube in a sheared fluid[J]. Scientific Reports,2014,4:6120.

[66] 董若宇,曹鹏,曹桂兴,等.直流电场下水中石墨烯定向行为研究[J].物理学报,2017,66(1):218-225.

[67] XU Y F,WANG X J,HAO Q. A mini review on thermally conductive polymers and polymer-based composites[J]. Composites Communications,2021,24:100617.

[68] ZHANG Z T,DONG R Y,QIAO D S,et al. Tuning the thermal conductivity of nanoparticle suspensions by electric field[J]. Nanotechnology,2020,31(46):465403.

[69] PHILIP J,SHIMA P D,RAI B. Nanofluid with tunable thermal properties[J]. Applied Physics Letters,2008,92(4):043108.

[70] PHILIP J,SHIMA P D,RAJ B. Enhancement of thermal conductivity in magnetite based nanofluid due to chainlike structures[J]. Applied Physics Letters,2007,91(20):203108.

[71] SHIMA P D,PHILIP J,RAJ B. Magnetically controllable nanofluid with tunable thermal conductivity and viscosity[J]. Applied Physics Letters,2009,95(13):133112.

[72] SUN P C,HUANG Y,ZHENG R T,et al. Magnetic graphite suspensions with reversible

thermal conductivity[J]. Materials Letters, 2015, 149: 92-94.

[73] KIZUKA H, YAGI T, JIA J, et al. Temperature dependence of thermal conductivity of VO_2 thin films across metal-insulator transition[J]. Japanese Journal of Applied Physics, 2015, 54(5): 053201.

[74] LEE S K, HIPPALGAONKAR K, YANG F, et al. Anomalously low electronic thermal conductivity in metallic vanadium dioxide[J]. Science, 2017, 355(6323): 371.

[75] LYEO H K, CAHILL D G, LEE B S, et al. Thermal conductivity of phase-change material $Ge_2Sb_2Te_5$[J]. Applied Physics Letters, 2006, 89(15): 151904.

[76] REIFENBERG J P, PANZER M A, KIM S, et al. Thickness and stoichiometry dependence of the thermal conductivity of GeSbTe films[J]. Applied Physics Letters, 2007, 91(11): 111904.

[77] YANG L, CAO B Y. Thermal transport of amorphous phase change memory materials using population-coherence theory: A first-principles study[J]. Journal of Physics D-Applied Physics, 2021, 54(50): 505302.

[78] BATDALOV A B, ALIEV A M, KHANOV L N, et al. Magnetic, thermal, and electrical properties of an $Ni_{45.37}Mn_{40.91}In_{13.72}$ Heusler alloy[J]. Journal of Experimental and Theoretical Physics, 2016, 122(5): 874-882.

[79] ZHENG Q, ZHU G, DIAO Z, et al. High contrast thermal conductivity change in Ni-Mn-In Heusler alloys near room temperature[J]. Advanced Engineering Materials, 2019, 21(5): 1801342.

[80] ZHENG H, LIU W, ANDERSON L Y, et al. Lipid-dependent gating of a voltage-gated potassium channel[J]. Nature Communications, 2011, 2: 250.

[81] ANGAYARKANNI S A, PHILIP J. Tunable thermal transport in phase change materials using inverse micellar templating and nanofillers[J]. Journal of Physical Chemistry C, 2014, 118(25): 13972-13980.

[82] ANGAYARKANNI S A, PHILIP J. Thermal conductivity measurements in phase change materials under freezing in presence of nanoinclusions[J]. Journal of Applied Physics, 2015, 118(9): 094306.

[83] HARISH S, ISHIKAWA K, CHIASHI S, et al. Anomalous thermal conduction characteristics of phase change composites with single walled carbon nanotube inclusions[J]. Journal of Physical Chemistry C, 2013, 117(29): 15409-15413.

[84] SUN P C, WU Y L, GAO J W, et al. Room temperature electrical and thermal switching CNT/hexadecane composites[J]. Advanced Materials, 2013, 25(35): 4938-4943.

[85] WU Y, YAN X, MENG P, et al. Carbon black/octadecane composites for room temperature electrical and thermal regulation[J]. Carbon, 2015, 94: 417-423.

[86] ZHU G, LIU J, ZHENG Q, et al. Tuning thermal conductivity in molybdenum disulfide by electrochemical intercalation[J]. Nature Communications, 2016, 7: 13211.

[87] QIAN X, GU X, DRESSELHAUS M S, et al. Anisotropic tuning of graphite thermal conductivity by lithium intercalation[J]. Journal of Physical Chemistry Letters, 2016, 7(22): 4744-4750.

[88] SOOD A, XIONG F, CHEN S, et al. An electrochemical thermal transistor[J]. Nature Communications, 2018, 9: 4510.

[89] CHO J, LOSEGO M D, ZHANG H G, et al. Electrochemically tunable thermal conductivity of lithium cobalt oxide[J]. Nature Communications, 2014, 5: 4035.

[90] KANG J S, KE M, HU Y. Ionic intercalation in two-dimensional van der Waals materials: In situ characterization and electrochemical control of the anisotropic thermal conductivity of black phosphorus[J]. Nano Letter, 2017, 17(3): 1431-1438.

[91] LU Q, HUBERMAN S, ZHANG H, et al. Bi-directional tuning of thermal transport in srcoox with electrochemically induced phase transitions[J]. Nature Materials, 2020, 19(6): 655.

[92] HU H, GOPINADHAN M, OSUJI C O. Directed self-assembly of block copolymers: A tutorial review of strategies for enabling nanotechnology with soft matter[J]. Soft Matter, 2014, 10(22): 3867-3889.

[93] SHIN J, SUNG J, KANG M, et al. Light-triggered thermal conductivity switching in azobenzene polymers[J]. Proceedings of the National Academy of Sciences of the United States of America, 2019, 116(13): 5973-5978.

[94] LI C, MA Y, TIAN Z. Thermal switching of thermoresponsive polymer aqueous solutions [J]. ACS Macro Letters, 2018, 7(1): 53-58.

[95] SHRESTHA R, LUAN Y, SHIN S, et al. High-contrast and reversible polymer thermal regulator by structural phase transition[J]. Science Advances, 2019, 5(12): eaax3777.

[96] ZHANG T, LUO T. High-contrast, reversible thermal conductivity regulation utilizing the phase transition of polyethylene nanofibers[J]. ACS Nano, 2013, 7(9): 7592-7600.

[97] SHIN J, KANG M, TSAI T, et al. Thermally functional liquid crystal networks by magnetic field driven molecular orientation[J]. ACS Macro Letters, 2016, 5(8): 955-960.

[98] TOMKO J A, PENA-FRANCESCH A, JUNG H, et al. Tunable thermal transport and reversible thermal conductivity switching in topologically networked bio-inspired materials [J]. Nature Nanotechnology, 2018, 13(10): 959.

[99] FENG H, TANG N, AN M, et al. Thermally-responsive hydrogels poly(n-isopropylacrylamide) as the thermal switch[J]. Journal of Physical Chemistry C, 2019, 123(51): 31003-31010.

[100] HOPKINS P E, ADAMO C, YE L, et al. Effects of coherent ferroelastic domain walls on the thermal conductivity and kapitza conductance in bismuth ferrite[J]. Applied Physics Letters, 2013, 102(12): 121903.

[101] IHLEFELD J F, FOLEY B M, SCRYMGEOUR D A, et al. Room-temperature voltage tunable phonon thermal conductivity via reconfigurable interfaces in ferroelectric thin films[J]. Nano Letter, 2015, 15(3): 1791-1795.

[102] DENG S, YUAN J, LIN Y, et al. Electric-field-induced modulation of thermal conductivity in poly (vinylidene fluoride)[J]. Nano Energy, 2021, 82: 105749.

[103] DENG S C, MA D K, ZHANG G Z, et al. Modulating the thermal conductivity of crystalline nylon by tuning hydrogen bonds through structure poling[J]. Journal of Materials Chemistry A, 2021, 9(43): 24472-24479.

[104] YANG F Y, LIU K, HONG K M, et al. Large magnetoresistance of electrodeposited single-crystal bismuth thin films[J]. Science, 1999, 284(5418): 1335-1337.

[105] CHU M, SUN Y, AGHORAM U, et al. Strain: A solution for higher carrier mobility in nanoscale mosfets[J]. Annual Review of Materials Research, 2009, 39: 203-229.

[106] LI X, MAUTE K, DUNN M L, et al. Strain effects on the thermal conductivity of nanostructures[J]. Physical Review B, 2010, 81(24): 245318.

[107] MENG H, MA D, YU X, et al. Thermal conductivity of molybdenum disulfide nanotube from molecular dynamics simulations [J]. International Journal of Heat and Mass Transfer, 2019, 145: 118719.

[108] MENG H, MARUYAMA S, XIANG R, et al. Thermal conductivity of one-dimensional carbon-boron nitride van der Waals heterostructure: A molecular dynamics study[J]. International Journal of Heat and Mass Transfer, 2021, 180: 121773.

[109] WAN X, DEMIR B, AN M, et al. Thermal conductivities and mechanical properties of epoxy resin as a function of the degree of cross-linking[J]. International Journal of Heat and Mass Transfer, 2021, 180: 121821.

[110] LI S, YU X, BAO H, et al. High thermal conductivity of bulk epoxy resin by bottom-up parallel-linking and strain: A molecular dynamics study [J]. Journal of Physical Chemistry C, 2018, 122(24): 13140-13147.

[111] YU D, LIAO Y, SONG Y, et al. A super-stretchable liquid metal foamed elastomer for tunable control of electromagnetic waves and thermal transport[J]. Advanced Science, 2020, 7(12): 2000177.

[112] DU T, XIONG Z, DELGADO L, et al. Wide range continuously tunable and fast thermal switching based on compressible graphene composite foams[J]. Nature Communications, 2021, 12(1): 4915.

[113] ZHENG R, GAO J, WANG J, et al. Reversible temperature regulation of electrical and thermal conductivity using liquid-solid phase transitions[J]. Nature Communications, 2011, 2: 289.

[114] DENG Z, WANG H, MA P, et al. Self-healing conductive hydrogels: preparation, properties and applications[J]. Nanoscale, 2020, 12(3): 1224-1246.

[115] TOOHEY K S, SOTTOS N R, LEWIS J A, et al. Self-healing materials with microvascular networks[J]. Nature Materials, 2007, 6(8): 581-585.

[116] YANG Y, URBAN M W. Self-healing polymeric materials [J]. Chemical Society Reviews, 2013, 42(17): 7446-7467.

[117] WANG S, URBAN M W. Self-healing polymers[J]. Nature Reviews Materials, 2020, 5(8): 562-583.

[118] BOUSMINA M, QIU H, GRMELA M, et al. Diffusion at polymer/polymer interfaces probed by rheological tools[J]. Macromolecules, 1998, 31(23): 8273-8280.

[119] ZHANG Q, CHEN G, WU K, et al. Self-healable and reprocessible liquid crystalline elastomer and its highly thermal conductive composites by incorporating graphene via in-situ polymerization[J]. Journal of Applied Polymer Science, 2021, 138(4): 49748.

[120] VAN DER ZWAAG S, BRINKMAN E. Self healing materials: pioneering research in the netherlands[M]. Amsterdam: IOS Press, 2015.

[121] UTRERA B S, VERDEJO R, LÓPEZ M A, et al. Evolution of self-healing elastomers, from extrinsic to combined intrinsic mechanisms: a review[J]. Materials Horizons, 2020, 7(11): 2882-2902.

[122] BLAISZIK B J, KRAMER S L, OLUGEBEFOLA S C, et al. Self-healing polymers and

composites[J]. Annual Review of Materials Research,2010,40: 179-211.

[123] WHITE S R,SOTTOS N R,GEUBELLE P H, et al. Autonomic healing of polymer composites[J]. Nature,2001,409(6822): 794-797.

[124] KELLER M W,WHITE S R,SOTTOS N R. A self-healing poly(dimethyl siloxane) elastomer[J]. Advanced Functional Materials,2007,17(14): 2399-2404.

[125] WANG T,JIANG Y,HUANG J, et al. High thermal conductive paraffin/calcium carbonate phase change microcapsules based composites with different carbon network [J]. Applied Energy,2018,218: 184-191.

[126] KOSARLI M,BEKAS D G,TSIRKA K,et al. Microcapsule-based self-healing materials: healing efficiency and toughness reduction vs capsule size[J]. Composites Part B: Engineering,2019,171: 78-86.

[127] KIM S R,GETACHEW B A, PARK S J, et al. Toward microcapsule-embedded self-healing membranes[J]. Environmental Science & Technology Letters, 2016, 3(5): 216-221.

[128] ZHANG C,WANG H, ZHOU Q. Preparation and characterization of microcapsules based self-healing coatings containing epoxy ester as healing agent[J]. Progress in Organic Coatings,2018,125: 403-410.

[129] DU W,YU J,GU Y, et al. Preparation and application of microcapsules containing toluene-di-isocyanate for self-healing of concrete[J]. Construction and Building Materials, 2019,202: 762-769.

[130] DRY C. Procedures developed for self-repair of polymer matrix composite materials[J]. Composite Structures,1996,35(3): 263-269.

[131] LIU Y,CHUO T. Self-healing polymers based on thermally reversible Diels-Alder chemistry[J]. Polymer Chemistry,2013,4(7): 2194-2205.

[132] KHAN N,HALDER S,GUNJAN S, et al. A review on Diels-Alder based self-healing polymer composites//proceedings of the IOP conference series: materials science and engineering[J]. IOP Publishing,2018,377(1): 012007.

[133] TRUONG T T,THAI S H,NGUYEN H T,et al. Tailoring the hard-soft interface with dynamic Diels-Alder linkages in polyurethanes: toward superior mechanical properties and healability at mild temperature[J]. Chemistry of Materials,2019,31(7): 2347-2357.

[134] CAO Y,ZHANG J, ZHANG D, et al. A novel shape memory-assisted and thermo-induced self-healing boron nitride/epoxy composites based on Diels-Alder reaction[J]. Journal of Materials Science,2020,55: 11325-11338.

[135] CHEN W,WU K,LIU Q,et al. Functionalization of graphite via Diels-Alder reaction to fabricate poly(vinyl alcohol) composite with enhanced thermal conductivity[J]. Polymer,2020,186: 122075.

[136] LI G,XIAO P,HOU S,et al. Rapid and efficient polymer/graphene based multichannel self-healing material via Diels-Alder reaction[J]. Carbon,2019,147: 398-407.

[137] LI Y,YANG L,ZENG Y, et al. Self-healing hydrogel with a double dynamic network comprising imine and borate ester linkages[J]. Chemistry of Materials, 2019, 31(15): 5576-5583.

[138] ZHANG J,QIN Y, PAMBOS O J, et al. Microdroplets confined assembly of opal

composites in dynamic borate ester-based networks[J]. Chemical Engineering Journal, 2021,426: 127581.

[139] BAO C,JIANG Y,ZHANG H,et al. Room-temperature self-healing and recyclable tough polymer composites using nitrogen-coordinated boroxines [J]. Advanced Functional Materials,2018,28(23): 1800560.

[140] LAI J,MEI J,JIA X, et al. A stiff and healable polymer based on dynamic-covalent boroxine bonds[J]. Advanced Materials,2016,28(37): 8277-8282.

[141] DELPIERRE S, WILLOCQ B, DE WINTER J, et al. Dynamic iminoboronate-based boroxine chemistry for the design of ambient humidity-sensitive self-healing polymers [J]. Chemistry-A European Journal,2017,23(28): 6730-6735.

[142] SUN C,JIA H,LEI K,et al. Self-healing hydrogels with stimuli responsiveness based on acylhydrazone bonds[J]. Polymer,2019,160: 246-253.

[143] ZHU M,JIN H,SHAO T,et al. Polysaccharide-based fast self-healing ion gel based on acylhydrazone and metal coordination bonds[J]. Materials & Design,2020,192: 108723.

[144] YANG X,LIU G, PENG L, et al. Highly efficient self-healable and dual responsive cellulose-based hydrogels for controlled release and 3D cell culture [J]. Advanced Functional Materials,2017,27(40): 1703174.

[145] ZHANG D,RUAN Y, ZHANG B, et al. A self-healing PDMS elastomer based on acylhydrazone groups and the role of hydrogen bonds[J]. Polymer,2017,120: 189-196.

[146] LI X,YU R,HE Y,et al. Self-healing polyurethane elastomers based on a disulfide bond by digital light processing 3D printing[J]. ACS Macro Letters,2019,8(11): 1511-1516.

[147] YANG X,GUO Y,LUO X, et al. Self-healing, recoverable epoxy elastomers and their composites with desirable thermal conductivities by incorporating BN fillers via in-situ polymerization[J]. Composites Science and Technology,2018,164: 59-64.

[148] SHAN S,MAI D, LIN Y, et al. Self-healing, reprocessable, and degradable bio-based epoxy elastomer bearing aromatic disulfide bonds and its application in strain sensors[J]. ACS Applied Polymer Materials,2021,3(10): 5115-5124.

[149] LAFONT U,MORENO B C, VAN Z H, et al. Self-healing thermally conductive adhesives[J]. Journal of Intelligent Material Systems and Structures,2014,25(1): 67-74.

[150] LV C,ZHAO K, ZHENG J. A highly stretchable self-healing poly(dimethylsiloxane) elastomer with reprocessability and degradability [J]. Macromolecular Rapid Communications,2018,39(8): 1700686.

[151] LEE S H,SHIN S R, LEE D S. Self-healing of cross-linked PU via dual-dynamic covalent bonds of a schiff base from cystine and vanillin[J]. Materials & Design,2019, 172: 107774.

[152] BODE S,ZEDLER L,SCHACHER F H,et al. Self-healing polymer coatings based on crosslinked metallosupramolecular copolymers[J]. Advanced Materials,2013,25(11): 1634-1638.

[153] LI C,ZUO J. Self-healing polymers based on coordination bonds[J]. Advanced Materials, 2020,32(27): 1903762.

[154] MOZHDEHI D,AYALA S,CROMWELL O,et al. Self-healing multiphase polymers via dynamic metal-ligand interactions[J]. Journal of the American Chemical Society,2014,

136(46): 16128-16131.

[155] LI C,WANG C,KEPLINGER C, et al. A highly stretchable autonomous self-healing elastomer[J]. Nature Chemistry,2016,8(6): 618-624.

[156] YANG J,YU W,ZHANG Y, et al. Graphene double cross-linked thermally conductive hydrogel with low thermal contact resistance, flexibility and self-healing performance[J]. International Communications in Heat and Mass Transfer,2021,127: 105537.

[157] WANG Y,GUO Q, SU G, et al. Hierarchically structured self-healing actuators with superfast light-and magnetic-response[J]. Advanced Functional Materials, 2019, 29(50): 1906198.

[158] KOLLMAN P A,ALLEN L C. Theory of the hydrogen bond[J]. Chemical Reviews, 1972,72(3): 283-303.

[159] KARAS L J,WU C H, DAS R, et al. Hydrogen bond design principles[J]. Wiley Interdisciplinary Reviews: Computational Molecular Science,2020,10(6): e1477.

[160] SCHEINER S. Forty years of progress in the study of the hydrogen bond[J]. Structural Chemistry,2019,30(4): 1119-1128.

[161] ERREA I,CALANDRA M,PICKARD C J, et al. Quantum hydrogen-bond symmetrization in the superconducting hydrogen sulfide system[J]. Nature,2016,532(7597): 81-84.

[162] YUE D,WANG H,TAO H, et al. A fast and room-temperature self-healing thermal conductive polymer composite[J]. Chinese Journal of Polymer Science, 2021, 39(10): 1328-1336.

[163] CHEN C,YU H, FENG Y, et al. Polymer composite material with both thermal conduction and self-healing functions[J]. Acta Polymerica Sinica,2021,52(3): 272-280.

[164] YANAGISAWA Y,NAN Y, OKURO K, et al. Mechanically robust, readily repairable polymers via tailored noncovalent cross-linking[J]. Science,2018,359(6371): 72-76.

[165] WANG K,ZHOU Z,ZHANG J, et al. Electrical, thermal and self-healing properties of graphene-thermopolyurethane flexible conductive films[J]. Nanomaterials, 2020, 10(4): 753.

[166] XING L,LI Q, ZHANG G, et al. Self-healable polymer nanocomposites capable of simultaneously recovering multiple functionalities[J]. Advanced Functional Materials, 2016,26(20): 3524-3531.

[167] HU J,WANG W, ZHOU B, et al. Poly(ethylene oxide)-based composite polymer electrolytes embedding with ionic bond modified nanoparticles for all-solid-state lithium-ion battery[J]. Journal of Membrane Science,2019,575: 200-208.

[168] WANG X,LIANG D, CHENG B. Preparation and research of intrinsic self-healing elastomers based on hydrogen and ionic bond[J]. Composites Science and Technology, 2020,193: 108127.

[169] WANG S,LEI J, YI X, et al. Fabrication of polypyrrole-grafted gelatin-based hydrogel with conductive, self-healing, and injectable properties[J]. ACS Applied Polymer Materials,2020,2(7): 3016-3023.

[170] CHALESHTARI Z A,FOUDAZI R. Polypyrrole@polyhipe composites for hexavalent chromium removal from water[J]. ACS Applied Polymer Materials, 2020, 2(8): 3196-3204.

[171] XU Z,PENG J,YAN N,et al. Simple design but marvelous performances: molecular gels of superior strength and self-healing properties[J]. Soft Matter,2013,9(4):1091-1099.

[172] 赵立伟.自修复有机硅聚合物的结构设计及其性能研究[D].哈尔滨:哈尔滨工业大学,2019.

[173] YANG Y,HE J,LI Q,et al. Self-healing of electrical damage in polymers using superparamagnetic nanoparticles[J]. Nature Nanotechnology,2019,14(2):151-155.

[174] SINNOKROT M O,SHERRILL C D. Substituent effects in π-π interactions: T-sandwich and T-shaped configurations[J]. Journal of the American Chemical Society,2004,126(24):7690-7697.

[175] CAO J,MENG L,ZHENG S,et al. Self-healing supramolecular hydrogels fabricated by cucurbit[8] uril-enhanced π-π interaction[J]. International Journal of Polymeric Materials & Polymeric Biomaterials,2016,65(10):537-542.

[176] MEI J,JIA X,LAI J,et al. A highly stretchable and autonomous self-healing polymer based on combination of Pt…Pt and π-π interactions[J]. Macromolecular Rapid Communications,2016,37(20):1667-1675.

[177] BURATTINI S,GREENLAND B W,MERINO D H,et al. A healable supramolecular polymer blend based on aromatic π-π stacking and hydrogen-bonding interactions[J]. Journal of the American Chemical Society,2010,132(34):12051-12058.

[178] SZATKOWSKI P,PIELICHOWSKA K,BLAZEWICZ S. Mechanical and thermal properties of carbon-nanotube-reinforced self-healing polyurethanes[J]. Journal of Materials Science,2017,52(20):12221-12234.

[179] REKONDO A,MARTIN R,LUZURIAGA A R,et al. Catalyst-free room-temperature self-healing elastomers based on aromatic disulfide metathesis[J]. Materials Horizons,2014,1(2):237-240.

[180] 华琼瑶,于贵营,洪魏悠然,等.基于液态金属/聚硫橡胶构筑兼具导热与自修复功能可拉伸热界面材料[J].高分子材料科学与工程,2021,37(7):153-161.

[181] WU Y,MENG P,ZHANG Q,et al. Room-temperature switching behavior in CNT/hexadecane composites[J]. Mrs Advances,2018,3(54):3213-3220.

[182] CHANG C W,OKAWA D,MAJUMDAR A,et al. Solid-state thermal rectifier[J]. Science,2006,314(5802):1121-1124.

[183] CAO J,FAN W,ZHENG H,et al. Thermoelectric effect across the metal-insulator domain walls in VO_2 microbeams[J]. Nano Letter,2009,9(12):4001-4006.

[184] VISWANATH B,RAMANATHAN S. Direct in situ observation of structural transition driven actuation in VO_2 utilizing electron transparent cantilevers[J]. Nanoscale,2013,5(16):7484-7492.

[185] DOROZHKIN P S,TOVSTONOG S V,GOLBERG D,et al. A liquid-Ga-fitted carbon nanotube: A miniaturized temperature sensor and electrical switch[J]. Small,2005,1(11):1088-1093.

[186] CUI Y,JIANG Z,ZHENG G,et al. Green preparation of PEDOT-based composites with outstanding electrothermal heating and durable rapid-response sensing performance for smart healthcare textiles[J]. Chemical Engineering Journal,2022,446:137189.

[187] TIAN M,DU M,QU L,et al. Conductive reduced graphene oxide/MnO_2 carbonized cotton fabrics with enhanced electro-chemical,-heating,and-mechanical properties[J]. Journal of Power Sources,2016,326:428-437.

[188] XU S,SHI X L,DARGUSCH M,et al. Conducting polymer-based flexible thermoelectric materials and devices: From mechanisms to applications[J]. Progress in Materials Science,2021,121:100840.

[189] GONG J,TANG W,XIA L,et al. Flexible and weavable 3D porous graphene/PPY/lignocellulose-based versatile fibrous wearables for thermal management and strain sensing[J]. Chemical Engineering Journal,2023,452:139338.

[190] LONG L,YING X,YANG Y,et al. Tuning the infrared absorption of SiC metasurfaces by electrically gating monolayer graphene with solid polymer electrolyte for dynamic radiative thermal management and sensing applications[J]. ACS Applied Nano Materials,2019,2(8):4810-4817.

[191] XU K,LU Y,YAMAGUCHI T,et al. Highly precise multifunctional thermal management-based flexible sensing sheets[J]. ACS Nano,2019,13(12):14348-14356.

[192] DAI B,LI K,SHI L,et al. Bioinspired janus textile with conical micropores for human body moisture and thermal management[J]. Advanced Materials,2019,31(41):1904113.

[193] YUE X,ZHANG T,YANG D,et al. Ag nanoparticles coated cellulose membrane with high infrared reflection,breathability and antibacterial property for human thermal insulation[J]. Journal of Colloid and Interface Science,2019,535:363-370.

[194] YUE X,ZHANG T,YANG D,et al. A robust janus fibrous membrane with switchable infrared radiation properties for potential building thermal management applications[J]. Journal of Materials Chemistry A,2019,7(14):8344-8352.

[195] GU B,LIANG K,ZHANG T, et al. Multifunctional laminated membranes with adjustable infrared radiation for personal thermal management applications[J]. Cellulose,2020,27(14):8471-8483.

[196] ZHU H,LI Q,ZHENG C,et al. High-temperature infrared camouflage with efficient thermal management[J]. Light,Science & Applications,2020,9(1):60.

[197] GONG H,AI J,LI W,et al. Self-driven infrared electrochromic device with tunable optical and thermal management[J]. ACS Applied Materials & Interfaces,2021,13(42):50319-50328.

[198] GU J,WEI H,REN F,et al. VO_2-based infrared radiation regulator with excellent dynamic thermal management performance[J]. ACS Applied Materials & Interfaces,2022,14(2):2683-2690.

[199] MANDAL J,DU S,DONTIGNY M,et al. $Li_4Ti_5O_{12}$: A visible-to-infrared broadband electrochromic material for optical and thermal management[J]. Advanced Functional Materials,2018,28(36):1802180.

[200] WANG C Y,ZHANG G,GE S,et al. Lithium-ion battery structure that self-heats at low temperatures[J]. Nature,2016,529(7587):515.

[201] ZHANG X,KONG X,LI G,et al. Thermodynamic assessment of active cooling/heating methods for lithium-ion batteries of electric vehicles in extreme conditions[J]. Energy,2014,64:1092-1101.

［202］ LING Z,LUO M,SONG J,et al. A fast-heat battery system using the heat released from detonated supercooled phase change materials[J]. Energy,2021,219: 119496.
［203］ WANG M,WANG Y,ZHANG C,et al. Cascade phase change based on hydrate salt/carbon hybrid aerogel for intelligent battery thermal management[J]. Journal of Energy Storage,2022,45: 103771.
［204］ WEI X,JIN X Z, ZHANG N, et al. Constructing cellulose nanocrystal/graphene nanoplatelet networks in phase change materials toward intelligent thermal management [J]. Carbohydrate Polymers,2021,253: 117290.
［205］ HUANG L,YI N,WU Y,et al. Multichannel and repeatable self-healing of mechanical enhanced graphene-thermoplastic polyurethane composites [J]. Advanced Materials, 2013,25(15): 2224-2228.
［206］ YU H,FENG Y,GAO L,et al. Self-healing high strength and thermal conductivity of 3D graphene/PDMS composites by the optimization of multiple molecular interactions[J]. Macromolecules,2020,53(16): 7161-7170.

第4章

智能导热材料设计

作为新一代工业的基石，导热材料除了被期望具有比其他材料更高的导热性能，还应适应时代发展而兼具其他特定功能。智能导热材料与其他热传导材料或功能材料有很大区别，它以导热材料为基础，有望兼备高导热性和功能智能性。目前，智能导热功能材料主要分为敏感性导热材料和驱动性导热材料两大类。敏感性导热材料能够对外界的力、光、磁、电等刺激进行响应。驱动性导热材料则是当材料感知到外界的环境变化时，自身状态和特性发生改变，例如形态变化或热导率、界面热阻发生变化等。智能导热材料能够随时感知外界环境的改变并进行响应和控制。若想同时实现高导热、高灵敏的环境感知和有效的智能驱动，单一的材料很难满足要求，多种功能材料的复合是一种重要的策略。本章将对智能导热材料的设计进行介绍，从复合材料角度（基体材料和功能填充材料）出发，详细揭示智能导热基体材料的设计、智能导热填料的设计，以及多种智能材料的复合与集成。

4.1 智能导热基体材料设计

智能导热材料由于具备高导热以及智能化的功能，能够对外界的刺激进行响应并改变自身性质，因此需要其基体材料具备对外界的刺激做出响应的能力。绝大多数的智能导热材料是以聚合物、金属或陶瓷为基体。由于聚合物特殊的材料结构和物性，聚合物基智能导热材料能够实现柔弹性、黏附性、自修复性等智能特性。金属基导热材料不仅可以赋予复合材料较高的导热能力，同时基于特殊的结构，可以使导热复合材料具有形状记忆、热致变色等功能。陶瓷基导热复合材料拥有较高的耐高温能力，通过特殊的物性结构设计，能够实现压电响应、自修复等智能响应能力。这里将详细介绍智能导热基体材料的设计与优化。

4.1.1 聚合物智能导热基体

高分子材料按其性质可以分为纤维、塑料、橡胶、高分子凝胶、高分子涂料、高分子黏结剂等。由于高分子特殊的分子链结构，绝大多数的聚合物材料是热的不良导体（热导率普遍在0.1～1 $W \cdot m^{-1} \cdot K^{-1}$）。同时，聚合物材料结构的多样性和可塑性又赋予了其众多的特殊性质，包括高强度、轻质量、耐腐蚀、电绝缘、柔弹性等。同时，通过对分子结构设计或功能基团的引入还可以实现特殊响应、驱动、修复的功能，如图4-1所示。

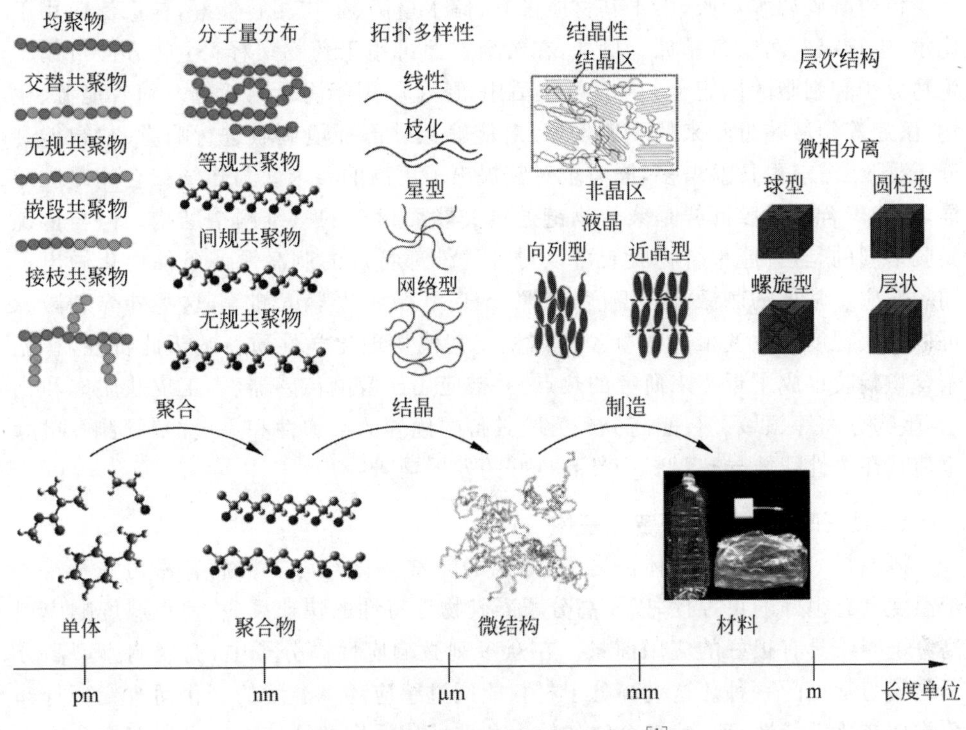

图4-1 聚合物分类及其层次结构[1]

针对智能材料的刺激形式，可分为物理机械刺激与化学刺激两大类。物理机械刺激通常包括环境中的光、力、磁、电等。化学刺激则有酸碱刺激、电化学刺激、成键断键刺激、离子强度变化等。通过对这些外部环境刺激的反应，可以使其发生酸碱度、透明度、导电性、亲水性、颜色、发光等状态或特性的改变。目前，在智能高分子基材料领域，已有的主要应用包括：光敏、温敏、电、磁敏等一系列单刺激响应及多刺激响应的智能高分子凝胶。

高分子凝胶一般通过高分子基质和其吸收的物质组装而成。其中，聚合物基质由大量的高分子长链构成，这些长链通过物理或化学作用相互连接，从而避免了整体高分子链网络的溶解，同时也增加了聚合物凝胶的机械稳定性[2]。根据聚合物链的性质，聚合物基质能够吸收的成分也会有所不同。含亲油基团的聚合物基质可吸收油性液体，称为“油凝胶”；而含亲水基团的聚合物基质可以吸收水相液体，称为“水凝胶”。另外，根据高分子凝胶对外界环境刺激的响应情况，也可将其分为两大类：第一类是对外界的刺激与变化不敏感、没有响应的凝胶，绝大部分传统聚合物凝胶属于此类；第二类是对外界刺激与变化有响应行为的凝胶，这类凝胶会在特定刺激源作用下发生物理或化学变化，从而显著改变自身某方面的性质或性能。我们将这类高分子凝胶称为“智能高分子凝胶”或“刺激响应高分子凝胶”。

传统凝胶如水凝胶，由于其材质柔软、储水量高、生物相容性好，被广泛应用于化学、生物以及医学各领域。例如，在医药方面可用于药物缓释；生物方面可用于生物分子和细胞的固定化；在日常生活中，还可以用于隐形眼镜等。随着能源、生物、医疗等领域在近年来的飞速发展，对能够在外部环境刺激进行响应的“智能高分子凝胶”需求也日益增多，同时也对其提出了更高的要求。与传统聚合物凝胶一样，智能聚合物凝胶同样是聚合物链通过交联而形成的三维网络结构。但与传统凝胶不同的是，智能聚合物凝胶可以对各种外部特定的刺激源或条件变化做出不同的响应。常见的刺激源有温度、光照、pH、电场或化学试剂等，这些外界刺激源可以很大程度地改变聚合物凝胶的体积或其他物理化学性质。基于此特性，智能聚合物凝胶也成了近年来研究的热点，并被应用于智能传感器、人工皮肤肌肉和化学/生物分离等领域。智能高分子凝胶具备的优异的柔弹性和灵敏的刺激响应性，也使其在柔性智能导热材料中具有良好的发展前景。

1. 温度响应型聚合物智能基体

体温是人体四大生命体征之一，体温的异常变化与许多疾病有密切关系。由于温度具有很好的可控性，以及高分子凝胶物理特性的快速反应，使得温度响应型高分子凝胶具有很好的应用前景。在众多刺激响应性高分子中，温度响应型高分子是较为常见的一种。这类高分子材料能通过感应环境温度的变化而改变自身部分物理或化学特性。虽然聚合物的熔点和玻璃化温度特征使得几乎所有聚合物本身都具有温度响应性，但通常所说的聚合物具有“温度响应”特性是指溶剂/聚合物的二元相行为的温度依赖性变化。

温度响应型高分子材料中一般含有亲水基团和疏水基团，外部环境温度的变化会改变这些基团的亲水性或影响高分子链之间氢键的相互作用，从而使材料结构发生一定的变化。当外部环境温度升高到某一数值时，高分子水凝胶会发生转变，从溶胀柔软的透明态转向消溶胀的不透明态，并同时进行体积相转变，此时的温度称为高分子凝胶的相转变温度。温度响应型高分子凝胶的感温变化是可逆的，能够在环境温度下降到高分子凝胶的相转变温度以下时发生逆转变。将温敏性高分子链或链段引入水凝胶的三维网络结构中，是制备温度响应型高分子水凝胶的常用方法之一。这类智能响应型水凝胶通常都具有最低临界共溶温度(LCST)或最高临界共溶温度(UCST)。如图4-2所示，在外部环境温度发生改变而达到临界温度附近时，高分子链或链段与水溶液之间的相互作用会发生变化，从而使其在溶解态和不溶态之间发生转变，水凝胶也相应地会发生溶胶-凝胶转变，或发生体积的收缩与胀大等变化[3]。

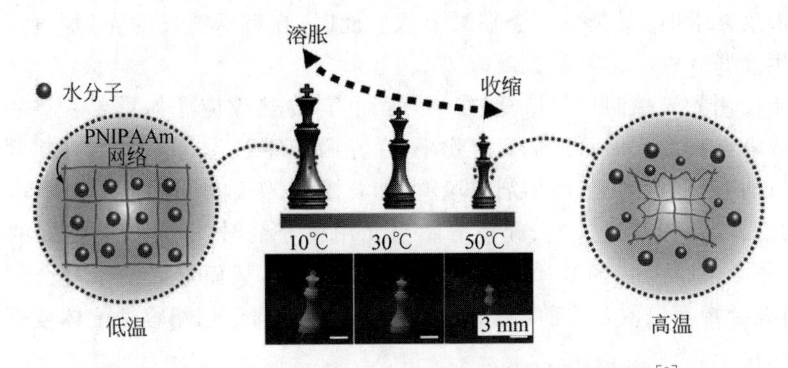

图 4-2　3D 打印 PNIPAAm 水凝胶的温度响应性溶胀[3]

温度响应型高分子凝胶有很多种分类方式，按照其溶胀机理可以划分为高温溶解型、高温收缩型和非交联型凝胶三大类。高温溶解型与高温收缩型高分子凝胶在升温条件下分别发生凝胶溶胀和凝胶收缩，而非交联型凝胶在外部环境升温时，其溶解的聚合物会析出，表现出最低临界温度。人们普遍认为，温度响应型高分子凝胶内含有一定比例的亲水和疏水基团，它们在形成凝胶时，会与水溶液发生分子内和分子间相互作用。当温度在其相转变温度以下时，由于范德瓦耳斯力和氢键的作用，聚合物是溶于水的；而当温度升高达到其相转变温度时，聚合物与水溶液的相互作用会发生突变，分子内和大分子之间的疏水作用得到加强，从而产生疏水层，使得部分氢键被破坏，水分子排出并表现为相变，从而发生温度响应。

热致变色高分子也是温度响应的功能型高分子中常见的一种。具有热致变色特性的材料，已经被应用在温度传感、智能窗、变色涂料、显示器、智能纺织品、防伪等多个领域。热致变色聚合物的变色机理主要是温度导致的共价键变化。温度的改变通常会使得热致变色聚合物的共价键发生变化，从而使其发生颜色的改变。这类聚合物主要为共轭聚合物，常见的有聚噻吩(PT)、聚(亚苯基亚乙炔)(PPE)、聚二乙炔(PDA)和聚(亚苯基亚乙烯)(PPV)。共轭聚合物在加热时主链结构扭曲，破坏了聚合物链段 π 电子共轭体系，导致共轭长度缩短，吸收波长向低波长方向移动，进而使聚合物材料显示出相应的颜色变化。

2. 光响应型聚合物智能基体

光响应型高分子凝胶也是智能高分子凝胶的一种，其能够通过感应外界光线的变化而使自身性质发生一定的改变。光响应型高分子凝胶主要有光响应形状记忆型和光致变色型两大类。基于温度响应机制，可以通过不同的途径使用光来触发形状恢复过程，使其由临时形状过渡到永久形状。通过光热效应将聚合物加热到转变温度上，大多数报道的研究都依赖这种机制。一般情况下，光的刺激只在其形状的恢复过程中起作用，不涉及聚合物处理临时形状。而光响应形状记忆聚合物的壳基于光发生可逆光化学反应(例如光交联)。在这种情况下，无论是临时形状的形成，还是永久形状的恢复，光都有非常重要的意义。当聚合物的温度被加热到转变温度之上时，其获得一个临时形状。此时，在特殊波长的光照条件下，其体系会发生交联。

对于使用光来控制形状恢复这一过程而言，光热效应尤为重要。将一些光热添加剂或者填料加入形状记忆聚合物中，在光照条件下，体系更容易加热到设定的温度。目前有很多种光热添加剂或填料，如石墨烯、银纳米线、液态金属、金纳米颗粒、金纳米棒、各种有机染料、配体等。当使用填充剂时，除了具有良好的光热效率，它们还必须在聚合物基质中拥有很好的分散性，从而形成纳米复合材料。为此，在与聚合物基质混合之前，通常需要在添加剂表面上用相容性配体或聚合物来进行功能化。

3. 光致变色聚合物

光致变色现象是指光致变色聚合物在具有不同吸收谱的两个态之间发生可逆转变，并且其至少有一个方向是由光引起的现象，如图 4-3 所示。光致变色聚合物在近年来发展迅速，对其的研究也在广泛展开和不断深入。依据光致变色材料的变色特性有很多种分类方法。例如，根据光致变色材料在光照前后吸收谱的变化，可将其分为正光致变色材料和逆光致变色材料；根据材料性能，可以将其分为单纯光致变色材料和多功能光致变色材料等。

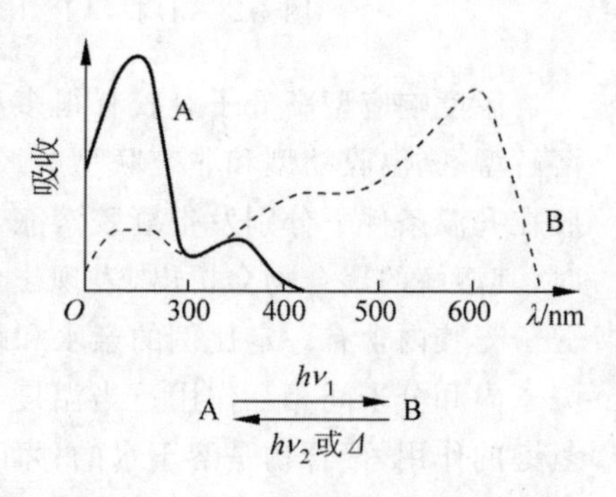

图 4-3　光致变色现象[4]

有机光致变色材料是人们最早发现的光致变色材料。有机光致变色材料具备种类多、应用方便、光响应快等诸多优点。有机光致变色材料有很多种，依据其反应机理可以将其分为：周环反应、顺-反异构、键的解离过程、氧化还原反应、质子转移光致变色等。下面将进行详细的介绍。

(1) 周环反应

能发生周环反应的化合物有很多，其中二芳基乙烯和俘精酸酐是最为常见的一种。这些化合物均可在一定波长的光辐射下发生开/闭环反应从而产生颜色变化，之后再在特定波长光照范围内退回原来的颜色[5]。此外，这些化合物均呈现出良好的热不可逆性(颜色变化后不能通过热褪色)、抗疲劳性以及优异的灵敏度，在光存储等领域具有巨大的发展潜力，引起了研究者们的广泛关注。

(2) 顺-反异构

最具代表性的发生顺-反异构反应化合物是偶氮苯等含有 C═C、C═N 或 N═N 双键的化合物。其变色机理简单概括为：两个芳香环通过—N═N—双键连接为反式构型，在光的诱导下，发生顺-反异构化反应，同时伴随着颜色明显且可逆的改变[6]。这类化合物具有良好的光致变色性能，但是因其吸收谱在变色前后的变化较小以及热稳定性差，使其在应用方面受到限制。

(3) 键的解离过程

光致变色材料主要分为键的均裂和异裂两种解离过程。其中，均裂的代表性化合物主要在三芳基咪唑二聚体、联氨以及四氯化萘等体系中；发生键的异裂的化合物主要有螺吡喃、螺噁嗪等。其中螺吡喃的变色机理为：在光诱导下，杂环上 $C(sp^3)$—O 键发生断裂形成开环状态，其颜色也由无色状态变为着色状态[7]。开环态不稳定，在热或一定波长光刺激下会回到闭环状态。

(4) 氧化还原反应(电子转移)

紫精类似物是能够发生氧化还原反应的主要光致变色化合物之一。其变色机理主要为：在光照下或者电化学还原下可以生成自由基，并且其颜色可以从无色变成蓝色[8]。由于紫精良好的缺电子性能，这类材料已经被广泛地应用在光致变色及电致变色器件中。

4. 电响应型聚合物智能基体

在 21 世纪的今天，环境信号中的电信号是最普遍存在的，也是最容易控制的信号，其具有简单、适用性广的优势。因此，在诸多智能水凝胶中，电响应型水凝胶脱颖而出，受到了中国广大科研工作者的深度关注。通常来说，电响应型智能水凝胶需要在水系统中工作，外界施加的电场会引发水凝胶内部的离子运动，从而导致水凝胶体积上的明显变化，即发生了非接触状态下的电场响应。

如图 4-4 所示，电响应型水凝胶是可以在外部电场刺激下实现消溶胀及弯曲或收缩变形等响应的智能水凝胶。如果将其放置于电解质溶液中，再施加一个电场，水凝胶体积就会发生明显变化(水凝胶体积发生改变的本质是水凝胶网络对水或其他溶剂的吸收和排出)。正是由于这种体积变化，最终实现了其电能向机械能的转化。由于电响应型水凝胶制备简单，电场强度及方向易于操控，所以近年来，已成为科研工作者的热门研究领域。学者们发现，含化学键结合的可离子化基团存在于众多电响应型水凝胶中，可离子化基团是水凝胶具有电响应性的重要前提条件，因此电响应型水凝胶大多含有聚电解质。电响应型水凝胶通常可以由天然高分子或合成高分子经化学/物理交联制备得到，且以合成高分子为原料制得的水凝胶，其响应性能和力学性能都比用天然高分子制备的要强。虽然电响应型水凝胶可以由单一聚合物制得，但力学性能一般都不尽如人意，因此通常采取共混/共聚法制得，这种方法制得的电响应型水凝胶具有更好的力学强度。关于电响应型水凝胶的研究，最早见于 1965 年 *Nature* 上的报道，Hamlen 等[9]用长度为 13 cm 的 PVA-PAA 聚合物纤维考察电驱动收缩行为，将靠近纤维的铂丝放置在 1% NaCl 溶液中作为对电极，施加 5 V 电压，随着时间变化，纤维长度发生改变，即发生了收缩变形；当纤维与阴极接触(−5 V)时，产生氢气，溶液呈碱性，纤维仍保持将近最大长度(约 13 cm)；当纤维与阳极接触(+5 V)时，溶液呈酸性，纤维缩短近 1 cm。即铂电极电解 NaCl(aq)使得自由离子发生定向移动，引起了纤维内 pH 的区域性差异，从而表现为收缩变形；但经过 10 min 才收缩变短将近 1 cm，电驱动收缩响应太慢。后来，科研工作者又研究了各类合成高分子电响应型水凝胶的响应性能，聚丙烯酸类、聚 2-丙烯酰胺-2-甲基丙烷磺酸类、聚丙烯酰胺类和碳纳米管类等都是很常见的合成高分子电响应型水凝胶。

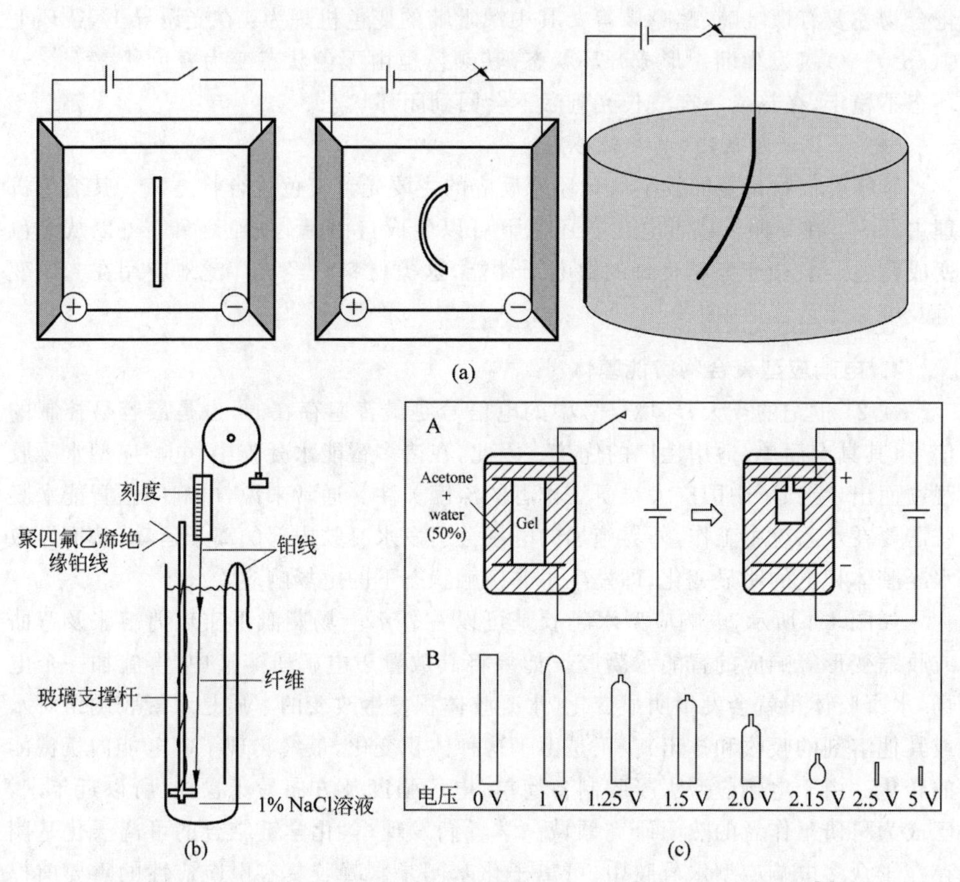

图 4-4 水凝胶在电场驱动下发生(a)弯曲形变，以及(b)，(c)收缩变形[9]

由羧基及乙烯基构成的丙烯酸(AA)是合成高分子常用的阴离子单体。费建奇等[10]于 2001 年在 PVA 水溶液中原位聚合丙烯酸获得 PVA/PAA 混合水溶液，再将其在$(NH_4)_2SO_4$饱和水溶液凝固浴中纺丝制得 PVA/PAA 水凝胶纤维。通电后他们发现，PVA/PAA 水凝胶的弯曲速率和最大弯曲角增随场强和丙烯酸用量的增加而增大。2003 年，Didukh 等[11]获得聚两性电解质水凝胶，他们发现，水凝胶在非接触电场中发生收缩，并认为这是由水凝胶内部 pH 梯度场的不同导致的。

2006 年，Moschou 等[12]开发了一种可在近中性 pH 及低电压下工作的新型电驱动人造肌肉材料，这种人造肌肉材料通过将丙烯酰胺和羧酸衍生物掺杂聚吡咯/炭黑复合制备而成，是一种电驱动水凝胶材料；该人工肌肉的电致动响应性可从水凝胶前驱体溶液的组成和聚合条件等方面进行优化。研究表明,二羧酸单体马来酸的引入增加了水凝胶/电解质界面处的渗透压,从而增加了聚合物的弯曲响应。此外,聚合温度的升高和使用交联剂(N,N′-亚甲基双丙烯酰胺)都能够增强水凝胶网络中的分子间相互作用,从而实现人工肌肉的电驱动能力和重复驱动能力。陈建丽[13]于 2015 年以丙烯酸为原料,制备了壳聚糖(CS)/丙烯酸互穿网络水凝胶,以及 Fe^{3+} 辅助交联、Al^{3+} 辅助交联丙烯酸水凝胶,通过研究对比三种水凝胶在电场下的响应特性,发现这三种水凝胶都对电场刺激产生正响应,且 Al^{3+} 辅助交联的响应速度大于 Fe^{3+} 的辅助交联的响应速度;将 3-氨基丁烯酸乙酯和丙烯酸进行迈克尔加成反应,然后进行自由基共聚合反应,获得聚两性电解质水凝胶;由于水凝胶内部 pH 梯度场的不同,水凝胶在非接触电场中发生了收缩。

5. 光热响应型聚合物智能基体

聚合物材料的状态介于固体和流体之间,可在外界微小的作用下,产生结构或性能上的显著变化,因此聚合物材料具有成为热智能材料的潜力。根据前期研究可知,聚合物可以对与室温热能相当能量尺度的刺激做出敏感反应,这意味着轻微的外部效应,包括光激发、电和磁效应、压力和温度梯度,都可能会导致其结构和性能发生重大且可逆的变化[13-18]。例如,光敏型偶氮苯聚合物具有量子产率高、光吸收范围宽(300~500 nm)以及顺-反异构化转变可逆等优点,经改性的偶氮苯分子的异构焓和相变焓较高,可以满足光热相变材料高密度/热量存储和快响应热量释放的需求。同时,在可见光和紫外光的照射激发下,偶氮苯基团的构象会在顺式和反式之间变化,热导率也产生较大变化。具有串联重复序列的生物高分子,其链结构可在水合作用下发生变化,影响链中的热输运,实现有效调控。

此外,光热相变材料是一种结合了光热功能和相变功能基元的聚合物新材料,是一种在光作用下发生相变的材料,其中光可以是全波段或是单色光。其相变可以是转变比较明显的固-液相转变,也包括液晶态到各向同性转变和固-固相变。这种材料在光的作用下会发生分子结构或其他微观结构的变化,导致有序结构的变化。这种光致相变可由两种因素产生,一种来自光所自带的热量,即光热效应;另一种来自材料自身的化学作用,即光化学反应[19-20]。如图 4-5 所示,这种新的能量存储/转换原理可以通过光敏分子在稳态固体与亚稳态液体之间的光诱导可逆转变来说明。在光照(一般为紫外光)触发的稳态固体→亚稳态液体相变过程中,光敏分子在克服固→液相转变的分子堆积相互作用时捕获光子进行稳态→亚稳态光异构化,并自发吸收周围的热量。以此方式,太阳能和环境热能被共同收集并存储在一起,可以实现单组分材料的高能量密度。在外部光照(一般为可见光)触发的反向转变过程中,储存的能量一方面通过亚稳态液体→稳态液体相变过程释放,为异构化焓(ΔH_{isom}),另一方面通过稳态液体结晶成稳态固体释放,为结晶焓(ΔH_{cryst})。两股热能的结合提高了功率密度,因此释放的热量温度水平较高。通过这种可逆的光化学相变循环,光热相变材料通过耦合光化学和热物理的光化学相变而存储光子能量和环境热，并在所需的时候产出高温热。

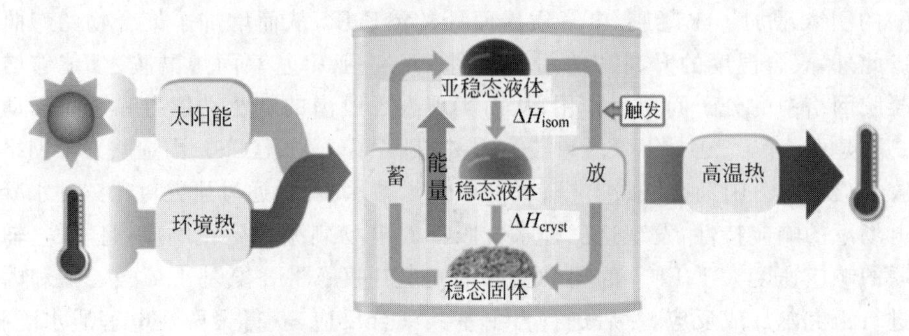

图 4-5 光热相变材料能量储存和转换过程的热力学分析示意图

4.1.2 金属智能导热基体

金属基复合材料(metal matrix composite，MMC)是通常以金属或合金为基体，掺杂颗粒、晶须、纤维等填料为增强体的复合材料。金属基复合材料通常拥有较高的比模量、比强度，并且具有耐磨损、耐高温、热膨胀系数小等优良的力学性能。依据基体材料的类型，可将金属基复合材料分为铜基、镍基、锌基、钛基、铝基、铅基、镁基、耐热金属基、金属间化合物基等金属复合材料。金属智能材料通常具有较高的强度、良好的耐腐蚀性以及优异的耐热性，是原子能工业和航空航天常用的结构材料。通常，金属材料在使用过程中会因疲劳龟裂及蠕变变形而受到损伤，因此，开发出能够检测自身损伤，并且能够抑制和修复损伤的金属智能材料是非常必要的。目前已经开发出形状记忆合金(shape memory alloy，SMA)和形状记忆复合材料两大类金属智能材料。金属智能材料已应用于航天航空、医用材料、结构振动控制、智能控制元件、自检测修复智能复合材料、温度传感器、光开关、信息储存等领域。

金属智能导热材料近年来得到了人们的广泛关注，依据其基体的不同，可以将其分为热响应金属智能基体和记忆金属智能基体两大类。记忆金属智能基体包括铁基、铜基和 Ti-Ni 基形状记忆合金。研究人员已经开发出了多种形状记忆合金体系，包括 Ni-Ti、Ni-Ti-Cu、Cu-Zn-Al 合金体系，但其中能够商品化的却寥寥无几。Ni-Al 和 Ni-Ti-Zi 合金体系具有潜在的应用前景，但是仍然存在制备或性能上的一些缺陷。Ni-Ti 合金是所有形状记忆合金体系中使用价值最高的，其在经历数百万次实验后仍然能够恢复良好的性能。目前的形状记忆合金具有优良的机械性能，可恢复形变高达 10%。形状记忆合金在加热时产生的回复应力很大，并且不存在通常金属所具有的疲劳断裂现象。形状记忆合金不仅具有良好的环境变化(温度或外力等变化)适应性，还具有良好的生物相容性、高阻尼特性、丰富的相变现象等。缺点在于其原料价格及制作成本较为昂贵，限制了其大规模应用。

1. 记忆金属智能基体

普通金属材料在受到外力作用后会经历弹性变形、屈服点屈服、塑性变形，在应力消除后会发生永久变形，无法自发回复。形状记忆合金能在材料发生塑性变形后，会发生升降温变化以高于或低于其相变温度，从而自动发生相变，恢复变形前的形状，即具有独特形状记忆效应，可将变形过程中产生的残余应变基本消除。形状记忆合金自 20 世纪 70 年代以来，被视为兼具感知和驱动功能的智能材料，不仅具有形状记忆效应，在进行一定的加工后还能呈现出超弹性。形状记忆合金是 20 世纪 30 年代初由瑞典科学家 Olander[21] 首先发现的，他在 Au-Cd 合金中观察到马氏体会随着温度的变化而消长，但当时的科技水平还无法解释这一现象。直至 1963 年，美国海军军械研究所的 Buehler 等[22] 将 TiNi 合金在高温下定型成弹簧，然后在较低环境温度下拉直，再对其加热，发现 TiNi 合金弹簧恢复原状，于是将这一变形现象称为形状记忆效应。此后，形状记忆合金逐渐引起人们的重视，研究人员也对其进行了深入的研究。形状记忆合金通常含有两种以上的金属元素，依据合金的种类可分为铁基、镍钛基和铜基记忆合金。这种材料通常具有自感知、自诊断和自适应的功能。

奥氏体、孪晶马氏体和非孪晶马氏体是形状记忆合金常见的三种晶体结构[23]。当形状记忆合金处于不同温度环境下会呈现出不同的相，其相变过程通过合金的晶体结构变化来体现。形状记忆合金的高温相称为奥氏体相(简称 A)，低温相称为马氏体相(简称 M)。形状记忆合金的相变过程一般包括：加热形状记忆合金使其温度升高，在温度高于某一特定温度时，形状记忆合金会从马氏体相转变为奥氏体相，此过程称为马氏体逆相变；冷却形状记忆合金使其温度降低，在温度低于某一特定温度时，形状记忆合金从奥氏体相转变马氏体相，这个过程称为马氏体相变。当继续给合金加热至温度 $T>M_d$ 时，形状记忆合金会发生永久变形而不能恢复至原状，则 M_d 为应力诱发马氏体相变临界温度，如图 4-6 所示。

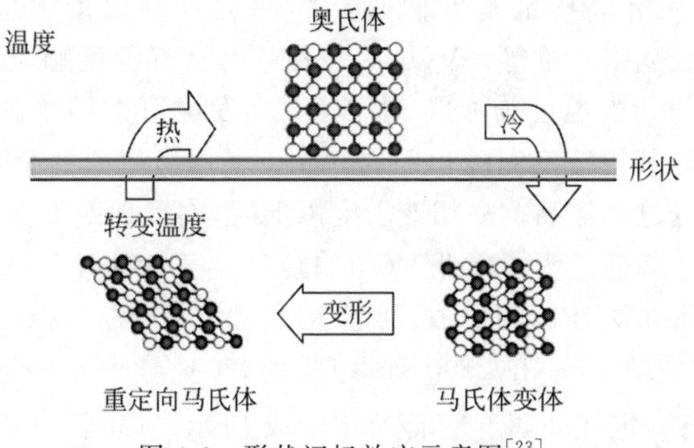

图 4-6 形状记忆效应示意图[23]

温控型形状记忆合金需要具备温度感知和驱动两种特性。表现为形状记忆效应(SME)和伪弹性效应(PE)。材料的热弹性马氏体发生变化造就了这两种特性。

(1) 形状记忆效应

普通的金属一般有弹性变形和塑性变形两类变形状态。卸载应力后金属材料能够恢复至原状,为弹性变形;卸载应力后不能恢复至原状,为塑性变形,即发生了永久形变。在形状记忆合金发生塑性变形时,其内部结构发生相变,由孪晶马氏体变为非孪晶马氏体。当卸载以后,若将形状记忆合金加热至 A_f(马氏体逆相变结束温度)以上,则合金由非孪晶马氏体变为奥氏体,合金的塑性变形消失,合金恢复至原始形状,这种现象称为"形状记忆效应"。

依据加热时变形特征的不同,形状记忆效应可分为单程形状记忆效应、双程形状记忆效应和全程形状记忆效应。单程形状记忆效应是指温度在 M_f(马氏体相变结束温度)以下时,形状记忆合金在外加应力的作用下发生了较大的塑性变形。若要使其恢复至原始形状,则可将其加热至 A_f 以上,此时形状记忆合金发生逆相变,从而恢复至高温奥氏体状态时的形状。一旦再次降低温度,则合金的形状不再发生改变,保持奥氏体状态时的形状。双程形状记忆效应是指其合金在对加热之后处于奥氏体形态的合金继续冷却且温度降低至 M_S(马氏体相变开始温度)以下时,其形状仍然能够恢复至马氏体形态的形状[24]。全程形状记忆效应是指其合金不仅能够实现双程记忆效应的形状变化,且当温度降低至 M_S 以下时,其形状与高温时完全相反。双程和全程形状记忆效应不属于形状记忆合金的固有属性,必须对材料进行训练才能得到,也称为循环热力学形变。

(2) 伪弹性效应(又称超弹性)

当 $A_f < T < M_d$,形状记忆合金处于奥氏体相,若此时对形状记忆合金施加载荷,会使形状记忆合金内部的结构转变为应力诱发的马氏体。当移除外力时,应力诱发马氏体通过逆相变再次转变为奥氏体,产生的变形也会随着逆相变而完全消失,这种现象称为相变伪弹性,又称超弹性。

2. 热响应金属智能基体

过渡金属及其衍生物也是人们研究的一类具有温度响应的材料,主要有 VO_2、金属粒子、金属络合物等。VO_2 是一种具有良好温度响应、透明度可逆变化的材料(LCST 型)。当温度为 68℃时,VO_2 会发生可逆的单斜晶向金红石晶转变。当温度降低至其相转变温度以下时,VO_2 表现出扭曲的金红石结构,这使得其在近红外光区透过率较高。在相变温度以上时,它呈现四方金红石相,对于近红外区域光的透过率降低。为了降低 VO_2 的转变温度,Wang 等[25]首次采用等离子体增强化学气相沉积法(PECVD 法)处理 VO_2,得到的改性 VO_2 转变温度降低至 45℃;并且,处理后的 VO_2 在 2500 nm 波长处,20℃与 90℃的透过率对比差距可以达到 30%,具有一定红外调节性能,如图 4-7 所示。Li 等[26]报道了一种简单的 VO_2 薄膜雕刻制造方法,使用工业扩展而来的磁控溅射工艺,然后在空气环境中退火;在该方法制备的 VO_2 中发现了与角度和偏振相关的各向异性热透过率转变性能,通过调整制备时雕刻的角度可以改变 VO_2 透光率,在最大倾斜角为 85°

时，VO_2 获得了 $\beta=20°$ 的柱状倾斜，具有高透光率，可见光透过率调制性能 $T_{lum}=43\%$，近红外（NIR）和太阳光调制能力分别为 7.7% 和 11%。

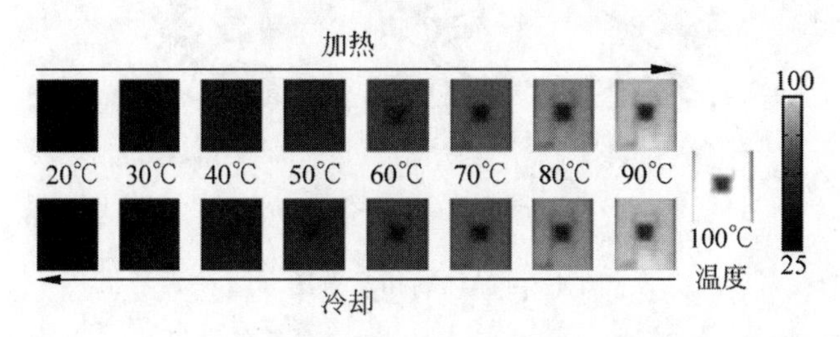

图 4-7 不同温度下 VO_2/碳混合材料的发射率切换现象的红外热像仪图像[27]

为了改善 VO_2 热力学稳定性差的缺点，Li 等使用了磁控溅射工艺，然后快速热退火（RTA），将 VO_2 纳米颗粒分散在致密的 V_2O_5/V_3O_7 基质中。与传统的将 VO_2 纳米颗粒分散在透明基质中的制备方法相比，制备的温度响应性薄膜具有更好的热力学稳定性，该膜的预期使用寿命可以达到 23 年。之后，Li 等为了制备柔性 VO_2 薄膜，使用 Cr_2O_3 结构模板层，直接在柔性基板上沉积得到 VO_2 热致透明度转变薄膜。在柔性基板上获得的结晶 VO_2 薄膜显示出具有窄滞后回线的显著相变特性。光学和电学特性表明，柔性 VO_2 薄膜具有相变特性，以及出色的太阳能调制能力（在波长 2500 nm 时约 60%）；设计的弯曲试验证明了这项工作中 VO_2 薄膜的柔韧性和稳定性，在超过 5000 次弯曲循环后仍能保持稳定的热致变色性能。

虽然人们已经对过渡金属类材料进行了许多的研究，但是其较差的热稳定性、复杂昂贵的制备工艺，依然限制着这类温度响应材料的应用。如何简化工艺，进一步提升稳定性，依然需要人们开展深入的探究。

4.1.3 无机非金属智能导热基体

智能材料可融各种功能于一体，具有感知、处理和执行的功能，这相当于人类身体的信息处理单元——神经元。研究人员可将多种软件功能赋予材料几纳米到数十纳米厚的不同层次结构，使材料智能化。这时材料的性能不再只由其组成、结构和形态赋予，其性能也会随着环境的变化而改变。目前依据智能材料的种类可将其分为金属系、陶瓷系、高分子系和生物系智能材料。智能无机非金属材料有很多种，以下将详细介绍几种较为典型的智能无机非金属材料。

1. 二氧化锆增韧陶瓷

如图 4-8 所示，二氧化锆（ZrO_2）晶体共有三种晶型，其中 t-ZrO_2 转化为 m-ZrO_2 的相变具有马氏体相变的特征，并且其体积会发生 3%～5% 的膨胀[28]。若在 ZrO_2 陶瓷的烧结温度冷却的过程中不加稳定剂，其就会发生相变进而导致严重的开裂。可通过添加离子半径比 Zr 小的 Ca、Mg 等金属的氧化物来避免这种现象发生。

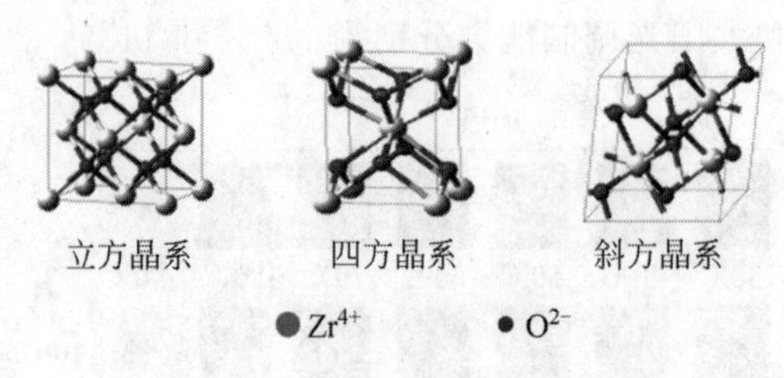

图 4-8 晶体结构示意图[28]

ZrO_2 相变包含烧成冷却过程中的相变和使用过程中的相变两种。前者是由温度诱导造成的,后者是由应力诱导造成的。两类相变都能增加陶瓷的韧性。其增韧机理有很多,主要包括裂纹弯曲相变增韧、偏转增韧、微裂纹增韧和表面增韧等。若 ZrO_2 晶粒尺寸比较大且稳定剂含量较少,其 t-ZrO_2 晶粒会在烧成后冷却至室温的过程中发生相变,伴随体积膨胀,并在陶瓷内部产生压应力,从而在一些区域形成微裂纹。当主裂纹在这样的材料中扩展时,一方面受到上述压应力的作用,裂纹扩展受到阻碍;同时由于原有微裂纹的延伸使主裂纹受阻改向,吸收了裂纹扩展的能量,这也同时提高了材料的强度和韧性。

ZrO_2 的相变温度非常高,要想设计温敏智能材料很难行得通。因此研究人员致力于研究其在应力诱导下的相变增韧现象。应力诱导下的相变增韧是 ZrO_2 增韧陶瓷中最常见的一种增韧机制。材料中的 t-ZrO_2 晶粒在烧成后冷却至室温的过程中仍保持四方相形态,当材料受到外应力的作用时,受应力诱导而发生相变,由 t 相转变为 m 相。ZrO_2 晶粒相变会吸收能量来阻碍裂纹的扩展,从而提高了材料的强度和韧性。相转变一般在材料组成不均匀处发生,因结晶结构的变化,导热和导电率等性能随之而变,这种变化就是材料受到外应力的信号,从而实现了材料的自诊断。

对 ZrO_2 材料施加压力使其压裂并产生裂纹,当在 300℃热处理 50 h 后,因为 t 相转变为 m 相过程中产生的体积膨胀补偿了裂纹空隙,从而可以再弥合,实现了材料的自修复。若材料使用过程中产生了疲劳或膨胀等状况,则可通过监测材料的尺寸变化、声波传播速度的变化、导热和导电率的变化来进行原位观测。

2. 灵巧陶瓷

灵巧陶瓷是众多灵巧材料之一,其不仅能够感知外部环境的变化,还能通过反馈系统做出相应的反应。研究人员利用多层锆钛酸铅(PZT)制成了自动跟踪定位装置,PZT 基压电材料的晶体结构是钙钛矿结构。钙钛矿化合物(ABO_3)是一种复合氧化物,其结构基元可用简单立方格子来描述。如图 4-9 所示,半径大的离子占据顶角的 A 位,配位数为 12;半径较小的离子占据体心的 B 位,配位数为 6。它们最近邻的离子是氧离子,处在六个面心位置,这些氧离子形成氧八面体结构[29]。整个结构可以看作由氧离子和 A 位离子共同组成的紧密堆积,而 B 位离子填充在中心的氧八面体间隙中。压电材料在高温时为立方顺电体,当降到某一特定温度时则转变为铁电体或者反铁电体。钙钛矿铁电体的自发极化源自B位离子偏离氧八面体中心的移动,偏离方向可以沿着 c 轴,从而使立方结构畸变为四方结构;若B位离子沿面对角线或者体对角线方向偏移,则形成正交结构或者三方结构。

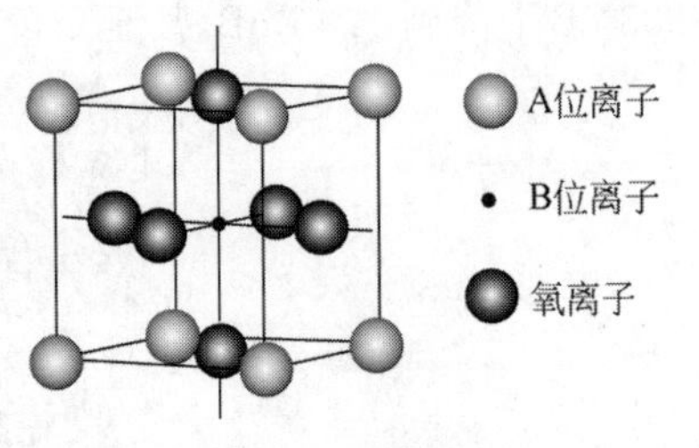

图 4-9 钙钛矿结构基元[29]

日本借助 PZT 压电陶瓷块制备了一种 Pachinko 游戏机。其中录像磁头的自动定位跟踪系统的原理是:通过在 PZT 陶瓷双层悬臂弯曲片上布设电极,从而将其分为感受部分和驱动定位部分,位置感受部分即传感器,感受电极上所获得的电压通过反馈系统施加到定位电极上,使层片发生弯曲,跟踪录像带上的磁迹。利用灵巧陶瓷制成的设备涂层,可以降低飞行器和潜水器高速运动时的噪声,防止紊流发生,以提高运行速度,减少红外辐射而达到隐形的目的。研究人员期望研制出一种极其灵巧的材料。这种材料能够对外部环境进行多维感知,并能在时间和空间两方面对自身性能进行调整,以取得最优化响应。

3. 压电仿生陶瓷

仿生材料近年来受到研究者的广泛关注。研究人员希望通过研究海豚的尾鳍和飞鸟的鸟翼而获得灵感,开发出像尾鳍和鸟翼那样柔软且结实的材料。研究人员受到鱼类游泳启发,开发了一种弯曲应力传感器。这种传感器有两个金属电极,电极之间有一很小的空气室。因空气室的形状类似于新月,故称为 Moonie 复合物。这种压电水声器可通过改变应力方向,使压电应变常数 d_h 增至极大值。当厚的金属电极因声波而承受静水压力时,其一部分纵向应力会转变为符号相反的径向和切向应力,使压电常数 d_{31} 由负值变为正值,它与 d_{33} 叠加,使 d_h 值增加。这类复合材料的 $d_h \cdot g_h$ 比纯 PZT 材料的大 250 倍。

研究人员应用通过 PZT 纤维复合材料和 Moonie 型复合物而开发的执行器元件,可以实现消除由声波造成的紊流。压电陶瓷纤维目前有钛酸盐压电陶瓷纤维和 PZT 压电陶瓷纤维两大类。压电陶瓷复合材料是指通过一定的连通方式将压电陶瓷和非压电材料基体根据一定的比例复合而成的复合材料。通过复合的方法,有效改善了压电陶瓷纤维密度大和脆性高等问题,使压电陶瓷复合材料具有优异的柔韧性和压电性能,如图 4-10 所示。Kozielski 和 Bućko[30] 设计了一种 Moonie 型的压电变压器,Moonie 型压电变压器具有高压放大效应,克服了以前探测器的一些不足,包括由于低信噪比而不能使用传统的万用表和锁相放大器。电压增益特性证实了金属玻璃非晶态金属(Metglas)磁致伸缩活性层的圆盘 Moonie 压电变压器对磁场具有良好的灵敏度。随着磁场强度从 0 增加到约 4000 $A \cdot m^{-1}$,基共振的转换比从 6.67 显著下降到 4.07(40%)。对于较高的泛音,其强度从

2.33 dB 下降到 1.46 dB,甚至下降了 65%。

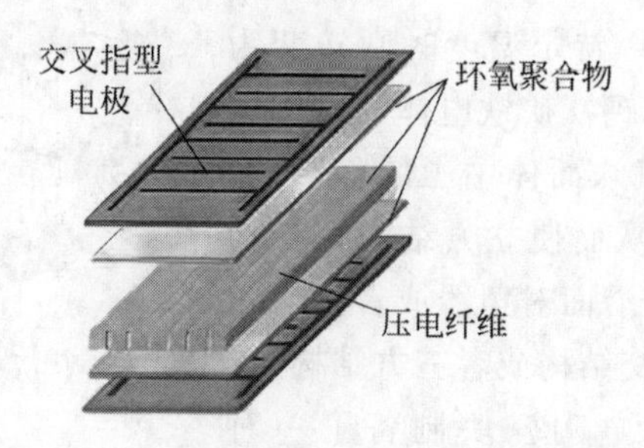

图 4-10 压电纤维复合材料结构示意图[31]

4. 智能水泥

智能水泥材料目前有仿生自生水泥材料、应变及损伤自检测水泥基材料、自动调节环境湿度的水泥基材料、自测温水泥基材料和仿生自愈合水泥基材料等。人们在水泥基材料里加入一定形状、尺寸和掺量的短切碳纤维后,发现材料的电阻会发生变化,且这种变化与其内部结构变化相对应。基于这种现象,可以将该材料用来监测拉、弯、压等工况,以及静态和动态载荷作用下材料内部的情况。

在将聚丙烯腈基短切碳纤维掺入水泥净浆后,水泥发生了热电效应。基于热电效应,可以使用这种材料监测建筑物内部和外部环境的温度变化。此外,这种材料还可通过太阳能和室内外产生的温差来发电。若在水泥净浆中掺加多孔材料,还可以利用多孔材料吸湿量与温度的关系,能够使材料具有调湿功能。研究人员研制出了一种自修复的混凝土。他们将大量的装有“裂纹修补剂”的空心纤维掺杂入混凝土中,一旦混凝土发生开裂,空心纤维会随之开裂并释放出黏结修补剂来修复裂纹。这类材料称为被动智能材料,这类材料内部没有能够感知裂纹的传感器,也没有电子芯片来“指导”裂痕的修复,是一种被动式的修复。美国研究人员受到动物骨骼的结构和形成机理的启发,同样尝试制备仿生水泥基材料。如果这种材料在使用过程中发生损伤,则多孔有机纤维会释放高聚物而修复损伤,如图 4-11 所示。

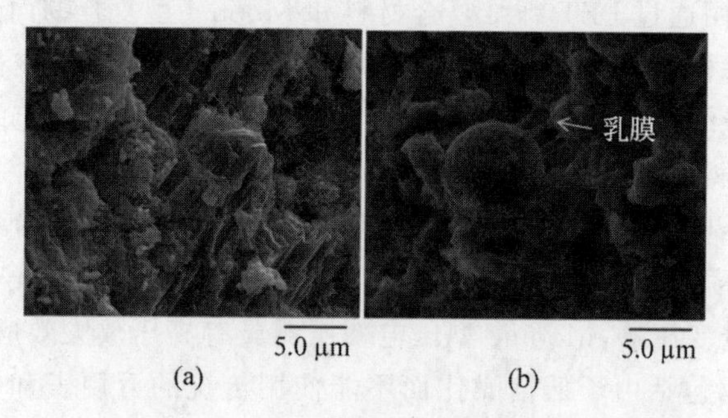

图 4-11 不同水泥的扫描电镜图[32]

(a) 常规水泥石;(b) 自修复水泥石

目前,研究人员正致力于开发出一种主动智能材料,若将这种材料用在桥梁上,其能在桥梁结构发生破坏时自动加固,以保证桥梁的结构安全。一种构想是在桥梁的某些局部发生破坏时,桥梁的其余部分会自动响应并加固。这在技术上是可行的。随着科学技术的发展,我们能够制造出微型传感器、微型芯片以及微型计算器。将微型计算机芯片埋入桥梁材料中,便可实现桥梁的实时监测和诊断,并依据智能材料来进行修复和加固。

4.2 智能导热填料设计

通过填料与基体的协同作用实现多功能、多特性集成的复合材料是一类关键的智能导热功能材料。为实现材料特殊的智能化特征及高热导率,填料结构的设计显得越来越重要。随着科技的日益发展,应用场景的多样化发展对材料的特性需求也越来越多,传统的填料结构已经不能满足针对特殊场景的应用要求,如半导体器件散热、柔性电子器件散热、航空航天器械的热管理、5G 以及电子设备行业等。近年来,根据材料的应用需求,不同尺度、不同微纳结构及不同响应特性的填料不断被报道出来。同时,能够对动态多变的环境进行性能调控和响应的智能导热材料应运而生,且在工业生产中也开始普遍应用。本节将对智能导热材料中的填料部分进行介绍,其中包括导热填料与智能填料等方面。

导热填料主要是为了实现基体结构热导率的提升,不同类型、不同尺度、不同微观形貌的填料都会影响材料的特性。导热填料可分为三大类,即金属导热填料、碳基导热填料和无机导热填料。常见的金属导热填料主要包括铝、铜、银等,以及新型金属材料——液态金属;碳基导热填料主要有石墨、石墨烯、碳纳米管、碳纤维等;无机导热填料主要有氮化硼(BN)、碳化硅(SiC)、氮化铝(AlN)等。智能填料同样有很多种,包括光响应填料、温度响应填料等。

4.2.1 金属基导热填料

1. 固态金属填料

导热金属颗粒主要有金、银、铜、铝、锌及其合金,金和银因为价格昂贵而很少使用;而铜、铝等材料因其导热性高、价格适中而被广泛采用。在实际应用中,金属填料的粒径大小、形状和用量对聚合物复合材料的热导率都有很大的影响。

(1) 铜

Lee 等[33]通过在聚合物珠上化学镀金属和简单的热压技术而制备了三维 Cu/Ag 壳网络复合材料。Cu 和 Ag 壳为电子和热传导提供了连续的网络。其在 0.5 mm 厚度下产生 110 dB 的优异电磁干扰(EMI)屏蔽效果,并且在仅 13 vol% 的金属填料含量下产生 16.1 $W \cdot m^{-1} \cdot K^{-1}$ 的热导率。复合材料的性能取决于聚苯乙烯(PS)珠的尺寸,大尺寸金属涂层聚苯乙烯珠复合材料比小尺寸珠复合材料具有更高的导电性、EMI 屏蔽效果和导热性。这些结果归因于金属涂层珠子之间接触界面数量的减少,从而使界面电阻最小化。

Vu 等[34]提出了一种简便且可扩展的方法来制备具有连续三维互连网络的高导热环氧树脂复合材料,该方法允许在整个环氧树脂基体中形成优异的导热路径。首先将铜纳米颗粒涂覆在聚甲基丙烯酸甲酯(PMMA)微珠上以形成 Cu@PMMA,以通过化学镀工艺制备导热填料;然后将填料以不同浓度掺入环氧树脂基质中,复合材料的热导率随 Cu@PMMA 填料含量的增加而提高。填料含量为 50 wt%的复合材料其热导率为 3.38 $W \cdot m^{-1} \cdot K^{-1}$,是纯环氧树脂的 14 倍以上。此外,固化温度对填料含量低于 30 wt%时的热导率有轻微影响;当填料含量高于 30 wt%时,则显著提高了导热性。另外,增加 Cu@PMMA 填料阻碍了复合材料的体积电阻率,观察到含量有 50 wt%填料(1.9×10^4 Ω)的复合材料的体积电导率降低了 11 个数量级。Yu 等[35]报道了一种通过化学镀工艺制备的具有核壳结构 PS@Cu 粒子,再经热压法制备了具有三维隔离结构网络的 Cu-p-PS 复合材料,如图 4-12 所示。在 Cu-p-PS 复合材料中铜的含量为 3.0 vol%时,热导率可以达到 26.14 $W \cdot m^{-1} \cdot K^{-1}$,与纯聚苯乙烯相比,它的性能提高了 145 倍。汪怀远教授研究团队[36]采用碳毡(CFelt)作为三维骨架,在 CFelt 表面电镀一层铜,构成三维碳-铜导热网络,并将三维碳-铜网络浸渍在环氧树脂中,得到高热导率的环氧树脂复合材料。实验表明,采用三维碳-铜网络可以提高环氧复合材料的热导率(由 0.22 $W \cdot m^{-1} \cdot K^{-1}$ 提升至 30.69 $W \cdot m^{-1} \cdot K^{-1}$),提高近 140 倍。另外,所得的复合材料保持了良好的力学性能和高电导率(7.49×10^4 $S \cdot cm^{-1}$)。

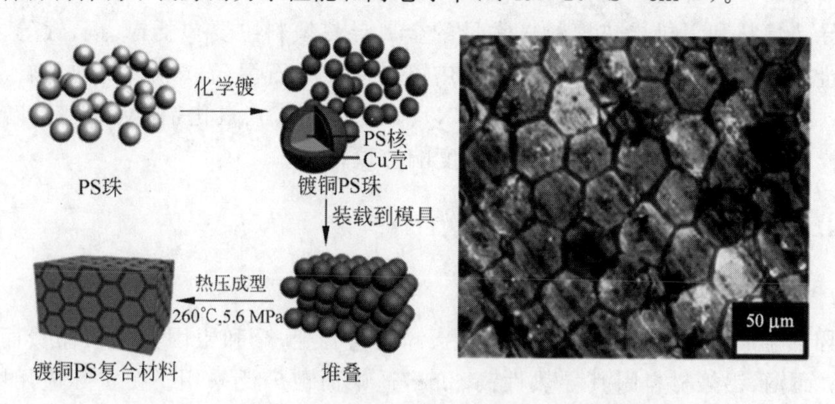

图 4-12 PS@Cu 复合材料的制备流程及微观形貌图[35]

(2) 银纳米线

银纳米线(AgNW)由于具有良好的导电性能,已被广泛用作便携式电子设备中的柔性电极(电导率约为 5×10^6 $S \cdot m^{-1}$,热导率约为 430 $W \cdot m^{-1} \cdot K^{-1}$),优异的柔韧特性和强度特性,可用于制造二维和三维互连导电网络。不足的是,因 AgNW 表面聚乙烯基吡咯烷酮(PVP)壳的存在而形成结处的弱接触,导致沉积后

AgNW 网络的高电阻。因此，人们进行了许多尝试来降低导电网络的电阻，例如热退火、化学处理、激光烧结和机械压制等。由于表面扩散现象的激活，这些处理能够有效地局部烧结相邻 AgNW 之间的结。尽管做出了这些重大努力，但据报道导电纸的薄层电阻仍有约 10 $\Omega \cdot sq^{-1}$，远高于金属线圈的薄层电阻（1 $m\Omega \cdot sq^{-1}$～0.5 $\Omega \cdot sq^{-1}$）。这些努力证明了通过低成本和稳定的制造方法获得具有柔性和分层三维互连结构的高导电纸的可能性。如图 4-13 所示，Li 等[37]合理设计了具有分层结构的纤维素纤维支撑的三维互连 AgNW 网络，以实现优异的导电性和优异的热分散能力。特别是，结处的热退火既能实现声子和电子转移，又能阻止界面滑移。在当前研究中，具有低 Ag 含量（1.55 wt%）的 AgNW/纤维素纸表现出 0.51 $\Omega \cdot sq^{-1}$ 的低薄层电阻。更重要的是，AgNW/纤维素纸基柔性应变传感器已得到合理开发，可应用于监测各种微结构变化和人体运动，具有高灵敏度和鲁棒稳定性（响应/弛豫时间接近 100 ms，大于 2000 次弯曲拉伸循环的高稳定性）。AgNW/纤维素纸基设备还显示出高效的热分散性能。此外，所获得的混合纸对于热管理装置显示出优异的热分散能力。

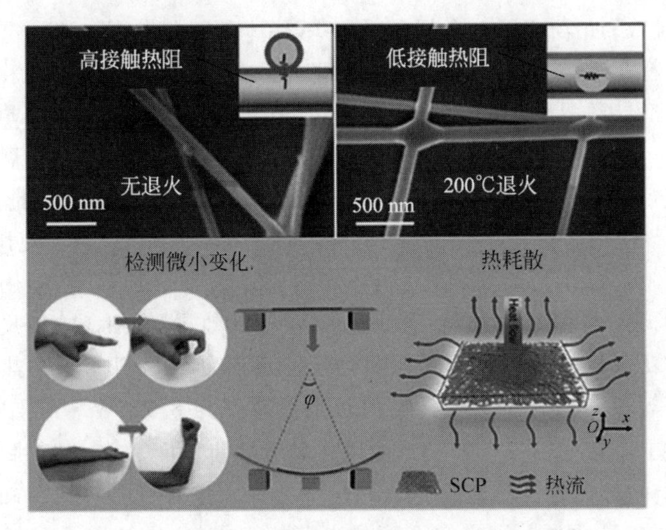

图 4-13　AgNW 连接及其在导热器件中的应用[37]

总体而言，纤维纸内纤维之间的 AgNW 均匀分散和三维互连连接导致了高机械强度、高效导电性和超高热分散性。Huang 等[38]通过涂布法在环氧复合材料中操纵碳化硅纳米线（SiCNW）的取向，可在极低的填料负载（5 wt%）下获得高的面内热导率（10.10 $W \cdot m^{-1} \cdot K^{-1}$），而环氧/无规碳化硅纳米线复合材料和环氧/碳化硅纳米颗粒复合材料的面内热导率仅为 1.78 $W \cdot m^{-1} \cdot K^{-1}$。Yao 等[39]报道了通过生成银纳米结构来工程化碳化硅纳米线/纤维素微晶纸的界面结构。这表明，银纳米粒子沉积的碳化硅纳米线作为填料可以有效地提高基体的导热性；所得复合纸的面内热导率高达 34.0 $W \cdot m^{-1} \cdot K^{-1}$，比传统聚合物复合材料高 1 个数量级。将测量的热导率与理论模型进行定性拟合表明，银纳米颗粒在碳化硅纳米线/纤维素微晶和碳化硅纳米丝/碳化硅纳米线上的界面热阻均较低。

(3) 铝及其氧化物

Al_2O_3 具有多种形态，如球形、不规则、纤维状和片状等。不同的结构赋予材料不同的性能。球形 Al_2O_3 在工业中得到了广泛应用，且学术界已经证实，与其他形态的填料相比，球形 Al_2O_3 在提高导热性方面具有很大优势。将 Al_2O_3 用作聚合物基质中的填料时，所制备的导热复合材料的热导率(通常低于 5 $W \cdot m^{-1} \cdot K^{-1}$)不能达到理论预测的高度。这是由于两个不可避免的热阻，即填料与聚合物之间的界面热阻和连接填料之间的接触热阻，限制了聚合物复合材料的有效热传导[18]。填料与聚合物之间的弱界面黏附会导致严重的声子散射，从而导致较大的界面热阻；填料的不连续分布阻碍了连续导热路径的形成，并增加了界面数量/面积，从而增加了接触热阻。对于 Al_2O_3 颗粒填充聚合物复合材料，通常需要高负载(高达 70 wt%)才能实现复合材料的高导热性，但其代价是机械强度、柔韧性和可加工性的严重恶化。

一般来说，添加第二相也会增强或破坏基体的机械性能、热稳定性和光学性能。此外，填料在基体中的大量引入导致复合材料中的界面数量/面积和颗粒聚集的增加，两者都导致界面热阻的显著增加，使得聚合物复合材料的导热性能难以令人满意。Zhou 等[40]在聚偏二氟乙烯(PVDF)中引入铝粒子，采用熔融共混法制备 Al/PVDF 复合材料。当铝含量为 60%时，Al/PVDF 复合材料的热导率约为 1.74 $W \cdot m^{-1} \cdot K^{-1}$，相比于纯 PVDF，增加了近 7 倍。Kim 等[41]使用尺寸为 9～25 μm 的 Al_2O_3 板作为热填料，使用环氧树脂作为聚合物基质，采用轧制法制备了定向 Al_2O_3 板/环氧复合材料，有序 Al_2O_3 板的效果随 Al_2O_3 板尺寸的增加而增加，研究了复合材料的热导率和弯曲强度。定向复合材料的水平热导率显著高于垂直热导率。75 wt% Al_2O_3 含量的水平热导率为 8.78 $W \cdot m^{-1} \cdot K^{-1}$，而垂直热导率为 1.04 $W \cdot m^{-1} \cdot K^{-1}$。使用轧制方法对 Al_2O_3 板进行排序，显著改善了水平方向上的导热性。填料的形状和尺寸是影响复合材料导热性和其他性能的关键因素。颗粒尺寸和含量决定了颗粒之间的距离，这直接影响基质中传热网络的形成，进而影响复合材料的热导率。导热网络的形成是提高连续热扩散路径热导率的关键。然而，由于缺陷和界面不可避免地引起声子散射，则单一尺寸或形状的填料很难获得理论上高的热导率。

此外，由于填料的过量添加，该混合物难以加工。近年来，人们研究了不同尺寸、形状或类型的混合填料，以增强聚合物基质的导热性能，并通常获得比单填料更高的值。其主要原因可归结为三个方面：①通过使用具有不同尺寸或形状的混合填料，将形成更大和更好的填料网络结构；②混合导热填料有助于填料在基体中的均匀分散和降低界面热阻；③由于混合填料有助于显著降低总体填料含量，系统黏度降低。当 Al_2O_3 用作填料时，常见的杂化体系可分为两种类型：不同尺

寸的杂化 Al_2O_3 填料和其他类型的填料。

Cheng 等[42]采用比较法研究了不同相态和形貌的 Al_2O_3 填料对复合材料导热性能的影响。当填料负载较低时，填充有多孔不规则形状 α-Al_2O_3 的复合材料显示出比填充有 γ-Al_2O_3 和球形 α-Al_2O_3 的复合材料更高的热导率。为了实现高负载，球形 α-Al_2O_3 由于其固有的高导热性和聚合物基质中均匀分散的独特形态而具有最显著的效果，优于不规则形状的 α-Al_2O_3 和 γ-Al_2O_3。结果表明，质量浓度为82%的球形 Al_2O_3 填充的复合材料的热导率比纯硅橡胶高6倍。热重分析研究表明，复合材料的热稳定性随填料用量的增加而明显增加，所得数据与文献中用于预测两相混合物性质的理论方程进行了比较。构建三维热传输框架是提高聚合物复合材料导热性的有效策略。真空辅助过滤是制备散热膜的有效方法，但其轴向散热性能较差。在此，Chen 等[43]结合球形 Al_2O_3，通过真空过滤和环氧树脂浸渍制备了豌豆荚状二元 Al_2O_3 石墨烯结构，以获得 Al_2O_3 石墨烯/环氧复合材料(图4-14)。在豌豆荚状二元 Al_2O_3-石墨烯泡沫的帮助下，环氧复合材料的轴向热导率已升至13.3 $W \cdot m^{-1} \cdot K^{-1}$，石墨烯含量为12.1 wt%，$Al_2O_3$ 含量为42.4 wt%。复合材料的径向热导率达到33.4 $W \cdot m^{-1} \cdot K^{-1}$，比纯环氧树脂的热导率提高约166倍。复合材料在各种条件下的导热性和热传输应用的测试结果，证实了复合材料优异的热传输性能，为显著提高热管理材料的导热性提供了一个新的思路。

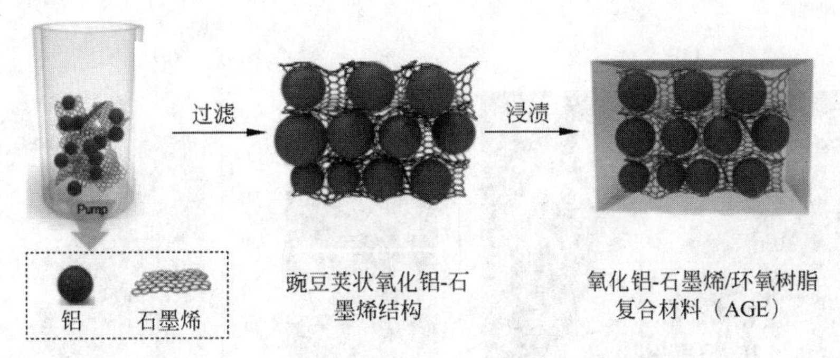

图4-14　豌豆荚状二元 Al_2O_3-石墨烯结构示意图[43]

2. 液态金属填料

近年来，液态金属已迅速成为一种最具吸引力的强化传热冷却剂。它们具有优异的热物理性能，包括低熔点、高沸点和高热导率。本书介绍的液态金属是指熔点低于200℃的低熔点合金(主要是镓基和铋基合金)，不可燃且无毒。因此，它们不同于传统的传热合金(汞(Hg)、锂(Li)、钠钾(NaK)、熔融锡(Sn)和铅铋(PbBi))，这些合金的熔点高于200℃(Sn，可燃性(Li、NaK)或毒性(Hg、PbBi)较低)。一方面，由于超高的对流换热系数，液态金属适合于克服极高的热流密度问题；另一方面，液态金属的沸点超过2000℃，有助于高温下的稳定传热。

Jia 等[44]通过真空浸渗技术，以软液态金属（LM）和刚性芳纶纳米纤维（ANF）为基体，制备了具有优异机械强度和韧性的高导热薄膜。LM/ANF 复合薄膜具有优异的面内热导率和面间热导率（7.14 $W \cdot m^{-1} \cdot K^{-1}$；1.68 $W \cdot m^{-1} \cdot K^{-1}$），因为它形成了紧密堆积的结构，其中液态金属液滴随机分布在有序的 ANF 中，以构建高效的热传导网络。同时，LM/ANF 复合薄膜的抗拉强度达到 108.5 MPa，韧性达到 10.3 $MJ \cdot m^{-3}$（图 4-15(a)）。此外，LM/ANF 复合膜还具有良好的热稳定性、柔韧性和机械可靠性，即使在 250℃的高温下和经过 1000 次反复折叠后，其热导率也没有明显变化。这些惊人的特性说明了 LM/ANF 复合膜在大功率集成电子设备热管理中的应用前景。轻质且可弹性变形的导热软材料对于可穿戴计

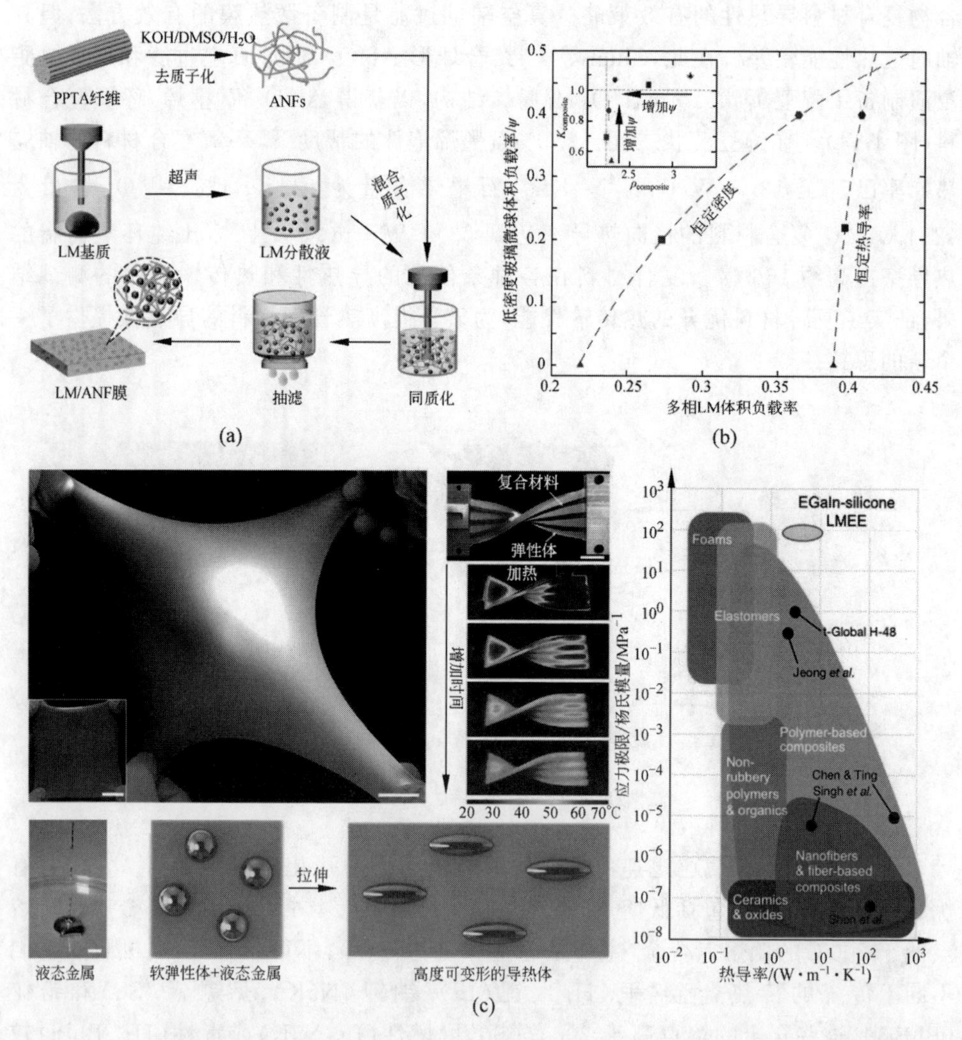

图 4-15 (a) 液态金属/刚性芳纶纳米纤维高导热薄膜的制备过程[44]；(b) 液态金属填料和弹性体复合材料性能之间的关系[45]；(c) 液态金属/PDMS 超拉伸膜[46]

算、软机器人和温度调节服装的新兴应用至关重要。为了克服软材料中的基本传热限制，室温液态金属已分散在弹性体中，从而产生具有前所未有的导热性的软可变形材料。然而，液态金属的高密度（大于 6 g · cm^{-3}）和实现所需性能的高负载率（大于 85 wt%）会增大这些弹性体复合材料的密度，这对于大面积、质量敏感的应用可能是有问题的。

Krings 等[45]系统地研究了液态金属填料和弹性体复合材料性能之间的关系（图 4-15(b)）。实验表明，具有低密度相的多相液态金属夹杂物可以实现对弹性体复合材料密度和热导率的独立控制；构建复合材料密度和热导率的定量设计图，以合理指导填料性能和材料组成的选择。这种新的多相材料结构提供了一种微调材料组成的方法，以独立控制软材料的材料特性和功能特性，用于大面积和质量敏感应用。由于声子传输动力学，软介电材料通常表现出较差的传热性能，这限制了热导率（k）随着弹性模量（E）的降低而单调降低。机械权衡限制了可穿戴计算、软机器人和其他新兴应用，这些应用需要具有高导热性和低机械刚度的材料。Bartletta 等[46]通过一种电绝缘复合材料克服了这一限制，该复合材料表现出前所未有的类似金属的热导率、类似于软生物组织的弹性柔度（杨氏模量小于 100 kPa）和承受极端变形（大于 600%应变）的能力。通过将液态金属微滴加入软弹性体中，在无应力条件下，与基础聚合物（(0.20±0.01) W · m^{-1} · K^{-1}）相比，实现了约 25 倍的热导率（(4.7±0.2) W · m^{-1} · K^{-1}），在应变条件下，热导率提高了约 50 倍（(9.8±0.8) W · m^{-1} · K^{-1}）（图 4-15(c)）。这种特殊的导热性能和机械性能组合是由独特的导热通道实现的。机械耦合，利用液态金属夹杂物的可变形性，直接创建导热通道。

4.2.2 碳基导热填料

1. 石墨烯

2004 年，英国曼彻斯特大学的两名研究人员 Novoselov 和 Geim 采用机械剥离技术，利用高温定向热解石墨，首次成功地将石墨烯分离出来并发现其优异的电性能、导热性能、机械性能等[47]。石墨烯（graphene）是一种二维六方蜂窝状点阵晶格片层结构材料，由 sp^2 杂化碳原子排列组成（图 4-16）。石墨烯材料具有极大的比表面积，可以作为载体而在其表面通过化学或者物理方法进行功能化修饰，以增强石墨烯材料的性能。石墨烯具有非常独特的性能：更高的热导率（5000 W · m^{-1} · K^{-1}），在高效热管理材料领域引起了广泛的关注；更高的机械强度（1060 GPa），可用于制造超轻防弹衣、超薄轻质航空材料等；优良的透光率（97.7%），可以用作透明的触摸屏、光板，甚至太阳能蓄电池。由于其固有的高 k 值、低热膨胀系数、质量轻、易于挤出加料等优点，因此在聚合物复合材料中得到了广泛的应用。近些年来，石墨烯/聚合填充型材料正成为纳米聚合物的新兴科学热点，并且取得了一定进展。石墨烯具有极高的热导率，使聚合物的热管理能力得到极大的改善，而片状

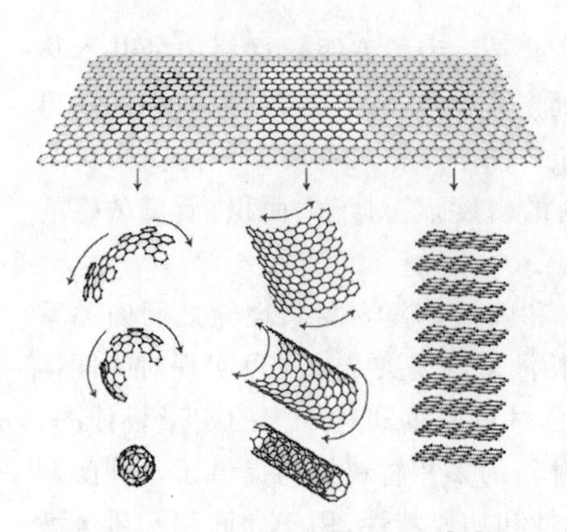

图 4-16 石墨烯结构示意图[47]

结构能够使高分子材料得到明显的增强,从而使其整体的机械性能得到全面的改善;目前面临的最大难题就是,如何将石墨烯均匀分布于高分子基质中,或者是建立起一条有效的热传导通路。这是石墨烯/聚合物这一新型纳米材料发展的瓶颈,同时也是巨大的机遇。

Gu 等[48]利用石墨纳米片(GNP)制备了 GNP/双酚 A 型环氧树脂(GNP/Epoxy),通过"两步法"利用甲基磺酸/c-甘氨酰氧基丙基三甲氧基硅烷(MSA/KH-560)对 GNP(fGNP)表面功能化,再通过溶液浇铸法制备高热导率环氧树脂复合材料。在 fGNP 含量为 30 wt%时,GNP/Epoxy 纳米复合材料的 k 值达到 1.698 $W\cdot m^{-1}\cdot K^{-1}$,是环氧树脂的 8 倍。石墨经化学氧化插层、高温还原、超声等手段可剥离成纳米石墨片,用于制备高热导率化合物。在实际热管理应用中,非常需要具有令人满意的机械性能的导热聚合物复合材料作为热界面材料。Li 等[49]采用氧化石墨烯水凝胶作为前驱体,通过定向冷冻、冷冻干燥和在 2800℃下的石墨化,制备了具有高度排列石墨烯网络的全石墨化石墨烯气凝胶,其表现出优异的导热性、导电性及超弹性。由于石墨化石墨烯片构成的垂直排列的导电网络,仅含有 0.75 vol%的高质量石墨烯的环氧复合材料就显示出 6.57 $W\cdot m^{-1}\cdot K^{-1}$ 的优异垂直热导率,是纯环氧树脂基体的 37 倍以上。导热和导电复合材料还表现出显著改善的储能模量、压缩强度和断裂时的压缩应变。Chen 等[50]通过真空辅助过滤和熔点加压方法制备了聚苯并噁嗪(PBZ)改性的偏析结构多壁碳纳米管-石墨纳米片/聚醚醚酮(PEEK)复合材料。不同尺寸的 PEEK 复合颗粒将产生不同的热导率和所得分离复合材料的 EMI 性能。在填充量为 19.84 vol%的情况下,颗粒为 200 目的多壁碳纳米管-石墨纳米片@PBZ/PEEK 的热导率达到 3.38 $W\cdot m^{-1}\cdot K^{-1}$(垂直平面)和 6.27 $W\cdot m^{-1}\cdot K^{-1}$(平面内),分别比纯 PEEK 高 1400%和 2600%。Li 等[51]报道了一种新颖的分子焊接策略,制备了耐热性强、柔性高、超薄的高导电、高度石墨化的石墨烯/聚酰亚胺(g-GO/PI)复合膜材料,该复合膜相比于 g-GO 薄膜,面内热导率增长了 21.9%。

2. 碳纳米管

碳纳米管是一种一维碳纳米材料,它的碳原子以 sp^2 杂化共价键合的形式结合在一起,构成完美的六边形碳网络结构。如图 4-17 所示,碳纳米管可以被看作管状结构物,由不同层数的片层石墨烯卷曲形成。根据石墨烯片层数目的不同,可将碳纳米管分为单壁碳纳米管(single walled carbon nanotube,SWCNT)和多壁碳纳米管(multi walled carbon nanotube,MWCNT)。多壁碳纳米管内的石墨层间距大约为 0.34 nm 的固定距离。碳纳米管直径通常在 2～20 nm,长度可以从几十纳米到毫米级。由于其独特的微观结构,碳纳米管在力学、电学、光学和热学等方面表现出许多异乎寻常的优良性能。碳纳米管中的碳原子均采取 sp^2 杂化,s 型杂化轨道的组分比 sp^3 型杂化多,因此它具有较高的模量和强度。碳纳米管的杨氏模量在理论上比钢高出 2 个数量级,其轴向抗拉强度为 14 GPa,压缩强度为 200 GPa;而碳纳米管的密度仅是钢的六分之一,因此碳纳米管具有极高的比强度。

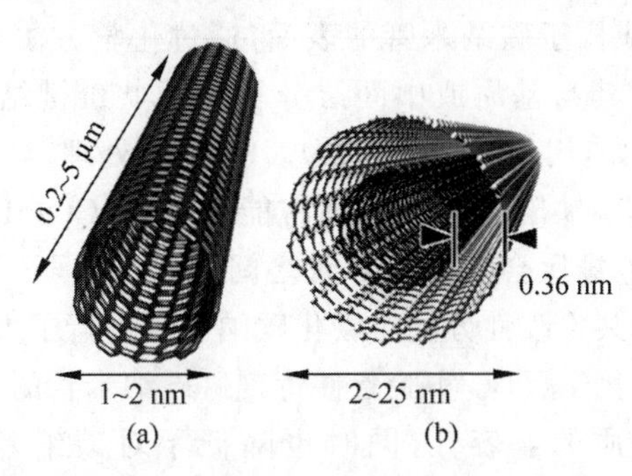

图 4-17　单壁碳纳米管与多壁碳纳米管

在复合材料领域,使用工程材料为基体,将其与碳纳米管进行复合制备复合材料,可以显著提高工程材料基体的性能,使复合材料表现出良好的各向同性的抗疲劳以及强度性能。碳纳米管中碳原子的 p 电子形成大范围的离域 π 键,产生显著的共轭效应,使其具有良好的导电性能,并赋予了碳纳米管其他一系列独特的电学性质。研究表明,当碳纳米管的直径和螺旋角的大小不一时,三分之二的碳纳米管具有半导体性质,其余的碳纳米管则表现出优异的导电性能。当碳纳米管的管径在 6 nm 以上时,其导电性会逐渐下降;而管径在 6 nm 以下的碳纳米管可以作为一维导体纳米材料,具有良好的导电性能。理论分析表明,直径为 0.7 nm 的碳纳米管能够具有超导性能,碳纳米管在超导领域也有广阔的应用前景。Berber 等[52]的研究表明,单壁碳纳米管的轴向理论热导率高达 6600 $W \cdot m^{-1} \cdot K^{-1}$。另外,Kim 等[53]所测量的多壁碳纳米管的轴向热导率可达到 3000 $W \cdot m^{-1} \cdot K^{-1}$。碳纳米管具有很高的导热各向异性,尽管其具有很高的轴向热导率,但是在径向上碳纳米管的热导率较低。若将碳纳米管按一定的顺序进行排列,就可以利用或消除其导热各向异性制备出具有特殊导热性能的传热结构。碳纳米管是制造高性能热传导材料和导热复合材料的关键原材料之一,在热管理系统中占据重要地位。

目前,碳纳米管的制备方法十分多样,主要包括离子或激光溅射法、激光烧蚀法、固相热解法、电弧放电法、聚合反应合成法以及化学气相沉积法等。其中,化学气相沉积法工艺简单、原料和催化剂容易获得、可以实现定向生长以及图案化,并且可以大规模制备,因此是目前应用最为广泛的碳纳米管制备技术。目前文献中出现的碳纳米管的种类主要分为随机取向碳纳米管、定向排布碳纳米阵列和碳纳米管海绵等。

(1) 随机取向碳纳米管

碳纳米管作为高导热填料分散在高分子基质中,其热导率很难得到显著的提升,这是由于碳纳米管与高分子材料的界面热阻较高。表面功能化可以增强碳纳米管与基体界面的结合,提高碳纳米管在基体中的分散性以及复合材料的导热性能。碳纳米管的功能性修饰主要有共价化和非共价化两种,共价功能化是通过接枝、沉积生长等化学方法将极性基团或原子引入碳纳米管的表面;而非共价功能化则是将表面修饰剂应用于碳纳米管的表面,通过化学方法将极性官能团引入碳纳米管的表面,然后将其与基质或中间层分子进行共价键结合,从而形成碳纳米管-聚合物复合体。例如,用强酸(如 H_2SO_4、HNO_3)处理,会导致碳纳米管的侧壁和开口部出现缺陷,这些缺陷可以由含氧官能团(如—COOH、—OH 等)功能化。同一官能团之间的静电排斥会使碳纳米管之间的结合减弱,从而达到稳定的分散效果。在实验上,某些共价改性方法对碳化碳纳米管进行了大量的化学改性,其过程复杂,需要经历多次化学反应,实验条件苛刻。碳纳米管的非共价功能化能提高碳纳米管与高分子基质的兼容性,同时也降低了对碳纳米管结构的破坏。如图 4-18 所示,它的作用主要取决于诸如表面活性剂、高分子聚合物之类有机介质的功能性分子,例如利用 π-π 相互作用、氢键等非共价性作用,将碳纳米管表面吸附或包覆[54]。非共价键合能有效减少界面的热阻,其作用效果取决于功能分子的覆盖程度[55]。其中,表面活性剂分子的疏水性基团通过物理作用被吸附在碳纳米管的表面,另一亲水性基团则与溶剂中的聚合物基体接触。Yuan 等[54]在聚酰胺(polyamide12,PA12)悬浮液中添加经过表面活性剂胆酸钠修饰的多壁碳纳米管(S-MWCNT),经过干燥、热压等处理制成 S-MWCNT/PA12 复合材料。通过胆酸钠分子附在多壁碳纳米管侧壁上与聚合物 PA12 之间形成共价键结合,使其与 MWCNT-PA12 的界面耦合性能得到提高,界面热阻减小。在同样多壁碳纳米管的填充量(1%)下,其热导率从 0.25 $W\cdot m^{-1}\cdot K^{-1}$ 提高到 16.9 $W\cdot m^{-1}\cdot K^{-1}$。

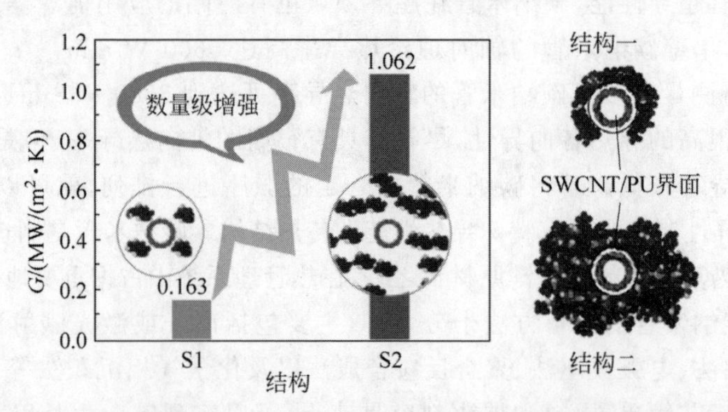

图 4-18 分子动力学模拟单壁碳纳米管与聚氨酯的界面热输运机理[57]

在碳纳米管表面,采用不同的功能分子作为中间层,将不同的聚合物结合在一起,其作用在于调整界面处的键合强度,从而提高碳纳米管与基质的相容性,减少界面热阻[56]。但是,功能性碳纳米管对复合材料的热传导性能的影响是非常复杂的,尽管已经有了许多关于碳纳米管增强聚合物热传导性能的实验数据,但是对于其机理和机理的分析还很少。Qiu 等[57]通过分子动力学模拟的方法,研究了单壁碳纳米管与聚氨酯(polyurethane,PU)的界面热输运机理。结果表明,单壁碳纳米管中的碳原子和聚氨酯分子链中的碳原子在低频区声子谱具有较好的匹配性,从而可以更好地促进界面间的热传输,为进一步设计具有功能性碳纳米管的复合材料奠定了理论基础。

(2) 定向排布碳纳米阵列

从 1996 年开始,已经有很多方法可以实现高品质的取向碳纳米管阵列,其中包括物理化学和化学两种。物理方法的基本要求是:首先采用电弧放电或激光法制备碳纳米管,然后经过纯化,再进行自组装、磁性取向或电场取向。采用物理方法可以通过严格的工艺控制来制作定向碳纳米管阵列,但会带来密度低、取向度低、填料聚集等问题。在化学法中,化学气相沉积法是一种最有前途的取向碳纳米管阵列的制备方法。化学气相沉积法的主要机理是:在催化剂上,碳源裂解后反复地溶解和析出。研究表明,适当的催化剂尺寸、碳源和基质是影响其生长的主要因素。碳纳米管在生长的同时,在密度和范德瓦耳斯力的作用下平行排列,某些研究中也将之称为"拥挤作用"。因此,要想获得成功的取向碳纳米管阵列,就必须在基质上提高催化剂的浓度。利用以上理论,浮游催化剂化学气相沉积法(FC-CVD)引入气相催化剂,可以使碳纳米管的取向排列得到高密度的生长。另外,等离子体增强化学气相沉积法(PE-CVD)具有降低温度条件的优点。化学气相沉积法还能够调控定向碳纳米管阵列的图案,拓宽了其在电子领域的应用。在化学气相沉积法过程中,碳源裂解并溶解到催化剂纳米颗粒中,达到特定浓度后再析出形成管状体。是否出现顶部或底部的生长,取决于催化剂粒子位于碳纳米管的顶部或底部。事实上,在顶点生长机制下,碳纳米管的形状受到的干扰很小,可以得到更好的形态结构和较少的缺陷。此外,制备得到的是单壁碳纳米管还是多壁碳纳米管,取决于催化剂颗粒的大小。几微米的催化剂粒子可以促进单壁碳纳米管的成长,而几十微米的分子粒子可以促进多壁碳纳米管的成长。

如图 4-19 所示,作者团队[58]利用化学气相沉积法在碳纤维(CF)表面生长定向碳纳米管阵列(VACNT),然后在高压电场中采用静电植绒技术,获得了具有高度取向的三维多级碳结构导热网络(CF-VACNT 阵列)。结果表明,具有 60 μm 定向碳纳米管阵列长度和四列定向碳纳米管阵列排列的 ACF-VACNT/SI 复合材料具有兼顾各方向的最优导热性能:其沿厚度方向的热导率为 7.51 $W \cdot m^{-1} \cdot K^{-1}$,沿水平方向的热导率为 3.72 $W \cdot m^{-1} \cdot K^{-1}$,而在压力和挠曲变形时,它仍然表现出优良的热传导性能。Qin 等[59]通过化学气相沉积法和热压法,在 SiO_2 涂层的膨胀石墨板(EGP)表面生长 VACNT,制备了三维碳纳米管/膨胀石墨块(CNT/EGB)。在这种三维 CNT/EGB 中,EGP 由 VACNT 在横平面方向桥接,

EGP 与 VACNT 之间的界面由 SiO_2 与 EGP 和 VACNT 的相邻碳反应形成的 SiC 共价键合。VACNT 的长度和生长密度由催化剂的生长时间和浓度调节。CNT/EGB 的热导率和机械强度由 VACNT 的生长状态和热压控制。CNT/EGB 的最大横截面热导率为 38 $W \cdot m^{-1} \cdot K^{-1}$，是 EGB(14 $W \cdot m^{-1} \cdot K^{-1}$)的两倍多。垂直方向的热导率显著增加，归因于 VACNT 在横截面方向桥接 EGP 以及 VACNT 和 EGP 之间的导热 SiC 界面。此外，CNT/EGB 的弯曲强度(76 MPa)和抗压强度(59 MPa)的增加，是由于高密度纳米管的强拔出效应和 VACNT 与 EGP 之间的强共价连接的结合。

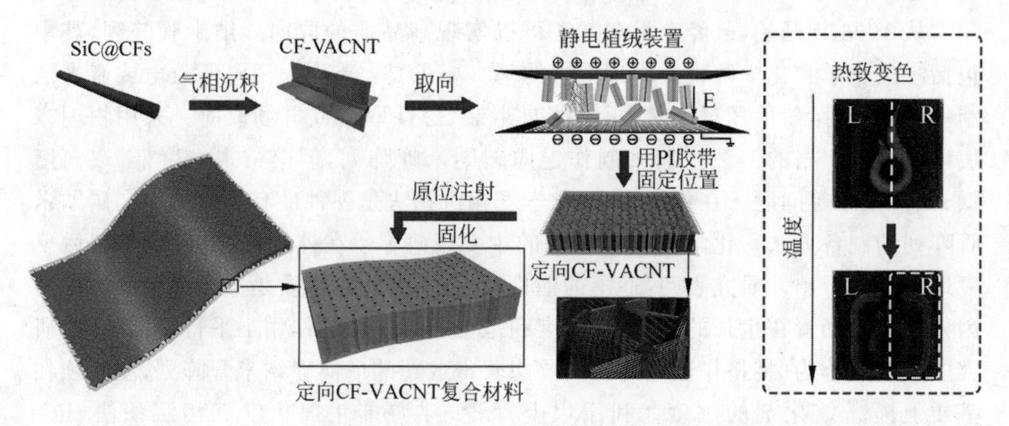

图 4-19 化学气相沉积法在碳纤维表面生长定向碳纳米管阵列[58]

(3) 碳纳米管海绵

碳纳米管海绵是一种具有各向同性特性的随机定向碳纳米管气凝胶。Gui 等[60]于 2010 年采用浮动催化剂法，以邻二氯苯作为碳源，通过化学气相沉积法制备出宏观的碳纳米管海绵状材料。同年，Xu 等[61]以气体碳源为前驱体，采用蒸镀催化剂薄层的方法，获得了具有良好黏弹性的橡胶型碳纳米管海绵，其黏弹性可以在−196～1000℃之间保持不变。这种三维碳纳米管网络是一种多孔的碳材料，通过范德瓦耳斯力的作用互相穿插缠绕而成[62]。碳纳米管具有优异的机械、热学和电学特性，使这种三维碳纳米管网络具有良好的导电性、热扩散性和弹性性能，已在电磁屏蔽、能源电池及传感器方面得到应用。碳纳米管海绵体各向同性网络结构使得它在制造各向同性材料上有着广阔的应用前景。碳纳米管海绵优异的弹性性能可以赋予复合材料一定的柔性和弹性。虽然单个的碳纳米管是最好的热导体之一，但据报道碳纳米管海绵体的导热性能很差(约 0.15 $W \cdot m^{-1} \cdot K^{-1}$)，一方面是由于它的密度低，疏松多孔结构使得它具有很大的空气散射作用；另一方面，由于单个碳纳米管之间没有良好的连接，导致管道与管道间的大量接触热阻，从而严重地影响相邻的碳纳米管之间的热传递。因此，一方面可以通过浸渍基体将基质中的孔隙进行填充，从而增加材料的密度，提高材料的热传导；另一方面可以将碳纳米管的结点连接起来，使其具有更好的连续性和整体性，从而有利于声子在碳纳米管间的传输。

作者团队[63]提出了一种三维弹性石墨烯交联碳纳米管海绵/聚酰亚胺(G_w-CNT/PI)纳米复合材料(图 4-20)。接合处的石墨烯焊接可以实现声子和电子转移,并避免循环压缩期间的界面滑移。均匀的 G_w-CNT/PI 包括沉积在多孔模板网络上的高模量 PI,具有应力可控的导热/导电性和循环弹性变形。由于声子和电子传导机制的不同,均匀复合材料表现出由孔隙率控制的不同变化趋势。相对较高的 k(3.24 W·m^{-1}·K^{-1},比 PI 高 1620%)和合适的压缩性(1 MPa 压缩下为 16.5%),使复合材料能够应用于柔性弹性热界面导体,这将通过有限元模拟来进行进一步分析。互连网络有利于高应力敏感电导率(灵敏度为 973%,9.6%应变),因此 G_w-O-CNT/PI 复合材料可以作为基于应力可控热导率或电导率的孔隙率优化的压阻传感器的重要候选材料。该结果为控制压阻导体或传感器的三维互连模板复合网络的应力诱导热导率/导电率提供了见解。

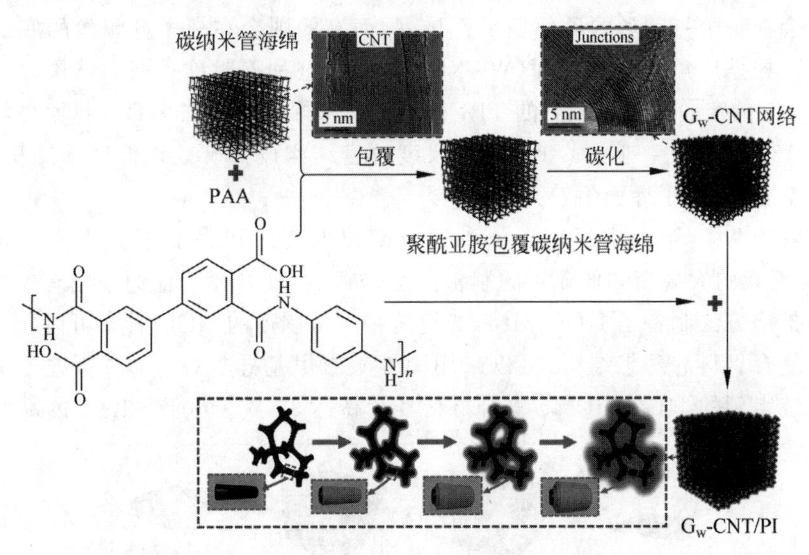

图 4-20　三维弹性 G_w-CNT/PI 复合材料制造示意图[63]

3. 石墨

由高达 98%的晶质石墨组成的天然鳞片石墨非常柔软,且是电和热的良导体,其显著的层状结构导致了其物理特性的明显各向异性,包括电和热的传导率,以及热膨胀系数。鳞片石墨是由薄层碳原子通过弱范德瓦耳斯力构成的多层石墨结构,结构的各向异性导致了鳞片石墨性能的各向异性,有沿着石墨层面方向的超高导热,垂直层面方向的较低导热特性,可将其同时作为散热器和热绝缘材料,应用于电子元器件中来消除局部热点。以环氧树脂为基体的鳞片石墨增强的块状和片状材料已开始用于制造热沉,更有大量关于铝基体、铜基体的石墨增强复合材料的热性能、力学性能、界面特性以及相关理论研究。例如,Yu 等[64]通过双向冷冻然后在 2800℃下通过石墨化来构建层状结构的石墨烯气凝胶；合成的 PI/RGO 杂化气凝胶在 2800℃下被石墨化，使隔热的 PI 大分子碳化甚至石墨化，并通过去除还原氧化石墨烯(RGO)残留的含氧基团和愈合其晶格缺陷，将其转化为高质量的石墨烯；所获得的层状结构石墨烯气凝胶/环氧树脂复合材料具有优异的面外热导率，为 20 $W \cdot m^{-1} \cdot K^{-1}$。该复合材料除了具有较高的面外热导率，还具有较高的断裂韧性。Kim 等[65]制备了一种定向排列的碳化硅支架基聚合物复合材料，其超高通平面导电性为 14 $W \cdot m^{-1} \cdot K^{-1}$。其中碳化硅网络是通过垂直排列的石墨烯支架为模板，采用模板辅助化学气相沉积方法生长制备的。该方法碳化硅板支架基复合材料热导率高，导电性较低，在微电子领域的热管理方面具有巨大的潜力。Bai 等[66]通过 3D 打印技术构建具有垂直排列结构的石墨烯，通过熔融沉积模型(FDM)制备石墨烯/TPU 复合材料，这种材料具有优异的面外导热性。在 3D 打印过程中，由于挤压所引起的剪切力和与衬底(或下层)的压缩效应，有的石墨烯片会在一个打印丝的顶部呈平行排列，而有的则会在一个打印丝的底部呈旋涡排列。根据广角 X 射线散射(WAXS)的测量，这种不对称排列的结构显示出了 0.3～0.45 的定向度。打印后的 TP1 样品在石墨烯含量为 45 wt%时，面外热导率高达约 12 $W \cdot m^{-1} \cdot K^{-1}$。此外，多尺度致密结构设计有效地保证了结构紧凑，减少了空隙，增强了界面附着力。

作者团队[67]第一次提出了一种通过简单的液体膨胀工艺生产高取向石墨(HOG)框架的大规模和低成本的制备方法，如图 4-21 所示。他们采用有效的原位酸插层扩增方法制备了 HOG 网络，通过这种方法制得的 HOG 骨架可以作为制备高导热复合材料的理想结构，可以采用弹性聚二甲基硅氧烷(PDMS)进行基体封装。封装得到的 HOG/PDMS 复合材料具有高达 35 $W \cdot m^{-1} \cdot K^{-1}$ 的高面外热

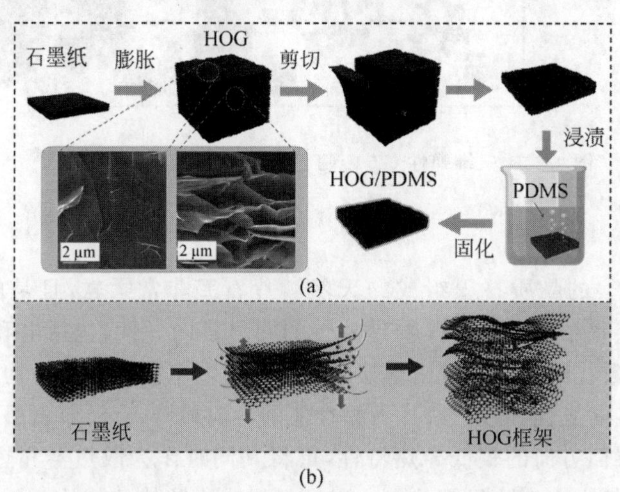

图 4-21 (a) HOG 架构和 HOG/PDMS 复合材料的制造工艺示意图；(b) 由于酸溶液中的膨胀，使 HOG 框架的层间距离增加的示意图[67]

导率，并且具有膨胀效率高、柔韧性好等优点。石墨层的高取向度使复合材料具有出色的面外热传导性能，使其成为大功率微电子领域热沉应用的极好候选。

4.2.3　无机导热填料

1. 氮化硼

氮化硼(BN)是由 B 原子和 N 原子组成的多层晶体，其结构与石墨的层状结构相似，每一层由交替的 B、N 原子 sp^2 杂化的六角晶格结构排列组成[68]，并在 c 轴方向上按 ABABAB 方式排列。BN 中的每一层原子之间都有很强的共价键，其内部结构非常紧凑，而层间又以分子键相连接，因此结合力较弱，层与层间容易被剥离开。目前氮化硼填料主要有 h-BN、氮化硼纳米片(BNNS)和氮化硼纳米管(BNNT)。

BN 的晶体结构可以划分为三方晶型(r-BN)、纤锌矿 BN(w-BN)、六方晶型 h-BN 和立方晶型 BN(c-BN)，其中 h-BN 应用最广。BN 的杂化形式有 sp^2 和 sp^3 两种，sp^2 杂化主要由六方相 BN 和三方相 BN 组成，而 sp^3 杂化的主要形式为立方相 BN 和纤锌矿结构 BN。h-BN 和石墨有两个方面的差异，主要表现在：①h-BN 层间原子的作用力主要是范德瓦耳斯力，层间完全重叠，结合弱，容易剥落，而石墨层与石墨层之间是错开排列的；②h-BN 一般表现为松散、润滑、轻、溶、吸潮、耐高温等特性，故被称为“白色石墨”。BN 具有高热导率、高耐热性、低热膨胀系数、热稳定性、耐化学腐蚀性、高机械性能、低摩擦系数、宽能量带隙、绝缘性、化学惰性、吸附性和催化性能。通过对 h-BN 的分析，发现其面内热导率可以达到 300～2000 $W \cdot m^{-1} \cdot K^{-1}$。一般情况下，h-BN 的面内热导率在 600 $W \cdot m^{-1} \cdot K^{-1}$ 左右。h-BN 的热导率高，可以与金属相比，同时又具有优异的电绝缘性能(能带宽，5 eV)，是制备绝缘导热复合材料的理想选择。因此关于 h-BN 在电子封装材料中的应用也是多种多样的。

(1) 氮化硼纳米片

Yu 等[68]利用 Y-氨丙基三乙氧基硅烷修饰氮化硼纳米片表面并引入氨基，然后接枝超支化的聚芳醚胺(HBP)，随后将氮化硼纳米片用十八烷基胺(ODA)进行非共价键改性，比较两种填料在聚合物基体中制得的复合材料的性能，结果表明，HBP 改性的效果优异。Xu 和 Zhao 等[69]用多巴胺化学修饰技术对 h-BN 进行了非共价键改性，通过刮板涂布，获得了 8.8 $W \cdot m^{-1} \cdot K^{-1}$ 的复合材料热导率。Hu 和 Yang 等[70]以纳米纤维素作为氮化硼纳米片的增强基体制备的纳米氮化硼-纳米纤维素纸，在 50 wt%添加量的情况下，其面内热导率高达 145.7 $W \cdot m^{-1} \cdot K^{-1}$。Ando 等[71]研究了影响 h-BN 各向异性热扩散系数的因素，包括填料的尺寸、填料的聚集情况、填料的取向情况，以及聚合基体聚合物链的刚性。相对于沿水平方向的 h-BN 的定向而言，h-BN 的竖直方向更加难以定向。Luo 等[72]利用四氧化三铁磁性液体，使 h-BN 薄板产生磁性响应，然后在外加磁场的作用下使

h-BN 薄板在竖直方向上定向，并通过改变磁场的方向，对 h-BN 的导热性能进行了分析。与此同时，导热填料在有序支架中的自组装和定向通常会产生具有各向异性热性能的复合材料。虽然可以在填料方向上获得较大的热导率，但横向的热导率受到很大限制。顾军渭教授团队[73]通过冰模板法制备氮化硼支架，然后填充木糖醇晶体，形成具有各向同性热导率的新系列复合材料。冰的结晶有助于在气凝胶中形成对齐的 BN 壁，随后在 BN 气凝胶的微通道中填充木糖醇，推动木糖醇横向结晶。在这些复合材料中，排列的晶体包和 BN 壁的组合会导致水平和垂直方向的高热导率。复合材料的热导率随 BN 含量的增加而增加，当 BN 含量为 18.2 wt%时，热导率高达 4.53 $W \cdot m^{-1} \cdot K^{-1}$。这些新结果为制造各向同性导热复合材料提供了一种替代策略，可用于下一代散热材料。Zeng 等[74]首先利用冰模板法构造三维 BNNS（3D-BNNS）网络，然后用环氧树脂基体渗透制备了 3D-BNNS/epoxy 材料，提供了一种制备高效热管理材料的新途径，如图 4-22 所示。在 3D-BNNS 含量为 9.29 vol%时，热导率值可达 2.85 $W \cdot m^{-1} \cdot K^{-1}$，热膨胀系数（CTE）仅为 24～32 $ppm \cdot K^{-1}$。

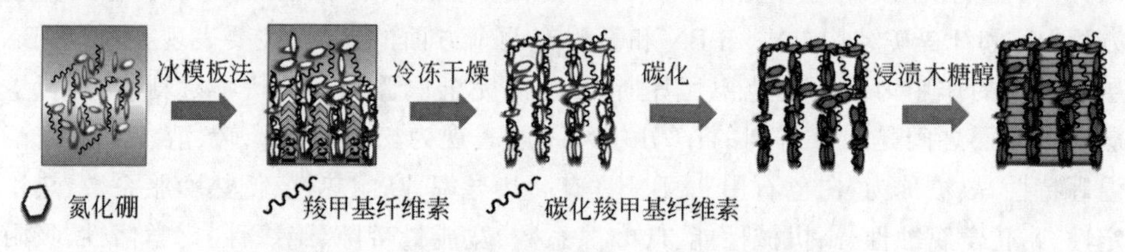

图 4-22 冰模板法制备碳化硼气凝胶示意图[74]

(2) 氮化硼纳米管

氮化硼纳米管结构类似于碳纳米管，但是具有更好的电绝缘性、热稳定性、化学稳定性、结构稳固性、高弹性模量以及高热导率。氮化硼纳米管直径越大，其热导率越低，直径为 40 nm 左右的氮化硼纳米管沿轴向方向上的热导率在 200～300 $W \cdot m^{-1} \cdot K^{-1}$。因此，在高分子材料中加入氮化硼纳米管的复合材料，因其高导热性、低热膨胀系数以及电绝缘的优点而得到了电子封装领域研究人员的广泛关注。Zhi 等[75]在聚甲基丙烯酸甲酯、聚丁烯和聚乙烯醇中加入氮化硼纳米管，研究了其导热性能、导电性和力学性能，所制得的复合材料的导热性能提升了 20 倍，热膨胀系数显著降低。如图 4-23 所示，Zeng 等[76]制备了具有 21.39 $W \cdot m^{-1} \cdot K^{-1}$ 的面内热导率的纳米纤维素-氮化硼纳米管复合材料，其中氮化硼纳米管的含量只有 25 wt%。氮化硼纳米管的引入，使复合材料在很多方面都有了很大的改善，但氮化硼纳米管昂贵的成本仍是制约其广泛使用的一个重要原因。Huang 等[77]报道了一种高效的热传导介质多面体低聚倍半硅氧烷功能化氮化硼纳米管/环氧树脂材料，其热导率明显提高，添加 30.0 wt%氮化硼纳米管时，最大 k 值为 2.77 $W \cdot m^{-1} \cdot K^{-1}$，是原环氧树脂的 13.6 倍。

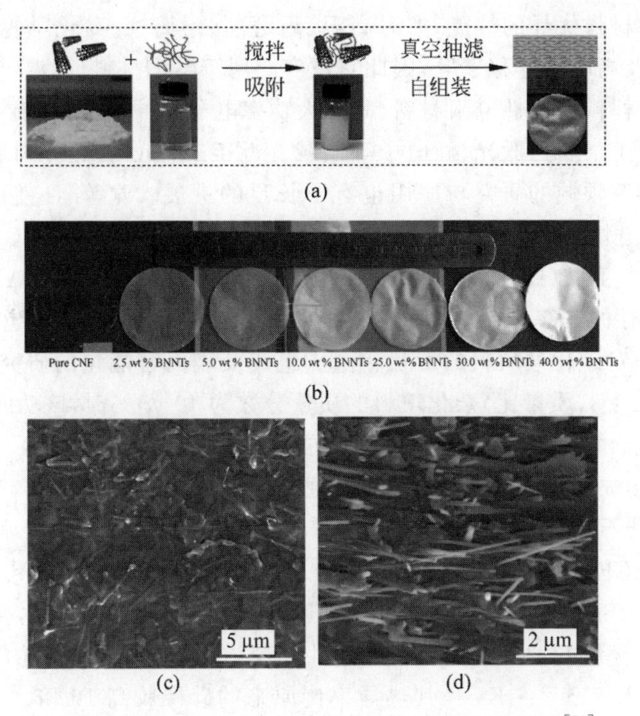

图 4-23　POSS 功能化氮化硼纳米管/环氧树脂材料[76]

2. 碳化硅

碳化硅的分子式为 SiC，分子量为 40.07，其密度为 3.160～3.217 g · cm^{-3}。SiC 是一种无色的、透明的晶体，但因包含了多种杂质，而具有多种颜色。SiC 是一种主要由共价键组成的化合物，单位晶胞由四个碳原子围绕硅原子而构成，而在每一个 C 原子的四周也有四个 Si 原子所包围。也就是说，每一个 C(或 Si)原子都与其周围的 Si(或 C)原子通过定向的四面体 sp^3 共价键键合。所以，它的基本单元是四面体。SiC 都是以 SiC 四面体为基本结构单位，在空间上密集地堆叠起来，表现出明显的分层结构，所不同的只是平行结合或反平行结合。尽管 SiC 具有较高的共价键，但其层错生成的能量较低，从而导致了 SiC 的二型体现象。迄今发现的 SiC 二型体已有 200 多种。这些二型体的主要特征是由相同的 Si—C 二层堆垛而成，其区别仅在于沿 c 轴方向上的一维堆垛顺序不同和 c 轴长度的差异。大体可分为三类：一类是低温稳定型的 β-SiC 立方晶胞(通常用 C 标记)，合成温度为 1600～1800℃，典型的为灰黑色或黄绿色的粉末状物质；二是呈斜方六面形晶胞(用 R 标记)；三是以 H 为标记的六方晶胞。后两种晶胞结构的 SiC 为高温稳定型的 α-SiC，合成温度为 1800～2600℃。尽管 SiC 是以原子形式通过共价键结合的，但硅与碳之间的电负性较低，硅与碳结合后，价电子会发生向碳的转变，因此硅与碳之间的结合也会产生部分的离子键。

由于 SiC 材料优异的性能，如耐高温、耐磨削、耐腐蚀、高化学稳定性、高热导率、宽带隙以及高电子迁移率等，因此它被广泛用于耐火材料、高温结构陶瓷、磨料磨具、半导体材料、非线性电阻材料、高温大功率电子元件等，涉及航空航天、机械、冶金、石油、化工、建材、激光、微电子等领域。近年来，SiC 在超导材料、功能材料、高温电子材料等领域的研究与应用也有了长足的进展。党等[78]使用 γ-乙氧基羟丙基三甲氧基硅烷(KH-560)作为功能化 SiC 颗粒 SiC 晶须(SiC-p-SiC-w)杂化填料，分别以双马来酰亚胺(BMI)用作高分子基体，二烯丙基双酚 A(DABA)作为增韧剂，制成具有功能性的 SiC-p-SiC-w/双马来酰亚胺(SiC-p-SiC-w/BMI)导热复合材料，如图 4-24 所示；对碳化硅填料的形状、含量、组成及表面官能化的研究发现，官能化 SiC-p-SiC-w(1∶3，质量比)杂化填料的质量分数为 40 wt%时，该功能化 SiC-p-SiC-w/BMI 导热复合材料综合性能最佳，其热导率为 1.125 $W \cdot m^{-1} \cdot K^{-1}$，介电常数为 4.12，热质量损失温度为 427℃。上海交通大学的张勇研究团队[79]利用碳化硅纳米线、还原氧化石墨烯、纤维素纳米纤维(NCF)作为组装单元，利用冰模方法，建立了 SiC-rGO-NCF 三元热传导网络。将聚二甲基硅氧烷填充到聚乙二醇中，制得 SiC-rGO-NCF/Si 橡胶复合材料。研究表明，随着 SiC 含量的下降，复合材料的热导率随着 SiC 含量的增加而升高，在填料含量为 1.84 wt%时，复合材料的热导率达到 2.74 $W \cdot m^{-1} \cdot K^{-1}$，其热导率比原来的硅橡胶高 16 倍。

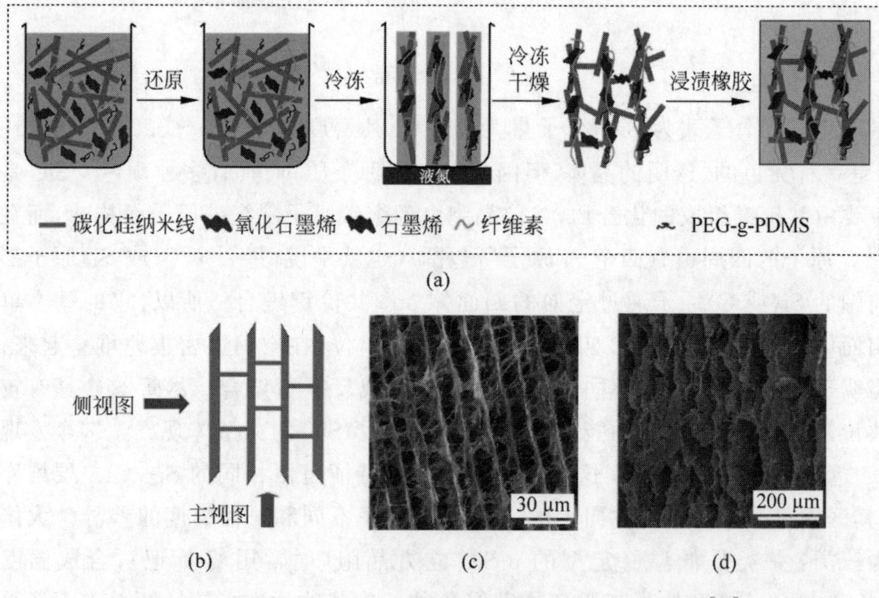

图 4-24　SiC-rGO-NCF 三元导热网络提高硅橡胶热导率[79]

3. 氮化铝

氮化铝(AlN)是一种陶瓷材料，其综合性能优异。该材料的热导率理论值为

320 $W \cdot m^{-1} \cdot K^{-1}$，其热导率接近 BeO，并且无毒性，是传统 Al_2O_3 片的 8 倍左右，其优异的性能引起了科学研究者的兴趣。

AlN 的晶体结构与 BeO 的基本一致，具有六方纤锌矿结构，其晶格常数为 $a=0.3110$ nm，$c=0.4978$ nm。在 c 轴上，铝原子与邻近氧原子发生畸变而形成 $[AlN_4]$四面体，其键长为 0.1917 nm，其他三个方向为 0.1885 nm。

AlN 的理论密度为 3.26 $g \cdot cm^{-3}$，莫氏硬度为 7～8，在 1 atm 下不会熔化，在 2400 K 以上会发生分解，AlN 的机械性能和化学性能稳定，热膨胀系数与硅相当，电绝缘性能好，介电系数低，介电损耗低。高频时其介电常数为 8.1(频率 2.4 GHz)，介电常数的频率稳定性较高，介电损耗相对于 Al_2O_3 较大，介电损耗角正切为 0.01(频率 2.4 GHz)。因此，用 AlN 作介电相，不仅可以改善复相衰减材料的热导率，而且可以改善其衰减性能。AlN 是一种非常理想的散热器和封装材料，广泛用于大规模集成电路、模块电路、高功率设备，具有很好的应用前景。

Xu 和 Chung[80] 用 BN、AlN 两种粒子分别填充环氧树脂，当 BN 的用量为 57 vol%时，系统的热导率为 10.3 $W \cdot m^{-1} \cdot K^{-1}$；当填料用量为 60 vol%时，热导率可达 11.0 $W \cdot m^{-1} \cdot K^{-1}$。在丙酮、无机酸及其他偶联剂中，用 2.4%的硅烷偶联剂处理，对填充物与基质的接触面有明显的改善，热导率增加 97%；用 AlN 64 作为填充剂填充在酚醛树脂中，制备了导热型电子封装材料，当 AlN 的填充量为 78.5 vol%时，热导率达到最大为 32.5 $W \cdot m^{-1} \cdot K^{-1}$。Freddy[81] 对 AlN 导热填料对改性 BMI 树脂固化性能的影响开展了研究。结果表明，添加 AlN 可以提高 BMI 树脂的固化反应活化能，且 BMI 的玻璃化温度略高于纯树脂，这是因为 AlN 可以促进反应初期的交联进行，从而提高了固化度。

Yu 等[82] 研究了含有 AlN 增强的聚苯乙烯基体的聚合物复合材料中填料的特定分散状态下的导热性能：围绕聚苯乙烯基质颗粒和 AlN 填充颗粒的粒径以及浓度，并对其热传导系数进行了讨论。结果表明，具有 2 mm 直径聚苯乙烯的复合材料较 0.15 mm 直径具有更高的热导率。在含 2 mm 聚苯乙烯微粒的情况下，AlN 的体积分数为 20%时，其导热性能比纯聚苯乙烯高 5 倍。

不同形状的填料，其几何形状和表面形状都会对其性能产生较大的影响。很多研究者研究了粉末、晶须、纤维状 AlN 强化超高分子量聚乙烯的热传导特性。结果表明，在 AlN 临界值以上时，其热导率随着添加量的增大而增大，说明在该材料中存在着某些传导通道；理论和试验结果显示，当 AlN 粉末、晶须、纤维加入量相同时，材料的热导率受晶须的影响最大，粉末次之，说明材料的热导率与材料的形貌、材料的分布有关。另外，对材料的介电特性也有类似的影响。

利用原位聚合法可以得到具有特殊性能的互穿网络结构材料。Pizzotti 等[83] 采用一种新型渗透技术，成功制备了 AlN/PS 互穿网络聚合物基复合材料。以液泡态聚苯乙烯单体和引发剂连续渗入多孔材料，达到平衡态，在氩气环境 100℃下进行聚合，这样从微观角度在 AlN 骨架上形成了一个渗滤平衡的聚合物网络结构

(图 4-25),即使聚苯乙烯体积分数低至12%也可形成网络结构。当聚苯乙烯的体积分数为 20%~30%时,它既能得到高的导热性能,又能得到较好的延展性,能很好地结合在一起。

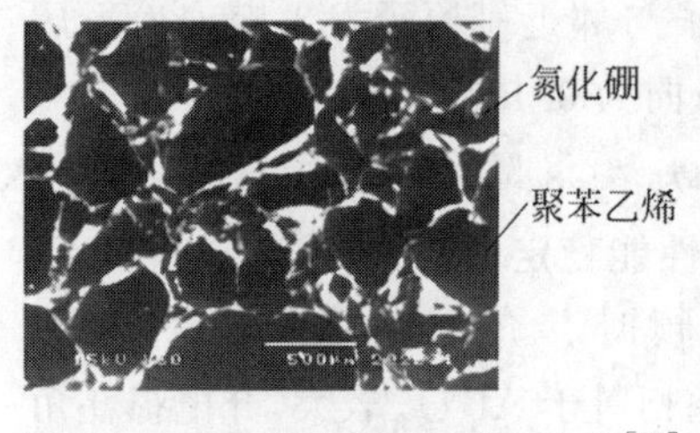

图 4-25 AlN/PS 互穿网络聚合物[82]

4. 砷化硼

2018 年 7 月,得克萨斯大学、伊利诺伊大学和休斯敦大学的学者在知名学术刊物 *Science* 联合发表了一篇论文“高导热立方砷化硼晶体”[84],首次报道了利用改进的化学气相转移技术(chemical vapor transport technique)制备立方砷化硼,并发现其具有高的热导率(1000 $W \cdot m^{-1} \cdot K^{-1}$),以及研究了立方砷化硼在热管理领域潜在的应用价值,如图 4-26 所示。有趣的是,这种高热传导性的立方砷化硼材料的制备是在以往的理论基础上进行的,这一方法也可以称作热管理材料领域的一次革新。

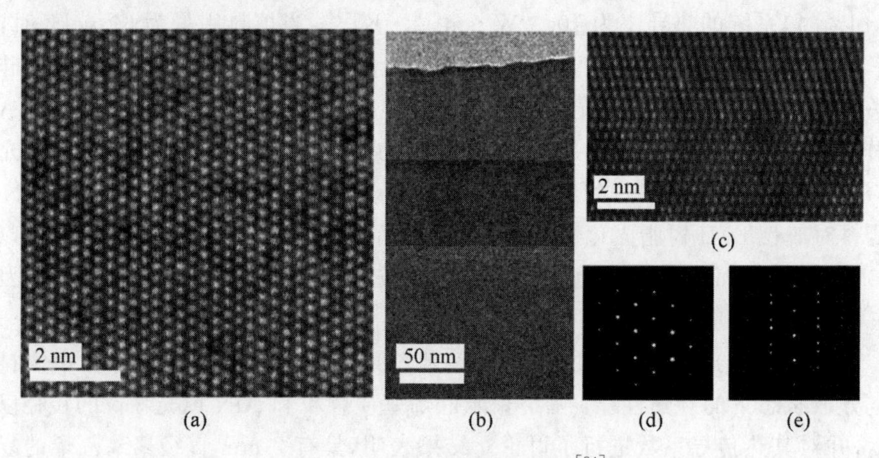

图 4-26 立方砷化硼的电镜图[84]

4.2.4 智能导热填料

智能填料是指在某些特殊的外界刺激条件下能够给予一定响应的新兴填料。智能填料的出现主要是为了应对日常生活及高精尖技术领域应用场景的多样化,通过复合手段赋予材料更多的性能以拓展其应用领域。智能填料种类繁多,例如光响应填料、温度响应填料等。外界刺激主要途径有光、热、超声、pH、电、磁等。其中光刺激和热刺激因具有安全、清洁、环保、可远程操控等优点而受到了广泛关注。

有机光响应填料如偶氮苯类在紫外-可见光(UV-vis)照射下发生可逆的光异构化,可利用顺式和反式之间的分子能级差进行可逆的能量存储与释放,利用其吸收波长的变化导致的自身颜色改变来进行信息存储或用作传感器,同时将其分子尺寸的改变扩大到宏观即可观察到光致动现象，从而在软体机器人领域有一定应用。上转换纳米粒子(UCNP)是一种能够将长波光转化为短波光的新型纳米传感器，在光理疗和高分辨率的三维光聚合等得到了广泛的应用。另外，光敏填充物也可以用作光热剂用于光热治疗(PTT)，通过将光热转换效率高的物质注入体内，利用定向识别技术将其聚集到肿瘤周围，利用外源(通常为近红外光)将光能转变成热能，从而杀死癌细胞。

热致变色材料是一种具有记忆颜色变化的功能材料，其应用范围包括热敏染料、变色釉、防伪材料、液晶显示器等。随着热致变色材料的不断发展，应用范围逐渐扩大到分析、传感器等高技术领域。根据其成分，可以将其分类为：①碘化物、络合物、金属有机化合物等热致变色无机材料，其变色温度大多在100℃以上；②热致变色的有机材料，例如螺吡喃、荧光衍生物、聚噻吩、液晶材料等，变色温度较宽(−100～100℃)，颜色变化丰富。

4.2.5　其他导热填料

1. 偶氮苯材料

偶氮苯是目前应用最广泛的光反应分子，它的衍生物得到了广泛的研究。在紫外线作用下，偶氮苯分子的结构将发生从反式构型向亚稳态顺式构型转变的过程；然后，在可见光或加热的情况下，偶氮苯分子可以从顺式构型恢复为反式构型，而偶氮苯分子的可逆顺-反异构改变可以改变物质的形状、颜色、黏弹性等宏观性能。通过新颖的分子或材料结构设计，光响应材料能够产生快速、复杂、可逆的形变或具备某些特殊的功能，在软体机器人、微机械装置、智能胶黏剂等领域有着广阔的应用前景。偶氮苯是一种被苯环取代两个氢的二氮烯(HN ═NH)的衍生物，根据取代基性质的不同，偶氮苯及其衍生物可以分为三类：偶氮苯型分子、氨基偶氮苯型分子以及假芪型偶氮苯分子。三种偶氮苯分子的吸收光谱各不相同，它们的颜色也有所差别，分别是黄色、橙色和红色。

偶氮苯是一类光响应分子，其反式构型和顺式构型之间存在能级差，通过紫外线的照射使其顺-反异构化，并将光能储存在亚稳态顺式结构的氮氮双键中；通过光照、升温等外界刺激，使其从顺式结构转化为反式结构，并将储存的能量转化为热能，在整个能量存储和释放的过程中不会造成任何环境的污染，并且可以循环多次。为了提高偶氮苯的光热储存能力，人们研究了其能量密度、半衰期、可加工性、响应速度等性能。目前，利用偶氮苯进行光热储存的方法有：①固体偶氮苯小分子能量储存材料；②偶氮苯杂化的碳纳米材料；③以聚合物为模板的偶氮苯聚合物材料；④光致可逆固-液相变偶氮苯材料。

Grossman研究团队[85]为了获得性能可调控的固态储能材料，将苯环、联苯、叔丁基等体积较大的芳香族基团接枝到偶氮苯衍生物上，由于分子斥力和空间位阻的作用，引入大量的苯环会使顺式结构偶氮苯的能级上升到更高的能态，从而增加了反式和顺式之间的能极差。小分子的能量密度分别为 77 kJ·mol^{-1}、88 kJ·mol^{-1} 和 87 kJ·mol^{-1}。除了增加能量密度，这些基团的加入也促进了固态小分子膜的形成。此研究表明，偶氮苯的分子结构工程是获得具有高能量密度和优良热稳定性的偶氮苯储能材料的有效途径。通过分子工程技术可以提高偶氮苯的能量密度，但是由于其半衰期短，从而放热受限，目前主要是采用模板技术，如碳模板法和聚合物模板法。利用碳纳米模板制备的偶氮苯储能材料，可以提高材料的能量密度、储存寿命、光电性能、热稳定性、化学稳定性以及热刺激回复温度。2007年，作者团队[86]首次利用共价键将偶氮苯接枝在多壁碳纳米管的侧壁上，成功合成了具有感光性能的多壁碳纳米管，为碳纳米管偶氮苯复合材料的制备拓宽了思路。随后几年中，Grossman 研究团队[87]通过理论分析和试验，均证实了偶氮苯与碳纳米管之间的化学结合能够形成紧密的、高度有序的微结构，从而大大延长了其储存的半衰期和能量密度。虽然近年来碳纳米管偶氮苯复合材料的发展已经取得了长足进展，但由于其在碳管上的作用很难控制，提高其能量密度和半衰期仍是一个很大的挑战。但是，石墨烯的问世提供了很好的解决办法。这种由 sp^2 杂化碳原子构成的六角形蜂巢晶格状的二维材料，因其独特的光学、机械和电子特性，成为一种极具应用前景的光电元件材料[88]。通过对石墨烯进行氧化，在其表面产生大量的官能基，如环氧、羧基、羟基等，为石墨烯的进一步修饰提供了可能。如图 4-27 所示，作者团队在优化石墨烯为模板的偶氮苯杂化分子结构方面做了大量的研究工作[89-91]，制备出的三枝偶氮苯/石墨烯杂化材料的能量密度高达 150.3 W·h·kg^{-1}，达到了目前研究最高水平。同时，此杂化材料的半衰期长达 1250 h，并且具有良好的光热性能和循环性能[92]。

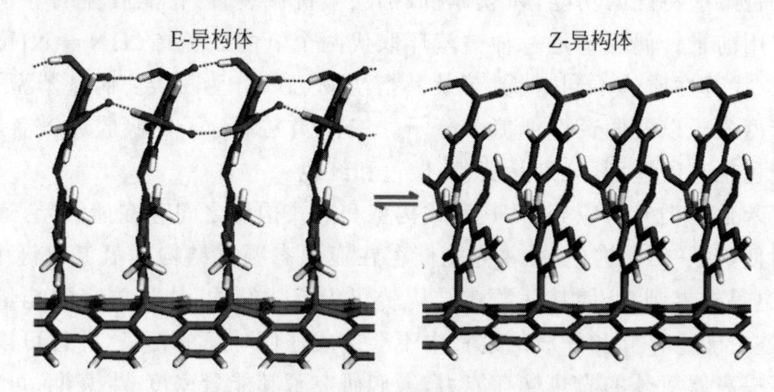

图 4-27 以氧化石墨烯为模板的偶氮杂化材料[89-91]

2. 上转换纳米粒子

上转换材料是吸收长波长的激发光，发射短波长光的反斯托克斯光，近些年由于其独特的光学特性，在时间分辨显示、光学设备、响应器件、生物医疗等领域吸引了众多研究者的关注。将具有对近红外响应特性的上转换纳米粒子与其他光学材料复合，实现可调控的光学性能以及高丰富度的色彩显示，也是目前的研究热点。光子晶体是折射率不同的介质在空间上有序排列而形成的微纳米结构，其具备的光子带隙能够对光信号进行调控，同时也能够与其他结构复合，构建多种响应材料。

上转换纳米粒子(UCNP)是微观尺寸小于100 nm的主-客体纳米体系，其构成是三价镧系离子(具有梯状和寿命长的电子能级)掺入适当的主体晶格中。它们在激发(通常在近红外范围内)时能够通过中间的长寿命电子状态依次吸收两个或多个低能量光子，从而发出紫外、可见或近红外上转换荧光。如图4-28所示，迄今为止，各种类型的上转换发光(UC)机制的镧系元素已经得到承认，这可能涉及这一进程单一或组合：①激发态吸收(ESA)；②能量转移上转换(ETU)；③交叉弛豫；④合作敏化上转换(CSU)。ETU路线是上转换纳米粒子具有实际意义的研究，因为迄今为止最有效的上转换纳米粒子已经利用这一途径增强发光和高度有效的上转换激发。

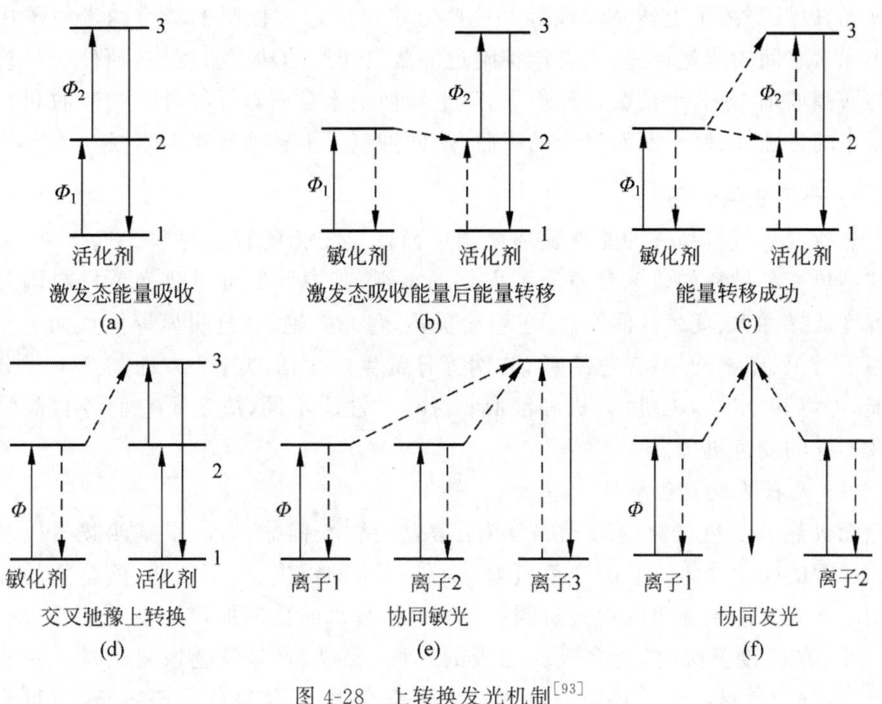

图4-28 上转换发光机制[93]

镧系元素掺杂的上转换机理包括：激发态吸收，能量转移上转换和光子雪崩。激发态吸收是一种适用于单一掺杂上转换材料的泵浦机制(能量被吸收在介质中，在原子中产生激发态)。当一个激发态的粒子数超过基态或较少激发态的粒子数时，就可实现种群反演。在这种情况下，可以发生受激发射，并且介质可以用作激光或光放大器。在适当的激励条件下，第一基态将吸收激发的能量，并将其转化为亚稳定状态 2 的跃迁谐振，然后再由能量吸收其他光子，使得第二次亚稳定态 2 向激发态 3 转变。在从激发态 3 向基态 1 过渡的过程中，光子发生了上转换。该工艺的关键在于降低掺杂离子的浓度，从而避免了因发光中心之间的交叉松弛而导致的能量损耗，从而促进激发态的吸收。镧系能量转移上转换过程是迄今为止效率最高的上转换过程，这是因为大部分镧系元素上转换纳米粒子都是利用能量转移来进行高效的上转换发光。后面两个上转换过程涉及协同效应，这是由于不止一种离子参与了增感或发光过程。在协同增感的情况下，两个激发离子先吸收一种光子，使其达到相应的激发能级，再将其联合传输第三个离子至其激发态 3。

在协同发光中，两种被激发的相互作用离子各自吸收一种光子，从而共同形成发射上转换的荧光。近年来，人们在可控上转换纳米粒子的组分、尺寸、结构形状和发射波段等方面都有了很大的进展，但发光强度较低，制约了其在实际应用中的发展。国内外学者对此已进行了多种尝试，包括采用核/惰性壳或核/活性壳设计、优化镧系元素的浓度比、控制主体晶格的晶相、产生掺杂镧系元素离子周围的局部晶体场，以及等离子上转换增强等。这些方法可以通过控制上转换纳米粒子中的稀土元素之间的能量传递，或者调控附近的激发光源的功率密度，从而使上转换荧光的增幅增加 1～3 个量级。然而，由于上转换纳米粒子对近红外光的吸收仍存在着很小的带隙，限制了其对光子的吸收，从而抑制了上转换荧光的生成。

3. 热致变色分子

热致变色材料是一种能够随环境温度而发生变化的智能材料。近年来，低温可逆型热变色材料的研究日益受到人们的重视，其中低温可逆热变色材料因其变色温度选择性大、变色区间窄、颜色组合灵活、色彩鲜艳、变色明显等优点而被广泛应用于纺织、印刷油墨、变色涂料、防伪等日常生产生活的各个方面。按其成分和性能，可将其分类为无机、有机和液晶；材料的性质不同，决定了它们各自的特点以及不同的变色机理。

(1) 无机热致变色材料

无机热致变色材料的组成成分为：复盐、钴盐、镍盐、六次甲基四胺盐以及含银、汞、铜的碘化物等。它的变色机理有：结晶水的得失、电子转移、配合物的几何结构改变等。①结晶水的得失机制：某些含结晶水的盐因加热而丧失结晶水而变色；当它的温度下降时，就会吸收周围的水汽，变成晶体，颜色恢复正常。一般情况下，这种变色材料在受热后会迅速发生色彩变化，但其复色周期较长，而且易受周围的空气湿度及温度等因素的影响。②有机可逆性热致变色材料的电子迁移机制：主要是由于其分子间的电子转移而产生的氧化还原作用。③结晶转化机制：随着结晶形态的转变，材料的结晶形态在一定的温度下会发生偏移，从一种结晶到另一种晶体，使材料的色彩发生变化；随着环境温度的下降，材料的晶体形态会恢复，材料的色泽也会发生变化，但因其数量相对稀少，而且容易产生“僵化”的色彩，所以很少使用。大部分的金属离子化合物，如 Ag_2HgI_4、$CuHgI_4$、HgI_2 等，在加热后会发生颜色改变。例如，Ag_2HgI_4 可以由黄色向橘红色过渡，呈单变色转变，并在 46℃的转变温度下发生由方形向立方晶体的过渡。在无机热致变色材料中，晶体结构的变化是一种普遍的变化机制[94]。近几年来，研究结果表明有很多有机热致变色材料也遵循这一变色机理(图 4-29)。例如，升高温度，2,3-二苯乙烯基-5,6-二氰基吡嗪分子间作用增强，晶格收缩从而使其颜色发生改变；在 174.56℃的高温下，该化合物的颜色从黄色可逆转变为红色。

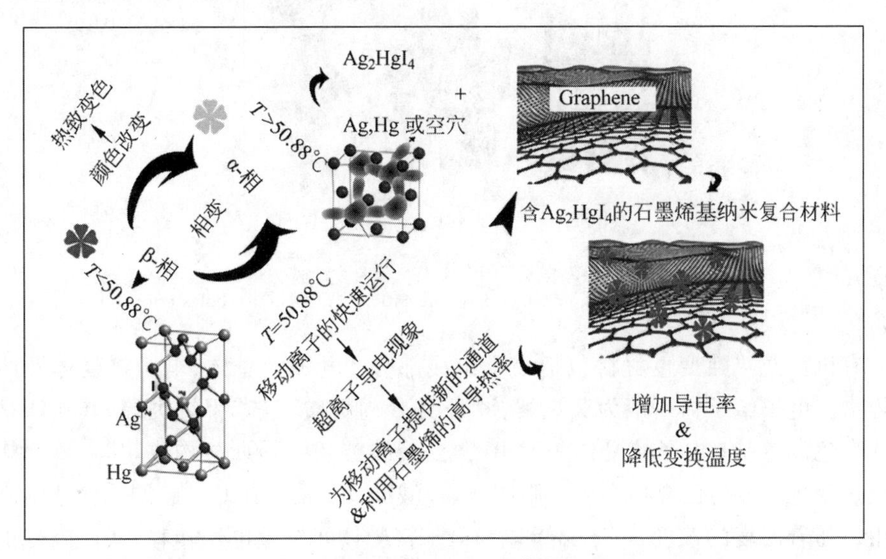

图 4-29　Ag_2HgI_4 变色机理

(2) 有机热致变色分子

目前，有机热致变色染料的种类有两种，一种是液晶，另一种是热致变色色素。热致变色液晶是指液晶的螺距因受热而发生变化，导致其颜色随着温度的变化而出现连续的变化。液晶的种类很多，大部分都是有机化合物，不过随着材料的发展，已经出现了很多无机物的液晶和无机高分子液晶。液晶类热致变色材料按其分子排列方式可划分为近晶相液晶、向列相液晶、胆甾相液晶，如图 4-30 所示。这是因为，在液晶中分子之间的有序排列结构的差异，使其物理和化学性质受到很大的影响。近晶相液晶的分子间排列是最接近晶体的一类，分子间呈层状排列，在同一层中，分子的长轴方向相同，彼此平行，但分子中心的位置却是散乱的，既有较高的黏性，也有一定的流动性，分子可以在各层之间自由运动，但不能在层间移动。在向列相液晶中，分子间的排列是大致平行的，与近晶相比较，其排列更为散乱，没有明显的层次，可以在很大程度上自由流动。胆甾相液晶多为胆固醇的衍生物，其相态可视为向列相的特例，其特征是其分子之间的轴向排列具有自然的螺旋状变化，其转动一圈所跨越的距离用螺距 P 来表示，这是决定其选择性反射效果的重要因素。胆甾相液晶具有特殊的分子结构，可根据温度的变化，折射出各种波长的光线，从而呈现出不同的颜色和特殊的光学特性。胆甾相液晶可以有选择地吸收和反射特定波长的可见光，这主要是由于分子结构的变化，它的颜色会随着温度的改变而改变，对温度非常敏感，可以在可见光范围内进行可逆的变色：(低温)红⇌黄⇌绿⇌蓝⇌紫(高温)。液晶热致变色材料具有很高的变色敏感度和良好的耐光性，但由于其成本过高，对化学成分敏感(会影响其着色效果)，因此在实际使用中会受到一定的限制。

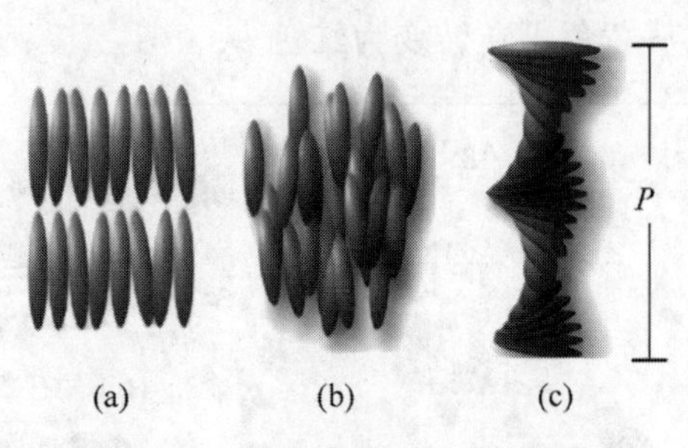

图 4-30 各相态分子间排列方式
(a) 近晶相(smectic)；(b) 向列相(nematic)；(c) 胆甾相(cholesteric)

有机可逆热致变色材料包括 3 个组成部分：电子给予体、电子接受体及溶剂化合物。电子给予体一般为荧烷类、罗丹明 B 内酰胺、三苯甲烷类等，其功能是产生热变色的色基；电子接受体一般由酚类、羧酸类和路易斯酸构成，其主要功能是导致热变色；溶剂化合物主要有脂肪醇、羧酸酯、酮、醚、Al_2O_3，起调节变色温度的作用。随着温度的改变，电子给予体和电子接受体间发生电子转移，从而改变供体的分子结构，出现可逆的热致变色。随着温度的下降，晶体紫内酯由内酯向醌型转变，在分子中形成一个由无色到蓝色的共轭体系；当温度升高时，晶体紫内酯的闭环颜色消失。随着温度升高和降低，变色材料呈现可逆的热致变色性能。近年来，国内外学者对苯酚、有机酸等进行了大量的研究，并得到了广泛的应用。但酚类作为电子接受体存在诸多问题，例如毒性大，耐氧化性、耐光性等不尽如人意等。螺吡喃、螺嗪等化合物也表现出了热变色的特性，其变色原因是温度上升，使分子中 C—O 键发生断裂，从而形成一个共轭体系。然而，此类化合物开环后，萘环上的氧离子浓度偏高，从而使其结构不稳定，且变色稳定性较差。

4.3 智能导热材料复合技术

由于材料的特性限制，单一材料往往难以同时满足智能导热的多功能应用。在材料制备过程中，将多种功能材料进行复合与集成，可以实现智能导热的多功能集成。导热性的提高往往需要在材料内部构筑三维导热网络，目前常用的导热填料包括各种金属颗粒、碳纳米材料、各种陶瓷颗粒等。将导热填料与智能材料基体复合，是实现智能导热的主要方法。

迄今为止，人们已经广泛研究了多种策略来解决导热填料与基体材料的复合问题。最常用的方法是与单一或混合填料混合，利用特定聚合物之间的协同作用，或考虑各种尺寸等方面。在使用真空辅助过滤填充物的高度分层结构来制备聚合物复合膜时，高导热填料被均匀地分散到溶剂中，然后通过真空过滤来促进填料的排列。然而，这种方法很耗时，限制了其实际应用。电纺技术被认为是一种实现有序复合材料的简单技术。另一种新方法是通过分散聚合物基体来产生三维高导热网络，完整而连续的导热网络确保了高导热性，而复杂的模板制备和聚合物填充则阻碍了这种方法的应用。除了直接的三维结构，外部的场力（如磁场）也被用来促进填充物的取向或构建热传导网络。此外，在上述过程（过滤和电纺，或模板法）之后，有时会辅以热压来加强结构。接下来，我们将更详细介绍上述方法，并简述近年来的研究情况。

4.3.1　网络构建

根据麦克斯韦的混合理论，单壁碳纳米管在体积分数为 1% 的情况下应该将聚合物的 k 值提高 50 倍。然而，这种改进在实践中无法实现，因为实验观察到的改进至少比预期的要少一个数量级。这种反差是由复合材料内部巨大的热阻造成的，它主要由填料-聚合物界面的热阻和单个填料颗粒之间的界面热阻组成。基于卡皮查（Kapitza）热阻的概念，界面热阻的发生是因为基体和填料之间的模量不匹配造成的，不匹配越大，则热阻越大。因此，在聚合物基复合材料中，基体-填料界面的界面热阻是不可避免的。而通过结构设计，单个填料颗粒间的界面接触热阻可以大大降低。构建三维连接的传导网络是减少填料颗粒间界面电阻的有效和可行的策略。

所有的高导热填料都可以用各种方法构建成三维互联的导热网络。由于碳纳米管和石墨烯在已知的导体中呈现出最佳的 k 值，所以有许多关于构建其三维导电网络的报道。最近，基于 BN 的二维填充物也引起了广泛的关注，因为它们具有独特的电绝缘特性，这对微电子装置的热管理系统来说是非常重要的。

1. 三维石墨烯连续框架

作为一种独特的二维结构材料，石墨烯表现出优异的导电性，以及良好的机械性能、导热性和光学透明度，它被认为是改善聚合物基体的电、热和机械性能的完美增强材料。石墨烯被广泛用作制备功能性复合材料的填料，可用于热界面、超级电容器、传感器、抗静电薄膜、电磁屏蔽和能源储存等。在环境温度下，悬浮的单层石墨烯的 k 值已测得 5000 $W\cdot m^{-1}\cdot K^{-1}$，这使得石墨烯成为目前已知的最佳导热材料之一。因此，石墨烯及其衍生物材料在制备热管理复合材料中广泛作为导热填料。石墨烯主要以纳米片的形式使用。尽管单个石墨烯片具有优异的 k 值，并且在聚合物复合材料的性能方面取得了许多巨大的改进，但包括结块以及与介质和相邻纳米片的高热接触热阻，阻碍了石墨烯基填料在导热复合材料中发挥其全部潜力。由于这些固有的缺点和石墨烯纳米片的不连续结构，报道的实际性能总是不如理论预测。

近年来，将二维片状石墨烯构建成独立的三维结构引起了人们的极大关注，因为这种结构比石墨烯片提供了更好的电子、声子和离子传输能力。由于其独特的相互连接的三维微结构，三维石墨烯泡沫引起了科研人员相当大的兴趣。三维石墨烯单体可以通过 CVD 方法和自组装来构建。2011 年，Cheng 等[95]首次通过 CVD 方法在一个镍泡沫模板上制备了一个三维 GF，如图 4-31 所示。这种独立的 GF 成功地将二维石墨烯片集成到一个宏观结构中，同时保留了石墨烯大部分优良的物理/化学特性，包括导热性、导电性、热稳定性、耐化学/辐射性和电磁屏蔽特性。据报道，三维石墨烯网络的 k 值为 0.26～1.7 W · m^{-1} · K^{-1}，在 Si-Al 界面的热界面电阻低至 0.04 cm^2 · K · W^{-1}，这对于开发有效管理散热的材料具有重要意义[96]。此外，由于内部纳米片之间的交联结构，三维石墨烯有优良的机械性能。三维单体良好的机械和结构稳定性可以阻碍石墨烯纳米片的聚集。由于三维石墨烯网络具有优良的导热性能、巨大的比表面积和机械强度，从而可以制备一系列先进的聚合物复合材料。

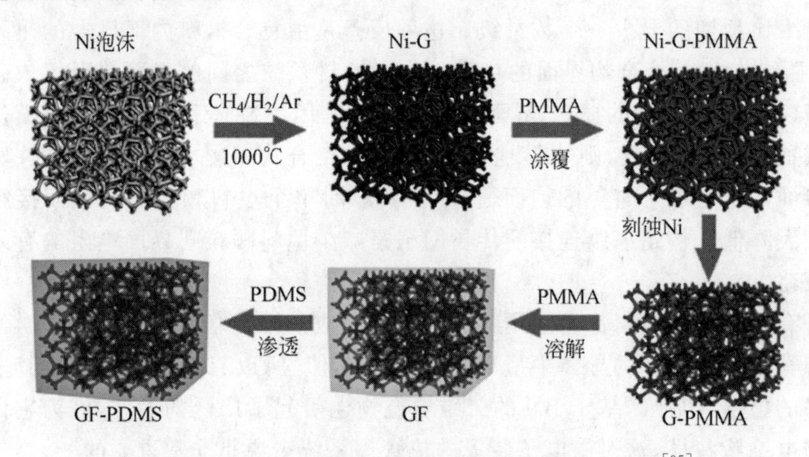

图 4-31 通过镍泡沫模板构建 GF 的 CVD 方法示意图[95]

在聚合物基体中构建相互连接的三维石墨烯网络一直是制备高性能复合材料一种广泛使用的方法。构建石墨烯网络可以使用几种方法，如 CVD、电化学、氧化石墨烯(GO)基材料的还原、自组装、平版印刷图案、真空过滤和成核沸腾等。在这些技术中，CVD 和 GO 泡沫的化学/热还原被认为是制备高质量和大规模石墨烯网络的最有效方法。

作为制备相互连接的三维石墨烯单体的主要策略，原位 CVD 是在金属催化剂泡沫上生长石墨烯。在这种典型的自下而上的方法中，碳源为构建三维催化剂骨架中的石墨烯提供碳原子。这种方法产生的三维石墨烯具有完美晶格和连接结构。另一种策略是在 GO 的基础上构建三维结构，然后将其还原成三维石墨烯，这已经通过各种方法实现，包括原位自组装法(水热法)、CVD 模板法(CVD 法)、湿法纺丝和 3D 打印技术等。

自组装法：GO 是一种廉价的石墨烯衍生材料，以石墨粉为原料，通过石墨氧化和氧化石墨剥离的过程制备而成。GO 的出现使石墨烯的大规模生产成为可能。重要的是，由于 GO 的基底面和边缘有丰富的含氧基团，从而 GO 的均匀分散可以在水和许多其他有机溶剂中实现。基于 GO 的网络可以通过化学还原剂或高温而还原成石墨烯网络。以 GO 为原料构建三维石墨烯框架，最常见的策略是自组装。基于这种策略，人们已经开发了几种方法。在一个典型的方法中，水溶剂中的 GO 分散体首先被胶化，然后被还原，使 GO 转化为 rGO，最终产生一个三维石墨烯网络。范德瓦耳斯力和静电排斥力之间的平衡促进了 GO 在水溶剂中的分散，形成稳定的分散体[97]。在凝胶化过程中，这些力之间的平衡被打破，GO 片变得部分重叠，从而形成一个具有自支撑结构的凝胶。在随后的溶剂去除和还原过程中，得到了三维石墨烯网络。对于 GO 分散体的凝胶化，通常需要一种交联剂来加强 GO 片之间的连接，并有效地加速凝胶的形成。人们已报道许多交联剂，如聚乙烯醇（PVA）、2-尿素-4[1H]-嘧啶酮（UPy）、DNA、金属离子、聚合物以及有机分子。

CVD 模板法：它与自组装方法类似，通过 CVD 在三维催化剂模板上直接生长三维石墨烯网络，也是生产高纯度和大规模石墨烯的一种非常流行的方法。CVD 方法是一种流行的微加工技术，广泛用于半导体行业。通过 CVD 制备石墨烯架构需要一种金属催化剂（Cu、Au 或 Ni 泡沫），这也是一种三维模板。石墨烯的形成机制涉及模板表面的碳热还原，石墨烯的成核、生长。为了获得高纯度的石墨烯网络，需要去除催化剂框架。为了保持石墨烯结构的完整性，防止三维结构在催化剂蚀刻过程中崩溃，通常会沉积薄薄的 PDMS 层作为支撑结构。除了金属模板，其他三维结构材料也可以用来生长三维石墨烯网络。Lin 等[98]使用常压 CVD 法在多孔的 Al_2O_3 陶瓷模板上生长了一个三维石墨烯结构。Ning 等[99]通过在多孔氧化镁层上的模板生长，合成了三维石墨烯纳米层，其中只有一个或两个石墨烯层。Huang 等[100]通过 CVD 法在相互连接的多孔二氧化硅衬底上生长多层石墨烯，获得了一个宏观的三维石墨烯网络。

除了自组装法和 CVD 法的主要策略，一些研究人员还利用其他方法制备了三维石墨烯网络，如热解聚合物模板、3D 打印技术、激光诱导技术，以及三维模板组装技术。Tour 等[101]基于激光诱导技术合成了三维 GF，用 CO_2 红外激光照射商用聚酰亚胺薄膜，使聚酰亚胺薄膜转化为多孔石墨烯；然后将石墨烯层相互粘连并堆叠起来，并在随后的聚酰亚胺层上重复激光照射。Worsley 等[102]应用 3D 打印技术，通过在预先设计的路径上精确沉积 GO 墨水丝，制造出工程化的三维石墨烯架构。Polsky 等[103]报告说，预结构的热解光刻胶薄膜可用于通过化学转换合成三维互连的石墨烯网络。Yu 等[104]通过将无缺陷的石墨烯纳米片纳入三维纤维素气凝胶，制备了纤维素/石墨烯气凝胶。Liao 等[105]使用聚氨酯泡沫作为模板制备了一种 GF，在高温处理下，GO 被还原成石墨烯，而聚氨酯被完全分解。Qin 等[32]通过将 GO 溶液浸渍到商用聚氨酯泡沫中，建立了一个三维石墨烯网络结构。

2. 三维碳纳米管连续框架

由于晶体结构与石墨烯相似，碳纳米管也表现出良好的机械性能、高电导率和热导率。据报道，多壁碳纳米管的 k 值超过了 3000 $W \cdot m^{-1} \cdot K^{-1}$。此外，实验测量的隔离式多壁碳纳米管的 k 值在环境温度下为 200～3000 $W \cdot m^{-1} \cdot K^{-1}$。Kim 等[106]利用分子动力学模型预测单壁碳纳米管的 k 值可以达到 6600 $W \cdot m^{-1} \cdot K^{-1}$。碳纳米管的超高传热性能使它们能够在导热聚合物复合材料中作为填料而发挥关键作用。

根据麦克斯韦方程，加入 1 vol%的碳纳米管预计会使聚合物的 k 值增加 10 倍。然而，到目前为止，在大多数情况下，实际结果并不令人满意。例如，Biercuk 等[107]报道，在环氧树脂中添加 2 wt%（大约 1 vol%）的碳纳米管粉末，只能使 k 值提高 12.5%。聚合物 k 值这种不理想的改善主要是由过大的界面热阻造成的，而造成过大的界面热阻的原因有管与管之间的接触热阻过大、碳纳米管的结构缺陷以及管与管之间的接触区域数量不足[63,104]。与传统的碳纳米管粉末相比，相互连接的三维碳纳米管框架对制备聚合物复合材料更有优势。

为了有效利用碳纳米管出色的热传导特性，一个可行的策略是构建一个宏观的碳纳米管导热网络，如图 4-32 所示。由于一维纳米管结构强度高、导电性好、灵活性强，可以作为宏观框架的基本单元[108]。碳纳米管阵列和随机取向的碳纳米管气凝胶是宏观碳纳米管框架的主要组成部分。排列的碳纳米管阵列已被广泛用于制备定向导热聚合物复合材料[109-111]。碳纳米管的平行排列提供了从两点到平行平面的优秀热传导，这种高度定向的结构使碳纳米管阵列适用于作为高效的热管理材料。相比之下，随机取向的碳纳米管气凝胶具有各向同性的特性，可用于制备具有各向同性特性的聚合物复合材料。然而，与碳纳米管阵列相比，碳纳米管气凝胶的 k 值较低，这是因为它们的密度较低，随机排列，以及管子之间的连接较差。使用格林函数对随机取向的纯碳纳米管进行理论计算表明，整体 k 值的上限非常小。因此，关于用碳纳米管气凝胶作为填料制备导热复合材料的报道并不多。

碳纳米管阵列可以用一种物理方法从现成的碳纳米管中合成，这种方法涉及磁或电诱导的组装。虽然这种方法简单可行，但得到的碳纳米管阵列表现出低密度和不完善的方向和排列。CVD、等离子体增强 CVD、激光烧蚀和模板辅助方法也可用于制备排列的碳纳米管。在这些方法中，CVD 被认为是最适合生产高质量碳纳米管阵列的方法，因为它提供了高产量、高纯度和优秀的取向。碳纳米管阵列可以生长在各种基底上，如石英芯片、平面硅基底、介孔二氧化硅、碳纤维、碳纸、石墨片和金属基底。这种方法还需要一种金属催化剂，如 Fe、Co、Ni、Al 或任何金属氢化物。使用 CVD 方法合成碳纳米管阵列的机制涉及一个生长过程，在这个过程

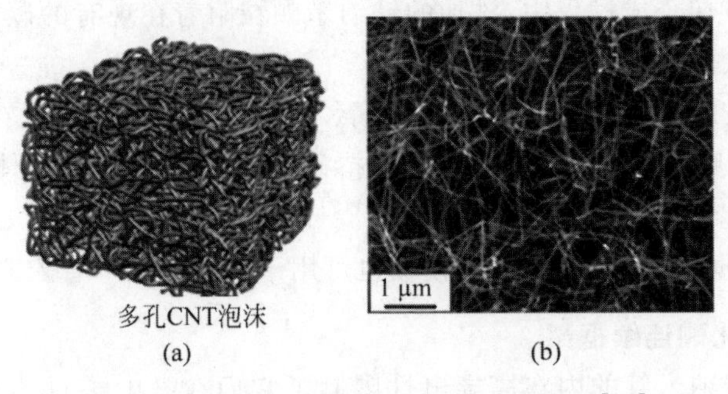

图 4-32　碳纳米管泡沫的示意图和电镜图[108]

中,由于"拥挤效应",管子被有序地排列,由于范德瓦耳斯力和高密度的催化剂颗粒,碳纳米管的生长空间是有限的。

碳纳米管阵列的合成受到几个因素的影响,如催化剂类型、颗粒大小、基材、碳源、生长温度和气体流速。通过调整生长参数,可以制备具有不同长度、直径、尺寸和质量的碳纳米管阵列。例如,Hata 等[109]通过水辅助 CVD 合成了高质量的单壁碳纳米管和多壁碳纳米管阵列。在这个生长过程中,乙烯被用作碳源,Ar 或 He 与 H_2 被用作屏蔽气体。此外,在硅片、石英和金属箔上溅射的金属纳米薄膜(Fe、Al/Fe、Al_2O_3/Fe 或 Al_2O_3/Co)被用作催化剂和基底,并使用微量水蒸气来促进和保持催化活性。使用这种方法,一个 VACNT 阵列可以在 10 min 内生长到 1 mm 长。浮动催化剂 CVD 也已被证明对合成多壁碳纳米管阵列非常有效。二茂铁、$Fe(CO)_5$、铁(Ⅱ)酞菁和 $FeCl_3$ 可以作为浮动催化剂前体,以二甲苯或甲苯作为碳源。使用浮动催化剂工艺,可以在连续操作下快速制备排列的碳纳米管阵列。

2010 年,Gui 等[110]和 Xu 等[61]分别利用浮动催化剂 CVD 和固定催化剂 CVD 开发了各向同性的碳纳米管框架。Gui 等[112]通过将 CVD 过程的碳源从二甲苯改为二氯苯,创造了具有独特各向同性结构的宏观多孔碳纳米管海绵,这可以扰乱排列生长并创造随机堆积结构。这些碳纳米管海绵具有稳定的三维多孔网络,在结构变形和形状恢复方面具有很大的通用性。碳纳米管海绵由随机重叠的单个碳纳米管组成,并表现出低密度、超高的孔隙率、灵活性和弹性。Xu 等[61]制造了一种类似橡胶的弹性碳纳米管宏观单体,在广泛的温度范围内(−196～1000℃)具有出色的热稳定性。在 CVD 过程中,由乙烯作为碳源和少量水蒸气组成的气流被引入基底,基底上溅射有薄的 Al_2O_3/Fe 催化层,少数壁的碳纳米管在基底上不断生成,随后相互交织在一起,构建了一个各向同性的支架。在这个系统中,碳纳米管框架的密度、结构方向和机械行为可以通过控制催化剂的分布和密度来调整。此外,通过控制催化剂的浓度和分布形态,碳纳米管框架从随机分布网络(各向同性)转换为碳纳米管阵列(各向异性)。Yu 等[113]也用 CVD 方法合成了一个圆柱形的海绵状碳纳米管结构。二茂铁在 400℃下被分解,挥发的产物被不断输送到反应区。在合成过程中，添加的铁纳米颗粒附着在现有的碳纳米管壁上，形成了三维海绵状的多孔结构。

通过其他策略，如共价连接和元素掺杂，制备碳纳米管框架也有报道。Ajayan 等[114]使用气溶胶辅助 CVD 工艺生成了掺硼的多壁碳纳米管整体。硼的掺杂创造了原子级"肘"结的扭结形态。Shan 等[115]以类似的方式制备了氮掺杂的碳纳米管海绵。此外，据报道，三维催化剂模板也可用于生长碳纳米管宏观结构。

3. 三维氮化硼连续框架

石墨烯和碳纳米管的内在高导电性限制了它们在微电子封装中的应用，而微电子封装中的电绝缘材料是首选。因此，通常是电绝缘材料的聚合物的 k 值应该通过与合适的电绝缘材料的导热填料复合得到改善。一些陶瓷（Al_2O_3、AlN 和 BN），具有较高的 k 值，但却是合适的电绝缘体，被认为是导热填料的选材。其中，BN 可能是提高聚合物基体 k 值的理想填料，因为它具有特殊的二维结构（类似于石墨烯结构）和在平面方向的超高热传导能力。

BN 具有与石墨烯类似的晶体结构，因此两者有类似的材料特性、良好的热传导性、热稳定性和出色的机械性能。然而，BN 和石墨烯具有截然不同的导电性和允差。由于各种理想的性能，如高热传导（超过 600 $W \cdot m^{-1} \cdot K^{-1}$）、良好的电绝缘性能、相对较低的介电常数和二维结构，BN 板块是制备聚合物基热导体的候选材料[111]。在制造具有高热导率的复合材料中，BN 已被广泛用作填充物。由于界面是决定复合材料 k 值的关键因素，构建三维 BN 框架，以连接 BN 板块，并作为聚合物中的导热网络。

三维 BN 网络在不影响聚合物良好的绝缘性能的情况下，表现出增加聚合物复合材料 k 值的显著能力。与三维石墨烯网络类似，三维 BN 网络的制备通常采用两种基本策略：在模板上自组装 BN 纳米片和通过 CVD 在 Ni 模板上原位生长。Zeng 等[116]使用冰模板组装创建了一个三维 BN 网络，如图 4-33 所示。这个过程通常包括三个步骤：①制备非共价功能化 BN 纳米片的水悬浮液，黏合剂（如 PVA）被用作连接 BN 片的桥梁；②水悬浮液的冷冻和冷冻铸造；③热温退火以去除黏合剂。同样，Wang 等[117]使用 NH_4HCO_3 作为结构组成材料来制造三维 BN 泡沫，NH_4HCO_3 作为模板，可以在 80℃的气体中分解而去除。除了可拆卸的模板（如冰），一些现有的三维骨架（如三聚氰胺泡沫、石墨烯和纤维素纳米纤维气凝胶）也被用作模板，将 BN 片形成相互连接的三维结构。然而，通过 BN 纳米片的模板自组装而形成的三维网络通常不是完全连续的，不连续的部分会放大 BN 片之间界面上的声子散射。

Hersam 等[118]利用 3D 打印技术构建了 BN 架构，这些架构随后被用作导热填料，以提高聚合物的 k 值。Zettl 等[119]通过氧化硼的碳热还原和同时进行的氮化，合成了基于石墨烯框架的 sp^2 键合 BN 气凝胶。在这个过程中，石墨烯和氧化硼一起放在石墨坩埚中，并在氮气环境下的炉子中快速加热。在高温条件下，石墨

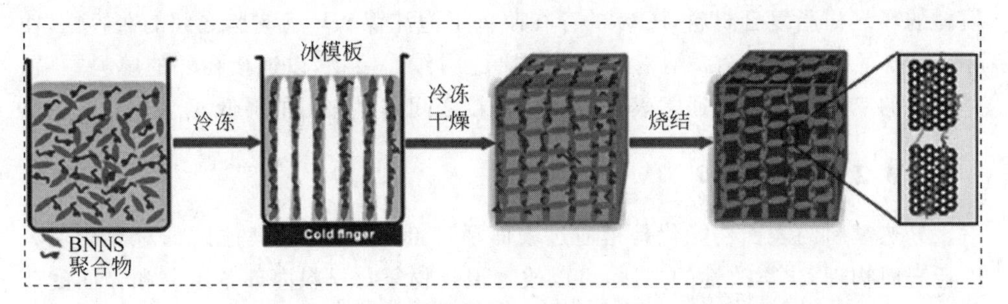

图 4-33　通过冰模板法构建 BN 气凝胶的示意图[116]

烯片与氧化硼和氮发生反应，形成 sp^2 键的 BN，这个反应是最早的高纯度 BN 的合成路线之一，并被用来制备高质量的三维连续结构的 BN。同样，Golberg 等[120]通过原位碳热还原 CVD，以碳基网络为模板，创建了一个 BN 纳米棒组装框架和一个纳米片互连的框架。Cao 等[121]通过热解聚硼烷泡沫制造了大量的 BN 泡沫。然而，这些 BN 泡沫由于其低密度和无定形的微结构而表现出较差的热传导性（0.03～0.05 $W \cdot m^{-1} \cdot K^{-1}$）。最近，Wong 等[122]通过直接发泡制备了一个相互连接的分层多孔的 BN 网络。在这种建立各向同性的 BN 结构的方法中，十二烷基硫酸钠被用作发泡剂和表面活性剂，而明胶被用来保护 BN 结构的完整性。受果冻的启发，Li 等[123]通过发泡途径构建了相互连接的 BN 网络，使用凝结多糖（curdlan）作为胶凝剂来固定气泡模板的网络。其他作者也通过冰模板堆叠用 rGO 加固的 BN 片，构建了一个三维架构。相应的 BN-rGO/环氧树脂复合材料呈现出 5.05 $W \cdot m^{-1} \cdot K^{-1}$ 的高面内 k 值。理论建模表明，k 的改善可归因于连续的 BN-rGO 网络，这导致了高速率的声子传输[124]。

4. 三维金属连续框架

最早的商业导热黏合剂和其他导热界面材料（TIM）都使用金属微/纳米颗粒作为导热增强剂。作为导热添加剂，金属填充物具有卓越的热传导性能。近年来，由于三维金属网络的低热阻、低密度和机械强度，使得使用三维金属网络作为聚合物复合材料的传热介质受到了广泛关注。常用的三维导热金属网络包括铜箔、铝箔、镍箔和银骨架。例如，Fang 等[125]使用金属泡沫（镍和铜）作为导电骨架来增加相变材料的 k。未来新型导热材料的发现将为构建导热网络提供更多选择。由于大多数金属泡沫都可以在市场上买到，所以这些聚合物复合材料可以用直接浸渍法制造。尽管金属的 k 值不如石墨烯和碳纳米管的高，但三维金属网络的内部连续性赋予了较小的界面热阻，这对于提高聚合物的传热能力至关重要。

金属填充物一般与其他填充物结合使用，形成相互连接的三维混合导热网络。Zhu 等[126]通过高温管式炉工艺制造了一个 CNT-Cu 混合泡沫，作为一种导热增强剂，这种混合泡沫改善了石蜡的热传输性能，将 k 值从 0.105 $W \cdot m^{-1} \cdot K^{-1}$ 提高到 3.49 $W \cdot m^{-1} \cdot K^{-1}$。Huang 等[127]制造了以 rGO 包裹的镍泡沫作为导热填料的环氧树脂复合材料，rGO 的存在改善了泡沫镍和环氧树脂之间的兼容性，使 k 值提高了 2.6 倍。金属纳米颗粒也被广泛用作连接物，以连接相邻的填料颗粒，所产生的三维导电网络通常表现为填料颗粒之间接触热阻的降低。

4.3.2 界面修饰

导热填料的表面功能化是指通过表面活性剂、偶联剂或其他试剂对导热填料进行表面物理/化学改性的方法，可以改善聚合物复合材料内部各组分和界面的兼容性。此外，导热填料的表面功能化可以同时改善导热填料在聚合物中的分散性，降低由导热填料团聚引起的传热阻力，并最终降低界面热阻。

Guo 等[128]将纯多壁碳纳米管(p-MWCNT)酸化，制备出酸化的 MWCNT(a-MWCNT)，再用三乙氧基乙烯基硅烷(YDH-151)对 a-MWCNT 进行化学改性，制造出硅烷化的 MWCNT(s-MWCNT)；然后分别制备了 p-MWCNT/聚偏氟乙烯(p-MWCNT/PVDF)、a-MWCNT/PVDF 和 s-MWCNT/PVDF 导热复合材料。根据有效介质理论模型，p-MWCNT/PVDF、a-MWCNT/PVDF 和 s-MWCNT/PVDF 导热复合材料的界面热阻分别为 $1.49\times10^{-7}\ m^2\cdot K\cdot W^{-1}$、$1.47\times10^{-7}\ m^2\cdot K\cdot W^{-1}$ 和 $4.83\times10^{-8}\ m^2\cdot K\cdot W^{-1}$。s-MWCNT/PVDF 导热复合材料的 ITRF-M 最低，因为 YDH-151(s-MWCNT)与 PVDF 基体的极性相似，因此改善了容量和 s-MWCNT 与 PVDF 基体的界面。此外，MWCNT 的表面功能化也促进了 s-MWCNT 在 PVDF 基体中的分散，减少了团聚，也有助于降低界面热阻。Yang 等[129]购买了由 γ-氨基丙基三乙氧基硅烷(KH-550)的硅烷偶联剂改性的 Al，并分别在 400℃和 500℃下加热，命名为 Al400 和 Al500，制备了 Al/多层可回收包装塑料(Al/MPW)、Al400/MPW、Al500/MPW 导热复合材料。三种复合材料的内部热传导网络基本相同，但 Al/MPW 复合材料的 k 比 Al400/MPW 和 Al500/MPW 导热复合材料的 k 大。根据 EMT 模型，Al/MPW、Al400/MPW、Al500/MPW 导热复合材料的 ITRF-M 分别为 $1.3\times10^{-7}\ m^2\cdot K\cdot W^{-1}$、$2.5\times10^{-7}\ m^2\cdot K\cdot W^{-1}$ 和 $6.5\times10^{-7}\ m^2\cdot K\cdot W^{-1}$，通过加热处理去除 Al 上的硅烷偶联剂，导致 Al 和 MPW 基体之间的相容性差，从而在界面上产生更多的声子散射。Gu 等[130]用聚多巴胺(PDA)对氮化硼纳米片(BNNS)进行表面功能化，以制备 BNNS@PDA 导热填料，然后通过“真空辅助过滤-成型”工艺制备 BNNS@PDA/芳纶纳米纤维(BNNS@PDA/ANF)导热复合纸。根据修正的 Hashin-Shtrikman 模型，面内相对界面热阻和面外相对界面热阻分别从 0.1644 和 0.1696 有效降低到 0.1590 和 0.1587，这是由于 BNNS@PDA 和芳纶纳米纤维(ANF)之间的氢键，改善了 BNNS 和 ANF 基体之间的界面。

此外，一些研究人员发现，导热填料的表面功能化也有利于降低界面热阻。Wang 等[131]用 PDA 包覆 BNNS 制备 BNNS@PDA 导热填料，然后制备 BNNS@PDA/聚乙烯醇(BNNS@PDA/PVA)导热复合膜，如图 4-34 所示。根据 Foygel 模型，BNNS/PVA 导热复合膜中的填料界面热阻被确定为 1.8×10^{-9} $m^2\cdot K\cdot W^{-1}$，而 BNNS@PDA/PVA 导热复合膜中的 ITRF-F 只有 1.2×10^{-9} $m^2\cdot K\cdot W^{-1}$，这归因于在 BNNS 表面的 PDA 涂层改善了接触的 BNNS 之间的界面。除了使用有机物，无机物也可以用来使导热填料的表面功能化。Tang 等[132]在 BN 表面涂覆 SiO_2，制备 SiO_2@BN 导热填料，然后制造 SiO_2@BN/聚甲基丙烯酸甲酯（SiO_2@BN/PMMA）导热复合材料。根据 Foygel 模型，BN/PMMA 导热复合材料的界面热阻为 2.4×10^4 $m^2\cdot K\cdot W^{-1}$，而 SiO_2@BN/PMMA 导热复合材料的界面热阻仅为 2.1×10^4 $m^2\cdot K\cdot W^{-1}$，这是由于 SiO_2 在 BN 上的表面涂层改善了连接 BN 之间的界面。

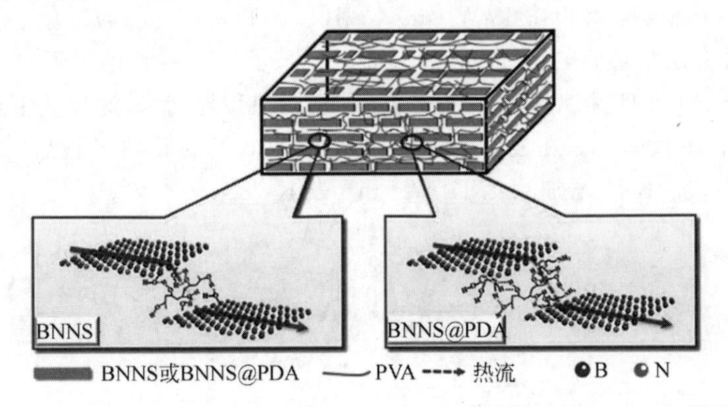

图 4-34　BNNS@PDA/PVA 和 BNNS/PVA 薄膜的热传导示意图[131]

4.3.3　复合技术

1. 共混

与提高聚合物的内在导热性相比，引入其他成分来满足导热性的需求是比较常用的策略。更详细的措施包括使用单一导热填料、多种导热填料等。单一或混合导热填料系统被认为是调节电活性和提高复合材料导热性的最常用和最有效的方法。在聚合物中添加单一填料是一种最基本的方法，已进行了大量的研究，填料类型、形状或尺寸对复合材料的影响已被广泛探讨。然而，在大多数情况下，通过这种方式获得的热导率的改善远低于预期，这是因为热传导网络的构建效率低下。因此，人们采用各种方法，例如使用各种类型的填料和各种尺寸，以有利于热传导网络的构建，并协同改善热、电、机械和加工性能。

多种形状或尺寸的填充物被用来促进热网络的构建。这种策略主要是通过构建桥梁来增加体积密度以形成导热网络。少量的石墨烯（2 wt%）可以显著提高银纳米线/环氧树脂（AgNW/EP）复合材料的热导率，从 $0.9\ W\cdot m^{-1}\cdot K^{-1}$ 到 $1.4\ W\cdot m^{-1}\cdot K^{-1}$，石墨烯所体现的协同效应可以改善 AgNW 的分散性，为相邻的 AgNW 搭桥，并降低界面热阻。Kim 等[133]研究了填充不同数量 MWCNT 的

h-BN或BNNS的性能,如图4-35所示,较大的BN尺寸限制了BN和MWCNT之间可能的接触位置,在BN/MWCNT中观察到更多的聚集结构。MWCNT的聚集增强了垂直方向的导热性,与BNNS/MWCNT相比,这导致了更高的性能改进,而填充有BNNS/MWCNT的复合材料具有更高的导热性。此外,在两种复合材料中都产生了更好的三维热流路径,碳纳米管的加入将导致热导率的增加。其他类似的架桥协同作用也存在于BN-CNT体系、BN-Al_2O_3体系、BN-ZnO体系、BN-石墨烯体系等。此外,一些混合填充物体系注重片状材料的取向,例如AlN颗粒阻挡了BN的面内排列,以提高面内导热性。由于"桥连效应",含有30 vol%的BN-AlN、单一BN、单一AlN的复合材料的导热性分别为1.04 $W \cdot m^{-1} \cdot K^{-1}$、0.723 $W \cdot m^{-1} \cdot K^{-1}$和0.68 $W \cdot m^{-1} \cdot K^{-1}$。Tian等[134]通过化学气相沉积法构建了一种夹层状填料,在BNNS的表面上生长了灵活的碳纳米管位点。碳纳米管和BNNS之间的连接增强了界面连接,形成了热传导网络,这导致了热导率的增加,尤其是在垂直面上。在复合材料中加入0.5 wt%的碳纳米管后,其热导率从0.49 $W \cdot m^{-1} \cdot K^{-1}$增加到1.17 $W \cdot m^{-1} \cdot K^{-1}$。

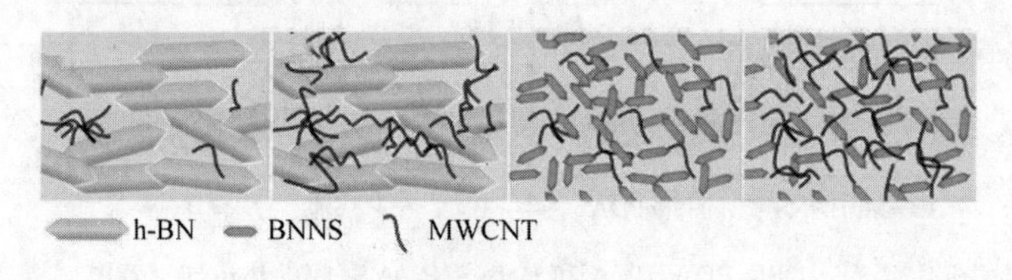

图4-35 填料分散状态的示意图[133]

更高的导热性间接意味着这些混合填料系统的总体填料负荷可以减少,以弥补加工性和机械性能的损失。当环氧树脂中填充多尺寸的Al_2O_3时,黏度明显下降,因此增加了填料的上层填充量;当体积分数达到79%时,复合材料的热导率达到6.7 $W \cdot m^{-1} \cdot K^{-1}$。同样,Luo等[135]在聚酰亚胺中加入了微粉和纳米AlN,协同作用使热导率提高到1.5 $W \cdot m^{-1} \cdot K^{-1}$。Choi等[136]研究了不同尺寸和比例的$Al_2O_3$和AlN在接近最大填充负荷时的热导率。结果表明,高填充量会导致低机械性能,而通过优化不同填充物的比例可以改善机械性能。

2. 真空辅助过滤

定向材料,如石墨烯和BN,具有许多突出的特性,如化学稳定性、高比表面积,特别是高面内热导率。然而,如何充分利用二维材料的优良特性来组装具有激动人心的热导率的大材料,仍然是一个挑战。一种解决方案是将二维材料组装成纸状或膜状结构,平行放置填料,使水平连接的网络能够促进面内热传导。近年来,真空辅助过滤技术以其简单的制造、温和的制备条件和高度定向的包装而吸引了研究人员的注意。利用这种途径的基本思路是在真空的帮助下,将含有聚合物和填料的均匀悬浮液通过一定孔径的膜,如尼龙膜在真空的影响下,板状填料趋向于水平有序，以获得高表面积的平面导热复合材料。后期处理（如固化、热压、烧结等）可根据体系情况进行。悬浮液的分散效果和稳定性都会对最终复合材料的性能产生巨大影响。水性溶剂是简单和环保的，因为它可以在室温下使用，没有有害溶剂。相应的聚合物选择是至关重要的，而纳米原纤化纤维素或纤维素纳米纤维已成为一个强有力的竞争者。NFC是一种生物基的一维和高结晶度的纳米纤维，具有优良的机械性能和显著的内在导热性（$k \approx 1.5\ W \cdot m^{-1} \cdot K^{-1}$）。此外，其表面的羟基甚至可以作为非共价功能化的无机填料改性的强相互作用。此外，CNF还可以用来分散一维和二维填料。Shen等[137]通过化学方法将银纳米粒（AgNP）锚定在NFC的表面，以避免因极性和密度不匹配造成的填料结块。同时，含有2 wt% Ag的复合材料的面外热导率达到$6\ W \cdot m^{-1} \cdot K^{-1}$，是纯NFC薄膜（$1.5\ W \cdot m^{-1} \cdot K^{-1}$）的4倍。CNF既可以作为表面改性剂，也可以作为聚合物基体。根据真空过滤的强烈作用和高度各向异性的排列，复合膜的热导率在面内方向达到$21.39\ W \cdot m^{-1} \cdot K^{-1}$，在面外方向达到$4.71\ W \cdot m^{-1} \cdot K^{-1}$。此外，以CNF为基体的膜显示出比环氧树脂和聚乙烯醇（PVA）更高的热导率，这是因为氮化硼纳米管（BNNT）和CNF之间的协同效应，如图4-36所示。

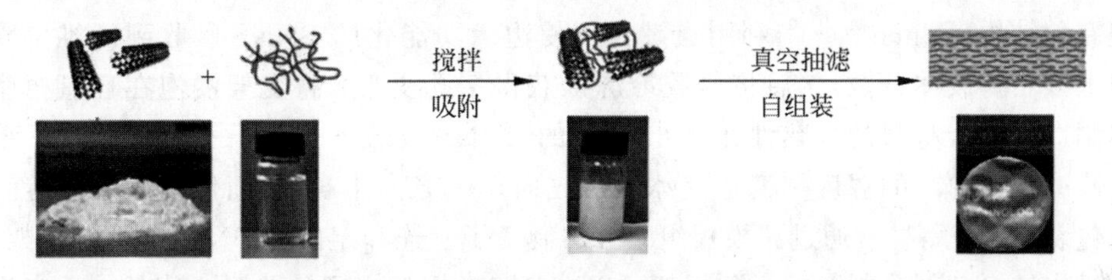

图4-36 CNF/BNNT纳米复合材料的制备工艺的示意图[138]

二维材料的真空辅助过滤有利于获得出色的面内导热复合材料。然而，通过这种简单的制造方法来制备具有促进面内和面外性能的复合材料，仍然是一个挑战。同样，引入混合填料以补偿单一填料的固有缺陷，从而获得更高的热导率增强效率。研究者在石墨烯中加入球形Al_2O_3，在真空过滤的辅助下构建了豌豆荚状的三维复合填料。球形Al_2O_3的存在使得石墨烯纳米片在面内方向良好，但部分卷曲，因此提高了面内导热性。同时，各向同性的Al_2O_3具有较高的热导率，导致复合材料的面外热导率提高。在真空差的影响下，各层填料趋于紧密连接，而界面热阻仍在晶界产生，特别是对于混合填料。改善填料之间的相互作用，与加强填料和聚合物之间的相互作用一样重要，也被认为是一个重要方面。GO和NFC的高密度氧功能团为真空过滤膜提供了一种可行的方法。Yang等[139]制备了rGO/AgNP NFC复合膜。AgNP通过液相化学还原法巧妙地原位沉积在rGO表面。AgNP不仅可以通过平面提供热传导路径，还可以降低rGO的接触热阻，从而改善高效热传导网络的构建。此外，还添加了更多尺寸的填料，以进一步模拟天然珍珠。AgNP和SiC纳米线（SiCNW）都为层间和BNNS之间提供了额外的热传导路径，并赋予复合材料更强的机械性能。总之，在具有特殊设计的二维材料的基础上引入第二种填充物，有望改善其垂直性能。

3. 模板法

对于单位质量的填料，传热效率的提高遵循二维＞一维＞零维的趋势。毫无疑问，三维互连填料结构对提高复合材料的导热性更为理想。模板法是指将三维交联的填料框架浸入聚合物基体中。在以前的记录中也提到过类似的策略，即真空辅助过滤和电纺，但它们不属于模板法。其他构建互连模板的方法将在本节中更多提及。接下来将介绍制造骨架的策略和模板或骨架的独特设计。

使用冰作为模板的模板方法也称为冰模板，是相当经典和低成本的。冰的定向生长是由温度差引起的，使填料沿冰晶的方向生长，经过冷冻干燥，获得了由填料组成的气凝胶，聚合物基体可以浸入骨架中，从而构建复合材料。冻结介质通常是水，有时是有机溶剂，这取决于聚合物和填料的特性。

冰的定向生长方向将导致气溶胶的多样性形态，这决定了最终的性能。气凝胶的生长方向已被广泛研究：各向同性的冻结、单向的冻结、双向的冻结和径向的冻结。对于各向同性的冻结，冰的随机成核生长导致各向同性的多孔结构或保留现有的结构。Chen 等[140]利用氢键作用使边缘功能化的 BNNS 吸收到纤维素骨架上以获得胶体分散，然后将凝胶冷冻以获得多孔支架；将支架浸泡在环氧树脂中制造的复合材料的导热性在 9.6 vol%的 BNNS 负载下提高了 1400%以上。单向冷冻利用单一的温度梯度迫使冰晶优先向单一方向生长，从而使气凝胶具有垂直包装。Yao 等[141]通过冰模板组装方法制备了互连和定向的 BN/SiC 混合框架；通过烧结 SiC 部分制备的强化框架可以减少 BN 框架之间的热阻。冰晶的垂直生长使填料垂直分布，形成热传导通道；加载 8.35 vol%的填料，复合材料的热导率在面外方向上增加到 3.87 $W \cdot m^{-1} \cdot K^{-1}$。毫无疑问，通过单向冷冻得到的骨架具有很强的各向异性性能，垂直于冰晶生长方向的骨架明显比其他方向的骨架要弱。利用楔形聚二甲基硅氧烷(PDMS)构建双向温度梯度，也称为双向冷冻，可以在一定程度上改善骨架的各向异性。Han 等[142]通过双向冷冻构建了具有长距离的多孔 BNNS 层状结构。双向冷冻将导致填充物的平行排列，通过调整填充物的位置，在平行或垂直平面上提高热传导性。高度分层组织的三维网络产生了扩展的声子传输路径，在平行方向上呈现出 6.07 $W \cdot m^{-1} \cdot K^{-1}$ 的热导率，其中 BNNS 含量为 15 vol%。可以预见，由双向冷冻制成的包装气溶胶在三个方向中的两个方向上具有优异的性能。最后，人们对径向和轴向双向生长的径向冷冻的进一步发展进行了广泛研究。例如，通过将模具浸泡在液氮中，由于径向和轴向的温度梯度，部分冰在方向上生长。填料气溶胶具有更好的各向同性。此外，冰晶从中心向外生长到模具可以达到类似的结构。在冰模板制备的气溶胶的基础上，Bo 等[143]通过等离子体增强化学气相沉积法在骨架表面进一步生长石墨烯纳米鳍片，从而获得更完美的三维导热结构。石墨烯鳍片的存在几乎不妨碍骨架的性能，同时热边界阻力可以明显降低。在 1.53 vol%的情况下,复合材料的热导率达到 4.01 $W \cdot m^{-1} \cdot K^{-1}$,显示出令人满意的导热增强效率,达到 1247%。在所有的冰模板方法中,径向冻结具有更好的各向同性。

采用现有的多孔框架作为模板来构建包装气溶胶骨架,也得到了很多关注。这些模板可以考虑以下特点:高导热性、多孔形态以允许聚合物进入基体,以及某些机械性能以确保浸泡过程的稳定性。氧化树脂是最常用的浸泡聚合物,但不适合一些高温处理的聚合物,如聚酰胺(PA)。通过去除牺牲相来构建骨架模板是一种常见的方法。Xu 等[144]以 NH_4HCO_3 为牺牲模板构建了三维 BN 泡沫。经过高压的 BN-$NHHCO_3$ 混合物,BN 之间的相互作用更强,可以在热解 NH_4HCO_3 后保持泡沫形态;BN 在框架中的直接接触降低了热阻并提高了热导率;获得的复合材料呈现出最高的面外热导率,即 6.11 $W \cdot m^{-1} \cdot K^{-1}$。根据一些研究人员的研究,聚合物也可以作为牺牲相使用。Zhang 等[145]通过两步混合将 Al_2O_3 选择性地分散在聚烯烃弹性体/聚丙烯(POE/PP)复合材料的 POE 相中;在去除 POE 作为牺牲相后,Al_2O_3 纳米颗粒将沉积在孔壁上;压缩得到的多孔骨架,构建一个连续的隔离结构;复合材料中的 Al_2O_3 颗粒是有序的、集中的,这减少了颗粒之间的距离,优化了声子传输的路径。需要注意的是,由于共连续相的结构,Al_2O_3 的导热网络可能不像其他模板方法那样完美。

对于模板来说,碳基材料依靠其高导热性、质量轻和多形态的特点,作为一个潜在的候选材料。Xiang 等[146]开发了一种简单的骨架制造方法,通过将商用聚氨酯海绵浸入 GNP 溶液并热解聚氨酯海绵来制备 GNP 泡沫,然后通过氧化树脂的浸渍得到复合材料,过程如图 4-37 所示。商业泡沫为大规模制造复合材料提供了便利。用于 GNP 表面处理的聚乙烯吡咯烷酮(PVP)将在热解过程中产生无定形碳,这将减少 GNP 之间的热阻。此外,相互连接的 GNP 骨架提供了相互连接的热传导网络。

同时,广泛存在于自然界的木材也引起了研究兴趣。木材中沿生长方向排列的微通道使其有可能被用作聚合物的导热框架。例如,多孔丝瓜海绵纤维被用作模板来生产导电纤维素骨架。Shen 等[147]从天然木材中直接制成互连的碳支架,然后填充到氧化树脂中以制备复合材料。然而,要从天然木材中获得主要由纤维素纳米纤维组成的骨架,需要进行包括顺序脱木质化和碳化在内的多项处理。形成相互连接的骨架可以显著提高导热性,但进一步提高热导率时受填料比例的影响很小。因此,重要的是要考虑到填料本身的导热性和框架中填料之间的弱范德瓦耳斯力所引起的声子散射。填料本身的导热性可以通过提高纯度和结晶度来促进,但代价高昂。因此,如何增强骨架内的相互作用具有更多的实际应用价值。

在骨架中加入聚合物会增加骨架的机械性能,这不可避免地会导致热阻。使用机械力而不是聚合物来加强骨架,也是可行的。MWCNT 阵列是通过化学气相沉积法制备的,在没有聚合物辅助的情况下,可以通过机械力进行致密化;机械力的引入增强了 MWCNT 之间的相互作用，提高了填充的上限；随后将环氧树脂渗入到所制备的复合材料中。除机械力，使用烧结或直接还原使骨架连续并减少缺陷也能达到良性效果。Hao 等[148]通过对 Al_2O_3 粉末进行双轴压缩并在高温下烧结来制备多孔 Al_2O_3 框架；烧结过程确保了 Al_2O_3 之间的强相互作用，减少了框架中的声子传输阻力。对于碳基材料，可以提前制备 GO 骨架，然后进行还原，形成具有少量缺陷的连续石墨烯网络（图 4-37）。需要注意的是，虽然没有使用精确的模板，但一些制备定向或连续骨架网络，然后将其浸入聚合物中的策略也被归入这种方法。Tian 等[122]开发了一种直接发泡的方法来生产多孔导热浆；BN 被十二烷基硫酸钠固定在气泡的边缘，十二烷基硫酸钠具有表面活性剂发泡剂的作用，明胶用来固定 BN，得到多孔框架。总之，模板法代表了提前制备多孔填料框架然后浸入聚合物的策略，由于填料的有效连接，具有良好的导热性，适合热界面材料。

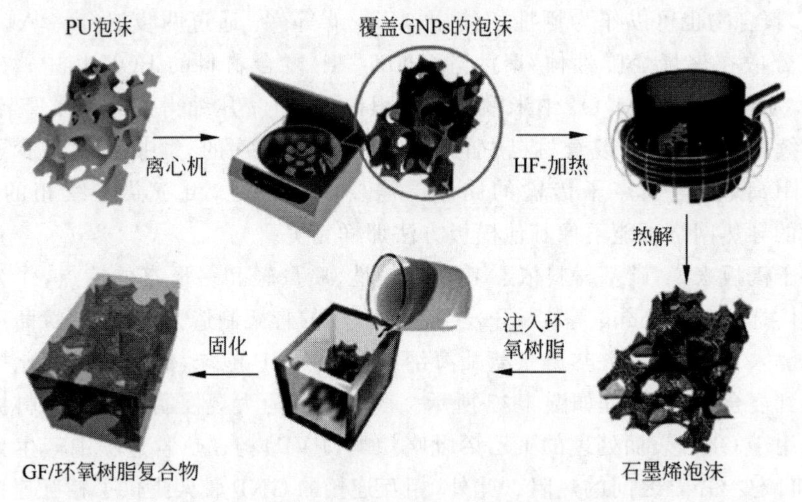

图 4-37 GF/环氧树脂复合材料的制备过程[146]

4. 设备辅助组装技术

在低填充物比例下提高导热性，仍然是一个严峻的挑战。在前文中已经提到了一些策略来使薄膜中的填料定向。对于其他复合材料，可以采用模板法进行填料定向，但总是需要多个处理步骤。基于这些结果，这里主要介绍了近年来广泛使用的三种提高填料利用效率的策略，包括磁场辅助、电纺和一步热压法。在大多数情况下，这些策略可以获得比简单混合更高的性能，其优点是可以根据需求在一定程度上调整性能方向。

磁场辅助的本质是利用磁场对具有磁性反应功能的填料进行定向。毫无疑问，填料的取向与磁化的效果有关。另一个限制是，通过磁场对填料取向的控制应该发生在低黏度的聚合物基体中。磁性反应材料，如最常用的 Fe_3O_4。磁化的填料应该是各向异性的，以提高性能，BN 无疑是一个很好的选择。经典的结合方法

包括利用带正电的 Fe_3O_4 和带负电的 BN 之间的静电作用,用简单的液相剥离法制备涂有 Fe_3O_4 的 BN。Zhang 等[149]用带正电的 PDDA 修饰 FeCo,然后采用强静电作用将 BNNS 自组装到 FeCo 的表面；FeCo 发挥了相应的磁场作用,六边形结构保持了各向同性,BNNS 可以被更多的加载；通过蚀刻掉外部的聚合物基体得到了明显具有不同尺度的排列结构。有趣的是,FeCo 对复合材料的导热性几乎没有影响,这可能是由于在表面形成了低导热性的铁氧化物。

除了依靠磁场辅助定向,电纺还可以实现填料和聚合物纤维的有效排列。此外,获得的纤维可以以特定的方式排列,然后进行热压,几乎不破坏排列,以定制最终复合材料的性能。典型的制备方法如下：将聚合物和填料均匀地混合在一起进行电纺,或将聚合物溶液和填料溶液交替进行电纺。Chen 等[151]通过将聚偏二氟乙烯(PVDF)溶解在 N,N-二甲基甲酰胺和丙酮混合溶剂中,然后加入定量的 BNNS 来制备前体溶液,如图 4-38 所示。通过电纺获得纳米纤维膜,并通过垂直热压纤维膜而制成最终复合膜。该复合膜具有出色的导热性和理想的电绝缘性能,33 wt%的 BNNS 的纳米复合膜的面内热导率达到 16.3 $W\cdot m^{-1}\cdot K^{-1}$。纳米复合材料也可以通过包含 PVA 纤维电纺和 BNNS 静电喷涂的逐层技术来制造,结果表明,重叠的 BNNS 的大接触面积和强接触压力可以显著降低热阻,并使 BNNS 之间的声子界面散射最小化,含有 22.2 vol% BNNS 的纳米复合材料显示了 21.4 $W\cdot m^{-1}\cdot K^{-1}$ 的出色的面内热导率。尽管电纺技术在大规模生产方面似乎更有潜力,但由于更多的影响因素,如前提溶液浓度、稳定性以及加工湿度,需开展更多的前期工作。电纺和原位聚合的结合可以进一步提高混合物的均匀分散性和稳定性。Gu 等[152]首先制备了 m-BN/聚酰胺酸(PAA)溶液,然后将电纺纤

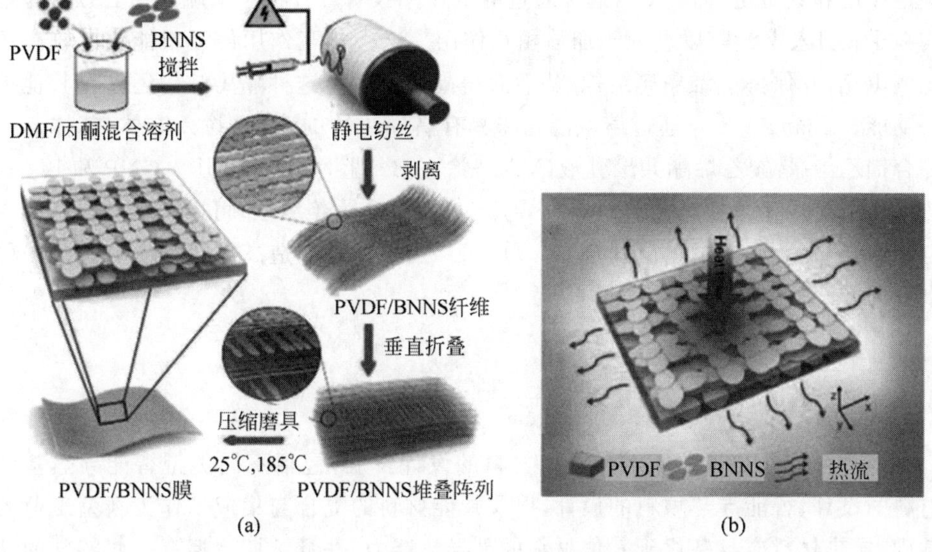

图 4-38 静电纺丝法制备 BNNS/PVDF 杂化薄膜的示意图[150]

维直接热压聚合,得到了 m-BN/PI 复合材料。电纺制备的纳米纤维通常是多层堆积,热压产生的复合材料具有增强的面内导热性,垂直方向的圆柱形复合材料也可以通过滚动复合纤维建立。Chen 等[153]制作了电纺后垂直轧制的 PVA/BNNS 复合材料,并进一步浸渍到 PDMS 中,以提高面外方向的热导率。根据缠绕时间和方向的不同,可以达到需求方向的更高热导率。

热压是进一步加强复合材料的常用措施,它可以在真空辅助过滤、电纺和模板法之后使用。与模板法完全保持骨架和简单混合完全分散相比,热压对结构的破坏介于两种方法之间,这意味着设计的结构可以用比模板法更少的步骤而得到部分保留。按照三维交联网络的设计理念,人们设计了经过适当预处理的聚合物和填料组合,通过热压形成偏析结构。经过一步热压后,聚合物-填料包装芯壳结构可以构建热传导网络,提高热导率。Alam 等[154]开发了一种比模板法更简单、更兼容的方法,即把具有高长径比的超薄 GNP 与基于聚合物的微粉简单混合,形成核壳结构;得到的粉末直接热压,构建了具有相互连接和热渗流的 GNP 框架;该复合材料的导热性能明显高于相同比例下简单混合的复合材料。此外,一步热压法也适用于多种基材,如 PE、PP、PVA、PVDF,其导热性能的提升高于 400%。可以预测,填料和聚合物之间的接触会极大地影响复合材料的机械强度。Hu 等[155]通过机械研磨制备了 PP/AlN 核壳粉;AlN 颗粒被选择性地分散在 PP 界面上,通过热压而形成导热通道。然而,机械混合涂层的影响一般会导致 PP 颗粒的出现,并影响 AlN 的微观连续结构。此外,随着 AlN 比例的增加,AlN 有结块的趋势,其中一些会进入 PP 中,进一步降低加工性能。简而言之,制备核壳材料是这一策略的关键。为了进一步提高这一策略的前景,有必要考虑更强的相互作用,如氢键、静电作用和共价键。Jiang 等[156]通过静电作用设计了 BN@苯硫醚(PPS)核壳结构粒子;引入戊二醛以进一步加强相互作用。这些相互作用使填料能够以较高的比例填充,并保持三维隔离结构,从而获得高热导率。这种隔离结构还具有其他扩展功能。Zhang 等[157]通过熔融混合将具有高导热性的 GNP 拉入芯体,芯体通过黏合剂乙烯-醋酸乙烯酯共聚乳液(VAE)涂在 BN 上,并进行热压。GNP 和 BN 的协同作用可以显著提高复合材料的导热性。BN 作为绝缘层,可以防止复合材料导电性的提高,从而拓宽了应用范围。总而言之,热压是制造高导热复合材料的一种很好的方法。

4.4 本章小结

本章系统总结了近年来热智能材料的设计发展,包括不同类型智能导热基体材料的设计、智能导热填料的设计,以及智能材料的复合与集成。作为新型工业的基础,导热材料应具备优于其他材料的高导热能力,并且被期望拥有一些特殊的功能性质。在科学技术进步的今天,电子通信、交通运输、能源动力等领域对智能热控技术的需求日益复杂化、多样化，因此技术瓶颈的突破成为现阶段材料设计技术发展的重要策略。智能导热材料不同于导热材料或者功能材料，它是导热材料的延伸，能够实时响应外界环境变化并自主调节热流，同时达到高导热和功能智能化兼顾的目标。目前研究的智能导热功能材料主要包括敏感性导热材料和驱动性导热材料。敏感性导热材料是指材料对于外界刺激具有一定的响应性，这些刺激包括电、热、力和光等。驱动性导热材料则是指当材料感知到外界的环境变化时，自身状态和特性发生改变，如形态变化或热导率、界面热阻发生变化等。智能导热材料能够感知环境的变化，并通过驱动材料来改变自身性质。单一材料难以在兼具高导热的特性下同时实现环境感知或智能驱动的功能，因此需要多种不同功能材料复合而形成智能导热材料体系。随着科学技术的不断发展，多功能的智能导热材料将实现突破性的发展，并实现更广阔的应用。

参考文献

[1] LIU P, DU J, MA Y, et al. Progress of polymer reaction engineering: From process engineering to product engineering[J]. Chinese Journal of Chemical Engineering, 2022, 50: 3-11.

[2] ZHANG Z, WANG L, YU H, et al. Highly transparent, self-healable, and adhesive organogels for bio-inspired intelligent ionic skins[J]. ACS Applied Materials & Interfaces, 2020, 12(13): 15657-15666.

[3] HAN D, LU Z, CHESTER S A, et al. Micro 3D printing of a temperature-responsive hydrogel using projection micro-stereolithography[J]. Scientific Reports, 2018, 8(1): 1-10.

[4] BOUAS-LAURENT H, DÜRR H. Organic photochromism [J]. Pure and Applied Chemistry, 2001, 73(4): 639-665.

[5] BOIXEL J, GUERCHAIS V, LE BOZEC H, et al. Second-order NLO switches from molecules to polymer films based on photochromic cyclometalated platinum(ii) complexes [J]. Journal of the American Chemical Society, 2014, 136(14): 5367-5375.

[6] KONG Z, LI W, CHE G, et al. Highly sensitive organic ultraviolet optical sensor based on phosphorescent Cu (i) complex[J]. Applied Physics Letters, 2006, 89(16): 161112.

[7] ANDERSSON N, ALBERIUS P, ÖRTEGREN J, et al. Photochromic mesostructured silica pigments dispersed in latex films [J]. Journal of Materials Chemistry, 2005, 15(34): 3507-3513.

[8] DING J, ZHENG C, WANG L, et al. Viologen-inspired functional materials: Synthetic strategies and applications [J]. Journal of Materials Chemistry A, 2019, 7(41): 23337-23360.

[9] HAMLEN R P, KENT C E, SHAFER S N. Electrolytically activated contractile polymer [J]. Nature, 1965, 206: 1149-1150.

[10] 费建奇，张子鹏，仲蕾兰，等. PVA/PAA 水凝胶纤维的电刺激响应性能[J]. 功能高分子学报，2001(2): 185-189.

[11] DIDUKH A G, KOIZHAIGANOVA R B, KHAMITZHANOVA G, et al. Stimuli-

sensitive behaviour of novel betaine-type polyampholytes[J]. Polymer International,2003,52(6): 883-891.

[12] MOSCHOU E A, MADOU M J, BACHAS L G, et al. Voltage-switchable artificial muscles actuating at near neutral pH[J]. Sensors and Actuators B: Chemical, 2006, 115(1): 379-383.

[13] 陈建丽.复合丙烯酸水凝胶的制备及其电响应性能研究[D].西安:陕西师范大学,2015.

[14] WHITE S R,SOTTOS N R, GEUBELLE P H, et al. Autonomic healing of polymer composites[J]. Nature,2001,409(6822): 794-797.

[15] LIU M,LIU P,LU G,et al. Multiphase－assembly of siloxane oligomers with improved mechanical strength and water-enhanced healing[J]. Angewandte Chemie International Edition,2018,57(35): 11242-11246.

[16] BOUL P J,REUTENAUER P, LEHN J M. Reversible Diels-Alder reactions for the generation of dynamic combinatorial libraries[J]. Organic Letters,2005,7(1): 15-18.

[17] XU Y,CHEN D. A novel self-healing polyurethane based on disulfide bonds [J]. Macromolecular Chemistry and Physics,2016,217(10): 1191-1196.

[18] WANG P,DENG G,ZHOU L, et al. Ultrastretchable, self-healable hydrogels based on dynamic covalent bonding and triblock copolymer micellization[J]. ACS Macro Letters, 2017,6: 881-886.

[19] MEYER C D,JOINER C S, STODDART J F. Template-directed synthesis employing reversible imine bond formation[J]. Chemical Society Reviews,2007,36(11): 1705-1723.

[20] BELOWICH M E, STODDART J F. Dynamic imine chemistry[J]. Chemical Society Reviews,2012,41(6): 2003-2024.

[21] OLANDER A. An electrochemical investigation of solid cadmium-gold alloys[J]. Journal of the American Chemical Society,1932,54: 3819-3833.

[22] BUEHLER W J,GILFRICH J V,WILEY R C. Effect of low-temperature phase changes on the mechanical properties of alloys near composition TiNi[J]. Journal of Applied Physics,1963,34(5): 1475-1477.

[23] 耿双奇,牛建平. TiNi系形状记忆合金的记忆原理及其应用现状[J].现代商贸工业,2018,39(30): 187-189.

[24] MOHD JANI J,LEARY M,SUBIC A,et al. A review of shape memory alloy research, applications and opportunities [J]. Materials & Design (1980—2015), 2014, 56: 1078-1113.

[25] WANG S,LIU G,HU P,et al. Largely lowered transition temperature of a VO_2/carbon hybrid phase change material with high thermal emissivity switching ability and near infrared regulations[J]. Advanced Materials Interfaces,2018,5(21): 1801063.

[26] LI Z,ZHAO S, SHAO Z, et al. Deterioration mechanism of vanadium dioxide smart coatings during natural aging: Uncovering the role of water[J]. Chemical Engineering Journal,2022,447: 137556.

[27] WANG S,LIU G,HU P,et al. Largely lowered transition temperature of a VO_2/carbon hybrid phase change material with high thermal emissivity switching ability and near infrared regulations[J]. Advanced Materials Interfaces,2018,5(21): 1801063.

[28] 牟庭海.氧化锆陶瓷及其复合材料的制备与性能研究[D].福州:福建师范大学,2021.

[29] 黄翔. PZT 基压电陶瓷的结构、性能及多层器件研究[D]. 北京：中国科学院大学(中国科学院上海硅酸盐研究所)，2019.

[30] KOZIELSKI L，BUĆKO M M. "Moonie type" of piezoelectric transformer as a magnetic field detector[J]. Journal of Ceramic Science and Technology，2017，8：13-17.

[31] 俞红锂，刘茜，徐婷婷. 压电纤维复合材料的研究进展[J]. 微纳电子技术，2022，59(10)：975-982，1003.

[32] 杨炳祥，刘浩亚，魏浩光，等. 自愈合水泥浆体系在四川地区的应用[J]. 钻井液与完井液，2022，39(1)：65-70.

[33] LEE S H，YU S，SHAHZAD F，et al. Low percolation 3D Cu and Ag shell network composites for EMI shielding and thermal conduction [J]. Composites Science and Technology，2019，182：107778.

[34] VU M C，BACH Q V，NGUYEN D D，et al. 3D interconnected structure of poly(methyl methacrylate) microbeads coated with copper nanoparticles for highly thermal conductive epoxy composites[J]. Composites Part B-Engineering，2019，175：107105.

[35] YU S，LEE J W，HAN T H，et al. Copper shell networks in polymer composites for efficient thermal conduction[J]. ACS Applied Materials & Interfaces，2013，5(22)：11618-11622.

[36] XU F，CUI Y X，BAO D，et al. A 3D interconnected Cu network supported by carbon felt skeleton for highly thermally conductive epoxy composites [J]. Chemical Engineering Journal，2020，388：124287.

[37] LI J P，WANG B，GE Z，et al. Flexible and hierarchical 3D interconnected silver nanowires/cellulosic paper-based thermoelectric sheets with superior electrical conductivity and ultrahigh thermal dispersion capability[J]. ACS Applied Materials & Interfaces，2019，11(42)：39088-39099.

[38] HUANG Y，HU J T，YAO Y M，et al. Manipulating orientation of silicon carbide nanowire in polymer composites to achieve high thermal conductivity [J]. Advanced Materials Interfaces，2017，4(17)：1700446.

[39] YAO Y M，ZENG X L，PAN G R，et al. Interfacial engineering of silicon carbide nanowire/cellulose microcrystal paper toward high thermal conductivity[J]. ACS Applied Materials & Interfaces，2016，8(45)：31248-31255.

[40] ZHOU W Y，ZUO J，REN W N. Thermal conductivity and dielectric properties of Al/PVDF composites [J]. Composites Part A-Applied Science and Manufacturing，2012，43(4)：658-664.

[41] JEONG U S，KIM Y K，SHIN D G，et al. Highly thermal conductive alumina plate/epoxy composite for electronic packaging [J]. Transactions on Electrical and Electronic Materials，2015，16(6)：351-354.

[42] CHENG J P，LIU T，ZHANG J，et al. Influence of phase and morphology on thermal conductivity of alumina particle/silicone rubber composites [J]. Applied Physics A-Materials Science & Processing，2014，117(4)：1985-1992.

[43] CHEN Y P，HOU X，LIAO M Z，et al. Constructing a "pea-pod-like" alumina-graphene binary architecture for enhancing thermal conductivity of epoxy composite[J]. Chemical Engineering Journal，2020，381：122690.

[44] JIA L C,JIN Y F,REN J W, et al. Highly thermally conductive liquid metal-based composites with superior thermostability for thermal management[J]. Journal of Materials Chemistry C,2021,9(8): 2904-2911.

[45] KRINGS E J,ZHANG H,SARIN S,et al. Lightweight,thermally conductive liquid metal elastomer composite with independently controllable thermal conductivity and density[J]. Small,2021,17(52): e2104762.

[46] BARTLETT M D,KAZEM N,POWELL-PALM M J,et al. High thermal conductivity in soft elastomers with elongated liquid metal inclusions[J]. Proceedings of the National Academy of Sciences of the United States of America,2017,114(9): 2143-2148.

[47] GEIM A K,NOVOSELOV K S. The rise of graphene[J]. Nature Materials,2007,6(3): 183-191.

[48] GU J W,YANG X T,LV Z Y, et al. Functionalized graphite nanoplatelets/epoxy resin nanocomposites with high thermal conductivity[J]. International Journal of Heat and Mass Transfer,2016,92: 15-22.

[49] LI X H,LIU P,LI X, et al. Vertically aligned, ultralight and highly compressive all-graphitized graphene aerogels for highly thermally conductive polymer composites[J]. Carbon,2018,140: 624-633.

[50] CHEN R,HE Q X,LI X, et al. Significant enhancement of thermal conductivity in segregated (GNPs&MWCNTs) @ polybenzoxazine/(polyether ether ketone)-based composites with excellent electromagnetic shielding[J]. Chemical Engineering Journal, 2022,431: 134049.

[51] LI H L,DAI S C,MIAO J, et al. Enhanced thermal conductivity of graphene/polyimide hybrid film via a novel "molecular welding" strategy[J]. Carbon,2018,126: 319-327.

[52] BERBER S,KWON Y K,TOMANEK D. Unusually high thermal conductivity of carbon nanotubes[J]. Physical Review Letters,2000,84(20): 4613-4616.

[53] THESS A,LEE R S,NIKOLAEV P,et al. Crystalline ropes of metallic carbon nanotubes [J]. Science,1996,273(5274): 483-487.

[54] YUAN S Q,BAI J M, CHUA C K, et al. Highly enhanced thermal conductivity of thermoplastic nanocomposites with a low mass fraction of MWCNTs by a facilitated latex approach[J]. Composites Part A: Applied Science and Manufacturing,2016,90: 699-710.

[55] WANG Y,YANG C H, MAI Y W, et al. Effect of non-covalent functionalisation on thermal and mechanical properties of graphene-polymer nanocomposites[J]. Carbon,2016, 102: 311-318.

[56] HE X H,WANG Y C. Recent advances in the rational design of thermal conductive polymer composites[J]. Industrial & Engineering Chemistry Research,2021,60(3): 1137-1154.

[57] QIU L,ZHU N,FENG Y H, et al. Interfacial thermal transport properties of polyurethane/carbon nanotube hybrid composites[J]. International Journal of Heat and Mass Transfer,2020,152: 119565.

[58] JI T X,FENG Y Y,QIN M M,et al. Thermal conductive and flexible silastic composite based on a hierarchical framework of aligned carbon fibers-carbon nanotubes[J]. Carbon, 2018,131: 149-159.

[59] QIN M M,FENG Y Y,JI T X,et al. Enhancement of cross-plane thermal conductivity and mechanical strength via vertical aligned carbon nanotube@graphite architecture[J]. Carbon,2016,104: 157-168.

[60] GUI X C,WEI J Q,WANG K L,et al. Carbon nanotube sponges[J]. Advanced Materials, 2010,22(5): 617-621.

[61] XU M,FUTABA D N,YAMADA T,et al. Carbon nanotubes with temperature-invariant viscoelasticity from—196 to 1000℃[J]. Science,2010,330(6009): 1364-1368.

[62] GUI X C,LIN Z Q,ZENG Z P,et al. Controllable synthesis of spongy carbon nanotube blocks with tunable macro-and microstructures[J]. Nanotechnology,2013,24(8): 085705.

[63] ZHANG F,FENG Y Y,QIN M M,et al. Stress controllability in thermal and electrical conductivity of 3D elastic graphene-crosslinked carbon nanotube sponge/polyimide nanocomposite[J]. Advanced Functional Materials,2019,29(25): 1901383.

[64] LIU P,LI X,MIN P,et al. 3D lamellar-structured graphene aerogels for thermal interface composites with high through-plane thermal conductivity and fracture toughness[J]. Nano-Micro Letters,2020,13(1): 22.

[65] VU M C,CHOI W K,LEE S G,et al. High thermal conductivity enhancement of polymer composites with vertically aligned silicon carbide sheet scaffolds[J]. ACS Applied Materials & Interfaces,2020,12(20): 23388-23398.

[66] GUO H,ZHAO H,NIU H,et al. Highly thermally conductive 3D printed graphene filled polymer composites for scalable thermal management applications[J]. ACS Nano,2021,15(4): 6917-6928.

[67] ZHANG F,REN D H,ZHANG Y H, et al. Production of highly-oriented graphite monoliths with high thermal conductivity[J]. Chemical Engineering Journal, 2022, 431: 134102.

[68] YU J,HUANG X,WU C,et al. Interfacial modification of boron nitride nanoplatelets for epoxy composites with improved thermal properties[J]. Polymer,2012,53(2): 471-480.

[69] SHEN H,GUO J,WANG H,et al. Bioinspired modification of *h*-BN for high thermal conductive composite films with aligned structure[J]. ACS Applied Materials & Interfaces,2015,7(10): 5701-5708.

[70] ZHU H L,LI Y Y,FANG Z Q,et al. Highly thermally conductive papers with percolative layered boron nitride nanosheets[J]. ACS Nano,2014,8(4): 3606-3613.

[71] TANIMOTO M,YAMAGATA T,MIYATA K,et al. Anisotropic thermal diffusivity of hexagonal boron nitride-filled polyimide films: Effects of filler particle size,aggregation, orientation,and polymer chain rigidity[J]. ACS Applied Materials & Interfaces, 2013, 5(10): 4374-4382.

[72] YUAN C,DUAN B,LI L,et al. Thermal conductivity of polymer-based composites with magnetic aligned hexagonal boron nitride platelets[J]. ACS Applied Materials & Interfaces,2015,7(23): 13000-13006.

[73] KASHFIPOUR M A,DENT R S, MEHRA N, et al. Directional xylitol crystal propagation in oriented micro-channels of boron nitride aerogel for isotropic heat conduction[J]. Composites Science and Technology,2019,182: 107715.

[74] LI H T,FU C J,CHEN N, et al. Ice-templated assembly strategy to construct three-

dimensional thermally conductive networks of BN nanosheets and silver nanowires in polymer composites[J]. Composites Communications, 2021, 25: 100601.

[75] ZHI C Y, BANDO Y, WANG W L L, et al. Mechanical and thermal properties of polymethyl methacrylate-BN nanotube composites[J]. Journal of Nanomaterials, 2008, 2008: 642036.

[76] ZENG X L, SUN J J, YAO Y M, et al. A combination of boron nitride nanotubes and cellulose nanofibers for the preparation of a nanocomposite with high thermal conductivity [J]. ACS Nano, 2017, 11(5): 5167-5178.

[77] HUANG X Y, ZHI C Y, JIANG P K, et al. Polyhedral oligosilsesquioxane-modified boron nitride nanotube based epoxy nanocomposites: An ideal dielectric material with high thermal conductivity[J]. Advanced Functional Materials, 2013, 23(14): 1824-1831.

[78] 党婧,刘婷婷. SiC颗粒-SiC 晶须混杂填料/双马来酰亚胺树脂导热复合材料的制备与性能[J]. 复合材料学报, 2017, 34(2): 263-269.

[79] SONG J N, ZHANG Y. Vertically aligned silicon carbide nanowires/reduced graphene oxide networks for enhancing the thermal conductivity of silicone rubber composites[J]. Composites Part A: Applied Science and Manufacturing, 2020, 133: 105873.

[80] XU Y S, CHUNG D D L. Increasing the thermal conductivity of boron nitride and aluminum nitride particle epoxy-matrix composites by particle surface treatments[J]. Composite Interfaces, 2000, 7(4): 243-256.

[81] FREDDY Y C, SONG X L, YUE C Y, et al. Effect of AlN fillers on the properties of a modified bismaleimide resin[J]. Journal of Materids Processing Technology, 1999, 89-90: 437-439.

[82] YU S Z, HING P, HU X. Thermal conductivity of polystyrene-aluminum nitride composite[J]. Composites Part A: Applied Science and Manufacturing, 2002, 33(2): 289-292.

[83] PEZZOTTI G, KAMADA I, MIKI S. Thermal conductivity of AlN/polystyrene interpenetrating networks[J]. Journal of the European Ceramic Society, 2000, 20(8): 1197-1203.

[84] TIAN F, SONG B, CHEN X, et al. Unusual high thermal conductivity in boron arsenide bulk crystals[J]. Science, 2018, 361(6402): 582-585.

[85] CHO E N, ZHITOMIRSKY D, HAN G G D, et al. Molecularly engineered azobenzene derivatives for high energy density solid-state solar thermal fuels[J]. ACS Applied Materials & Interfaces, 2017, 9(10): 8679-8687.

[86] FENG Y Y, FENG W, NODA H, et al. Synthesis of photoresponsive azobenzene chromophore-modified multi-walled carbon nanotubes[J]. Carbon, 2007, 45(12): 2445-2448.

[87] KOLPAK A M, GROSSMAN J C. Azobenzene-functionalized carbon nanotubes as high-energy density solar thermal fuels[J]. Nano Letters, 2011, 11(8): 3156-3162.

[88] TAILLEFUMIER M, DUGAEV V K, CANALS B, et al. Graphene in a periodically alternating magnetic field: An unusual quantization of the anomalous hall effect[J]. Physical Review B, 2011, 84(8): 085427.

[89] YAN Q H, ZHANG Y, DANG Y F, et al. Solid-state high-power photo heat output of 4-((3, 5-dimethoxyaniline)-diazenyl)-2-imidazole/graphene film for thermally controllable dual data encoding/reading[J]. Energy Storage Materials, 2020, 24: 662-669.

[90] ZHAO X Z, FENG Y Y, QIN C Q, et al. Controlling heat release from a close-packed

bisazobenzene-reduced-graphene-oxide assembly film for high-energy solid-state photothermal fuels[J]. Chemsus Chem, 2017, 10(7): 1395-1404.
[91] FENG W, LI S P, LI M, et al. An energy-dense and thermal-stable bis-azobenzene/hybrid templated assembly for solar thermal fuel[J]. Journal of Materials Chemistry A, 2016, 4(21): 8020-8028.
[92] YANG W X, FENG Y Y, SI Q Y, et al. Efficient cycling utilization of solar-thermal energy for thermochromic displays with controllable heat output [J]. Journal of Materials Chemistry A, 2019, 7(1): 97-106.
[93] 隽奥. 近红外光调控的液晶/上转换纳米粒子复合材料的研究[D]. 北京：北京化工大学, 2019.
[94] SOOFIVAND F, SALAVATI-NIASARI M. "Ag_2HgI_4" a thermochromic compound with superionic conducting properties: Synthesis, characterization and investigation of graphene-based nanocomposites[J]. Journal of Molecular Liquids, 2018, 252: 112-120.
[95] CHEN Z, REN W, GAO L, et al. Three-dimensional flexible and conductive interconnected graphene networks grown by chemical vapour deposition[J]. Nature Materials, 2011, 10(6): 424-428.
[96] PAN X R, LI G W, HU Y H, et al. Effects of diet and exercise in preventing NIDDM in people with impaired glucose tolerance. The Da Qing IGT and diabetes study[J]. Diabetes Care, 1997, 20(4): 537-544.
[97] ZHANG F, MA P C, WANG J, et al. Anisotropic conductive networks for multidimensional sensing[J]. Materials Horizons, 2021, 8(10): 2615-2653.
[98] WANG Y, ZHAO N, QIU J, et al. Folic acid supplementation and dietary folate intake, and risk of preeclampsia [J]. European Journal of Clinical Nutrition, 2015, 69 (10): 1145-1150.
[99] NING G, FAN Z, WANG G, et al. Gram-scale synthesis of nanomesh graphene with high surface area and its application in supercapacitor electrodes[J]. Chemical Communications, 2011, 47(21): 5976-5978.
[100] WANG D, LIU S, WARRELL J, et al. Comprehensive functional genomic resource and integrative model for the human brain[J]. Science, 2018, 362: 6420.
[101] LUONG D X, SUBRAMANIAN A K, SILVA G A L, et al. Laminated object manufacturing of 3D-printed laser-induced graphene foams [J]. Advanced Materials, 2018, 30(28): 1707416.
[102] ZHU C, HAN T Y, DUOSS E B, et al. Highly compressible 3D periodic graphene aerogel microlattices[J]. Nature Communications, 2015, 6: 6962.
[103] XIAO X, BEECHEM T E, BRUMBACH M T, et al. Lithographically defined three-dimensional graphene structures[J]. ACS Nano, 2012, 6(4): 3573-3579.
[104] ZHANG F, REN D, HUANG L, et al. 3D interconnected conductive graphite nanoplatelet welded carbon nanotube networks for stretchable conductors[J]. Advanced Functional Materials, 2021, 31(49): 2107082.
[105] SAMAD Y A, LI Y, ALHASSAN S M, et al. Non-destroyable graphene cladding on a range of textile and other fibers and fiber mats [J]. RSC Advances, 2014, 4 (33): 16935-16938.

[106] BERBER S, KWON Y K, TOMÁNEK D. Unusually high thermal conductivity of carbon nanotubes[J]. Physical Review Letters, 2000, 84(20): 4613-4616.

[107] BIERCUK M J, LLAGUNO M C, RADOSAVLJEVIC M, et al. Carbon nanotube composites for thermal management [J]. Applied Physics Letters, 2002, 80 (15): 2767-2769.

[108] GUI X, LIN Z, ZENG Z, et al. Controllable synthesis of spongy carbon nanotube blocks with tunable macro-and microstructures[J]. Nanotechnology, 2013, 24(8): 085705.

[109] SUBRAMANIAM C, YAMADA T, KOBASHI K, et al. One hundred fold increase in current carrying capacity in a carbon nanotube-copper composite [J]. Nature Communications, 2013, 4: 2202.

[110] GUI X, CAO A, WEI J, et al. Soft, highly conductive nanotube sponges and composites with controlled compressibility[J]. ACS Nano, 2010, 4(4): 2320-2326.

[111] ZHANG F, FENG Y, FENG W. Three-dimensional interconnected networks for thermally conductive polymer composites: Design, preparation, properties, and mechanisms[J]. Materials Science and Engineering: R: Reports, 2020, 142: 100580.

[112] GUI X, ZENG Z, LIN Z, et al. Magnetic and highly recyclable macroporous carbon nanotubes for spilled oil sorption and separation[J]. ACS Apply Materials Interfaces, 2013, 5(12): 5845-5850.

[113] YANG G, CHOI W, PU X, et al. Scalable synthesis of bi-functional high-performance carbon nanotube sponge catalysts and electrodes with optimum C-N-Fe coordination for oxygen reduction reaction[J]. Energy & Environmental Science, 2015, 8(6): 1799-1807.

[114] HASHIM D P, NARAYANAN N T, ROMO-HERRERA J M, et al. Covalently bonded three-dimensional carbon nanotube solids via boron induced nanojunctions[J]. Scientific Reports, 2012, 2: 363.

[115] SHAN C, ZHAO W, LU X L, et al. Three-dimensional nitrogen-doped multiwall carbon nanotube sponges with tunable properties[J]. Nano Letters, 2013, 13(11): 5514-5520.

[116] ZENG X, YAO Y, GONG Z, et al. Ice-templated assembly strategy to construct 3D boron nitride nanosheet networks in polymer composites for thermal conductivity improvement [J]. Small, 2015, 11(46): 6205-6213.

[117] ZHAO L H, WANG L, JIN Y F, et al. Simultaneously improved thermal conductivity and mechanical properties of boron nitride nanosheets/aramid nanofiber films by constructing multilayer gradient structure[J]. Composites Part B: Engineering, 2022, 229: 109454.

[118] GUINEY L M, MANSUKHANI N D, JAKUS A E, et al. Three-dimensional printing of cytocompatible, thermally conductive hexagonal boron nitride nanocomposites[J]. Nano Letters, 2018, 18(6): 3488-3493.

[119] ROUSSEAS M, GOLDSTEIN A P, MICKELSON W, et al. Synthesis of highly crystalline sp2-bonded boron nitride aerogels[J]. ACS Nano, 2013, 7(10): 8540-8546.

[120] ZHANG H, WANG T, WANG J, et al. Surface-plasmon-enhanced photodriven CO_2 reduction catalyzed by metal-organic-framework-derived iron nanoparticles encapsulated by ultrathin carbon layers[J]. Advanced Materials, 2016, 28(19): 3703-3710.

[121] CAO L, CHEN S, ZOU C, et al. A pilot study of the SARC-F scale on screening

sarcopenia and physical disability in the Chinese older people[J]. Journal of Nutrition Health & Aging,2014,18(3): 277-283.

[122] TIAN Z,SUN J,WANG S,et al. A thermal interface material based on foam-templated three-dimensional hierarchical porous boron nitride[J]. Journal of Materials Chemistry A,2018,6(36): 17540-17547.

[123] LI J,LI F,ZHAO X, et al. Jelly-inspired construction of the three-dimensional interconnected BN network for lightweight, thermally conductive, and electrically insulating rubber composites [J]. ACS Applied Electronic Materials, 2020, 2 (6): 1661-1669.

[124] YAO Y,SUN J,ZENG X,et al. Construction of 3D skeleton for polymer composites achieving a high thermal conductivity[J]. Small,2018,14(13): 1704044.

[125] HUANG X,LIN Y,ALVA G, et al. Thermal properties and thermal conductivity enhancement of composite phase change materials using myristyl alcohol/metal foam for solar thermal storage[J]. Solar Energy Materials and Solar Cells,2017,170: 68-76.

[126] ZHU F,ZHANG C, GONG X. Numerical analysis and comparison of the thermal performance enhancement methods for metal foam/phase change material composite[J]. Applied Thermal Engineering,2016,109: 373-383.

[127] HUANG L,ZHU P,LI G,et al. Improved wetting behavior and thermal conductivity of the three-dimensional nickel foam/epoxy composites with graphene oxide as interfacial modifier[J]. Applied Physics A,2016,122(5): 515.

[128] GUO H,WANG Q,LIU J,et al. Improved interfacial properties for largely enhanced thermal conductivity of poly(vinylidene fluoride)-based nanocomposites via functionalized multi-wall carbon nanotubes[J]. Applied Surface Science,2019,487: 379-388.

[129] YANG S,LI W,BAI S,et al. Fabrication of morphologically controlled composites with high thermal conductivity and dielectric performance from aluminum nanoflake and recycled plastic package [J]. ACS Applied Materials & Interfaces, 2019, 11 (3): 3388-3399.

[130] MA T,ZHAO Y,RUAN K,et al. Highly thermal conductivities, excellent mechanical robustness and flexibility, and outstanding thermal stabilities of aramid nanofiber composite papers with nacre-mimetic layered structures[J]. ACS Applied Materials & Interfaces,2020,12(1): 1677-1686.

[131] WANG Z,CHEN M, LIU Y, et al. Nacre-like composite films with high thermal conductivity,flexibility,and solvent stability for thermal management applications[J]. Journal of Materials Chemistry C,2019,7(29): 9018-9024.

[132] TANG Y,XIAO C,DING J,et al. Synergetic enhancement of thermal conductivity in the silica-coated boron nitride (SiO_2@BN)/polymethyl methacrylate (PMMA) composites [J]. Colloid and Polymer Science,2020,298(4): 385-393.

[133] KIM K,KIM J. Exfoliated boron nitride nanosheet/MWCNT hybrid composite for thermal conductive material via epoxy wetting[J]. Composites Part B: Engineering, 2018,140: 9-15.

[134] TIAN X,PAN T,DENG B,et al. Synthesis of sandwich-like nanostructure fillers and their use in different types of thermal composites [J]. ACS Applied Materials &

Interfaces,2019,11(43): 40694-40703.
[135] LUO H,LIU J,YANG Z, et al. Manipulating thermal conductivity of polyimide composites by hybridizing micro-and nano-sized aluminum nitride for potential aerospace usage[J]. Journal of Thermoplastic Composite Materials,2020,33(8): 1017-1029.
[136] CHOI S,KIM J. Thermal conductivity of epoxy composites with a binary-particle system of aluminum oxide and aluminum nitride fillers[J]. Composites Part B: Engineering, 2013,51: 140-147.
[137] MOUGEL J B,ADDA C, BERTONCINI P, et al. Highly efficient and predictable noncovalent dispersion of single-walled and multi-walled carbon nanotubes by cellulose nanocrystals[J]. The Journal of Physical Chemistry C,2016,120(39): 22694-22701.
[138] XIAO G,DI J,LI H, et al. Highly thermally conductive, ductile biomimetic boron nitride/aramid nanofiber composite film[J]. Composites Science and Technology, 2020, 189: 108021.
[139] YANG S,XUE B,LI Y,et al. Controllable Ag-rGO heterostructure for highly thermal conductivity in layer-by-layer nanocellulose hybrid films [J]. Chemical Engineering Journal,2020,383: 123072.
[140] CHEN F,BAI M,CAO K,et al. Fabricating MnO_2 nanozymes as intracellular catalytic DNA circuit generators for versatile imaging of base-excision repair in living cells[J]. Advanced Functional Materials,2017,27(45): 1702748.
[141] YAO Y,YE Z,HUANG F,et al. Achieving significant thermal conductivity enhancement via an ice-templated and sintered bn-sic skeleton [J]. ACS Applied Materials & Interfaces,2020,12(2): 2892-2902.
[142] HAN J,DU G,GAO W,et al. An anisotropically high thermal conductive boron nitride/epoxy composite based on nacre-mimetic 3D network[J]. Advanced Functional Materials, 2019,29(13): 1900412.
[143] BO Z,ZHU H,YING C, et al. Tree-inspired radially aligned, bimodal graphene frameworks for highly efficient and isotropic thermal transport[J]. Nanoscale, 2019, 11 (44): 21249-21258.
[144] XU X,HU R,CHEN M, et al. 3D boron nitride foam filled epoxy composites with significantly enhanced thermal conductivity by a facial and scalable approach[J]. Chemical Engineering Journal,2020,397: 125447.
[145] ZHANG X,XIA X,YOU H, et al. Design of continuous segregated polypropylene/ Al_2O_3 nanocomposites and impact of controlled Al_2O_3 distribution on thermal conductivity [J]. Composites Part A: Applied Science and Manufacturing, 2020, 131: 105825.
[146] LIU Z,CHEN Y,LI Y, et al. Graphene foam-embedded epoxy composites with significant thermal conductivity enhancement[J]. Nanoscale,2019,11(38): 17600-17606.
[147] SHEN Z,FENG J. Preparation of thermally conductive polymer composites with good electromagnetic interference shielding efficiency based on natural wood-derived carbon scaffolds[J]. ACS Sustainable Chemistry & Engineering,2019,7(6): 6259-6266.
[148] HAO L C,LI Z X,SUN F, et al. High-performance epoxy composites reinforced with three-dimensional Al_2O_3 ceramic framework[J]. Composites Part A: Applied Science

and Manufacturing, 2019, 127: 105648.

[149] YUAN J, QIAN X, MENG Z, et al. Highly thermally conducting polymer-based films with magnetic field-assisted vertically aligned hexagonal boron nitride for flexible electronic encapsulation [J]. ACS Applied Materials & Interfaces, 2019, 11 (19): 17915-17924.

[150] SONG N, CAO D, LUO X, et al. Highly thermally conductive polypropylene/graphene composites for thermal management [J]. Composites Part A: Applied Science and Manufacturing, 2020, 135: 105912.

[151] CHEN J, HUANG X, SUN B, et al. Highly thermally conductive yet electrically insulating polymer/boron nitride nanosheets nanocomposite films for improved thermal management capability[J]. ACS Nano, 2019, 13(1): 337-345.

[152] GU J W, LV Z Y, WU Y L, et al. Dielectric thermally conductive boron nitride/polyimide composites with outstanding thermal stabilities via in-situ polymerization-electrospinning-hot press method[J]. Composites Part A: Applied Science and Manufacturing, 2017, 94: 209-216.

[153] CHEN J, HUANG X, SUN B, et al. Vertically aligned and interconnected boron nitride nanosheets for advanced flexible nanocomposite thermal interface materials [J]. ACS Applied Materials & Interfaces, 2017, 9(36): 30909-30917.

[154] ALAM F E, DAI W, YANG M, et al. In situ formation of a cellular graphene framework in thermoplastic composites leading to superior thermal conductivity [J]. Journal of Materials Chemistry A, 2017, 5(13): 6164-6169.

[155] HU M C, FENG J Y, NG K M. Thermally conductive pp/aln composites with a 3D segregated structure[J]. Composites Science and Technology, 2015, 110: 26-34.

[156] JIANG Y, LIU Y J, MIN P, et al. BN@PPS core-shell structure particles and their 3D segregated architecture composites with high thermal conductivities [J]. Composites Science and Technology, 2017, 144: 63-69.

[157] ZHANG X, WU K, LIU Y H, et al. Preparation of highly thermally conductive but electrically insulating composites by constructing a segregated double network in polymer composites[J]. Composites Science and Technology, 2019, 175: 135-142.

第5章

智能导热材料应用

导热材料是一种针对材料、设备的热传导要求而设计出的性能优异、可靠的新型工业材料。其能够适应实际应用中各种环境的要求，对可能出现的各种导热问题都有相应的应对方案，在设备高度集成及超小超薄零件的正常工作中提供着有力的帮助。如今，导热材料在各行各业被广泛应用，例如半导体器件散热、航空航天器械的热管理、5G以及电子设备行业等。随着科技的日益发展，传统的静态导热材料已经不能满足人们越来越高的要求。我们日常生活的环境是动态多变的，在不同的环境下，设备的运行以及人们的生活都有不同的要求，能够对动态多变的环境进行性能调控和响应的智能导热材料应运而生，且在日常生活中也开始普遍应用。本章将对智能导热材料在某些领域中的应用进行简要介绍，其中主要包括温度感知、温度响应、温度开关和环境温度调控等方面。

5.1 温度智能调控

5.1.1 智能纺织品服装

对于包括人类在内的恒温动物来说，在复杂多变的生活环境中维持稳定的体温非常重要，在这一过程中，动物机体的热管理系统发挥了重要作用。作为人类文明的标志，服装纺织品不仅为身体提供遮盖和审美享受，更是在人体的热舒适性方面发挥着至关重要的作用。而传统服装的保暖性通常是静态的，无法对动态环境做出反应；进而，可以通过智能导热材料设计出具有可调节热性能的智能纺织物，以期望在动态环境中，服装能够根据环境变化做出对应的响应，调节自身热性能，达到动态热管理的效果。此外，先进的热管理服装在降低建筑物供暖、通风以及空调系统所需的能源消耗上具有很大的应用潜力。

人体通过代谢产生热量，并一直向周围散发热量来保持体内的热平衡。一般来讲，人体主要通过四种散热途径来维持体内热平衡：辐射、传导、对流和蒸发。

四种散热途径共同作用而实现体温稳定，但是在不同情况下，各个途径散发热量所占的比例不同。例如，当人们处于正常的室内环境中，人体通过中红外波长范围的辐射所散发的热量占总热损失的主要部分；而人体在剧烈运动时，通过汗液的蒸发而损失大部分的热量。涉及人体热管理的研究都要基于这四种途径来进行。

1. 调节热辐射性能的高级纺织品

人类皮肤是一种极好的红外辐射源（发射率为 0.98），主要在中红外区波长 7～14 μm 范围内发出热辐射，峰值强度为 9.5 μm。在日常的室内环境（如办公室），人体由辐射作用所散发的热量占总热损失的 50%以上。自然界中的许多物种已经进化出相应的器官来操纵红外辐射，以达到加热和冷却的目的。例如，撒哈拉银蚁拥有三角形的毛发，可以根据太阳的位置反射近红外线，从而有效散热。然而对人类来说，无论是我们的皮肤还是构成服装的纺织品，都无法动态控制这一光学通道进行热管理。虽然一些人工结构，包括光子晶体、复合结构和纳米多孔聚乙烯薄膜，已经实现了辐射冷却，但这些技术对环境变化没有响应，缺乏双向调节加热和冷却的有效机制。若能设计出能够响应外界环境变化、自适应调节光通道进行热管理的服装纺织品，将从根本上改善服装系统的功能。

已有科研工作者进行了此类研究，Wang 等[1]在三醋酸-纤维素双晶纤维上涂覆一层薄的碳纳米管，以此为基础设计出了一种对皮肤相对湿度变化产生响应的智能热管理纺织品，能够有效调节超过 35%的红外辐射。其工作原理是纤维之间存在电磁相互作用，随着皮肤表面相对湿度的变化，相邻纤维之间的距离发生变化，距离的变化诱发了共振电磁耦合，从而改变了纺织品的辐射率，从而实现智能的热管理。美中不足的是织物的动态特性受湿度变化影响，具有一定的局限性。

为了突破上述成果的局限性，比利时的 Maes 等[2]提出了一种动态透光开关纺织品（DTST）的设计思路。该纺织品能够通过适应环境的温度和湿度来控制红外热辐射的传输。DTST 包含了涂有导电材料的单丝，这些单丝以光子阵列的几何形状与形状记忆聚合物适当地组合排列；DTST 有两种模式：用于保暖功能（低红外透过率）的加热模式和用于降温功能（高红外透过率）的冷却模式。这两种模式在结构中共存，能够对动态的环境变化做出响应，达到智能热管理的目的。DTST 中模式切换开关的驱动力由纤维之间的形状记忆聚合物来提供，作为开关的驱动力，形状记忆聚合物需要具有可逆双向的热湿响应，在变化前后也要确保其红外透过率的变化符合保暖、降温的需求。最终得到的纺织品在 9.5～25.7℃范围内使人体处于热舒适状态，且对环境温度和湿度进行响应，突破了根据皮肤湿度响应的局限性。

2. 调节热传导性能的高级纺织品

作为人体散热的主要途径之一，热传导的调节是一个值得科研工作者们研究的课题，其目的是提高或减少人体热损失，从而实现有效的个人热管理。对于红外不透明的纺织品，在人体皮肤和纺织品内表面之间的界面处，热传导是主要的热传输途径，此外，热传导还是纺织品内部唯一的散热方式。为达到冷却目的而设计的高级纺织品的设计原则，是尽可能增加纺织品的导热性；相反，用于达到保暖目的的纺织品应该是高度隔热的。许多研究集中于向纺织品中引入可调节的热对流或热辐射性能，使人体能够在动态环境下对热量进行动态管理，除了对流和辐射，热传导对热传递也有重要影响。因此，设计和开发具有可调节热传导性能的新型纺织品，对有效的个人热管理具有重要价值，调整纺织品的导热性也是实现响应性热管理纺织品的另一种可行策略。

可调节的导热纺织品一般是基于可逆热导率转换的材料来制造的，这些材料的热导率会随着相变、微结构的变化而改变，以响应温度、外场、光、水的变化。对于实用的衣服来说，以温度、湿度的变化而触发的调节是优先选择的，同时，为了使调节效果最大化，热导率之间的切换需要一个高的切换比。目前仍然缺乏满足高切换比且兼具柔性和生物相容性的热导调节材料，这在一定程度上阻碍了导热响应性热管理纺织品的发展。清华大学的张莹莹教授团队[3]发现，丝胶蛋白可以与碳纳米管形成生物相容性和湿度响应的智能材料。丝胶蛋白是一种可持续的天然材料，具有良好的生物相容性和亲水性，碳纳米材料具有独特的热性能，两者结合可能会产生具有可切换热导率和湿度的响应材料。张教授和她的团队将石墨烯与丝胶蛋白结合，开发出了一种动态热导调节材料，通过实验和理论分析其结构随湿度的变化，将热导的调节行为归因于丝胶蛋白的水合/脱水影响了石墨烯-丝胶蛋白界面的热导，从而实现可调节的热导率，开关比达到了 14 倍，这种材料在个人热管理方面具有巨大的应用潜力。图 5-1 对该纺织品的性能应用进行了展示：制备出的响应性纺织品在热管理中的应用见图 5-1(a)，这种纺织品能够在不同的湿度下自动调节其热传导性能；纺织品的制备及其扫描电子显微镜图像分别在图 5-1(b)和(c)中展示，在纤维上分布着石墨烯薄片；不仅如此，在图 5-1(d)～(f)上还分别展示了不同纺织品在干湿交替环境中的热阻变化，并展示了手套在不同环境下的红外图像。

3. 调节热对流性能的高级纺织品

对流传热是指在流体流动进程中发生的热量传递现象。由于纺织品的多孔结构，对流传热在热阻中起着非常重要的作用，纺织品的孔结构影响着其在不同环境下的热阻，在不同的测试标准和条件下，纺织品的热阻会有很大的不同。对人体所处的不同状态产生相应响应，自动调节孔结构，从而控制对流传热，这是调节热对流性能的高级纺织品工作的重点。

在进行实验设计之前，需要选择适合作为智能纺织品的材料，对可调节热对流性能的纺织品来讲，原材料需要对外界变化做出响应，来改变其形状，从而改变纺织品的孔结构，进而对热阻进行自动调节。细胞对外部刺激的生物力学反应已经得到了深入研究，但很少应用到与人体互动的设备中。Wang 等[4]提出，活细胞的

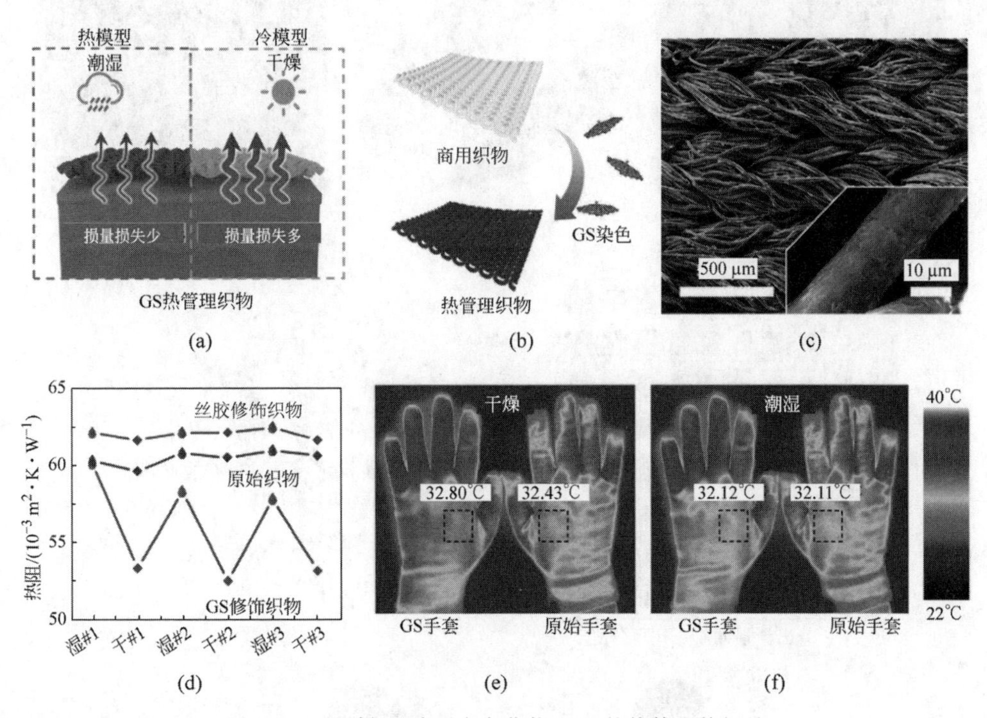

图 5-1　石墨烯-丝胶蛋白杂化物(GS)的热管理纺织品

(a) GS纺织品在不同湿度下的动态热管理示意图；(b) GS热管理纺织品的制备示意图；(c) GS纺织品的SEM图；(d) 不同纺织品在干湿胶体环境中的热阻变化；在(e)干燥和(f)潮湿环境中GS手套和原始手套的红外图像

吸湿和生物荧光行为能够被设计成生物混合可穿戴设备，对人体汗液做出多功能响应。科研人员通过将遗传易处理的微生物沉积在湿度惰性材料上形成异质多层结构，获得了生物杂交膜，该膜能够根据环境湿度的变化在几秒内可逆地改变形状和生物荧光强度。以此生物杂交膜为基础，设计出可穿戴的跑步服，该跑步服能够动态地调节通风程度，与身体的生物热调节协调一致。跑步服材料为生物杂交膜-防潮材料-生物杂交膜的三明治结构，这种结构允许薄膜仅对穿过薄膜的局部水分梯度做出响应，同时确保薄膜的平整度，在均匀环境中(暴露在相同条件下的两侧)两侧具有平衡的收缩力，可以通过改变中间支撑层的厚度和弹性来调整和模拟弯曲度。其结构示意图如图 5-2(a)～(e)所示。人们通过应用这种能够随着运动期间汗液的产生而可逆地改变形状的响应性织物，设计出了带有通风生物瓣的运动服，该生物瓣可以通过形状转换调节暴露皮肤的面积，通过改变皮肤暴露百分比来自动调整织物的水分传递和耐热性。在身体上的高发热量区域，使用大单位尺寸的通风活门来增强空气对流，以快速去除水分；而在高出汗区域，则采用高开度来确保织物的透气性。

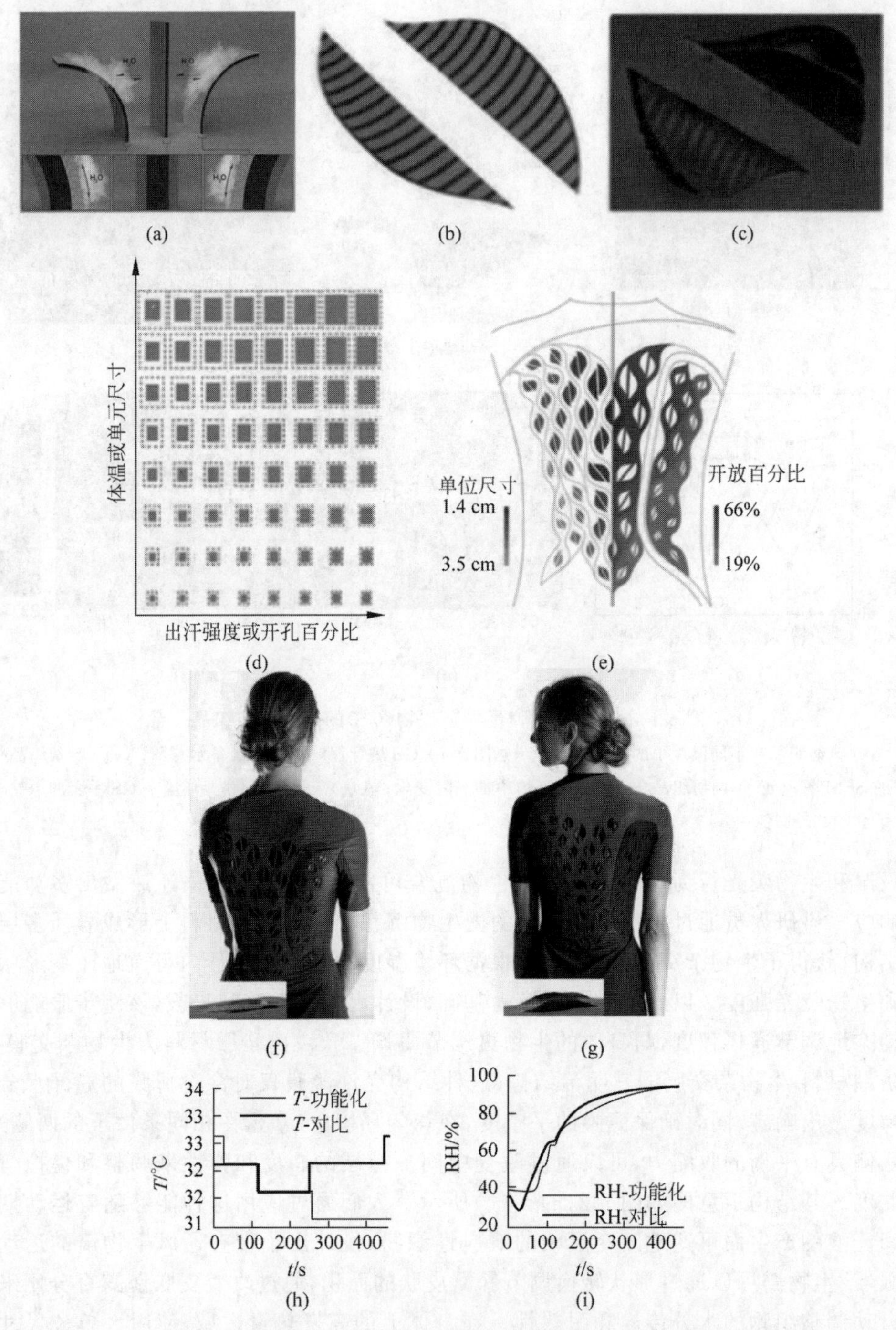

图 5-2 汗液响应可穿戴设备的夹层结构生物杂化膜性能

(a) 暴露于水分时，平面夹层结构生物杂化膜的形状转变；高湿度环境下，通风阀在打开阶段的(b)应力模拟和(c)弯曲行为。(d) 服装设计的原则，出汗量和体温梯度。(e) 根据背部热图和出汗图设计的服装原型。(f)锻炼前和(g)锻炼后的服装图像；穿着功能性片(蓝色)以及非功能性片(橙色)的服装时，皮肤附近空气层的(h)温度和(i)相对湿度分布图利用上述技术，科研团队设计了可穿戴的运动设备：跑步服。在运动 5 min 后，测试者因流汗感到湿度上升时，服装上的挡板打开，如图 5-2(f)和(g)所示。当在温度和湿度稳定的环境中穿着该服装时，服装上的传感器会跟踪人体的温度和湿度分布(图 5-2(h)，(i))。结果表明，具有功能性皮瓣的服装能够有效排除身体的汗液，并降低身体与织物之间静止空气的温度。

5.1.2　温度智能感知

在现实生活中，小到个人的日常生活，大到国家航天技术的发展，都离不开导热材料。随着科学技术的不断发展，传统的热管理材料越来越不能满足我们对多变环境的需求。民以食为天，从农作物的生长到航天器的正常工作，都需要对其进行温度的调控，不同的作物在不同的生长阶段，所适宜的温度不同；而航天器在执行不同任务时，外部环境会随着航天器的运动发生剧烈变化，为了使航天器各部件保持最佳性能以及延长其使用寿命，也需要对其温度进行感知并调控。正是由于对温度控制有了更高的要求，热管理材料也需要随着人们的需求而不断发展，智能导热材料也就应运而生。在日常生活中，已经有了智能导热材料的身影。

1. 温度智能感知

温度传感器是指能够感受温度的变化并将其转换为其他可输出信号的传感器。近年来，随着材料科学与电子技术的飞速发展，柔性温度传感器由于其灵活性、质轻、高延展性且随意变形弯曲等优点而成为研究者广泛关注的焦点，其在可穿戴电子设备、现代医疗设备、人体系统健康监测以及智能显示等领域具有重要的应用前景。一般柔性电阻式温度传感器的工作原理是，通过热敏材料的阻值随温度变化而发生相应规律性变化，并将其转换为可输出的电信号来感知温度的变化。常见的热敏材料有碳材料、金属及其氧化物、导电高分子材料等。

温度作为一个重要的物理量，与许多变化过程密切相关，如物理的相变过程、热量传递过程、光热转换过程、核变过程以及化学反应和电化学变化等。能够实时、精准地感知温度的变化，在这些变化过程中至关重要。碳材料中的石墨烯作为一种重要的高导热材料，其优异的力学性能、电学性能使其成为刺激性响应材料的候选之一。石墨烯作为热敏材料，通过传统的微纳加工技术已经被应用于温度传感器。传统石墨烯传感器的温度感知能力较差，即温度灵敏度小，因此 Shi 等[5]利用等离子体增强的化学气相沉积(PECVD)技术和聚合物辅助转移方法制备了石墨烯纳米壁(GNW)/PDMS 可穿戴温度传感器，由于 GNW 优异的可拉伸性和 PDMS 较大的热膨胀系数而使其复合材料表现出极高的温度响应特性。该传感器可以用于检测人体温度，并显示出快速的响应和恢复速度以及长期稳定性。

导电高分子材料因其具有溶液可加工、结构易调、离子/电子导电和多重刺激响应能力等优势，成为新一代温度传感器的候选材料之一。但是，其本征脆性结构和传感性能较差等劣势限制了温度传感器在非接触式无线传感的应用。Xu 等[6]

利用挥发诱导自组装技术和静电相互作用将 PEDOT:PSS 在羧基化的丁苯乳胶(XSB)膜上构建三维分离结构的高灵敏度薄膜传感器，其制备过程如图 5-3(a)所示。通过调节 PEDOT：PSS 在 XSB 基体中的比例，研究其对复合材料性质的影响，所制备的聚合物复合材料表现出优异的柔韧性和可拉伸性，如图 5-3(b)所示。由于独特的三维分离导电网络结构(图 5-3(c))，其对外界刺激信号(温度和湿度)十分敏感，其薄膜器件的湿度感知能力达到 1.09%/RH、温度感知能力达到 0.72 %/℃(图 5-3(d))，其温度和湿度感知能力超过其他结构所构筑的传感器(图 5-3(d)和(e))，且均媲美甚至超过目前所报道的基于无机材料的高灵敏度柔性传感器。此外，由于导电聚合物独特的光热转换能力，使得聚合物复合材料表现出优异的近红外光(808 nm)感知能力。将该柔性温度传感器组装成电容式传感器阵列，其接近人手的优越非接触式传感感知能力(响应能力和检测距离分别为 52%和 12 cm)在人体健康检测、热源识别以及姿势动作定位方面展现出广阔的应用前景。

柔性可穿戴电子设备由于能够实时监测人体的健康状态、人体运动以及感知皮肤温度而引起了研究者的广泛关注，其核心部件是由能够感知和量化多种刺激作用(温度、湿度、压力、应变和触感等)的各种传感器所构成[7-9]。在各种可穿戴

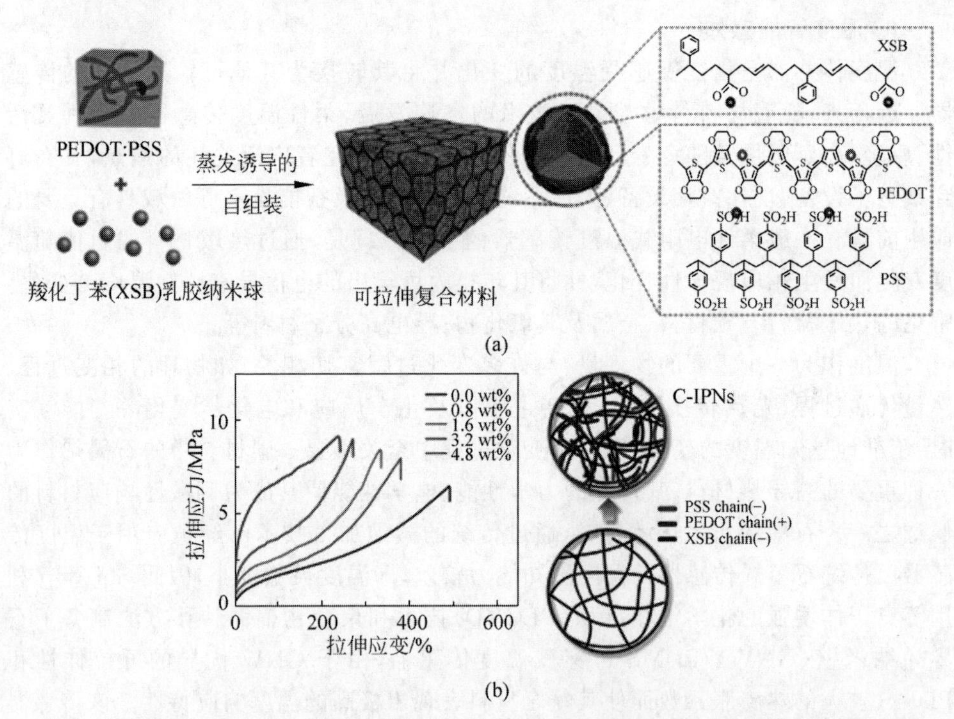

图 5-3 (a) PEDOT:PSS 与 XSB 的三维分离结构柔性薄膜传感器的制备；(b) 聚合物复合材料的拉伸应力应变曲线；(c) 不同结构聚合物复合材料的示意图；(d) 聚合物复合材料的温度和湿度对比图；(e) 不同结构聚合物复合材料温度-阻值特性曲线

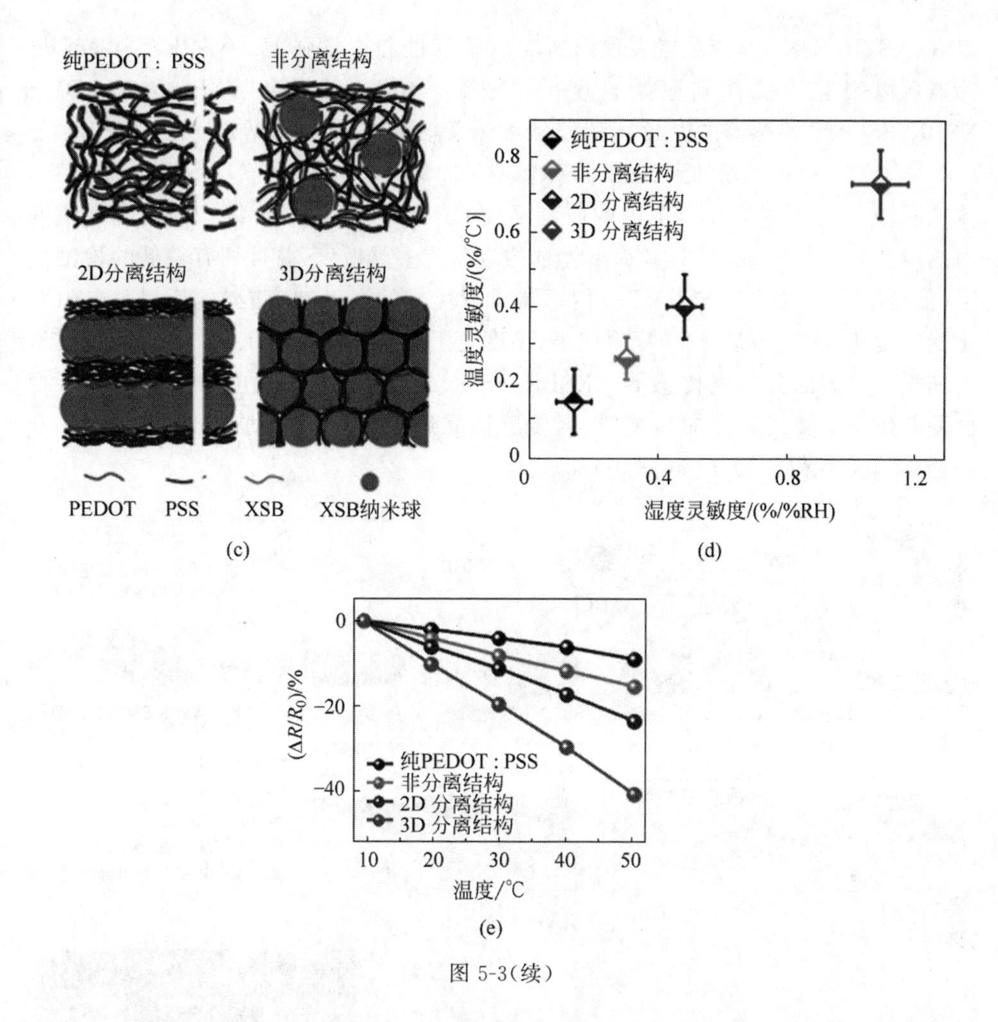

图 5-3(续)

应用中,温度传感和应变传感的性能参数是重要的研究指标。较高的应变灵敏度是监测人体微弱变化(脉搏和心跳)的先决调节参数,同时皮肤温度的实时监测对于预测人体与热环境的感知状态以及疾病的早期诊断是至关重要的。目前,商业化的基于金属和半导体的传感器制造技术成熟且制造成本低,但由于其较差的柔性、较低的灵敏度、较差的可拉伸性(小于 5%)和低的应变系数(小于 2)而不能满足可穿戴柔性需求[10]。基于此,Xu 等[11]报道了一种可拉伸和增强型多功能碳纳米管基传感器,这种传感器是基于羧基丁苯橡胶(XSBR)和亲水性丝胶(SS)的非共价修饰碳纳米管(SSCNT)的氢键交联网络制成的。

丝胶是蝉茧两种主要蛋白之一,构成丝胶的氨基酸可以对碳纳米管表面进行修饰,克服碳纳米管之间的范德瓦耳斯力,增加碳纳米管在 XSBR 基体中的分散性。丝胶改性的碳纳米管(SSCNT)在硫化剂过氧化二异丙苯(DCP)的作用下与 XSBR 进行机械搅拌和超声辅助分散得到混合胶乳成膜制备所需的柔性传感材料,其工艺流程示意图如图 5-4(a)所示。由于碳纳米管均匀的分散和出色的增强表现，XSBR/SSCNT 传感器表现出所需的柔韧性和力学强度。XSBR/SSCNT 传感器可以很容易拉伸到原始长度的 200%～400%而不会断裂（图 5-4(b)）。XSBR/SSCNT 传感器的电导率随着碳纳米管含量的增加而增加，从纯 XSBR 的 4.56×10^{-8} S·m^{-1} 增加到 XSBR/SSCNT-7 的 0.1567 S·m^{-1}。XSBR/SSCNT-5 传感器在 0～170%应变范围内的应变系数 GF=4.24，在 170%～214%应变范围内的应变系数 GF=25.98，显示出优越的应变传感灵敏度，并且拥有较低的检测极限（低至 1%）。XSBR/SSCNT-5 传感器具有优异的温度响应能力，其相对电阻变化随温度从 30℃升高至 100℃而减小，温度电阻系数（TCR）为 1.636%/℃，超过了先前报道的大部分温度传感器。XSBR/SSCNT-5 传感器高温度响应的实际可行性使其作为贴装式温度加热装置，当传感器靠近热源时，其皮肤温度从 33.2℃升高至 41.0℃仅仅需要 10 s（图 5-4(c)）。

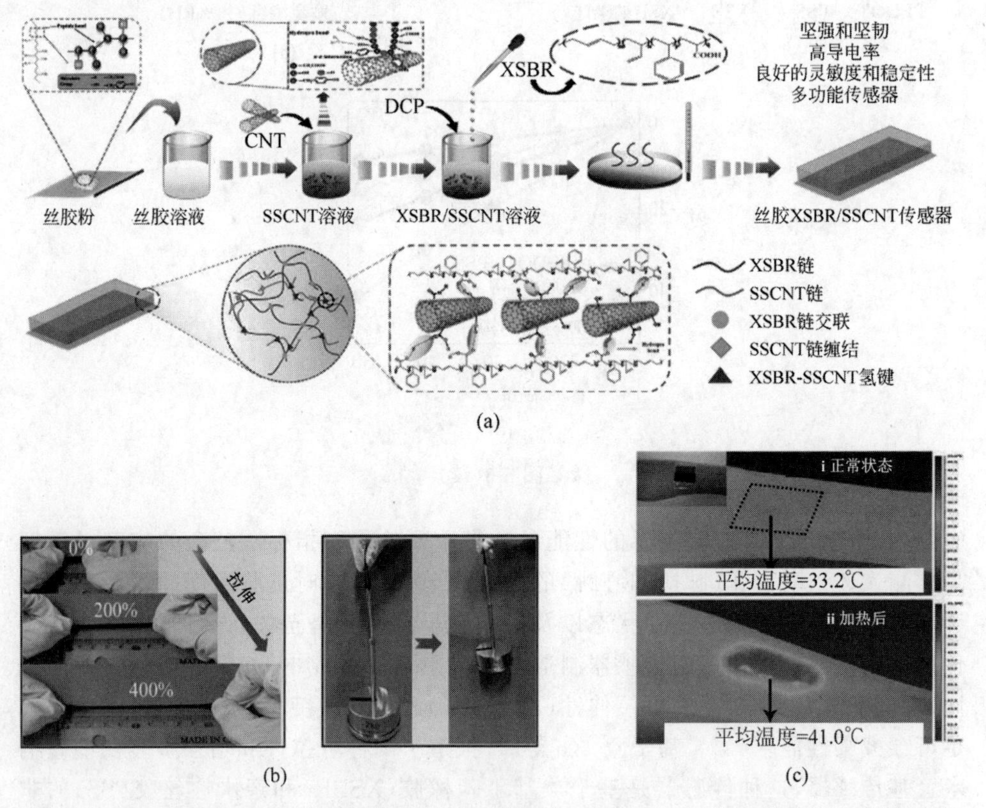

图 5-4　(a) XSBR/SSCNT 传感材料的制备工艺流程示意图；(b) XSBR/SSCNT 传感器的拉伸性能；(c) XSBR/SSCNT 传感器的温度响应实验

皮肤作为人体与外界环境相接触的表面，具有保护、感觉或呼吸等功能。它可以将外界的刺激（温度、压力、张力等）转变为经过大脑做出的安全有效指示的化学信号。受此启发，众多研究者致力于开发类似人体皮肤的具有多种感知功能的电子皮肤(E-skins)[12-14]。通过将不同的导电填料填合到电子皮肤,能够使电子皮肤对外界刺激做出迅速的响应。碳纳米管因其优异的导电和导热性能被广泛地用于电子皮肤的制备中。然而,大多数整合碳纳米管的电子皮肤缺少数据可视化功能,需要借助外联的设备才能显示和处理信号。此外,这些设备输出的电信号单一,使得精准判断刺激位点变得困难,且在干扰下容易造成误差。因此,开发这样的电子皮肤具有广阔的发展前景。Zhao 等[15]模拟变色龙皮肤,将羟丙基纤维素(HPC)、温敏性水凝胶聚丙烯酰胺-丙烯酸(PACA)和碳纳米管整合到一起,提出了一种基于羟丙基纤维素导电液晶水凝胶的电子皮肤,如图 5-5(a)所示。HPC 仍然可以形成光子晶体结构,显示出明亮的结构色,碳纳米管增强了结构色的饱和度,PACA 则起到了支撑 HPC 结构的作用。由于 HPC 单元的敏感响应能力以及 PACA 的支撑作用,复合水凝胶可以在外界刺激作用(温度、压力和张力等)下改变体积和内部纳米结构以显示出不同的结构色。此外,由于碳纳米管的加入,使得水凝胶相应的电阻也发生变化。因此,复合水凝胶电子皮肤不仅能通过电信号定量反馈多重刺激,而且可以通过可视化颜色的变化确定刺激位点。当温度上升时,由于复合水凝胶的膨胀,HPC 胆甾相液晶螺旋螺距增加,使反射光的波长增加,发生红移(图 5-5(b)和(c))。同时,电阻也随温度增加呈现出减小的趋势(图 5-5(d)),这个循环实验证实了该电子皮肤具有颜色和电阻变化的可逆性(图 5-5(e)和(f))。复合水凝胶电子皮肤具有温度感知功能,并且在多次温度循环后仍能保持较好的热敏性。除了对温度的响应,电子皮肤还能对压力和张力等机械力做出良好的响应。在外力的作用下,凝胶内部纳米结构发生变化,从而使其颜色和电阻发生改变。通过按压或拉伸电子皮肤表面,受力区域出现明显的颜色变化,如图 5-5(g)所示。这种通过可视化的颜色和电阻定量的变化来对外界刺激做出响应反馈的双信号传感能力,为柔性电子皮肤的设计和制备开辟了新的道路。

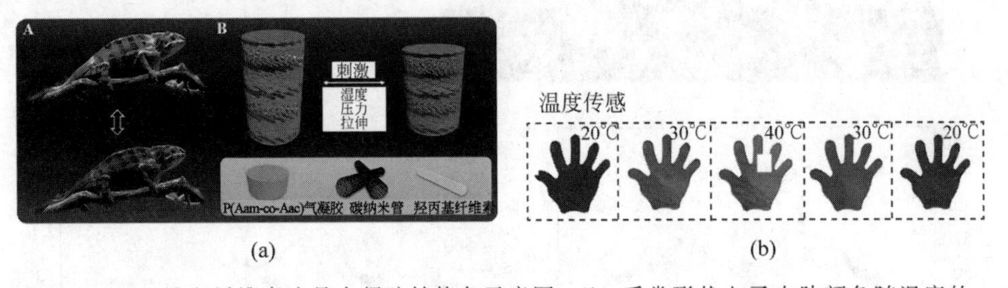

图 5-5 (a) 导电纤维素液晶水凝胶结构色示意图;(b) 手掌形状电子皮肤颜色随温度的变化;(c) 不同含量 HPC 的电子皮肤的反射光波长随温度变化关系;(d) 电子皮肤的相对电阻随温度变化关系;(e) 电子皮肤的反射光波长随温度变化循环测试;(f) 电子皮肤的相对电阻随温度变化循环测试;(g) 电子皮肤压力和拉伸测试

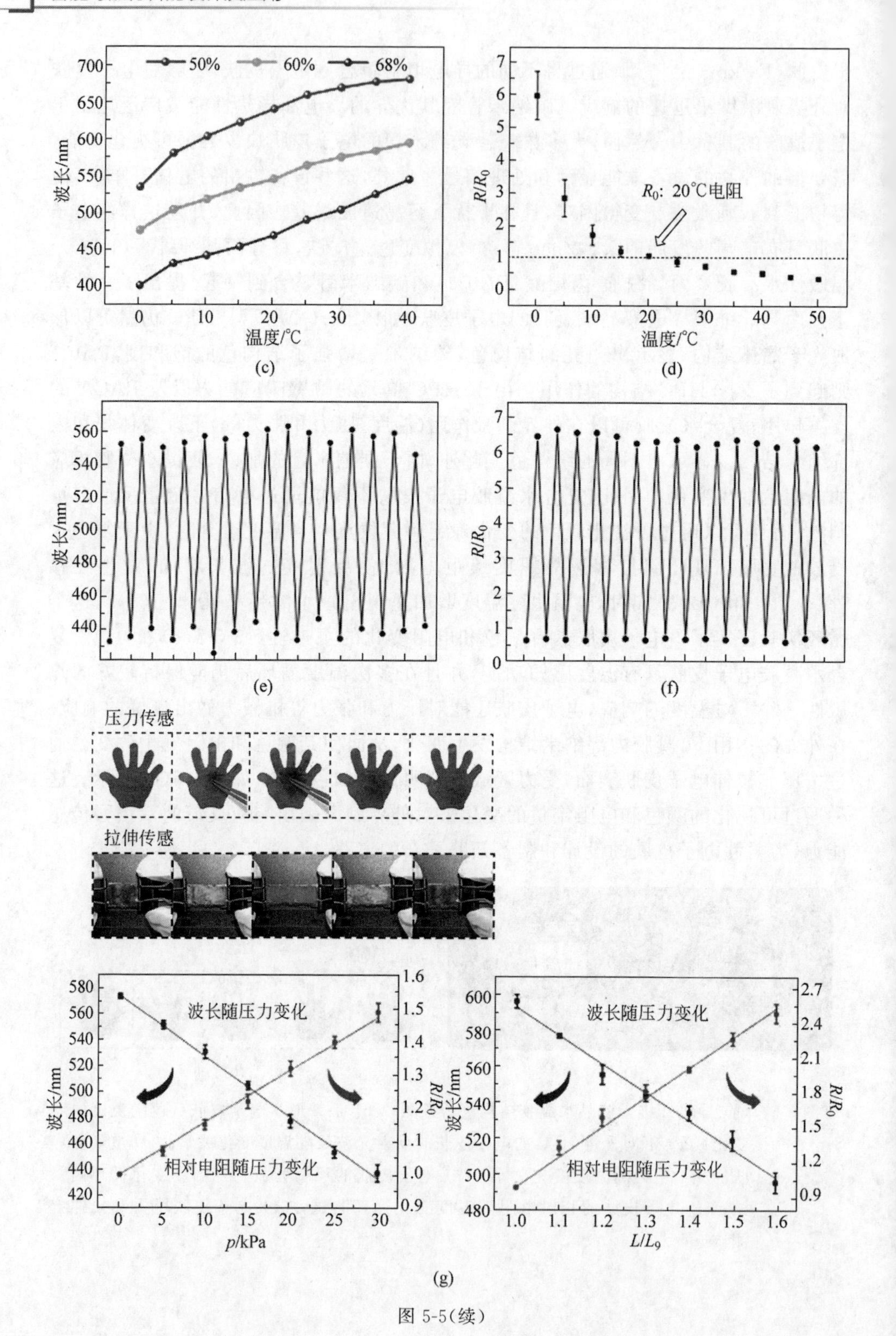

50%
60%
68%
波长/nm
温度/℃
(c)
R/R_0
R_0: 20℃电阻
温度/℃
(d)
波长/nm
(e)
R/R_0
(f)
压力传感
拉伸传感
波长随压力变化
相对电阻随压力变化
波长/nm
R/R_0
p/kPa
波长随压力变化
相对电阻随压力变化
波长/nm
R/R_0
L/L_9
(g)

图 5-5(续)

由于光在光导纤维(光纤)的传导损耗比电在电线传导的损耗要低得多,所以光纤被用作长距离的信息传递,与我们的日常生活息息相关。而由光纤制备出的光缆以及光纤传感器等器件,都存在着在长期高温环境下器件内光纤信号持续衰减的情况。为了减少光纤信号功率的损耗,要求我们对制备出的器件温度进行感知和监控。目前的传感光缆是将光纤置于不锈钢无缝管内,这种传感光纤抗张力和抗压力不够,在安装时容易折断,且由于常规塑料的热导率非常低,极大延长了外界温度变化传导到感温光纤所需的时间,很难满足火灾预警和工业智能监控方面的要求。深圳市雅信通光缆有限公司[16]发明了一种实用型专利——高导热型感温传感光缆,传感光缆的横截面图如图5-6所示。该发明使用高导热材料包覆到光纤芯上,并使用不锈钢螺纹管与高导热型复合材料作为光纤外套,在外套内部设有一对非金属抗张元件,极大提高了光缆热导率,同时也极大增强了光缆的抗压力和柔韧性。随着导热能力的提高,光缆对温度的感知能力也极大增强,使其在火灾预警与工业智能监控方面有着很大的应用潜力。

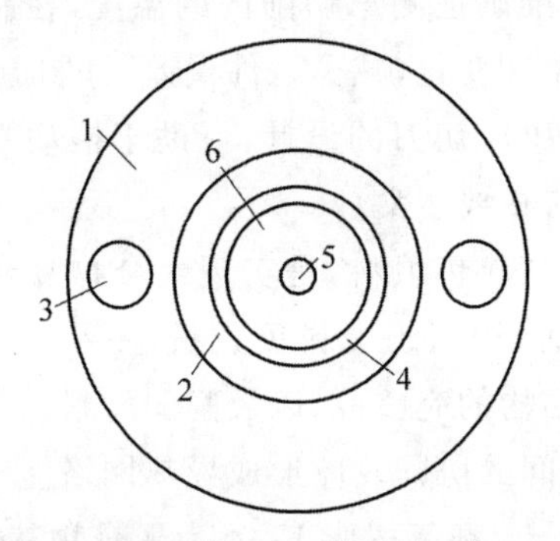

1—高导热型复合材料外套;2—不锈钢螺纹管;3—金属抗张原件;4—传感光纤;5—光纤芯;6—高导热性复合材料紧包层。

图5-6　高导热型感温传感光缆的截面结构图

日常生活中,各种感应灯已经普遍应用在我们身边,其中有声音感应、红外感应、光线感应等灯具,但是不同的感应灯具都具有一定的局限性。声控灯在人们长时间工作的情况下,需要不断地发出声音来维持灯具的工作,且灯具不断开关也极易损耗灯的寿命;红外感应灯在人们一直处于感应范围内时,无法自动关闭。现代人因工作生活压力大,下班后极其疲惫,甚至一躺下就睡了过去,在床上玩手机看视频时因为困乏而不经意间睡着,屋内照明灯都忘记关闭,导致资源浪费。因此市面上迫切需要能改进根据感知人体温度实现自动开关的智能灯技术,来完善此设备。

西安兆格电子信息技术有限公司[17]发明了一种根据感知人体温度实现自动开关的智能灯。该智能灯通过传感材料对人体温度进行智能感知,不仅能够监测空间内是否有人员工作,还能监测人员所处状态,当灯具中的感应材料感应到人体处于睡眠状态后,由感应处理器控制其电源开关,从而实现自动关闭。该发明对现有灯具的缺点具有一定的补足，通过对温度的智能感知而满足了我们日常生活的需求。

我国正处在从制造大国向制造强国的转型过程中，其中实现智能制造是我国的主攻方向。智能切削技术是智能制造的基础性技术，也是实现智能制造的关键技术。在切削过程中能够实现对加工过程中的应力、受热、变形的实时感知，是制备复杂高品质零部件的关键。在金属的切削过程中会有大量热产生，严重影响零部件的加工精度以及刀具的寿命。据统计，在加工超精密零部件时，由热变形导致的加工误差已占到加工误差总量的40%～70%。由此可见，在切削过程中对温度的实时准确获取，对在线调整加工参数、预测刀具磨损和控制加工质量具有重要的指导作用。

为了解决上述问题，南京理工大学的科研团队[18]设计了由结构材料形成的刀具主体和嵌在刀具主体上的温度传感模块两部分组成的温度感知智能刀具。该切削工具在使用过程中能够准确地测量切削区的温度，在制备复杂精密零件等高品质工件时，能够实时响应温度变化，减少工件误差，且制造工艺简单高效，能够实现工业化批量生产。该温度感应切刀的设计，有助于推动智能切削技术的发展和应用，对精密工件的制备具有重要意义。

在聚合物基体中添加高导热填料，是实现聚合物复合材料导热性能提升的最有效和最可靠的策略，然而，较高的填料负载量（不小于50%）会增加聚合物复合材料的质量，破坏聚合物结构的完整性，以及削弱材料的力学性能。不同形状和尺寸的两种或多组分填料之间的协同效应形成导热网络能够提高聚合物基导热材料的导热性能[19]。Yin等[20]以环氧树脂E-44为聚合物基体，六方氮化硼(h-BN)和立方氮化硼(c-BN)作为混合填料制备了聚合物复合材料，为了提高填料与聚合物基体的相容性和界面相互作用，h-BN和c-BN首先在1000℃下加热进行表面羟基化，然后通过硅烷偶联剂KH-550进行共价修饰，将经表面改性后的h-BN和c-BN与环氧树脂混合，在固化剂的作用下得到聚合物复合材料，制备工艺流程图如图5-7(a)所示。研究表明，仅仅3 vol%的h-BN和6 vol%的c-BN的协同使用，就使聚合物复合材料的热导率提高了128%，此外，在所制备的聚合物复合材料中加入金纳米颗粒，导热性能进一步提升了237%。同时，由于其优异的热传递能力，从而显示出最快的温度响应时间，如图5-7(b)所示。

金属由于其极高的本征热导率而常被作为导热材料广泛用于热管理系统，然而其自身密度大、加工难度大以及耐腐蚀性能差，不能满足轻质和低成本的实际应用。聚合物由于导热性能差（热导率一般小于0.2 $W \cdot m^{-1} \cdot K^{-1}$），则通常在聚合物基体中添加高导热填料来提高复合材料的热导率，以满足实际的应用。然而，通过传统的物理机械共混而制备的聚合物导热复合材料，由于填料在聚合物基体中的随机分布和较高的界面热阻，使其导热性能往往不能达到预期目标。膨胀石

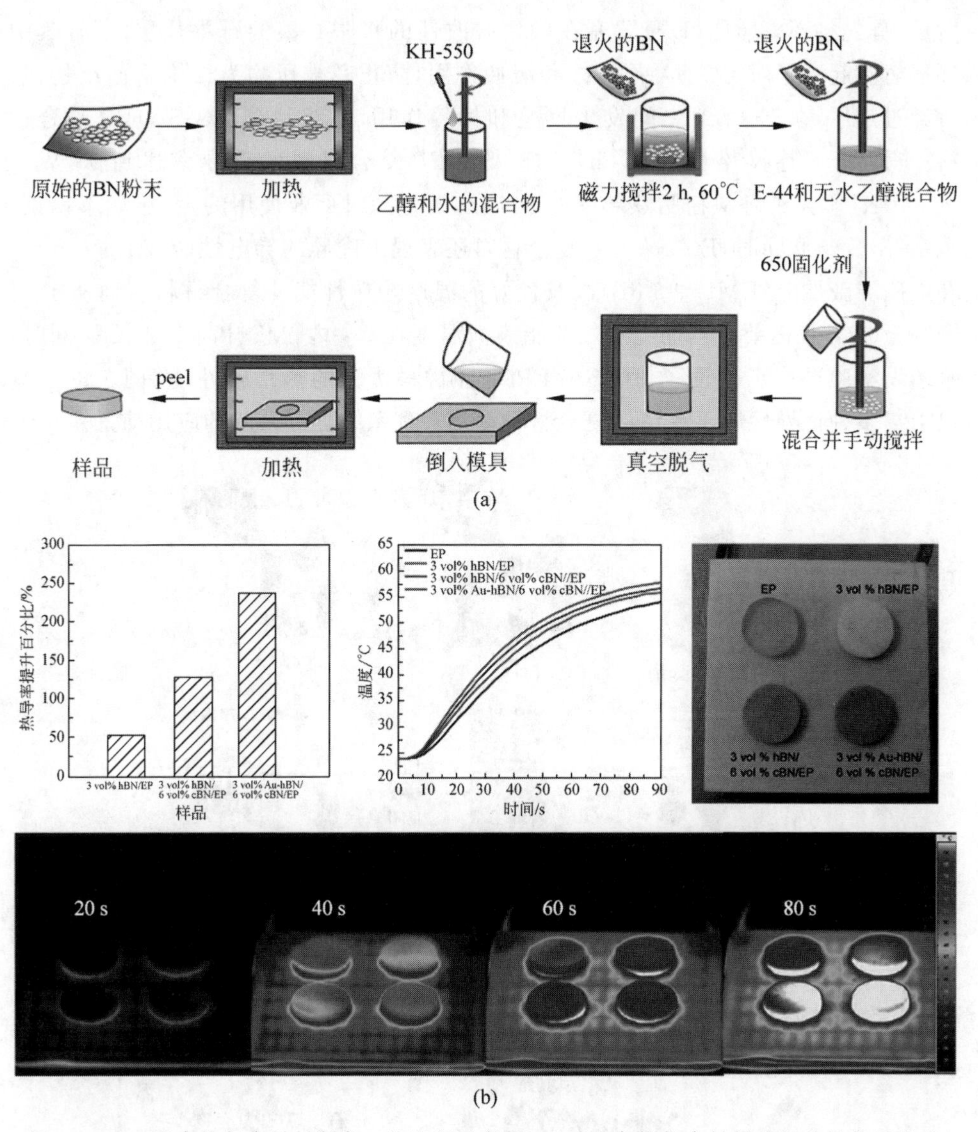

图 5-7　(a) 聚合物复合材料制备工艺流程示意图；(b) 聚合物复合材料的导热性能及温度感知能力

墨(EG)由于其较高的本征热导率、优异的电磁屏蔽性能、低密度和低成本，而被广泛用于热管理系统。同时，膨胀石墨由于自身的三维微结构，很容易与聚合物通过简单的桥接和堆叠而在聚合物基体中形成一个互连网络[21-22]。基于膨胀石墨这种独特的新性能，Wang 等[23]采用预填充和热压的方法制备了具有三维连通网络结构的磺胺改性膨胀石墨/环氧树脂复合材料(EG-SA/EP)，避免了通过传统的熔融共混以及机械混合所制备的膨胀石墨复合材料会破坏膨胀石墨自身的三维微结构，从而减小了接触面积，解决了声子的传输路径的问题。具体的制备过程如图 5-8(a)

所示，首先将环氧树脂(EP)填充在磺酰胺改性的膨胀石墨的石墨片层之间，其中环氧树脂起到了对EG-SA预支撑和缓冲作用，防止其被压缩为二维平面结构，然后经过热压，在EG-SA之间发生堆叠和桥接作用，最终得到EG-SA/EP复合材料。得益于互连网络(图5-8(b))，EG-SA/EP复合材料的热导率达到98 $W \cdot m^{-1} \cdot K^{-1}$，是纯环氧树脂热导率的444倍，远远超过商业使用的金属(如不锈钢、碳钢等)。与此同时，EG-SA/EP复合材料还表现出优异的导电性(7153 $S \cdot m^{-1}$)和电磁屏蔽性能(EMI=85 dB)以及良好的温度响应性能。复合材料表面从19℃升高至82℃仅需要3 s，而纯环氧树脂表面温度在3 s内仅仅升高至23℃。同时，水蒸发实验进一步验证了EG-SA/EP复合材料优异的热传输性能(图5-8(c))。以上集多种优异性能于一体的复合材料在热管理系统具有广阔的应用前景。

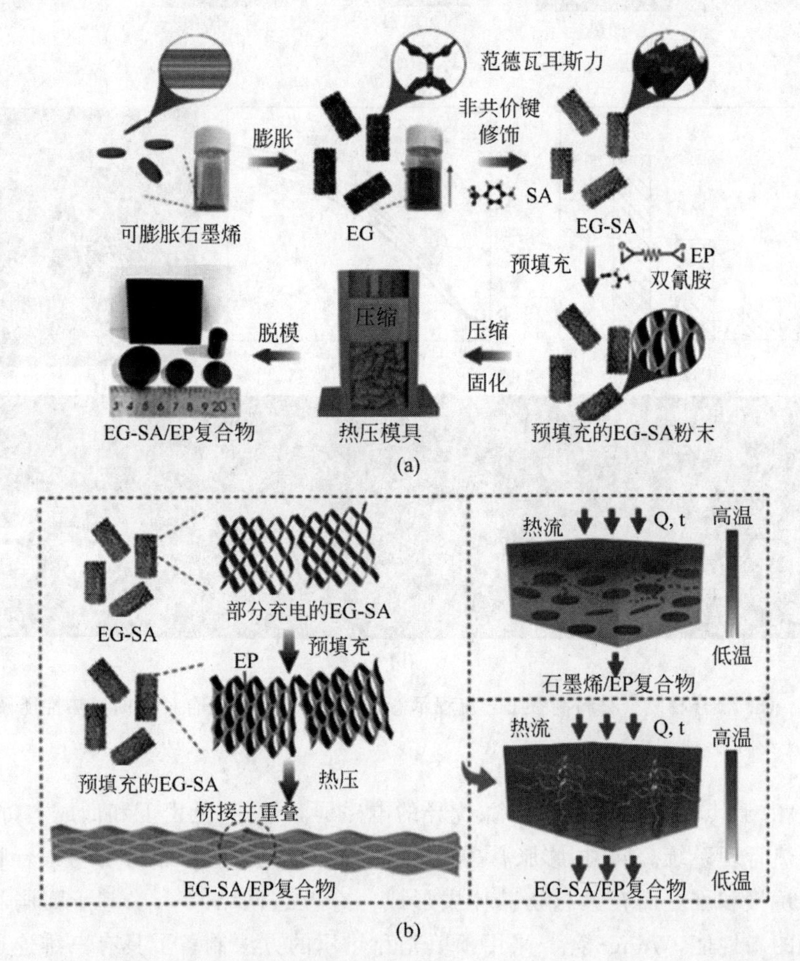

图5-8 (a) EG-SA/EP复合材料制备过程示意图；(b) EG-SA/EP复合材料导热机理图；(c) 红外热成像和水蒸发实验

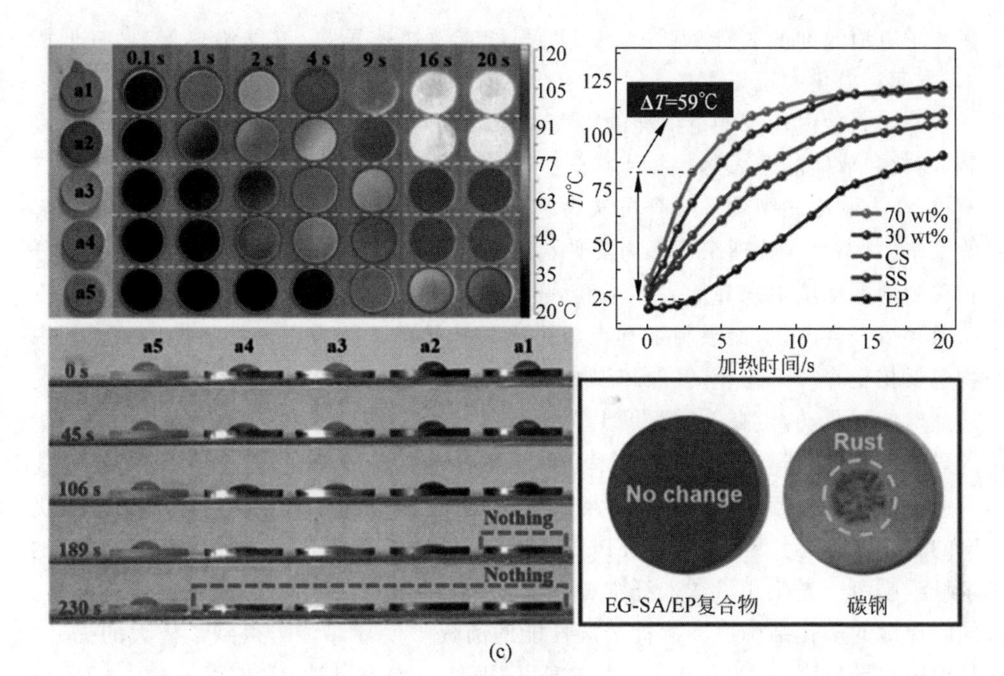

(c)

图 5-8(续)

2．温度感知与调控

以上我们介绍了温度智能感知在日常生活中的应用，然而在一些设备的使用过程中，不仅要对其温度进行实时感知，而且在其温度处在非适宜的范围内时，还需要对其进行智能调控，使其维持在正常的工作温度下。近年来，国家对能源安全、环境污染问题越来越重视，新能源汽车行业得到了长足发展，中国的汽车产业创新能力飞跃发展。而作为新能源汽车的关键，锂离子电池性能的优良直接关系着汽车行业的发展，温度作为一个重要的环境因素，对电池的电化学和安全性能有着重要的影响。所以，对车载电池的温度感知与调控，是促进新能源汽车发展的重要课题。现有的汽车电池由于夏、冬季节环境温度的影响，温控系统即使超负荷运行也难以满足温度控制的需求，其主要原因是外界温度和箱体之间热交换困难，外界温度往往比箱体温度更高或更低。另外，为了考虑新能源汽车电池的安全问题，其底盘材质多选择一些轻量化材料作为保护外壳，其散热或保温效果无法同时兼顾。

针对上述问题，目前亟需一种智能的既能有效快速导热又能绝热保温的装置，来保障电池包能在合理温度范围内使用，同时还要求能够满足低成本、方便规模化大批量生产的要求。为了解决上述问题，杭州伯坦新能源科技有限公司[24]将温度探头、接收器和磁场发生器连接，增设到电池包内，在箱体和模组之间增设磁流变液膜，电池包内的温度探头实时监测电池温度，并将温度数据传递给接收器，接收器与磁场发生器协同作用，调控磁场强度，调节磁流变液膜的热导率，从而实现对锂离子电池温度的智能管控。该发明既能有效快速导热，又能绝热保温，且低成本，方便规模化大批量生产。

空间制冷占建筑能量消耗的一大部分，加剧了能源危机，限制了人类可持续发展，高效和节能的个人制冷技术应运而生。个人制冷技术在人体微环境温度进行调控，个人制冷和织物的结合被认为是日常生活中提供热舒适性最有效和可扩展的策略[25]。湿度管理织物作为最受欢迎的个人冷却技术，能够将皮肤多余的水分转移到周围环境中来降低人体温度。然而这种冷却技术属于被动冷却，且人体皮肤微环境湿度高，从而限制了其在静止或久坐状态下的应用。其他类型的冷却织物包括相变冷却织物、空气冷却织物和辐射冷却织物等，由于成本较高且需要借助外部电能的驱动，也在一定程度上受到限制[26-27]。能够主动转移人体产生的热量的导热织物，为新型个人冷却技术开辟了一条新途径。Yu 等[28]利用静电纺丝技术通过控制氮化硼的负载量和环境相对湿度，一步制备了连续氮化硼导热框架贯穿的高导热超疏水聚氨酯(BN/FPU)防水透湿纳米纤维膜(图 5-9(a))。所制备的纳米纤维膜由于氮化硼沿纳米纤维相互连接在整个纤维膜中而形成互连导热网络，同时保留的多孔结构在不牺牲透湿性能的前提下使导热能力得到了极大的提升，其面内热导率可达 17.9 $W \cdot m^{-1} \cdot K^{-1}$、面外热导率可达 0.29 $W \cdot m^{-1} \cdot K^{-1}$；其纳米膜显示出快速的温度感知能力，纳米膜表面温度从 20℃升高至 37℃仅仅需要 40 s(图 5-9(b))，水蒸气透过率(WVT)可达 11.6 $kg \cdot m^{-2} \cdot d^{-1}$(图 5-9(b))；由于低表面能的氟化聚氨酯(FPU)基体的使用，纤维膜具备了超疏水性(图 5-9(c))和耐水渗透性，其静态水接触角为 153°。BN/FPU 纳米纤维膜这种独特的结构设计和多功能的结合，在太阳能收集、海水淡化膜蒸馏以及电子设备热管理领域具有广阔的应用前景。

近年来，我国航天技术越来越成熟，航天器的发展对现有的热控技术提出了新的挑战。热控辐射器件作为一种重要的航天器热控技术，对于降低航天器体积和负载，适应恶劣复杂的轨道空间环境具有重要的意义。航天器在太空中执行任务时，其外部的温度会随着航天器的行动而发生剧烈变化，变化范围可达－150～150℃，为了保持航天器的最佳性能以及延长其工作寿命，需要对航天器内部进行热管理。轨道空间环境中，热辐射是航天器向外空间环境传递热量的唯一途径，辐射强度主要集中 5～15 μm 波长范围的中红外波段。因此可变发射率热控器件成为航天器热控系统的重要组成部分，其发射率可随电压、温度等控制信号变化，实现低温低发射率和高温高发射率，进而大幅提高热管理系统的热控效率。

北京理工大学的科研团队[29]以 VO_2 为基体，设计了一种多层的薄膜结构，其中包括高反射金属膜、红外透光介质膜，在低温条件下，该薄膜呈现红外波段高透过特性，高温条件下表现为红外波段强反射特性；对于可见光波段，相变前后透过率基本不变。由于独特的红外热致变色性能，该薄膜既可以实现对环境温度的自适应红外响应，又可以维持较高的可见光透过率，并且具有良好的热控性能和耐热

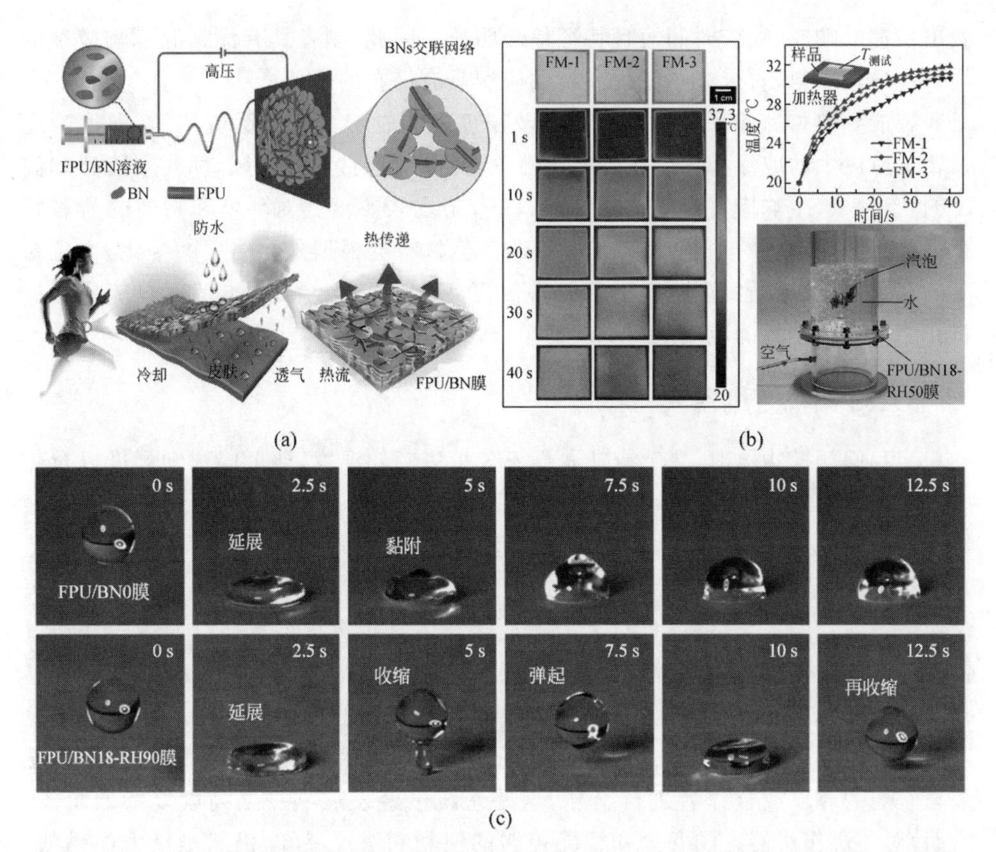

图 5-9　(a) BN/FPU 纳米膜制备过程示意图；(b) BN/FPU 纳米膜在加热过程中温度的变化和它的防水透气性实验；(c) 水滴冲击动力学快照

震性能。该发明体现了智能导热材料在多变环境下对于热管理的优越性。

5.2　温度智能响应

水是万物之源，是生命体不可或缺的物质，同时在日常生活中的各个领域扮演着重要的角色。在标准大气压下，水在 0℃以下会转变为固体冰，在 100℃会转变为水蒸气。这说明在温度的驱动下，水的相态会发生转变，也就是说水具有温度响应能力。一般而言，大自然界的所有物质对温度都具有响应性，这是由于所有物质都是由原子或分子组成的，在温度自身所携带的能量(热能)驱动下，原子或分子的运动状态发生改变，致使构成物质或材料内部物理结构或化学结构发生变化，宏观尺度下表现为形状或体积的变化、相态的转变和颜色或透明度的变化等。利用材料通过外界温度变化来改变自身结构的这种特性，可以将温度信号转变为电信号(温度传感器)、光信号(热致发光)或化学信号等。决定材料对温度的响应能力和响应速率最重要的物理量之一就是热导率。具有优异导热性能的材料能够对温度做出快速的响应,响应时间短且特征信号明显。因此,制备具有优越温度响应性能的智能导热材料,对未来热管理系统的应用具有潜在的价值。

智能导热材料除了在智能感知以及温度控制领域具有广泛应用,在温度响应领域也有巨大的应用潜力。在智能机器人、热致变色材料等领域,都要求能感知温度的变化来产生响应,例如智能机器人的人工皮肤要求其对环境和物体的所属状态进行感知,从而做出相应的响应;热致变色材料会根据外界温度的变化,产生对应的变色响应,从而实现材料性能随着温度变化来智能调控。本节就智能导热材料在温度响应领域的应用进行一些简单介绍。

5.2.1 智能机器人

当我们触摸物体时,热感应使我们不仅可以感知温度,还可以感知湿度以及物体的不同热物理性质(热导率和热容量)的材料类型。在机器人、可穿戴设备和触觉界面中,模拟这种感官能力非常重要,但这很有挑战性,因为它们不是直接可感知的感觉,而是通过感官体验所习得的能力。在人机界面(HMI)、机器人、假肢、医疗保健设备和触觉接口应用中,人的触觉感知仿真具有重要意义。人体皮肤通过各种感觉感受器将环境刺激转化为电信号,用于感知触觉刺激的机械感受器能够感知静态和动态的机械刺激,而感知皮肤和环境温度的热感受器在人体恒温中发挥着关键作用。智能机器人通过从它们的视觉、听觉和触觉传感系统中获取信息来与它们的环境或合作者进行交互,这些系统已经发展到一个高度复杂的阶段。然而,对于协作机器人的安全和智能控制的便利和快速感知,仍然是巨大的挑战。清华大学朱荣教授团队[30]设计出了一种智能人工手指,该智能手指具有多重感觉,能够对所接触到的物质的物理信息进行学习和响应。其中,手指的传感材料由聚酰亚胺衬底加上两个热敏铂带组成,该材料可以检测周围的温度以及物质的热导率,从这些属性中识别周围的物质。该传感器具有大范围的可检测性,能够用于区分从棉花到金属的各种物质,感知温度刺激和接近物体。实验演示了识别物质类型、感测邻近距离以及监控人体皮肤的湿度和温度的应用。智能手指为提高智能机器人的智能和安全性提供了有前途的方法。

另外,用于材料识别、人工皮肤和未知环境感知的多功能触觉信号检测系统在触摸和滑动的研究中取得了良好的效果。然而,热感测仍有许多方面需要改进,例如温度变化和接触物体的导热性。吉林大学周险峰团队[31]基于聚偏二氟乙烯(PVDF)压电薄膜进行了热感应材料的制作、测试和分析。基于 PVDF 薄膜的热传感器系统可以检测接触物体的热导率。也就是说,接触物体的“冷”和“热”可以被感测,并且热传感器系统能够识别所获取信号的类型,以确定接触物体的温度是否变化。热传感器系统能对传感器检测到的信号进行测试和分析,并在热信号检测测试中验证系统的温度范围。实验表明,该信号检测系统能灵敏地检测传感器表面的温度变化。热传感器优异的检测灵敏度和智能化趋势,使得 PVDF 薄膜在假肢和智能机器人皮肤等需要温度响应的领域内有着更广阔的应用前景。

除此之外，石墨烯增强高导热聚合物复合材料作为传热材料，在智能机器人蒙皮等许多领域显示出诱人的应用前景。然而，对于大多数报道的复合材料，不容易实现对热导率的精确控制，并且改善效率通常较低。作者团队[32]设计出了石墨烯和海绵的超弹性双连续网络，有效控制了石墨烯增强聚合物纳米复合材料的三维热导率；通过调整网络的制备和变形参数，可以有效控制所得复合材料的结构和热导率；通过实验和理论模拟，该复合材料能够成为用于温度检测的敏感机器人皮肤的理想候选材料；制备出目标材料后，应用于机器人手的智能人造皮肤的构建，机器人手能够抓住物体并感受其温度。在图 5-10(a)中展示了温度传感器阵列，与导热薄膜封装在一起，并安装在机器人手指上，将温度实时传递到计算机上。图 5-10(b)和(c)展示了机器人手臂模型抓取和确定装满热水(70℃)和冷水(0℃)的玻璃瓶温度。图 5-10(d)展示了对冷热瓶交替处理的测量温度响应，手抓热瓶时温度迅速上升，69 s 后达到最终温度 59.5℃；手抓冷瓶时温度信号急剧下降，60 s

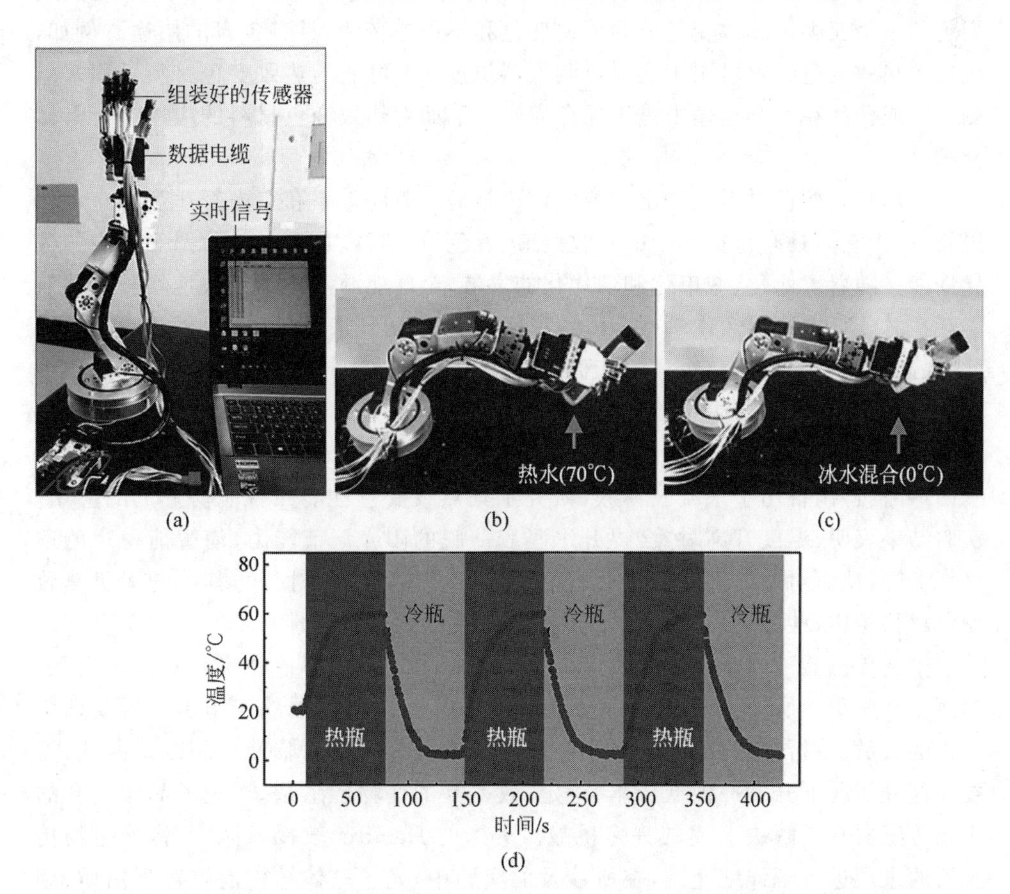

图 5-10　(a) 用于实验，具有人造皮肤的机器人手；机器人手抓取(b)热瓶和(c)冷瓶的照片；(d) 对冷热瓶交替抓取的测量温度响应

后达到最终温度2.0℃。

5.2.2 热致响应

热致变色材料是指颜色能随着外界温度的变化而变化的材料。在过去的几十年,热致变色材料有了巨大的发展,已经被应用于多个领域,正逐步进入人们的生活中,例如变色标签、智能窗、变色涂料、防伪标志、智能纺织、温度传感器以及医学热成像诊断等。尤其在智能窗领域,由于热致变色材料不需要额外消耗能量即可达到自动调节室内温度的效果,从而符合节能减排的需求,拥有巨大的应用前景。热致变色材料一般需具有两个或两个以上的态,且每种态与可见光的作用不同。热致变色材料通过态的变化来改变对可见光的吸收、反射、发射或散射,进而改变自身颜色。其中,变色是广义的,既包括物质表观的颜色变化(可见光的吸收或反射),也包括透明度的变化(可见光的散射)、近红外光谱的变化(近红外光的吸收或反射)和发光颜色的变化(可见光的发射)。透明度的变化又称为向热效应,是热致变色的一个亚类。热致变色分为可逆变色和不可逆变色,具有各自的用途。例如,可逆的热致变色材料可用于实时监测仪器温度;不可逆的热致变色材料可用来监测食品或药品在冷链运输中是否保存完好。下面对热致变色材料的应用进行具体介绍。

使用热致变色材料设计出的智能窗户是提高节能效率和室内舒适度的一种新思路,因为它们具有包括太阳能吸收调节、着色、自清洁、自供电和除湿等在内的优异性能。随着工业化、城市化和现代化的发展,全球能源消耗逐年快速增长。建筑能耗在总能耗中占很大比例(约40%),其中超过50%来自供暖、通风和空调。因此,提高能效和降低能耗在建筑能源利用中发挥着越来越重要的作用。窗户作为建筑的重要组成部分,决定着采光、隔热、美观、隔音和自然通风。然而,传统窗户的静态性能并不能适应动态的气候,导致建筑能耗高。Long等[33]使用聚(N-异丙基丙烯酰胺)制备出了水凝胶薄膜,研究了其热致变色性能在智能窗户上的应用。实验结果表明,温度升高时,会提升水凝胶薄膜的阳光调节能力,使智能窗户的透光率下降,从而对室内舒适度进行智能调控。该热致变色材料与其他的无机热致变色材料相比,性能更加优异,且兼顾优异的耐久性和可逆性。

生物传感器被广泛用于诊断世界范围内临床环境中的各种疾病和失调紊乱。然而在一些小诊所或者普通床位的定点照顾中,生物传感器的实施由于需要训练有素的人员、分析时间长、大尺寸和高仪器成本等原因而面临使用困难。因此,需要在这种情况下开发一种低成本、稳定、效率高的生物传感系统,光子晶体结合的生物传感器有望解决上述的许多挑战。美国的Demirci教授团队[34]将该生物传感器的进展进行了详细介绍,在所涉及的实验中,光子晶体结构能够对蛋白质、癌症生物标志物、过敏源、脱氧核糖核酸(DNA)、核糖核酸(RNA)、葡萄糖和毒素产生响应,显示了热致变色材料在生物医疗传感器方面的应用,但是临床标本需要经过制备，导致光子晶体在生物传感中的应用有着一定的局限性。

能量的转换、储存和利用在我们的日常生活中起着重要的作用。其中，温差发电是一种新兴的节能环保发电技术，可直接将热能转换为电能。该技术具有结构简单、经久耐用、无运动部件、无噪声、无污染、使用寿命长等优点，有望应用于航空航天、军事、交通运输、工业余热回收、绿色发电等领域。由于三维结构支架能够同时改善形状稳定性和热导率，Yang 等[35]使用相变材料通过两步冷冻浇注法开发了一种新型双层多功能三维杂化支架，以制备具有增强热导率的防漏光驱动复合材料，来实现高效的光热电转换。相变材料最重要的特征之一是在相变过程中保持恒定的相变温度，但相变后热能以显热而不是潜热的形式储存，从而导致温度变化。如何在能量转换系统中延长恒定相变温度的时间，是重要且具有挑战性的。为此，该团队使用可逆热致变色功能的热致变色颗粒(TP)为开关，实现导热相变材料太阳能到热能、再到电能的动态转换，具体的示意图如图 5-11 所示。

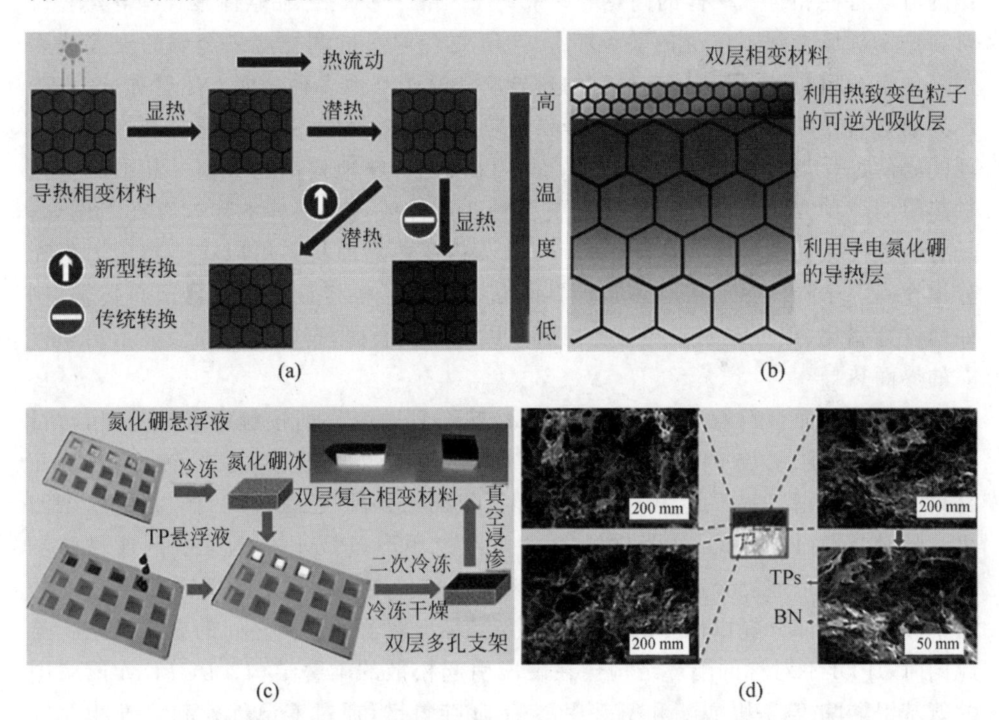

图 5-11 (a) 延长相变时间的导热光驱动相变材料的新型能量转换路线示意图；(b) 具有热变色颗粒的可逆光吸收上层和具有 BN 的导热下层所组成的双层复合相变材料的示意图；(c) 双层多孔支架和相应复合相变材料的制备路线示意图；(d) 显示双层三维多孔支架微观结构的 SEM 图像

该复合材料的上层为黑色细菌纤维素/热致变色颗粒结构，具有可逆光吸收功能；下层为白色细菌纤维素/氮化硼(BN)结构，具有导热功能。多孔支架和相变材料的制备示意图以及微观结构的 SEM 图像在图 5-11 中展示。该团队所制备的复合材料表现出优异的综合性能,包括可观的储能密度、优异的形状稳定性、高热导率和可逆的光吸收能力。更重要的是,他们设计了一种基于这种复合材料的光热电发电系统,实现了长时间稳定的电压输出。该工作有望为现代先进能量转换与利用的创新提供指导。

5.2.3 其他应用

1. 热界面材料(TIM)

电子设备的微型化和集成化,亟待新一代导热界面材料具有更高的使用性能和长期稳定性[36-38]。当热量通过热源和散热器的宏观界面时,由于界面不完善的接触会形成气槽或气谷而严重阻碍热传输,这成为电子热管理的瓶颈之一。目前的设计策略是采用热界面材料来提高界面的热传导。镓基液态金属由于具有像液体的流动特性和金属一样的高热导率(39 $W\cdot m^{-1}\cdot K^{-1}$)在软体聚合物导热复合材料这一领域受到了广泛的关注[39-40]。研究者们通过调控液态金属的液滴或采用其他混合填料,来提高导热材料的热导率和赋予其他多种功能。尽管如此,由于热界面材料较高的接触热阻,使得跨界面热传导仍然受阻,这促使研究者们通过合理的界面设计策略来降低接触热阻,而不仅仅是一味地提高热导率。其中降低接触热阻的一种方法是控制热界面材料以触变流体或流动液体的形式存在。例如,具有响应性流动性的商业热阻、热凝胶以及相变热界面材料可以在适当压力下充分填充间隙来降低界面接触热阻。界面黏附和分子桥接显著促进界面热传输,例如通过金属化、共价键或非共价键相互作用在两侧表面,高的界面黏接显示出更可靠的界面热导[41]。

目前热界面材料通过施加压力或在冷热循环改变界面接触中容易受损,与目标基体的热膨胀系数不匹配会导致几何形状失控或界面脱落,这严重影响热界面材料的长期使用。基于此,Fu 等[42]以异氟尔酮二异氰酸酯(IPDI)作为硬段,聚四氢呋喃醚二醇(PTMEG)作为软段、2,6-吡啶二甲醇(PDM)作为扩链剂通过两步预聚法合成了可逆黏合剂 PUPDM(图 5-12(a))。他们期望 PUPDM 分子链中的两个分级氢键部分提供优异的强度以及与目标散热器和热源之间的充分黏结。与此同时,IPDI 不对称的酯环结构会在硬段引起松散的堆叠结构。PUPDM 网络中的氨基甲酸酯-氨基甲酸酯和氨基甲酸酯-吡啶氢键,通过变温红外和二维相关红外光谱被证明是能够响应温度变化的。氢键部分在高温下释放,以在夹层表面提供具有氢键给/受体的活性结合位点,进而提高黏附力。同时,样品在加热和冷却循环过程中,氢键的缔合和解离是动态可逆的。与由非共价界面相互作用的传统热固性热界面材料相比,氢键的可逆动态性所提供的强黏附力有效阻止了 PUPDM 的几何不匹配性,具有成为最先进的热界面材料聚合物基体潜力。

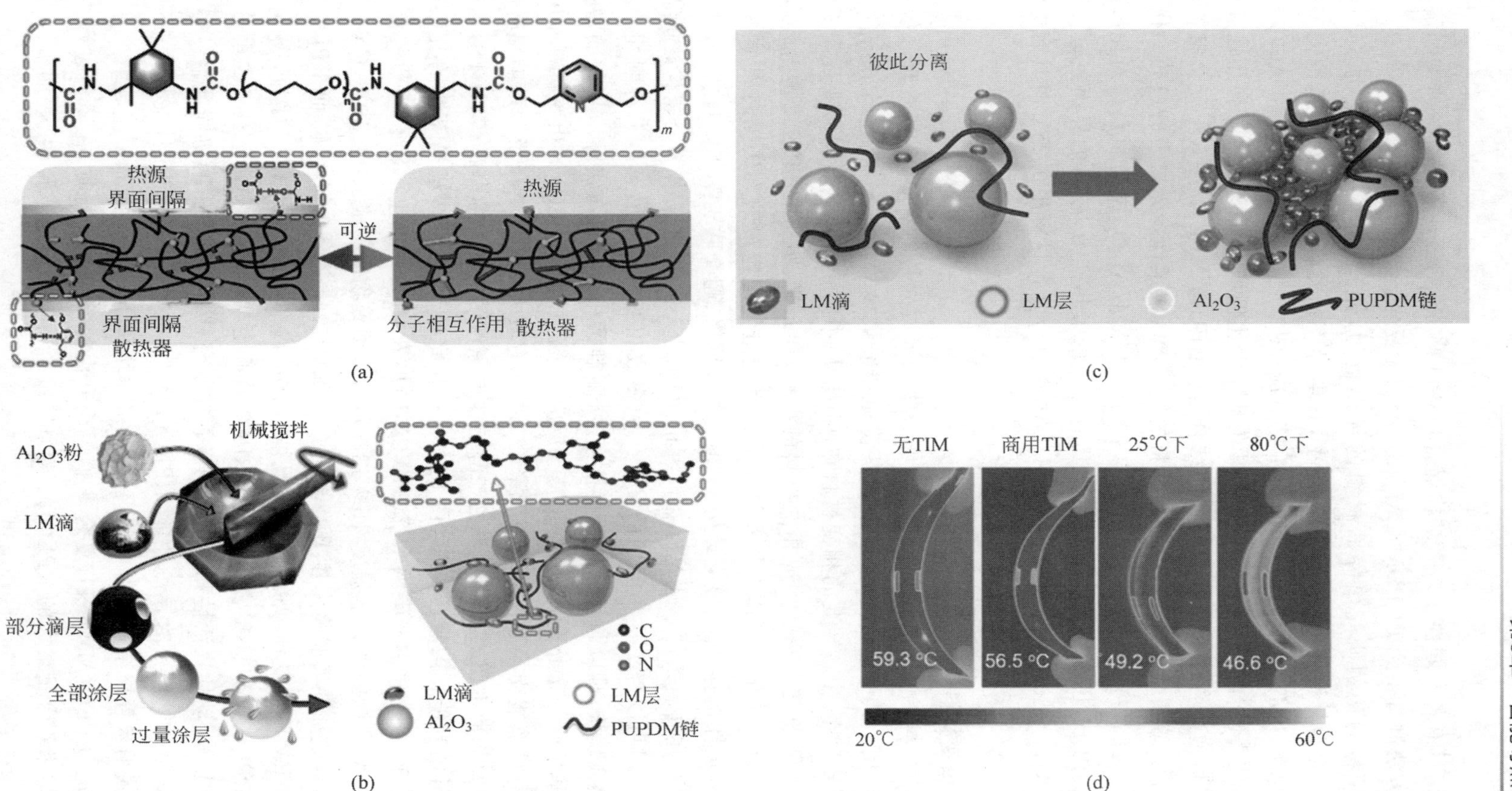

图 5-12 (a) PUPDM 分子结构示意图；(b) PUPDM/LM/Al_2O_3 三元复合热界面材料制备工艺流程图；(c) LM 在 PUPDM/LM/Al_2O_3 复合材料的桥接效应；(d) 柔性发光二极管工作 150 s 的红外热成像图

使用具有各向同性的核壳结构混合填料（LM/Al_2O_3）并通过机械研磨和溶液共混的方法制备得到 PUPDM/LM/Al_2O_3 三元复合热界面材料（图 5-12(b)）。通过控制填料的比例研究热界面材料的导热行为，体积比 LM/Al_2O_3 为 30%的 PUPDM 复合材料显示出最高的热导率，且电导率仍然保持在绝缘体范围内。由于液态金属（LM）在相邻填料之间的桥接效应（图 5-12(c)）以及 LM 和 Al_2O_3 协同效应，使得复合材料的热导率随填料在基体中比例增加而增大。高导热性和电绝缘性、可逆黏合性和良好柔韧性的结合，使得 PUPDM/LM/Al_2O_3 复合材料成为应用于尖端领域的新一代热界面材料的候选者。以柔性发光二极管（LED）作为概念验证，通过将商业的热界面材料与 PUPDM/LM/Al_2O_3 复合材料作对比散热试验，PUPDM/LM/Al_2O_3 复合材料具有出色的散热能力，较高的界面氢键促进跨界面热传导，80℃下黏附的 PUPDM/LM/Al_2O_3 复合材料比在 25℃时具有更低的工作温度（图 5-12(d)）。

2. 相变材料

相变材料在恒定的相变温度下能够吸收和释放大量的潜热，在热管理系统中被广泛应用。其中固-固相变和固-液相变是研究最多的两种基本相态转变[43-44]。然而，对于固-固相态转变的相变材料在实际应用中防止材料泄漏和形变是需要解决的首要问题，这是由于构成相变材料的组分（如石蜡、脂肪酸、聚乙二醇等）在相变温度以上会熔化成液体。尽管许多研究者通过物理包覆的方法提高固-固相变材料的稳定性，例如构建核壳结构、三维气凝胶网络、超交联支架等，但由于液体固有的性质，在高温条件下还是存在泄漏的风险[45-46]。而通过化学交联构建的固-固相变材料可以避免这一问题的发生。大多数相变材料的形态是具有刚性的粉末、薄膜或块状，难以与目标热源直接接触，限制了相变材料在实际应用中的潜在价值。基于此，Xiong 等[47]开发了基于反应性聚乙二醇（RPEG）的相变材料涂层，并用于直接热能交换和存储。由于聚乙二醇拥有较大的相变焓以及羟基能很容易被功能化，因此 RPEG 是通过聚乙二醇与 3-异氰酸丙酸三乙氧基硅烷（IPTS）反应得到的硅醇功能化的聚乙二醇（图 5-13(a)）。此外，在含有多硅醇基团的分散剂 $TSiPD^+$ 辅助下，将多壁碳纳米管（MWCNT）加入 RPEG 单组分涂层，可以提高相变材料的导热性能和力学强度（图 5-13(a)）。将预聚物制备成 RPEG/MWCNT 复合薄膜，通过加热实验将温度升高至 100℃，聚乙二醇完全变为液体，而 RPEG 和 RPEG/MWCNT 复合薄膜保持原始形状，显示出明显的固-固相变行为（图 5-13(b)）。RPEG/MWCNT 复合薄膜比 RPEG 薄膜更加柔韧，这是由于聚乙二醇分子链在高温下运动的灵活性和多壁碳纳米管在复合材料支撑作用的协同配合。得益于多壁碳纳米管优异的导热性能，RPEG/MWCNT 复合薄膜导热性能极大提高，在多壁碳纳米管掺杂量仅为 1 wt%时，热导率增加了 44%。随着多壁碳纳米管含量的增加，RPEG/MWCNT 复合薄膜表面升温速率增加；同时，在降温过程中，多壁碳纳米管含量最大的 RPEG/MWCNT 复合薄膜降温速率最快，表明 RPEG/

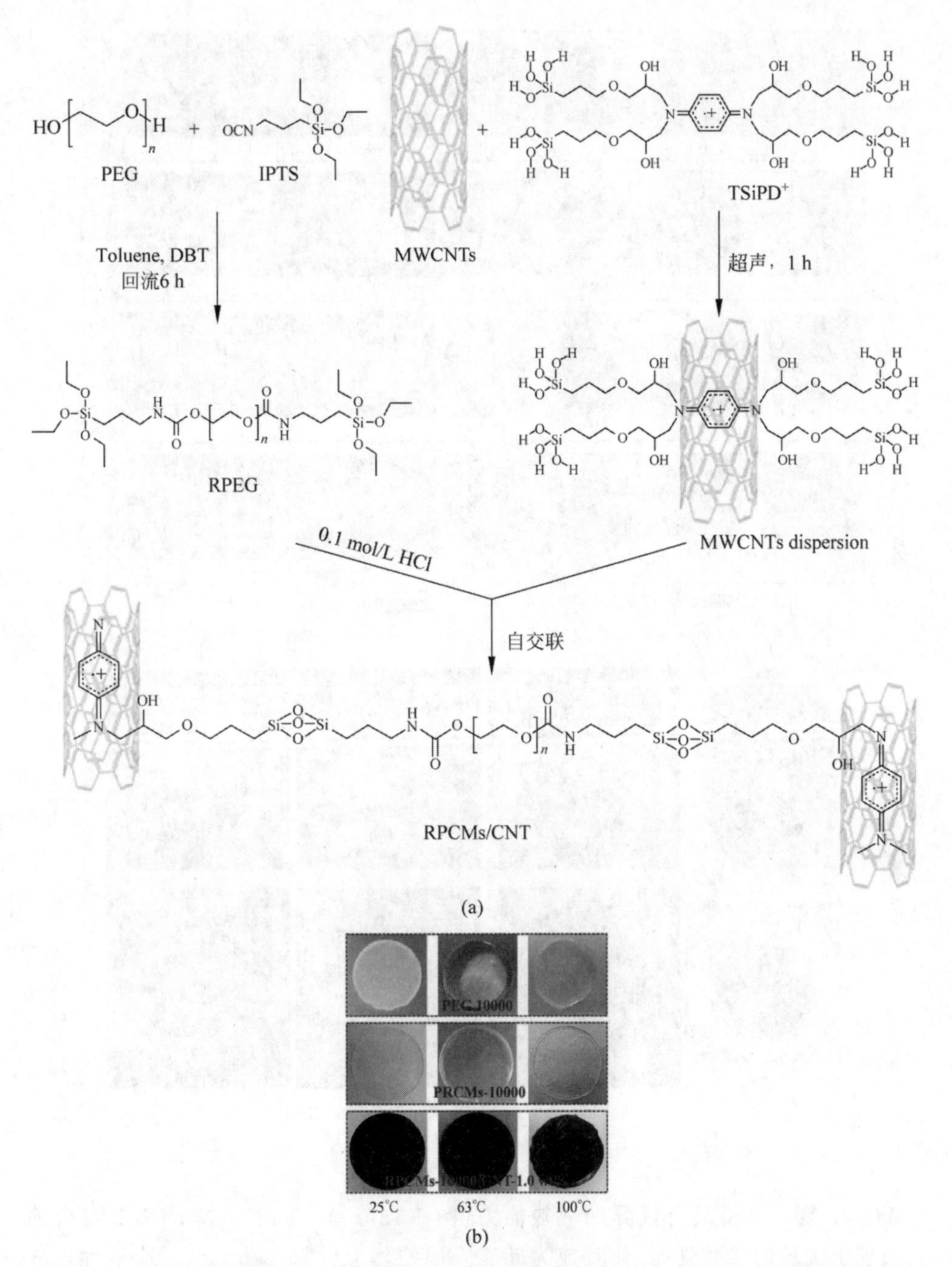

图 5-13 (a) RPEG 及 RPEG/MWCNT 复合材料合成路线；(b) 各薄膜在不同温度下的状态；(c) 不同薄膜在升温和降温过程中红外热成像图；(d) 具有 RPEG/MWCNT 复合涂层 T 恤的红外热成像图

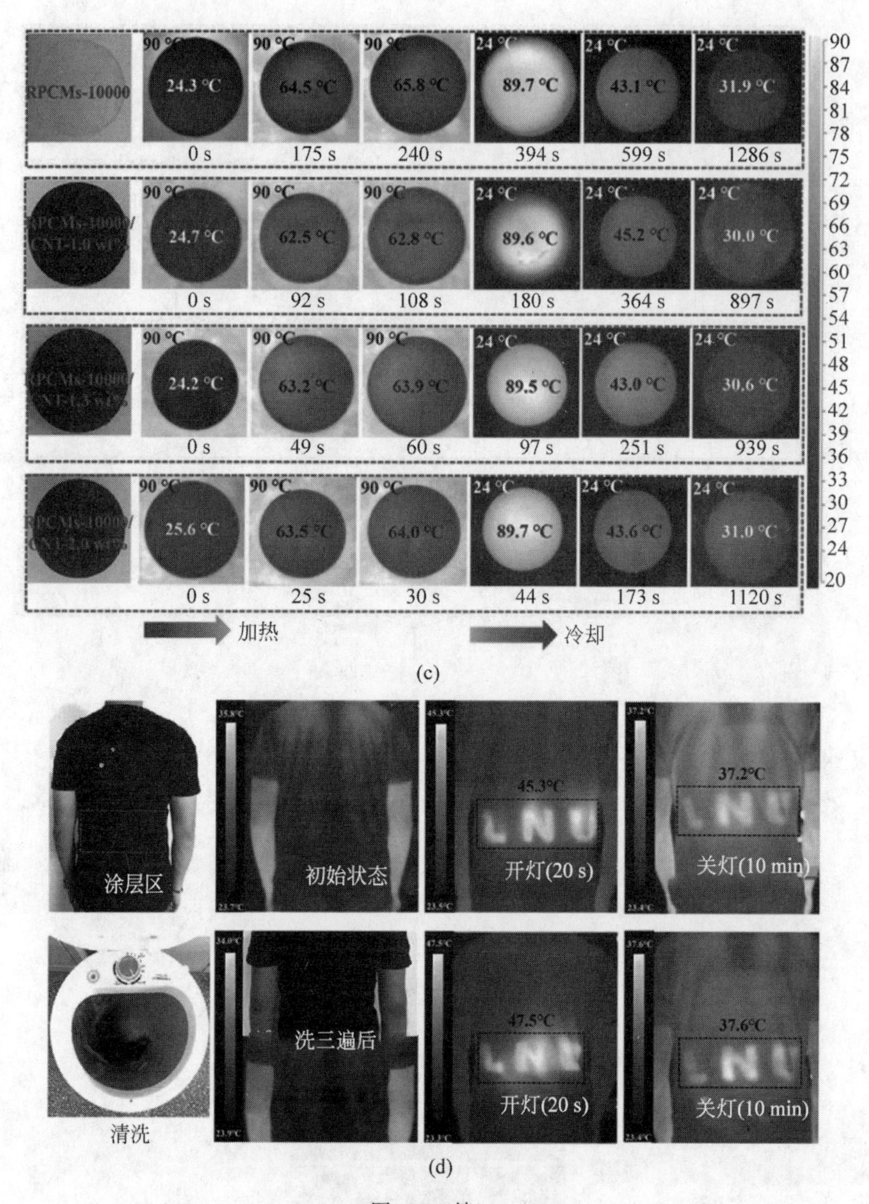

图 5-13(续)

MWCNT 复合薄膜具有优异的散热能力(图 5-13(c))。RPEG/MWCNT 复合薄膜表现出优异的成膜性能,使其成为储能涂层的理想材料。基于高反应活性硅醇基团,可以在各种基材上容易形成 RPEG/MWCNT 复合涂层。由于复合涂层具有优异的太阳光捕获能力和光热转换能力,使其在可穿戴智能调节领域具有很高的应用价值。将 RPEG/MWCNT 复合涂层经过喷涂的工艺在 T 恤上构建热调节区域,涂层区域的温度在 20 s 辐照下迅速升高至 45.3℃,并在室温下缓慢降至

37.2℃，持续时间超过10 min（图5-13（d））。这种温度响应的相变涂层材料的优异性能，在建筑、家具以及可穿戴装备等领域展现出了巨大的应用前景。

3. 个人热管理材料

维持体温是人类最基本的生存需求之一。现如今，虽然空调制冷系统能够提供舒适的室内环境来满足人体的热舒适温度要求，但会造成大量温室气体的排放，严重破坏气候平衡而引起全球变暖和极端气候[48-50]。在没有空调的情况下，衣服成为调控人体温度的唯一方式。然而，普通衣服保温性能有限，不能应对波动多变的气候。基于个人热管理（PTM）设备的织物集中将温度控制在人体温度附近，因此具有很大的发展潜力。鉴于此，研究者使用静态和制冷优化材料，使织物在炎热的天气辐射冷却或反射冷却的效果最大化，以减少太阳能热量的输入[51]。然而，由固定结构材料形成的单一冷却功能在寒冷的夜晚或冬季是不利的。因此，实现能够在四季热调节织物的制备，对人体热管理具有重要的应用价值。个人可穿戴设备逐渐融入我们的日常生活中，其能够对外界刺激信号做出实时的生理或生物化学信号的响应，以监测个人身体状况。人们迫切需要轻巧、灵活、智能、柔韧和舒适的个人热管理策略，能够根据环境变化对人体温度进行局部热调节而不消耗过多的热量。目前，许多基于导电、导热填料的热管理织物不仅反射人体热辐射进行制冷调节，同时还提供焦耳热增加人体皮肤温度，满足在低温环境人体的舒适性。在被动冷却系统中，具有独特介电常数和光学尺度反射指数的周期性排列的光子结构具备特定光波的传播能力，调节光热转化比例[52]。

Chen等[53]采用微流控气喷纺丝技术（MBS）和化学气相沉积法制备了具有加热和冷却功能的三明治结构织物用于个人热管理。三明治结构由银纳米颗粒构成的金属热辐射层与由聚苯乙烯-丙烯酸丁酯-甲基丙烯酸酯（St-BA-MAA）胶体粒子沉积在PA66纳米纤维形成的光子结构层所组成。这种织物不仅具有轻巧、灵活、智能的特点，而且可以通过充放电实现加热和冷却模式，以实现热调节（图5-14（a））。加热效果是由具有较低界面电阻的银纳米颗粒在较低电输入所提供的焦耳热来实现的，制冷效果是由高度有序的聚（St-BA-MAA）光子晶体的光子结构有效的光反射来实现的。所制备的四季服智能织物使环境温度设定点降低7.9℃。此外，在施加电压为1.5～4.5 V时，织物温度相比于环境温度提高了8.5～23℃（图5-14（b））。更重要的是，在保证人体安全的前提下，将四季服织物应用于可穿戴个人热管理器件，不仅在夏季可将人体周围温度降低7.8℃，而且在冬季使人体周围环境温度提高13.2℃（图5-14（c））。这种四季服智能织物可以同时实现加热和冷却功效，为未来智能织物指明了方向，这将对降低全球能源消耗产生重大影响。

4. 控制智能热控材料

室外应用对冷却要求很高，例如建筑物、车辆和通信基站。然而，传统的冷却方法（例如空调）仅用于建筑物室内降温就消耗了全球10%的电力，进一步加剧了温室气体的排放。这种恶性循环阻碍了全球可持续发展战略。辐射冷却可以通过

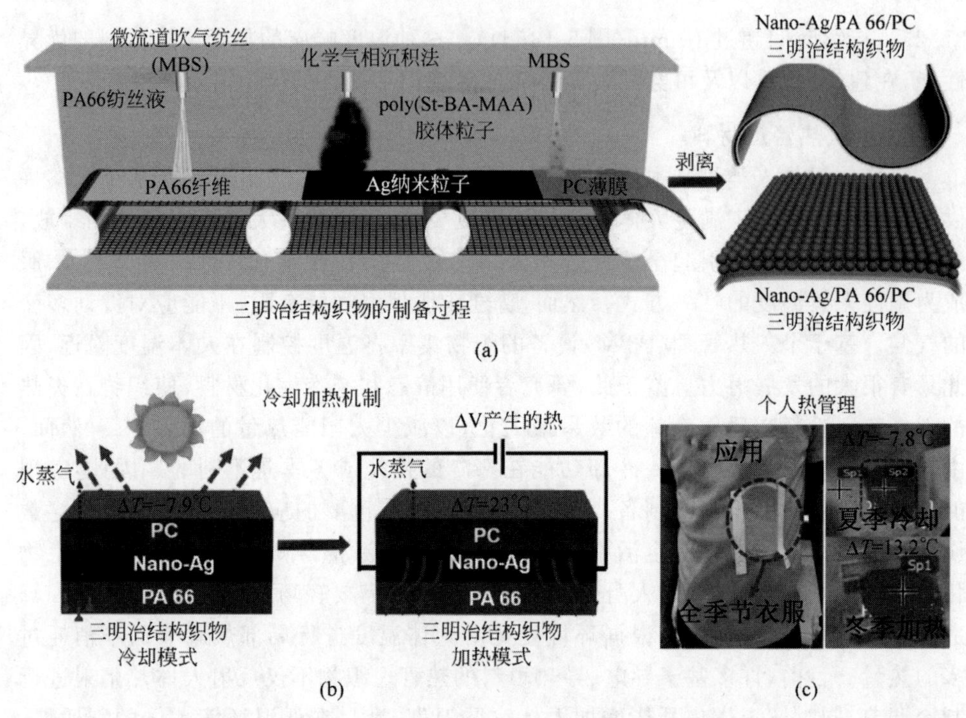

图 5-14 (a) PA66 纳米纤维支架和三明治结构织物制备示意图；(b) 三明治结构织物加热和制冷机理；(c) 可穿戴三明治结构四季服智能织物示意图和相应的个人热管理应用

大气窗口(8～13 μm)自发地将热量散发到外层空间，而不消耗任何能量或释放 CO_2，是地球的主要自冷却途径。夜间辐射冷却自古以来就被利用，为了减少白天的热吸收，通常需要表面具有超高的太阳光反射率[54]。最近，许多研究者设计了具有在太阳光谱高反射率和在大气窗口高发射率的光谱选择性光子结构，来实现白天低温辐射冷却。它可以令非发热物体的表面降温，使其温度低于环境温度。光谱选择性光子结构可以获得有效的冷源，使非发热物体冷却到低于环境温度，则设计一种同时适用于环境温度以上和环境温度以下的辐射冷却的光子结构，可以极大扩展这种节能冷却技术的应用[55]。无论是环境温度以上还是环境温度以下辐射冷却，光子结构在大气透明窗口范围内都应该具备较高热发射，以便将多余的热量传递至深空[56]。一般而言，具有选择性热发射的光子结构更有利于低温辐射冷却，因为选择性光子结构可以抑制大气所附带的热量吸收。然而在实际应用中，由于被冷却的物体具有较大的热容，仅仅冷却到室温或接近室温。宽带隙的光子结构比选择性光子结构在低温环境或高温环境表现为更高的冷却功率(图 5-15(a))。Huang 等[57]基于环境温度以上和以下的辐射冷却的光子结构设计，制备了一种基于填充有聚合物基体的二维六方氮化硼(h-BN)介电纳米片状结构的可扩展光子膜(图 5-15(b))。h-BN 将独特的二维形状与高折射率相结合，具有超高的背向光散

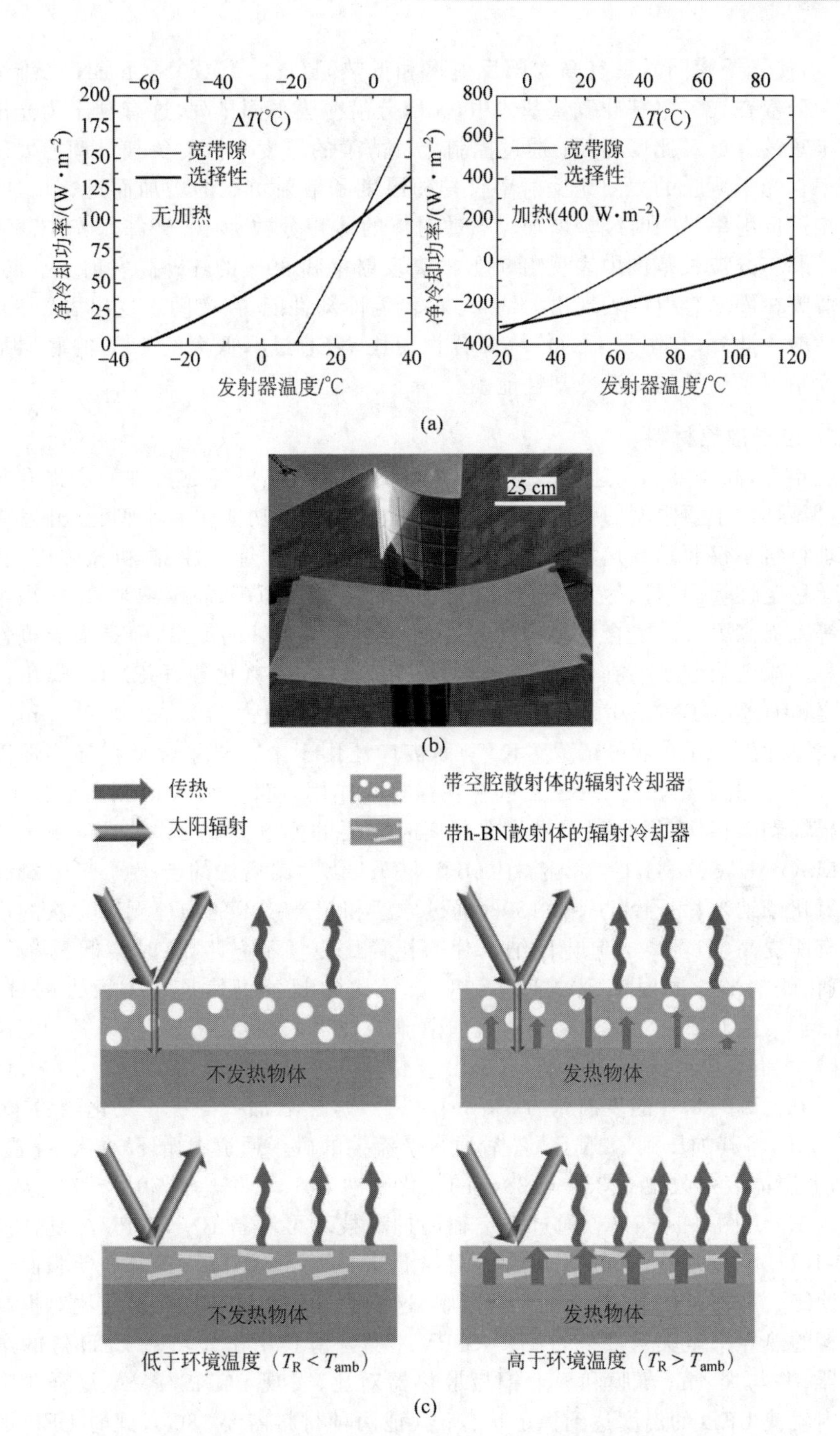

图 5-15　(a) 冷却功率随发射器温度变化的关系；(b) 光子薄膜光学数码相片；(c) 带有空腔或 h-BN 散射体的辐射冷却示意图比较

射效率,使光子膜同时具有高太阳反射率和低热阻(图 5-15(c))。h-BN 二维纳米片均匀分散在聚二甲基硅氧烷基体中,大部分沿薄膜平面排列,这有利于为光散射创造丰富的介电对比度界面;通过控制光子薄膜的厚度和散射负载量调控太阳光反射率。光子薄膜的太阳光反射率首先随厚度和散射负载的增加而迅速增加,然后在接近反射率极限时缓慢增加。当散射体的体积分数为 40.5%时,光子薄膜在 0.3~2.5 μm 波长范围内表现出 98%的高反射率和 89%的红外高发射率。同时,光子薄膜在阳光直射下表现出大约 4℃的低温冷却性能,在夜间表现出大约 9℃的冷却性能。此外,与阳光下的传统聚合物相比,它通过降低大约 18℃的底层加热器温度来展示优异的高温冷却性能。

5. 电子散热材料

近年来,高密度和高速集成电路及组件的有效散热已经成为进一步提升其性能和可靠性的主要限制因素。随着电子科学技术的多功能化和小型化,开发先进热管理材料不仅要求高热导率,同时要考虑良好的电气绝缘性、高机械强度、良好的化学稳定性等因素。尽管通过在聚合物基体中添加石墨烯、碳纳米管、金属纳米颗粒等来提高聚合物复合材料的导热性能已取得了显著的成果,但是高导电性纳米材料的添加限制了它在电子热管理的应用。从六方氮化硼(h-BN)剥离出的六方氮化硼纳米片(BNNS)由于超高的面内热导率(理论值为 1700~2000 $W \cdot m^{-1} \cdot K^{-1}$,实验值为 1000 $W \cdot m^{-1} \cdot K^{-1}$)而被广泛用于聚合物复合材料导热性能的提高[58-59]。由于相邻的 h-BN 之间存在强相互作用,使得 h-BN 的剥离十分困难,与石墨烯剥离相比,氮化硼纳米片在剥离时需要的能量要高 33%,难度更大。通过 $KMnO_4$-H_2SO_4-H_2O_2 和熔融 KOH-NaOH 化学剥离法的产率只有 0.2%,剥离的氮化硼纳米片长径比只有 130。通过球磨和超声技术的物理剥离方法的产率虽然有所提高,但剥离的氮化硼纳米片的长径比更惨不忍睹,有时会低至 67。因此,氮化硼纳米片同时实现高产率和高长径比的制备仍然是一个巨大的挑战。Chen 等[60]提出了一种基于高压射流的微流控技术来制备氮化硼纳米片,以 1∶1 的乙醇/水混合物作为载体溶剂,这是由于混合溶剂的表面张力(约 28 $mJ \cdot m^{-2}$)接近于氮化硼纳米片的表面张力(35 $mJ \cdot m^{-2}$),然后加入 0.5 g 氮化硼粉末,搅拌 15 min,将其加压到 75 MPa,然后通入微流控的微米通道中循环 60 次,静置 7 d 后,从上层清液中收集 0.35~0.38 g 的氮化硼纳米片,产率达到 70%~76%,长径比可达 1500(图 5-16(a))。通过真空辅助抽滤技术可制备 BNNS/PVA 复合薄膜(图 5-16(b)),发现在不同氮化硼纳米片含量下,长径比为 1500 的复合薄膜面内热导率始终大于长径比为 1000 的复合薄膜,这表明氮化硼纳米片的长径比对提高复合材料的热导率至关重要。将 BNNS/PVA 复合薄膜用作大功率 LED 灯的柔性散热器,并与聚乙醇薄膜和商业铜板散热器对比,发现 BNNS/PVA 复合薄膜在 50 s 内就使 LED 的温度达到稳定状态;其他两种材料需要 180 s,此时 LED 的温度只有 74.2℃,远低于使用铜板(136.7℃)与聚乙烯醇薄膜(149.6℃)作热界材料时 LED 的温度。

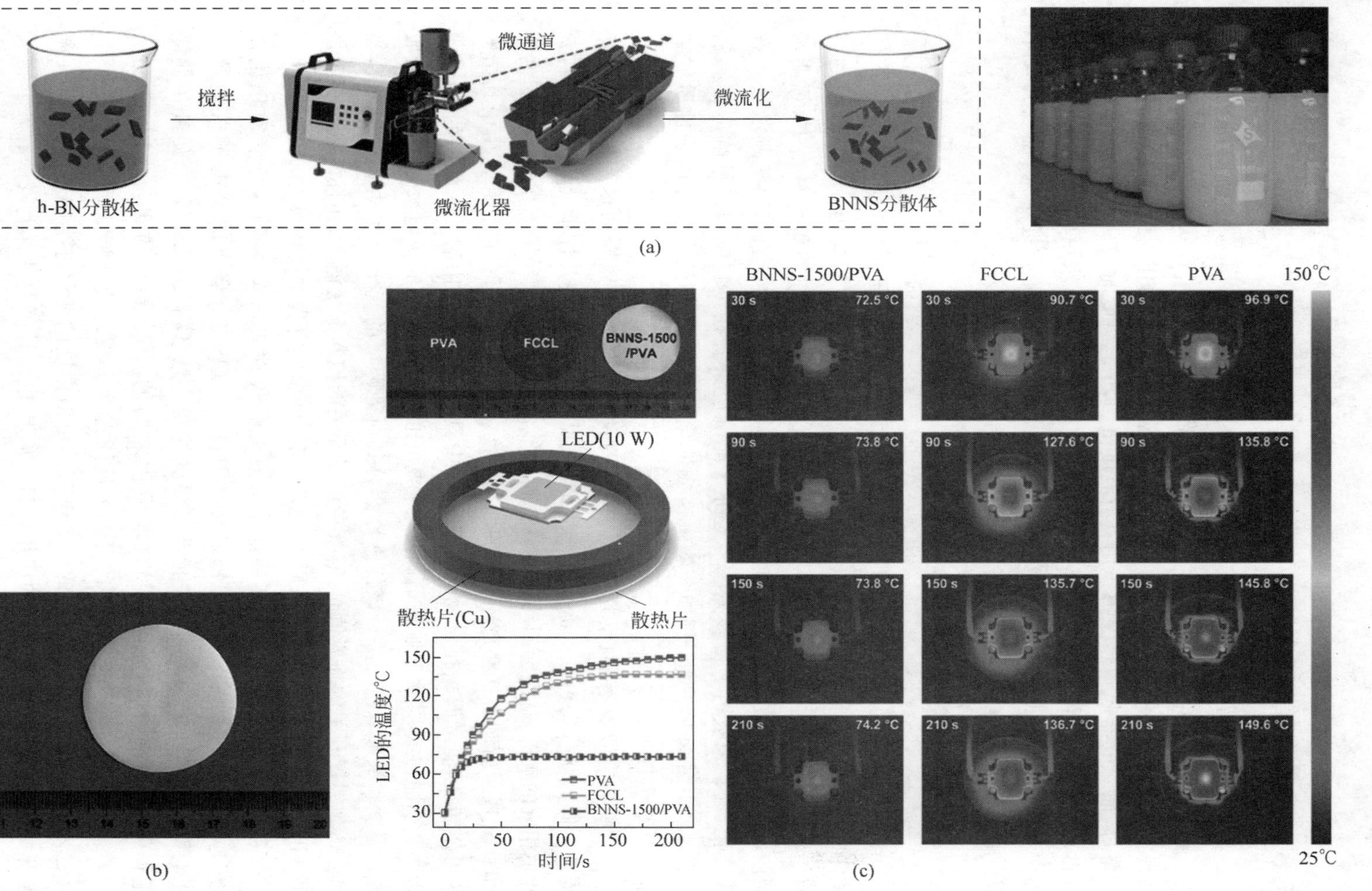

图 5-16 （a）氮化硼纳米片的制备过程；（b）BNNS/PVA 复合薄膜；（c）BNNS/PVA 复合薄膜用于大功率 LED 的散热

5.3 温度智能开关

温度开关是指一种电路保护装置，是一种用双金属片作为感温元件的温控开关。电器正常工作时，双金属片处于自由状态，触点处于闭合状态，当温度升高至临界温度值时，双金属片受热而弯曲产生内应力并迅速动作，打开闭合触点，切断电路，从而对电器起到热保护作用；当温度降到设定温度时，双金属片复原而使触点自动闭合，设备恢复正常工作状态。温度开关广泛用于家用电器、电机等设备，如洗衣机电机、空调风扇电机、变压器、镇流器、电热器具等。近年来，温度开关不仅仅应用到传统电器领域，在其他领域内也有温度开关引入。

5.3.1 偶氮类开关

设计和创造对外界刺激表现出化学和物理变化的分子系统，是当前受到广泛关注的话题，因为它们在传感和开关器件领域中具有潜在的应用。传感领域的当前趋势是开发同时并独立响应不同刺激的双传感器。在这些传感材料中，智能水凝胶的性质可以被可逆或不可逆地控制，以响应外部化学、光化学、热刺激或声音的变化，近年来吸引了很多关注。这种智能响应系统在热响应和机械响应传感器材料或应用中非常理想，例如药物输送或催化，或具有有趣的光学和电子性质的纳米和介观组件等。

偶氮化合物具有顺、反几何异构体。两种异构体在光照或加热条件下可相互转换。偶氮化合物由外部激发而产生的顺、反异构变化，使其性能能够对外部刺激产生相应的响应，从而起到动态调节材料性能的作用。在其结构产生规律性变化的同时，完成了所制备材料在环境中的性能切换，起到了性能开关的作用。由于其结构的可逆转换，使得偶氮化合物在传感材料中具有很大的应用潜力。韩国的 Kim 团队[61]采用自由基共聚法制备了偶氮染料标记的温度敏感性的智能水凝胶，该水凝胶含有温度和酸碱双重开关。该传感器会对其所处环境的变化产生对应的热响应，当温度达到温度开关的临界值时，溶液在温度开关的控制下变浑浊，并且该温度响应是可逆的，能够实现对环境温度的实时响应，在空间温度管理中具有很大的应用潜力。

自在含有偶氮基的香蕉形液晶中发现光开关性质以来，科研工作者对该化合物的研究产生了新的兴趣。该液晶材料中，偶氮基中的光诱导的反式-顺式光异构化能够用作光开关。该光开关特性与温度的变化息息相关，Zhai 等[62]研究了偶氮基香蕉形液晶材料的光开关特性与温度之间的关系，最后的实验表明，温度从150℃到 175℃时，该液晶材料的开关电流随温度呈现出线性降低现象，而该变化，反过来讲，也说明该液晶材料的开关电流能够对温度的变化进行响应，说明其在温度开关的应用领域具有潜在的应用。Hu 等[63]也设计了两种含偶氮基的聚合物大分子开关，并研究了大分子的开关性能，实验中表明，两种聚合物开关能够通过溶剂性质、环境温度和光强度来调节其性能；进一步讲，该聚合物分子的反式-顺式的异构变化受温度的调节，环境温度越高，该聚合物分子的结构恢复速度越快，恢复时间越短；在该实验中，证明了偶氮聚合物材料在温度开关领域有巨大的应用潜力。

近年来，含偶氮苯型发色团的聚合物得到了广泛的研究，我们知道，偶氮苯材料有两种结构，分别为反式结构和顺式结构。当偶氮苯部分暴露在光照射下并经过热处理时，会发生顺反异构化，其异构变化如图 5-17 所示。当偶氮苯基团的化学结构发生光异构化变化时，偶氮苯基团以共价键或非共价键的形式加入聚合物中，可引起聚合物性质的变化，例如聚合物的相、构象以及光学性质。具有光学性质变化的聚合物目前有望在全息光栅、光开关、光信息存储和非线性光学等领域得到应用。光开关是光通信系统的关键器件之一，在保护交换、光交叉连接和用于光加放复用的开关阵列等应用中发挥着重要作用。

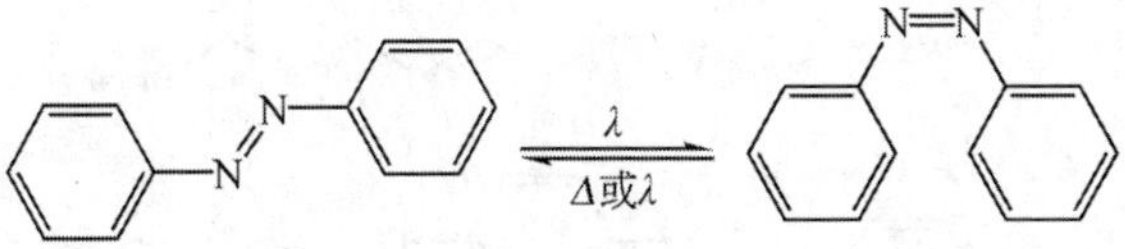

λ

Δ或λ

图 5-17 偶氮苯的顺反异构反应式

光开关器件在聚合物波导应用中至关重要，聚合物波导的大热光系数和低热导率都有利于降低热光开关的功率消耗，原因在于应用过程中温度变化极小，这就要求光开关通过小功率输入来调节聚合物波导的折射率变化。伊朗的科研工作者 Shams 及其团队[64]通过探测光束以及泵浦光束的切换，研究了光切换对平面甲基红掺杂聚甲基丙烯酸甲酯 (MR/PMMA)波导的影响，实验证明，聚合物波导的开关归因于偶氮染料在聚合物主体中的反式-顺式-反式光异构化。对于偶氮苯在聚合物波导中的应用，Qiu 等[65]合成了一系列的偶氮联苯聚氨酯，并通过红外光谱、紫外可见光吸收光谱、核磁共振氢谱以及电荷耦合器件(CCD)数字成像装置等表征手段测量了其性能。最后得出结论，偶氮苯光开关具有低的传输损耗，且开关功耗低，响应时间快，在聚合物波导领域中发挥着至关重要的地位。德国的科研工作者 Bufe 和 Wolff [66]在研究以双-2-乙基己基磺基琥珀酸钠为表面活性剂的油包水型(W/O)微乳液时发现，将偶氮苯加入到微乳液中后，微乳液的导电性会随着温度的变化而产生变化。在实验过程中，他们对微乳液进行加热，随着温度的升高，其电导率上升；后续为了验证偶氮苯的作用，在不改变温度和各成分组成的情况下，通过将微乳液样品暴露于波长大于 310 nm 的紫外光下后发现，微乳液从不导电转变为导电；通过热再异构化，关闭紫外光照射后，其导电率会恢复到原状。偶氮苯的加入，使得体系完成了从导电到绝缘的转变，在该实验过程中，偶氮苯作为导电开关，使体系的导电性对特定环境进行响应和调节。上述实验表明，偶氮化合物可以起到调节导电性的作用，在导电性切换的应用情景下，或许可以使用偶氮化合物替代机械开关。

除了上述利用偶氮化合物结构可逆的特性调节整个液体体系的电导率，还可将偶氮化合物用于单分子或混合构件，来实现纳米电子器件的电子开关功能。作者团队[67]通过共价键将具有柔性烷基链的偶氮苯分子（AZO）与少壁碳纳米管（FWCNT）结合，形成了碳纳米管-柔性链-AZO杂化物。合成示意图如图5-18所示，在制备出AZO-柔性链-NH_2后，通过反应将其接枝到少壁碳纳米管上，从而得到最终的杂化物。

将该化合物溶解到二甲基甲酰胺（DMF）中，然后旋涂到事先准备好的氧化铟锡（ITO）玻璃基板上，在50℃下真空干燥，最后得到电子开关，电子开关的示意图如图5-19所示，插图为碳纳米管-柔性链-AZO的TEM图。该光驱动的电子开关通过光的开/关切换而实现电导率的智能控制，开关间的电阻相差1个数量级，这在电子存储器件领域中具有巨大的应用潜力。

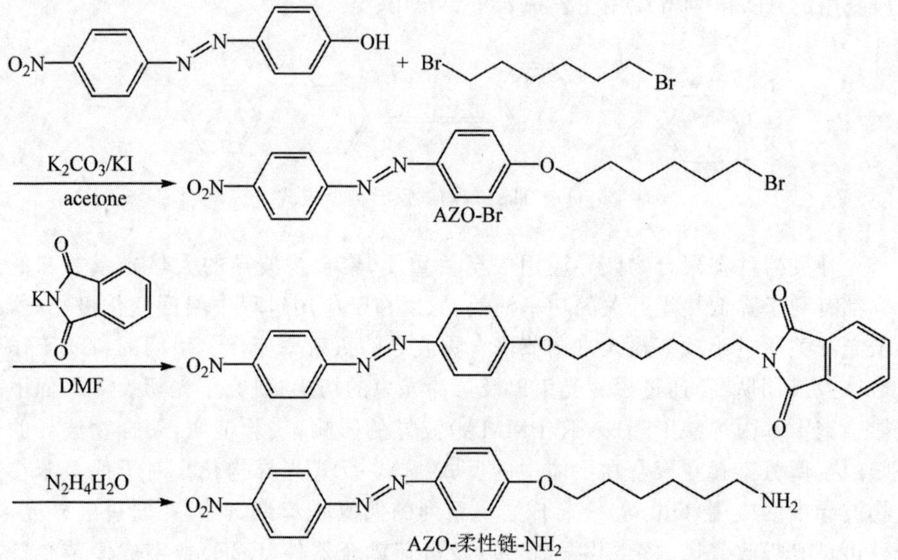

O_2N OH + Br Br
K_2CO_3/KI acetone → O_2N O Br
AZO-Br
KN O O
DMF → O_2N O N O O
$N_2H_4H_2O$ → O_2N O NH_2
AZO-柔性链-NH_2

图5-18 AZO-柔性链-NH_2的合成方案以及分子结构

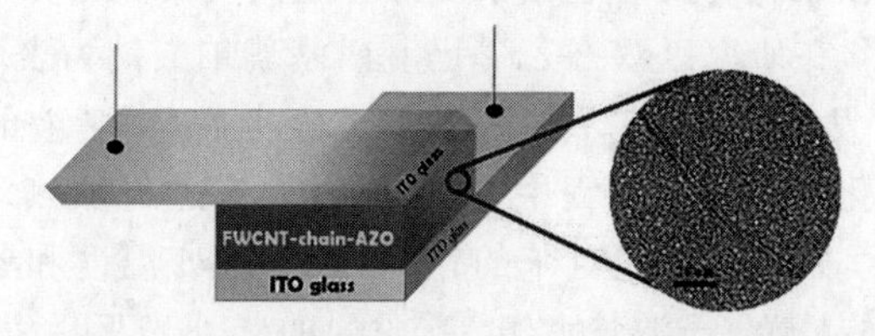

图5-19 碳纳米管-柔性链-AZO电子开关示意图以及TEM图

除此之外，作者团队[68]将碳纳米管与AZO结合，制备光驱动电子开关后，又研究了氧化石墨烯（GO）与AZO结合作为高灵敏的光开关。氧化石墨烯起到增强光致开关的作用，GO-AZO杂化材料内部含有短程有序的晶体结构，该结构有助于电荷的转移，且偶氮苯与氧化石墨烯之间的电子会相互作用，使得氧化石墨烯上的偶氮苯在紫外光照射下能够快速地进行反-顺光异构化，快速响应时间小于 500 ms，该高灵敏的光响应特性使得 GO-AZO 杂化材料成为光电流开关应用的潜在候选材料。

偶氮分子及其衍生物在发挥光开关作用时，由于结构的转变，也起到了储能的作用，光化学转化反应通常被认为是将光能转换为潜热的最有前途的方法之一。偶氮苯发色团可逆的光异构化在储能以及开关方面具有巨大的潜力。然而，设计一种分子光开关以提高对低波段太阳光谱利用率和量子产率，同时在没有溶剂辅助的情况下实现热量的充电和放电，仍然是一项艰巨的挑战。作者团队[69]也在该领域内进行了研究工作，利用桥连偶氮化合物（b-AZO）通过分子内 Baeyer-Mills 反应和 Sonogashira 偶联反应设计合成 4 种 b-AZO 分子，四种分子的末端基团不同，以研究末端基团对 b-AZO 分子性能的影响，其中，4 种分子在常温下皆为液态形式存在，不需要溶剂辅助而实现其热量的充电和放电，4 种分子的结构图如图 5-20(a)所示，图 5-20(b)中展示了偶氮分子的两种异构体。

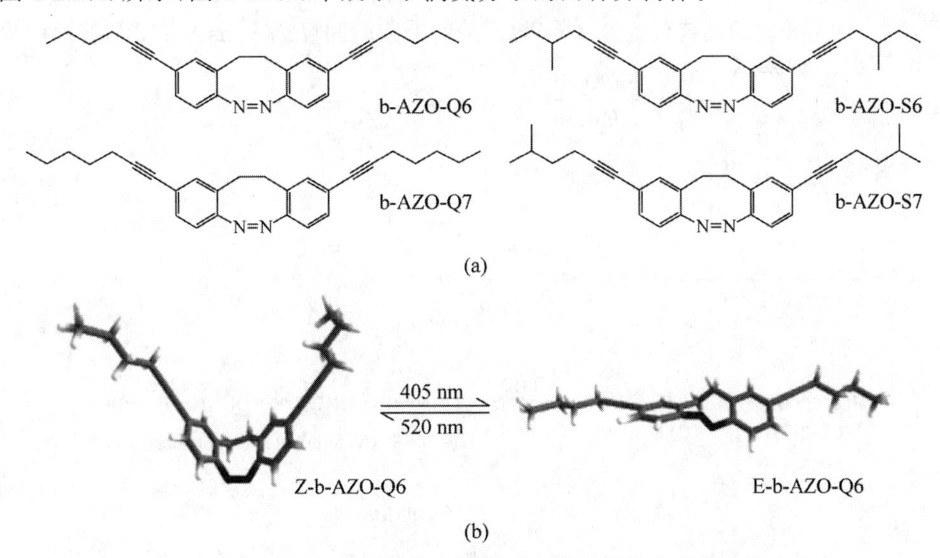

图 5-20 四种 b-AZO 分子结构示意图以及顺-反异构变化的结构反应式

最后的实验结果表明，长碳链接枝能够防止结晶，并可以实现在很宽的温度范围内保持的无定形状态。因此可以在没有溶剂帮助的情况下实现偶氮苯发色团的高度异构化，同时确保高能量密度。这些化合物是分子光开关，对研究非常有价值。该研究提供了一种更方便的方法来设计 b-Azo，而不会破坏其自身的紫外-可见吸收特性；这为分子光开关实现更高的太阳光谱利用率提供了方向。

上述成果中，成功运用了偶氮苯化合物自身的可逆异构化性能，从而制备出光开关引发的太阳能储能材料。但是，在储存能量后，为了将被储存的能量释放出来，就必须克服偶氮异构化的能垒；而通常使用的克服能垒的方法是对亚稳态偶氮苯化合物进行加热处理，这就不可避免地提高了偶氮苯化合物的使用成本，所以说，构建在室温下就能使用的偶氮苯化合物的策略，在偶氮苯化合物大规模使用方面有着重要的作用。作者团队[70]通过在 PVA 模板上以薄膜的形式集成三偶氮苯和纳米金粒子,成功制备出了一种新型的太阳能热燃料,纳米金粒子在材料中起到了催化偶氮苯异构化的作用,使用该方案制备的偶氮苯化合物能够在室温条件下完成结构的顺-反异构化,为将来偶氮苯化合物的大规模应用提供了一种切实可行的策略。

手性分子在微观世界中形成一些基本单元,在生命的进化中起到了不言而喻的重要作用。在现代生物科学中,蛋白质、DNA 等都与手性分子密不可分;而在药物研发领域,它的作用和风险也是药物研发者们需要考虑的头等大事之一。所有的手性分子都具有光学活性,如果将手性分子与偶氮光开关结合,会出现什么现象呢?Qiu 等[71]使用 4-硝基苯胺、亚硝酸钠和手性试剂 R-α-甲基苄胺为原料,合成了偶氮发色团分子(NPMBR),然后通过聚合合成了新型的手性偶氮聚氨酯(PUUR),合成路线图如图 5-21 所示。他们在通过一系列表征验证了手性结构后,研究了 PUUR 紫外光诱导的光异构化以及反射异构化行为,并对开关的性能进行了仿真,结果表明,热光开关的功耗仅为 0.4 mW,开关的响应时间可达 3 ms 左右;与普通的聚

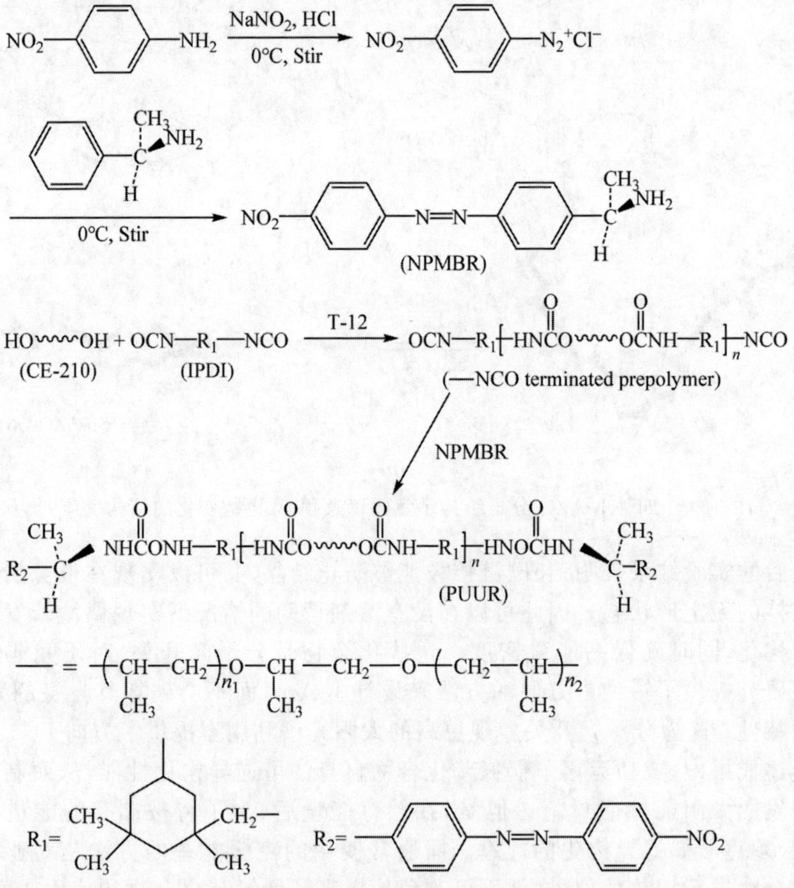

NO_2 NH_2 $NaNO_2$, HCl 0℃, Stir NO_2 $N_2^+Cl^-$

CH_3 NH_2 C H

0℃, Stir NO_2 N=N CH_3 NH_2 C H

(NPMBR)

HO〰OH + OCN—R_1—NCO T-12 OCN—R_1[HNCO〰OCNH—R_1]$_n$NCO

(CE-210) (IPDI) (—NCO terminated prepolymer)

NPMBR

CH_3 R_2—C NHCONH—R_1[HNCO〰OCNH—R_1]$_n$HNOCHN C—R_2 CH_3 H H

(PUUR)

〰 = [CH—CH_2]$_{n_1}$O—CH—CH_2—O[CH_2—CH]$_{n_2}$ CH_3 CH_3 CH_3

R_1= CH_3 CH_3 CH_2— CH_3 R_2= —N=N— NO_2

图 5-21 PUUR 的合成路线图

合物热光开关相比，在降低功耗和响应时间方面有显著提高。

手性分子的引入会对偶氮化合物的性质产生显著的影响，除了 Qiu 等的工作，还有其他科研工作者对手性偶氮分子进行了深入的研究。牛津大学的 Fletcher 教授团队[72]通过研究发现，只需向市场上常见的工业偶氮染料中添加手性助剂，就可以得到可调性极高的手性光开关；并且在研究中发现，使用萘普生氯酯化苏丹I和邻二氟苏丹I得到了具有明显不同旋光度的开关，顺式和反式异构体的光谱也有显著差异；立体化学信息从非外消旋手性单元转移到染料的 π-共轮体系和激子耦合的图二色性。在该部分工作中，提供了简单的大量获取手性偶氮光开关分子的方法，并研究了两种手性助剂在制备手性分子后对偶氮分子性能产生的影响，这为手性分子与偶氮化合物的结合工作提供了推动作用，具有巨大的应用潜力。

偶氮化合物的光异构性能使其在开关方面具有巨大的应用潜力，科学家们在利用其开关性能的同时，也尝试以偶氮衍生物为基础的能够同时且独立响应不同刺激的双传感器。由于能够在传感和开关设备中广泛应用，所以在分子系统上设计和构建能够响应外部刺激的化学和物理变化，是当前广泛研究的一个议题。近年来，很多双响应开关材料，特别是智能水凝胶材料更是科研工作者们研究的重点，原因是智能水凝胶能够响应外部化学、光化学、热刺激或声音的变化而可逆地控制自身的性能。韩国的 Kim 教授团队[73]提出了一种新型的双转换聚合物水凝胶，其中包含 N-异丙基丙烯酰胺和酸/碱可转换偶氮染料单元，分别作为热敏和酸/碱敏感组分，聚(N-异丙基丙烯酰胺-AZO)的合成方案如图 5-22 所示，使用常

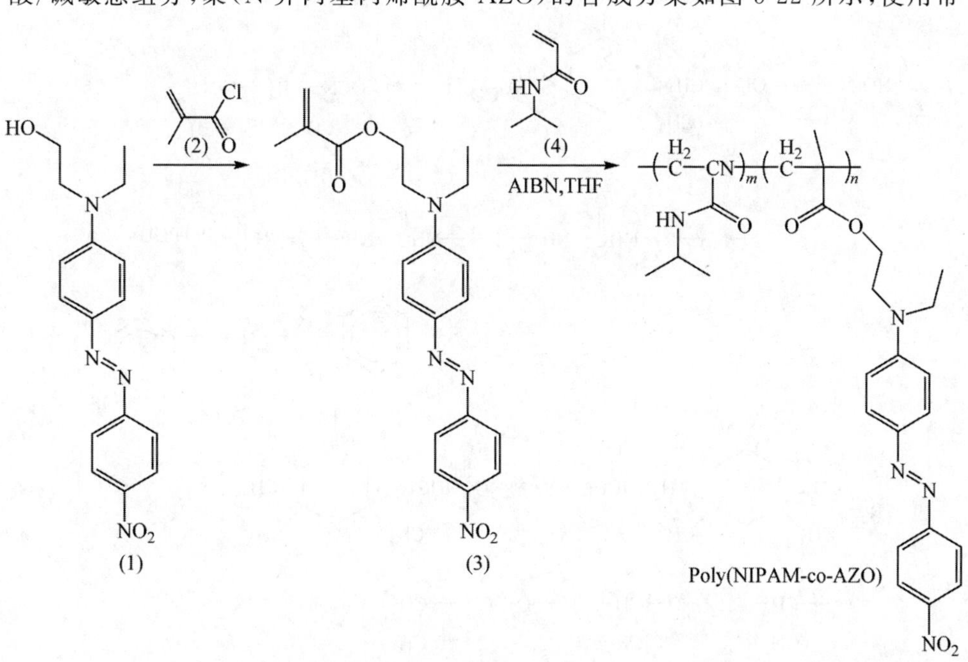

HO … N … N=N … NO_2 (1)　→ (2) → (3)　→ (4) AIBN,THF → Poly(NIPAM-co-AZO)

图 5-22　聚(N-异丙基丙烯酰胺-AZO)合成方案

规的自由基聚合反应。该智能水凝胶可以对 25～45℃的温度以及酸/碱变化产生响应，能够作为温度和酸/碱的水溶性双传感器，这种智能响应系统非常适合热响应、机械响应传感器材料、药物输送、催化、智能的光学和电子特性的纳米/介观组件等。

近年来，具有芳香杂环的偶氮染料的研究非常受关注，原因是带有芳香杂环的偶氮染料具有鲜艳的色彩和发色强度，耐光性、色牢度、水洗和升华牢度都非常优异，且具有高均匀性。在这之中，苯并噻唑偶氮组分在杂环体系中最为普遍。Yang 等[74]成功制备了一种新型的偶氮苯并噻唑聚氨酯-脲(BTPUU)，具体的合成路线如图 5-23 所示。且通过红外和紫外-可见光吸收光谱对制备出的产物进行了化学结构的表征，证明 BTPUU 被成功制备出来。在制备完成后，他们使用 CCD 数字成像设备测量了 BTPUU 的传输损耗，损耗值为 0.214 $dB \cdot cm^{-1}$，并且

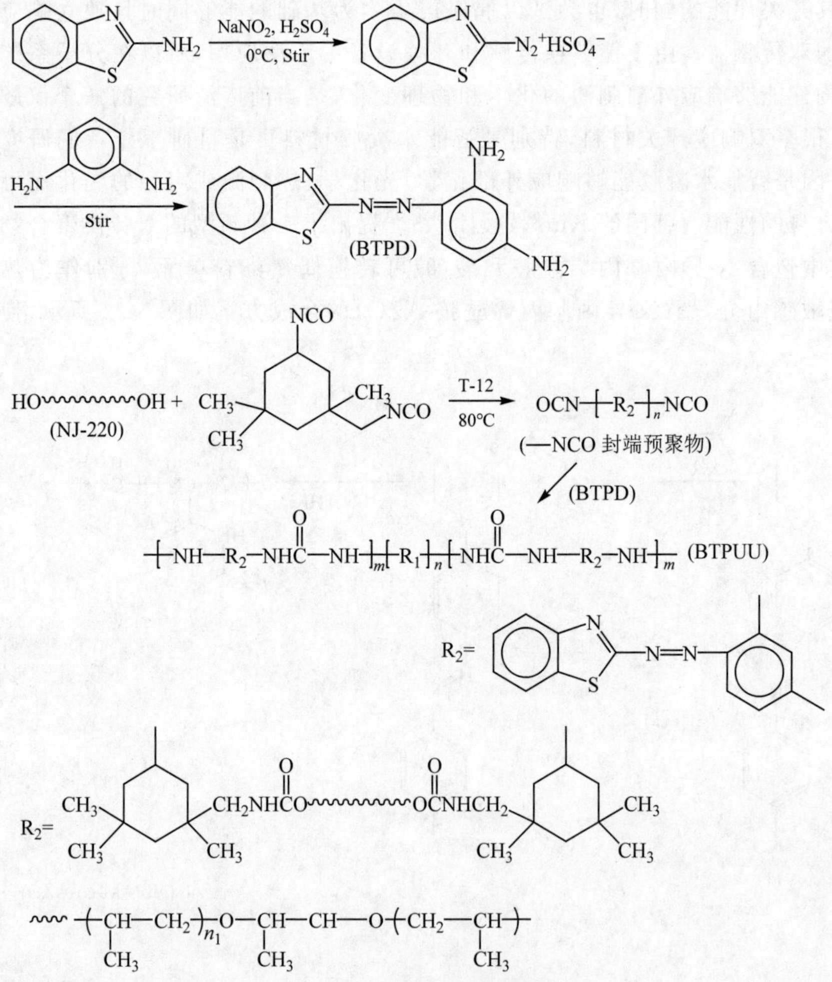

图 5-23　BTPUU 的合成方案

通过 γ 分支热光开关和集成波导的 2×2 马赫-曾德尔(M-Z)干涉仪开关的模拟测试,最终得出结论:所设计的 γ 分支热光开关的功耗仅为 3.28 mW,响应时间为 8.0 ms,M-Z 干涉仪开关的响应时间为 2.0 ms。该实验结果表明,制备出的 BTPUU 材料对发展热光开关或者其他相关光通信领域具有重要的意义。

自 1856 年阿尔弗雷德·诺贝尔首次报道偶氮苯以来,它一直是研究的焦点。由于其独特的光物理特性,偶氮苯从工业染料到致动器、非线性光学器件、分子开关和机器、离子通道调制器等领域都有广泛的应用。然而,其需要紫外光驱动才能完成光异构化,这在某些条件下限制了偶氮苯及其衍生物的使用。最近,出现一种方法可以使用可见光激发偶氮苯在反式和顺式结构之间的切换,具体的方法一是依赖于 n-π^* 带分离,推动 π-π^* 跃迁到该区域;二是使用金属-配体电荷转移使激活波长发生移动。已有一些报道研究了该效应,但是很少有工作者利用该方法在可见光范围内调控偶氮苯结构。美国的 Aprahamian 教授团队[75]通过将 BF_2 与偶氮基团络合,增加了 n-π^* 的跃迁能量,推动 π-π^* 的跃迁,使得该复合物仅使用可见光即可有效地切换顺-反结构,且实验表明络合后能够延长顺式到反式的热弛豫速率,该复合物的合成方法如图 5-24 所示。而且,可见光范围内的吸收带还可以使用不同的方法调节,该工作为仅使用可见光操作偶氮化合物的概念性新策略开辟了道路。

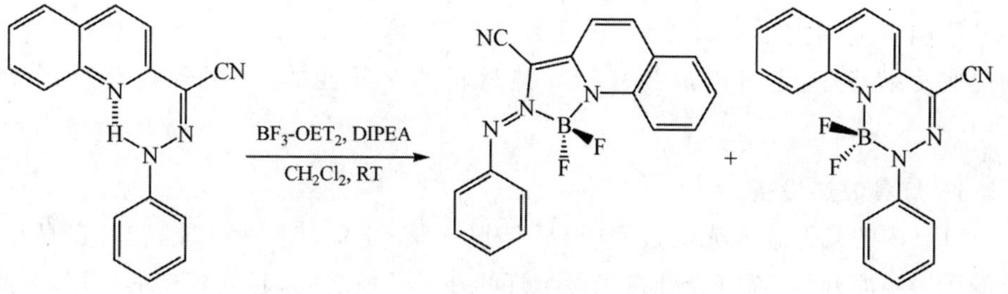

图 5-24 复合物的合成方案

偶氮苯化合物在分子光开关领域被广泛应用的同时,也有科研工作者们将其应用到光驱动的材料形状自愈方面。主要是通过偶氮分子的结构变化对材料的形状进行光驱动的可逆控制。该可自愈的变形材料在使用光学控制的微型机器人制造领域具有巨大的应用潜力。作者团队[76]将偶氮苯四甲酸(t-AZO)与 2-脲基-4-嘧啶酮(PAA-U)和 3,3′,5,5′-接枝聚丙烯酸(PAA)组装的光响应超分子组装体通过氢键交联,制备了光驱动的形状记忆聚合物材料。在绿色激光的作用下,该聚合物发生弯曲形变,该变形表现出了极高的稳定性,并且在紫外线照射下能够恢复到原来的形状,响应时间也可以通过光照强度来调节。在后续的实验中,将该材料应用于机械手,通过手的弯曲和恢复,实现了物体的循环抓取和释放;该组件还具有在变形过程中由绿光照射引起的快速自愈性,愈合效率可以通过照射强度来控制,实验机理图如图 5-25 所示。

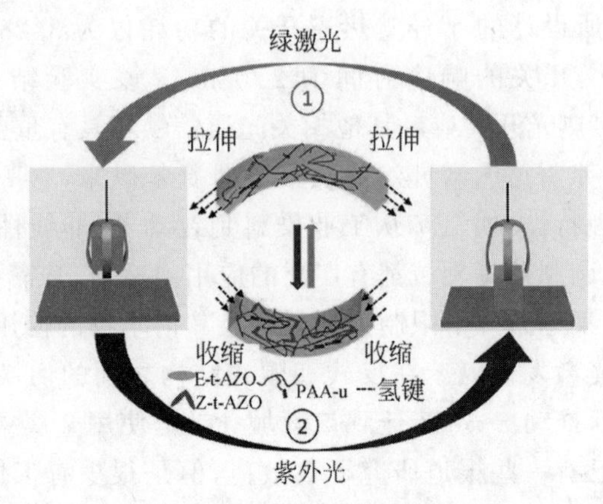

图 5-25 光学驱动的自愈光响应超分子组件的变形机理

5.3.2 自适应开关

热胀冷缩是指物体受热时膨胀，遇冷时收缩的特性。由于物体内的粒子（原子）运动会随温度改变，当温度上升时，粒子的振幅加大，令物体膨胀；但当温度下降时，粒子的振幅便会减少，使物体收缩。水（4℃以下）、锑、铋、镓和青铜等物质，在某些温度范围内受热时收缩，遇冷时会膨胀，恰好与一般物体特性相反。物体的热胀冷缩特性，也可以成为智能导热材料的一种性能，应用到我们的日常生活中。

1. 灯具散热设备

灯具内的光源在发光的过程中，都会把一部分电能转换为热能，使其自身和附近的环境温度升高，而灯壳处在光源与灯的外界环境之间，起到导热的作用，为此，灯壳的散热性能较大地影响着灯的使用寿命。而目前，灯壳大多数是一体成型，一体成型的灯壳便于导热，可使光源产生的热量被一体成型的灯壳导热至电源模块处，使电源模块的温度也被动升高，电源模块温度过高时其内部的电气部件的性能受到一定的影响，严重时甚至影响灯的使用寿命。

为了解决上述存在的问题，浙江远恒电子科技有限公司[77]提出了一种基于热胀冷缩原理的灯具散热设备，可通过热胀冷缩原理感知灯具温度的变化，继而内置的散热组件进行工作，实现对灯具内部的散热，避免了传统灯具无法散热的问题。具体的结构示意图如图 5-26 所示。该发明具体的工作原理是通过插脚 2 与家用电路连接，灯具主体 1 开始照明工作，随着照明时间的持续加长，灯具主体内部的温度逐渐增高，过高的温度通过导热装置 3、7 将热量传递到热感橡胶 8 上，热感橡胶吸附热量，基于热胀冷缩原理以及热感橡胶的独特材质，热感橡胶随之膨胀。通过热感橡胶抵接推动热感弹簧 6，继而连接电磁铁 5 两端的电极，使电磁铁内部的电磁线圈通电，散热装置继而启动使散热风扇 4 转动，对灯具主体的内部进行散热。

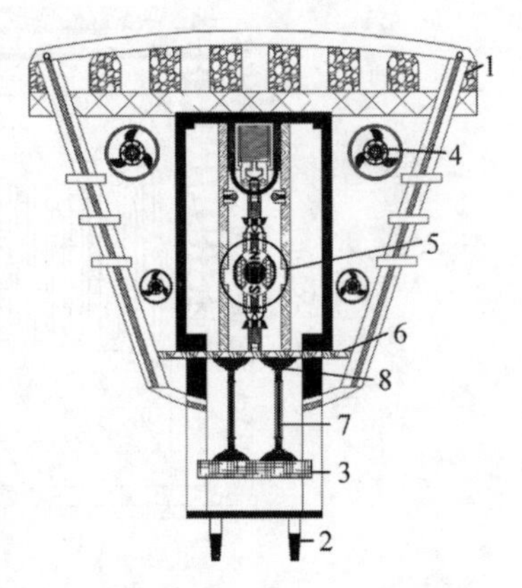

1—灯具主体；2—插脚；3、7—导热装置；4—散热风扇；5—电磁铁；6—热感弹簧；8—热感橡胶。

图 5-26　灯具散热装置的结构示意图

2. 区块链服务器散热设备

随着数字货币的不断发展，区块链的建设也在不断发展并完善，现今区块链服务器设备的数量也在不断增加，建设的规模也是越来越大。当大量的服务器聚集在一起时，由于服务器需要处理的数据较多，这就使得服务器设备产生的热量就会越多。现有的服务器虽然设有散热装置，并不能在较短时间内将较多的热量排出，这就会使得服务器内部的热量堆积，进而会造成服务器局部温度过高，影响服务器的数据处理速度。有些大型的服务器会配备较为高级的冷却器，但是冷却器长时间开启会耗费大量的电力，对于运营成本也将会是一个较大的负担。

针对现有技术的不足，广州谦源科技有限公司[78]提供了一种基于热胀冷缩原理的区块链服务器散热装置，具备充分散热和节省电力的优点，解决了上述问题。该基于热胀冷缩原理的区块链服务器散热装置示意图如图 5-27(a)所示，服务器工作时，机箱内部器件产生热量由散热管向环境内排放热量，此时，气囊在二氧化碳气体的受热膨胀的作用下带动该处电磁感应装置的运行，这样就可以通过热量堆积的多少来影响气囊膨胀程度，进而来控制电磁装置的工作使连接杆转动，有效地将机箱内部的热量排出，并且可以避免电力的过度损耗。电磁感应装置如图 5-27(b)所示，气囊膨胀推动连接杆运动，与连接杆相连的铜棒随着连接杆运动而在磁场中作切割磁感线的运动，从而产生电流带动散热片的运动。且通过散热器件中不同装置之间的相互作用，可以使该装置具有两种不同的散热模式，以此来应对不同状况下的热量堆积，这样更适合实际状况下的使用，并且避免了由热量堆积造成的服务器运行速度下降。

3. 热胀冷缩自动转向的太阳能发电设备

太阳能发电设备已经普及到现代生活的方方面面，只有当发电设备处于太阳光直射状态时，才具有最强的发电能力。但实际上太阳能的发电设备都是固定不动的，受固定位置的影响，太阳光处于非直射状态时无法充分利用太阳能。为了最大化地利用太阳能，实现对太阳的定位跟踪，现在的太阳能发电设备大都设置对太阳的定位跟踪器，但还是不能即时对太阳进行有效的跟踪。

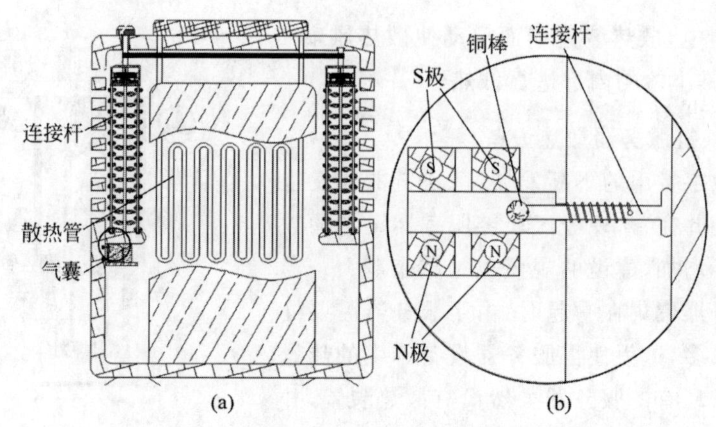

图 5-27 用于区块链服务器散热装置示意图

(a) 散热装置；(b) 图(a)中的电磁感应装置

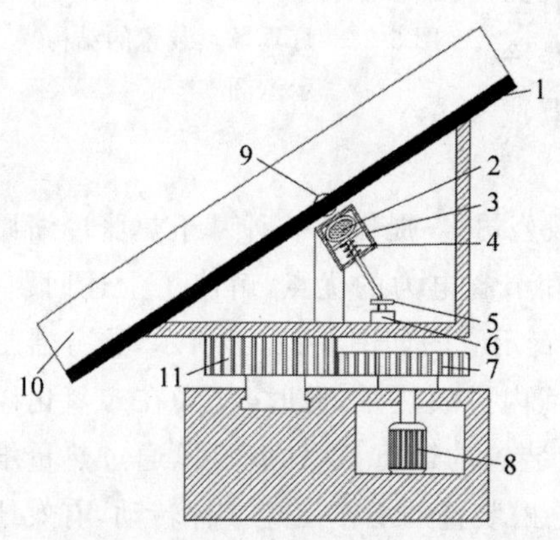

1—太阳能电池板；2—水银膨胀球；3—导热块；4—弹簧；5—连接杆；6—压力开关；7,11—齿轮；8—电机；9—聚光镜；10—挡板。

图 5-28 自动转向太阳能电池具体构造示意图

针对上述问题，上海同园数码科技服务中心[79]提供了一种基于热胀冷缩而随着太阳自动转向的太阳能发电设备，具备可以自动转动而时刻跟踪太阳，充分利用太阳能的优点，解决了上述问题。该装置具体的结构示意图如图 5-28 所示。该装置在太阳能电池板 1 上的中心位置设置了挡板 10，电池板未受到阳光直射时，挡板遮挡一部分太阳光，此时电池板上聚光镜 9 对太阳光进行聚光作用，使光线聚集处的导热块 3 温度上升，迫使与其接触的水银膨胀球 2 发生热胀冷缩作用，从而打开压力开关 6，带动电机 8 工作，与电机相连的齿轮 7、11 开始运动，调整电池板位置。该基于热胀冷缩而随着太阳自动转向的太阳能发电设备，通过导热块发热使水银膨胀球膨胀，水银膨胀球推动连接杆下降，再通过连接杆与压力开关的配合使用，从而达到了跟踪太阳的效果，在后续的太阳能电池应用方面有着较大潜力。

4. 利用热胀冷缩的家用灭火器

我们日常生活中使用的灭火器主要是通过将灭火剂喷射出来，使其覆盖在着火点的表面上，一方面灭火剂覆盖后降低了着火点的温度，另一方面灭火剂也形成了一个隔绝层，隔绝了氧气与着火点之间的接触，从而起到灭火的目的。除了以上两种作用，灭火剂本身的成分之间也会发生化学反应，二氧化碳气体泡沫伴随着反应的进行而大量产生，体积膨胀 7～10 倍。然而在现有的家用灭火器使用过程中，可能需要操作人员靠近火源，才能对火灾处起到有效的灭火作用；但是与着火点距离越近，操作人员就越会暴露在危险之中，从而不适合部分人使用。所以需要有一种灭火效果好、操作安全性高的家用灭火器来弥补上述缺点。

湖北省孝感市孝南区南方国际商城大学生创业园的科研工作者林朋[80]利用物体热胀冷缩的性质，将热胀冷缩行为转化成一种开关作用，发明了一种利用热胀冷缩性质的家用灭火器。该灭火器的外形为一种手提箱结构，在手提箱中容纳各种工作结构，且手提箱结构也方便携带，使用的方法是操作人员在远离火源处将手提箱式灭火器整个扔进火中，提高操作者的安全性，也提高了使用方便性。而其工作的主要原理是，箱体内的导热板在火源处被加热升温后，将热量导入与其相接触的气囊内，气囊内的气体受热膨胀，使得气囊的体积由于气体的热胀冷缩而胀大，气囊体积的增加为箱体内部的各种工作单元提供连接到一起的动力支持，使得不同的灭火剂成分互相接触，发生反应，从而达到最终灭火的目的。灭火剂的成分主要是碳酸氢钠与发沫剂的混合溶液以及硫酸铝溶液，当两种溶液混合后，就会产生大量的泡沫以及二氧化碳，生成物可以通过手提箱的分散孔进入火源当中，起到灭火的作用。在上述原理中，主要利用了气体的热胀冷缩性质，气体受热膨胀，体积变大，压缩箱体内的富裕空间，使灭火剂之间有机会互相接触产生作用，最终实现抛式的安全性灭火器。图 5-29 为该家用灭火器的外观构造，图中 1 部分为该手提箱的外层壳结构，在外壳上设计了大量的分散孔来扩散二氧化碳和反应产生的泡沫；2 是手提箱内的反应结构，其中包含灭火剂、气体气囊等反应装置；3 部分为连接 2 部分的反应装置和 4 部分的导热板，从而使得外界热量顺利进入反应装置，触发灭火机制。

5. 利用热胀冷缩的电磁炉溢水保护

随着科技的发展，原先昂贵的家用电器在我们的日常生活中也随处可见，人们的生活也因各种电器的普及越来越方便。家用电器能够有效提高和改善人们的生活质量，也能提高人们在日常生活中的效率，在这些电器当中，电磁炉就是我们经常使用的一种。电磁炉在通电后，能够将输入的电能转换为热能，从而对炉内的锅具加热，起到烹饪饭菜的作用，整个过程不需要明火，既保障了人们的安全，又给生活带来了极大的便利。然而电磁炉在使用的过程中也有一定的局限性，电磁炉在使用过程中虽然不需要明火，但是必须要注意用水安全，电器中的电路遇水极其容易发生短路现象，短路发生后，轻则烧毁电路，造成电磁炉损坏；重则线路起火，引起火灾，从而造成人员财产损失。用水安全关键在于控制电磁炉中的水量，防止水溢出。

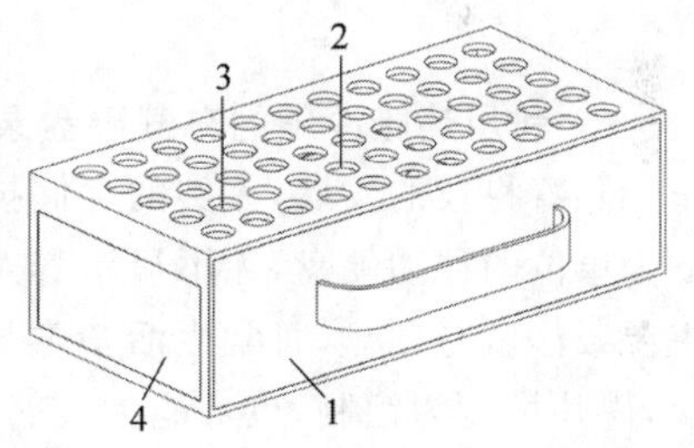

1—外层壳结构；2—反应结构；3—连接板；4—导热板。

图 5-29　家用灭火器外观构造

杭州勤语智能科技有限公司的科研工作者李忠娟[81]利用气体的热胀冷缩性

质发明了一种电磁炉溢水保护装置，该装置能够对电磁炉的溢水起到保护作用，从而保护人们的生命财产安全。该溢水保护装置的具体构造如图 5-30 所示。当电磁炉上表面遇水时，水流会流入图中的 1 部分的凹槽内，溢出的水使凹槽中的电触点相互连接，激活了凹槽下方电磁体线路，带动 2 部分的电热块工作，使位于 3 部分的压缩气体开始膨胀。压缩气体膨胀，带动 4、5 处的活塞和电介质板一起向上移动，在移动的同时降低了正、负极板的相对面积；当移动到顶部时，相对面积达到最小值，此时外电路电压小于电阻 6 的最小通路电压，从而切断了电磁炉的电源。该发明对电磁炉可能产生的安全隐患起到了一定的防范作用，降低了家用电器造成生命财产安全事故的概率，对我们的日常生活起到了积极作用。该发明的本质是应用了气体热胀冷缩的性质，使气体起到了一定的开关作用，在电磁炉溢水时，开关打开，切断电磁炉电源，保护人们的安全，这也是热胀冷缩导热在日常生活中的又一应用实例。

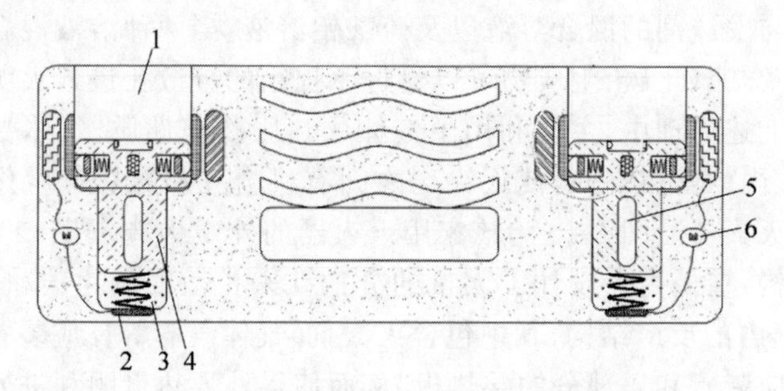

1—凹槽；2—电热块；3—压缩气体；4—活塞；5—电介质；6—电阻。

图 5-30 电磁炉溢水保护装置示意图

6. 利用热胀冷缩的车载硬盘录像机散热装置

随着科技的发展，人类的存储技术也不断发展，从容量几兆的存储卡到如今以 T 为单位的移动硬盘，无不显示着人类在存储技术上的发展。现如今，存储技术的主要载体就是硬盘，日常生活中常见的硬盘都是由一个或多个不同材质的碟片组成，碟片可能为铝制，也可能为玻璃制，在碟片的外部还覆盖有铁磁性的材料。

日常生活中绝大多数的硬盘都是固定硬盘，被永久性地密封固定在硬盘的驱动器中。现如今的固定硬盘与以往的差异在于其存储介质都被固定而无法更改。随着科技的发展，在我们的日常生活中出现了移动硬盘，其应用越来越广，储存容量越来越大，种类也越来越丰富。由于硬盘的存储技术越来越成熟，存储性能越来越好，在一些公交车上的车载录像机会采用硬盘式的录像机。这种类型的车载录像机的硬盘设备会安装到前侧操作台的内部，公交车是社会公共的交通运输工具，其运行的时间很长，导致操作台内部产生大量的热；或者在炎热的夏天，环境的高温也会影响到操作台的温度，极高的温度会造成录像机零件的损坏，缩短录像机的使用寿命，对降低成本、保证公交车的正常运营方面造成较大的影响。

面对车载录像机的散热问题，杭州藏储科技有限公司的科研工作者杨康[82]提出了一种基于热胀冷缩原理的车载录像机的热量保护装置来解决上述由公交车运营时间长或者炎热天气导致的车载硬盘录像机的损坏问题。图 5-31 为该车载散热装置内部的大致结构图。该装置的工作原理是：当外界温度过高时，图(b)中 1 处的气囊受到较高温度的影响，其中的气体受热膨胀，胀大的体积带动电介质板运动，从而连接了 2、3 处的正负极，触发电容式的传感结构，使得外部电路接通，1 处电机开始带动扇叶进行工作，从而使车载的硬盘录像机的温度降低。该发明利用了简单的热胀冷缩原理制作了一个温度响应的气体开关，达到了给硬盘录像机智能散热的目的，对降低成本、保障公交车的长时间运营起到了积极的作用。

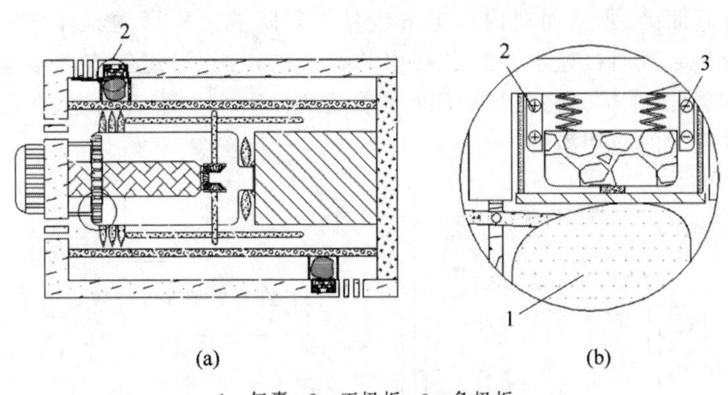

1—气囊；2—正极板；3—负极板。

图 5-31　车载硬盘散热装置结构图

(a) 内部结构图；(b) 图(a)中 2 部分放大图

7. 利用热胀冷缩的电力柜散热装置

在日常生活中，电力是不可缺少的能源。虽然我们每天都在使用电力柜，但是对电力柜的了解却知之甚少。电力柜的一大用途是便于分片区或者是分类配置电源，当线路出现故障时，配电柜有利于对故障范围进行控制和排查，工作人员能够根据电力柜快速找到电路的故障点，提高排查效率，有力保障人们的正常用电。并且，在电力部门的工作人员检修线路时，不需要大面积停电，这也得益于电力柜的使用。配电柜内还方便设置各种防止短路的保险丝，防止短路等作用。

电力柜采用不锈钢门轴，门和箱体采用全封闭结构，配以密封橡胶条和防水槽，使电力柜具有防雨、防风、防沙、防尘的四防功能，且强度好、硬度高、表面美观、密封性好、抗腐蚀性强、寿命长、易维护。随着科技的发展，人们生活中使用的电器不断增加，电力柜的作用就显得更加重要，电力的稳定配给需要有合格的设备保障。由于电力柜的内部电器元件较多，长时间的工作会导致电力柜内部产生大量的热量，传统的散热方式通常是使用散热风扇将热量排出，但是在日常的应用中我们发现，散热风扇的散热功能效果有限，并且容易被灰尘堵塞出风口使电力柜内部进入灰尘；若是通过水冷散热，则冷却水的流动装置也会给电力柜的成本方面带来巨大负担。

为了解决电力柜的散热问题，徐州赛义维电气技术有限公司的科研工作者刘肖[83]提供了一种基于热胀冷缩原理的电力柜散热装置，图 5-32 为该装置的结构示意图。该装置的主要工作原理是：电力柜内部工作器件 3 产生大量的热量，通过导热杆 4 将内部产生的热量传递给储液箱 2 内的氨水，氨水由于温度升高分解而产生氨气，并使得带有水蒸气的氨气上升，进入工作器件周围的热交换环形囊 7 内，氨气在经过第一通孔前，通过电动推杆 5 的反复伸长和缩短，并借助第二储液箱 6 内苯扎氯铵溶液的释放，可以使气流在通过气流穿孔后，通过苯扎氯铵的亲水性，产生许多大小各异的类似于肥皂泡的气泡，气泡进入热交换环形囊内时，借助 V 形槽内微绒毛的作用，使得气泡将 V 形槽充满，并随着热交换环形囊受热后，温度的持续升高而破裂，从而对内部电气组件进行降温。V 形槽具体作用也在图中给出。该散热装置通过氨水受热分解出的氨气的作用，通过气泡的破裂来进行散热，运用了氨气的受热膨胀性质，辅助化学试剂作用产生散热气泡，在电力柜的散热领域具有巨大的应用潜力。

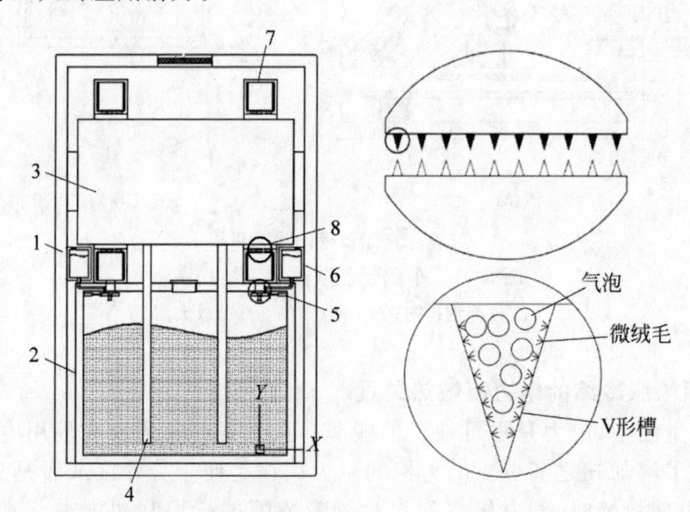

1—电力柜主体；2—第一储液箱；3—电气组件；4—导热杆；5—电动推杆；6—第二储液箱；7—热交换环形囊。

图 5-32 散热电力柜结构以及 V 形槽作用示意图

5.4 其他应用

5.4.1 柔性导热材料

在电子信息技术和航天科技发展迅速的今天，随着产品集成化程度的提高，人们对便携式可折叠设备以及智能穿戴设备的功能要求越来越高。电子设备的功率与体积比越来越大，这就导致设备运行散发的热量需要在较小的空间被释放，这对散热材料提出了巨大的挑战。器件或材料表面的凹凸不平，应力分布不均，常导致导热材料的界面接触性变差，结构易损伤，器件的热聚集问题严重。而具有自修复性能的聚合物基弹性导热复合材料，不仅可以提高系统的热疏散能力和结构稳定性，有效解决上述突出问题，还可以帮助提高电子设备的使用寿命，从而减少电子废弃物，是当前最具发展潜力的导热材料之一。

传统导热材料的热导率高，但密度大、回弹性差，如金属、无机导热材料。与此相比，聚合物基导热材料具有质轻、易加工、柔韧性强及界面相容性好等优点，但其热导率较低，无法满足市场的实际应用需求。此外，聚合物导热复合材料在实际的集成应用中，固体发热源与热控器件之间不足10%的接触面积造成了极大的接触热阻，严重阻碍了热量的传导。同时，由于固体材料微观表面的凹凸不平，导致导热材料的固体表面与传热基底接触时的有效接触面积减小，形成的缝隙被空气填充，界面热阻提高，严重阻碍了热流在界面的传递效率。因此，如何排除发热源与热控器件界面的空气，减少器件之间的空隙，降低热阻，将产热器件的热量高效、定向、快速地疏导至热控器件，是目前信息科技产业发展必须面对且急需解决的一个迫切问题。在稳定性方面，聚合物基导热复合材料的强度较低，高温下易发生老化和熔融，在发生弯曲或界面应力集中时，易发生不可逆损伤或断裂后的失效，导致导热系统的界面热阻增大，以及材料的热导率、安全稳定性和器件寿命的严重下降[84]。因此，探索制备具有耐高温、易加工、结构稳定、可识别-修复损伤的聚合物导热复合材料显得十分重要。

随着智能器件对高速度、高可靠性和高稳定性要求的不断提升，在极端环境下材料发生摩擦阻滞，材料力学性能显著下降，温度急剧变化且受热不均匀在高温区产生较大的热应力，材料产生蠕变、非弹性变形，直至部件失效。因此，减小材料的温度梯度和热应力，实现材料对损伤区域的辨别和修复，是延长材料使用寿命的重要策略之一。自修复是在人工智能器件的极端环境热管理系统的需求基础上提出的，以期获得可以在高温差、形变、压力等复杂热环境下稳定工作的热界面材料，应用前景广阔。良好的自修复热界面材料可以影响器件界面处的热耦合，降低温度梯度，减小空气热辐射，实现热量的快速传输，避免由两侧材料热胀冷缩与热膨胀系数差异而引起的损伤，从而达到结构稳定和降低热阻的目标。因此，在复杂界面连接处填充自修复热界面材料，是维持结构稳定和复杂热环境中实现定向热疏导能力的关键。

受分子/微观结构限制，聚合物基弹性体面临着难以实现高导热和快速自修复性能两者兼顾的技术难题。构建自修复材料的动态键主要有两种类型，一种是动态可逆非共价键，如金属配体配位、氢键等；另一种是动态可逆共价键，如酯交换反应、二硫键等。Weng 等[85]设计并合成了以二硫键为动态键的可修复有机硅/FBNNS 复合材料。他们将具有高效自愈性和优异机械性能的玻璃基硅氧烷作为导热复合材料的基体，再将功能化的 BN 纳米片(FBNNS)作为导热填料添加到玻璃基硅氧烷中，最终得到具有高热导率、高修复效率和优异的机械强度的可修复有机硅/FBNNS 复合材料，其合成示意图如图 5-33 所示。该材料表现出(1.41±0.05) $W \cdot m^{-1} \cdot K^{-1}$ 的高热导率和(98.8±1.1)%的高修复效率，并且在 6 个愈合周期后，也可以恢复 92.0%的拉伸强度和 99.3%的导热性。

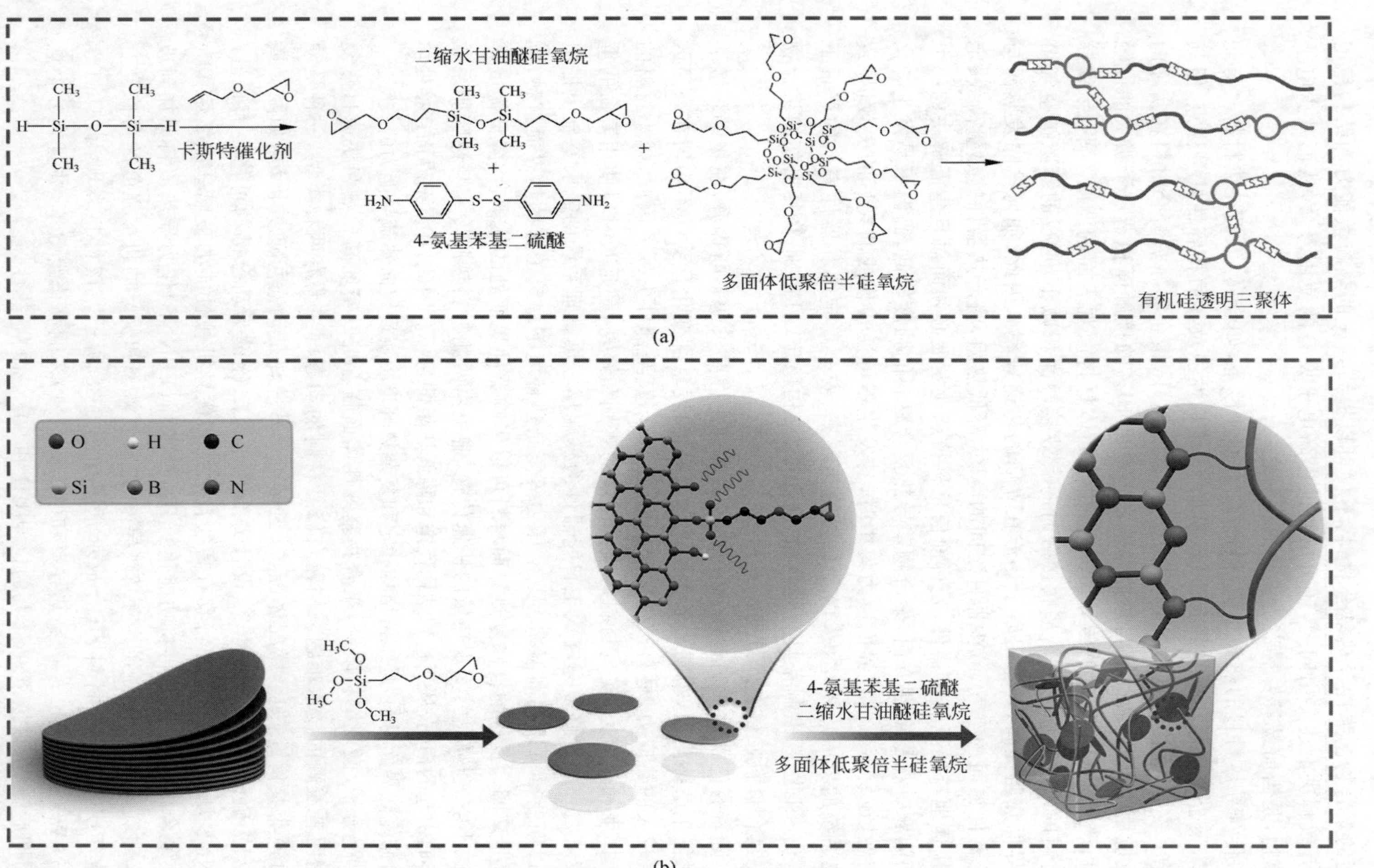

图 5-33 有机硅/FBNNS复合材料合成示意图

5.4.2 火灾预警材料

纤维素含量丰富、成本低,且具有独特的物理化学性质,包括无毒、生物相容性和可降解性,在过去的几十年中,其作为一种应用前景广泛的材料在学术和工业领域被广泛研究。棉纤维是一种天然的纤维素,是一种常见的纺织材料,具有优异的弹性、柔软和多孔的自然结构,至今已经成为柔性导电基底的动力平台。但是,在棉织物中加入导电聚合物或颗粒,通常会降低智能纺织品的柔韧性、舒适性和耐用性。虽然存在上述的缺点,但导电填料的加入也可以在提高智能棉织物导电性的同时提高导热性。在过去的二十年里,人们通过用有机和无机层对碳纳米填料进行表面修饰,在保持热导率、提高材料的分散性和稳定性方面广泛研究,通过表面接枝有机长链离子盐,合成了一系列无溶剂纳米流体样品,包括碳纳米管、炭黑、石墨烯、氢氧化镁。通过改变表面接枝的有机长链离子盐的结构和组成,可以将纳米流体样品的流变行为从玻璃相调节到液相。

Wang 等[86]采用(3-氨基丙基)三乙氧基硅烷和二甲基十八烷基[3-(三甲氧基甲硅烷基)丙基]氯化铵同时进行表面修饰,然后与壬基酚聚氧乙烯醚硫酸钠进行离子交换反应,制备了具有柔软玻璃状行为的反应性多壁碳纳米管纳米流体。该碳纳米管纳米流体既能够紧密地附着在棉织物的表面,又能与棉织物柔性相匹配。由于多壁碳纳米管和表面接枝的有机长链离子的协同作用,多壁碳纳米管纳米流体在保持高电绝缘性能的同时具有高热导率。纳米流体还可以作为棉织物的阻挡层,在燃烧过程中形成导电网络。其工作原理如图 5-34 所示,多壁碳纳米管纳米流体作为棉织物的阻挡层,能够有效地延缓燃烧过程中的热量传递,当燃烧温度进一步升高时,碳纳米管表面接枝的硅烷分子分解,促进其导电网络的形成。因此,这种使用纳米流体作为火警和导热涂层的策略可以用于制造柔性、智能棉织物传感器,在火灾预警方面有着巨大的应用潜力。

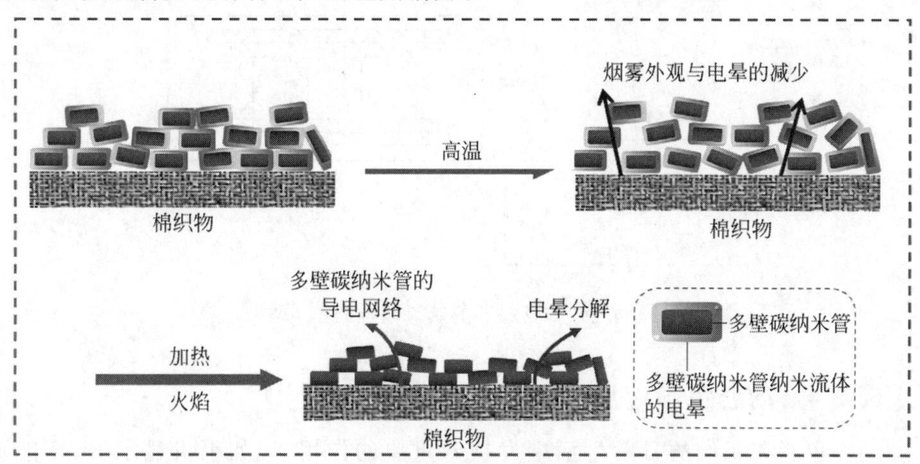

图 5-34 起火过程中导电网络的形成机理

5.4.3 感知温度调节装置

新型的半导体温感材料是一种专用于某一对象的冷却或者加热的材料。利用半导体热电效应对温度进行调节，运行时无噪声污染，使用寿命长，性能稳定性好，且工作部件简单、体积小，无需其他运动部件的辅助。目前市场上的该类设备种类多、功能丰富，但仍存在一些缺点，例如保温能力不强，容量小，只有单一的制冷或制热功能，无法将两种功能整合到一起，且对加热/制冷的对象还有很多限制，工作效率低，智能化程度低。在人们日益追求便捷、高质量生活的今天，仅仅依靠局限于对液体饮料进行加热/制冷的电器设备，已经不能充分满足人们日常生活的需求。

为了解决上述半导体温控材料的缺点和不足，促进以该半导体温控材料为基础研发的电器设备的发展，桂林理工大学的科研团队[87]提出了一种能够智能感应温度并对温度进行智能调节的装置。该装置的工作原理主要是通过改变电流方向来改变半导体冷热块的冷热侧来达到加热制冷一体化，从而在功能上克服目前市场上诸多冷热电器的缺陷和不足，满足人们日益增长的需求。该成果的优点是：不仅能够在一体机中实现冷/热兼备，舱体内的装载容器可以对液体、药品、食物等进行加热与制冷，突破了市场上相同的冷热块电子产品只能针对液体进行加热/制冷的单一功能性，并且加热/制冷不需使用制冷剂，无制冷剂化学物质泄漏的风险，在工作过程中对环境不产生污染。

图 5-35 为该装置具体的工作原理图，冷热块受到不同方向电流的影响而发挥制冷或制热功能，冷热块中包含 N 型、P 型半导体材料，两种不同的半导体材料的电子能级不同，当电子从低能级(P 型)流向高能级(N 型)发生能级跃迁，会吸收外界能量以完成跃迁，此时半导体冷热块发挥制冷作用；当电流的方向发生改变时，电子的运动方向也随之发生改变，工作原理与制冷原理相反，此时半导体冷热块发挥制热作用。

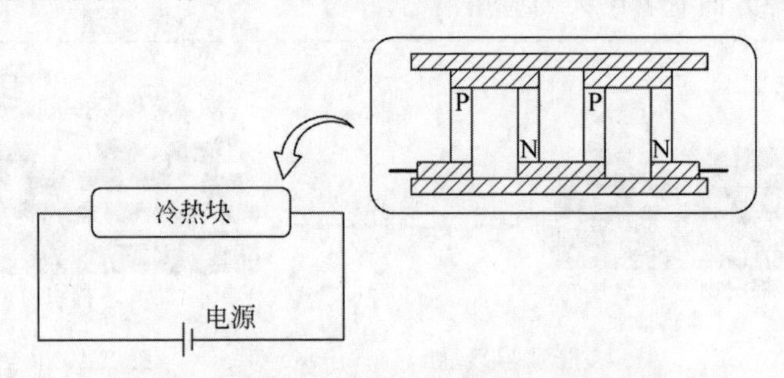

图 5-35 智能冷热调节装置的冷热调节原理

5.4.4 动态色彩应用

动态色彩在我们的日常生活中发挥着重要的作用，比如手机显示屏、智能玻璃、安全标记和许多其他有源光学元件，都需要应用到动态色彩。这一类应用的主要要求是高开关速度、轻巧灵活、耐用、高性价比和全彩色显示。常规的动态可调颜色可分为两种,即无机型和有机型。目前,人们已经研究了许多具有独特物理或化学性质的活性无机材料用于颜色调制,如电致变色、压致变色、等离子体效应和相变材料。结构色彩由于其优异的颜色和光泽稳定性,精细的耐热性和耐化学性而成为研究热点。人们将无机材料与结构色彩相结合,导致了许多动态色彩生成技术的发展。该技术用于支持液晶的可重构结构色彩,电致变色可切换结构色彩等。除此之外,等离子体纳米结构中间隙距离的机械控制,以及具有偏振依赖性光谱响应的机械旋转等离子体结构,也可以获得良好的变色性能。然而,使用等离子体纳米结构实现动态色彩显示,依赖于复杂的多步骤制造工艺,导致非常高的制造成本,极大地限制了其大面积实施。通过机械控制等离子体纳米结构中的间隙距离的实现缺乏耐久性,因此在拉伸一段时间后动态色彩性能将显著减弱。并且,可逆电沉积的操作需要相对较长的反应时间,从而减慢了刷新速率。

鉴于上述情况,开发新型动态结构色彩以简化其制造工艺并加快其响应时间就显得至关重要。为了实现这一目标,人们提出了一系列典型的基于多层的结构色彩,包括法布里-珀罗(F-P)腔。一个特别的例子是带有 F-P 谐振器的化学可调色滤光片,使用丝蛋白作为 F-P 腔。在蚕丝蛋白肿胀后,表现出共振的红移,这可以通过 pH 和酒精浓度等刺激来控制。然而,当使用丝蛋白作为 F-P 腔体材料时,其耐久性需要提高。相变材料由于其可逆相变的特性而被深入研究。相变材料具有许多非凡的特性,例如极高的可扩展性、快速的开关速度。最典型的相变材料之一是 VO_2,利用 VO_2 可逆单斜-金红石相变的优势,可以通过将温度加热到转变温度(约 68℃)来动态调整其折射率;并且 VO_2 中的相变已知发生在皮秒(ps)时间尺度上,并且可以以热、光或电的方式触发。

在此基础上,Yu 等[88]提出了一种带有 VO_2 腔体的非对称超薄 F-P 型结构,以实现具有稳定的色彩切换性能、良好的灵活性和对入射角的低敏感性能的动态柔性结构色彩。如图 5-36 所示,色彩的色调、饱和度和亮度可以通过简单改变 VO_2 和 Ag 的薄膜厚度来改变,而且上述色彩性能可以在温度变化时切换(最高到相变温度)。良好的基底适应性使得该结构色在刚性和柔性基底上都是可行的,而且简单的多层结构配置被证明适合大面积的批量生产。因此,所提出的结构性色彩可用于如温度感知、装饰和其他许多应用。

5.4.5 智能包装技术

随着消费者对更健康、更安全、更优质产品需求的不断变化,智能包装在食品和冷链配送等行业中受到了越来越多的关注。智能包装技术可以保护产品不受环境影响,预测产品的质量或安全,并作为营销媒介与消费者沟通。特别是比色指标或传感器能够通过颜色变化提供产品信息,因此在许多食品研究和工业领域中被应用于各种目的,例如新鲜指标、时间-温度指标、成熟度指标等。在温度监测中,

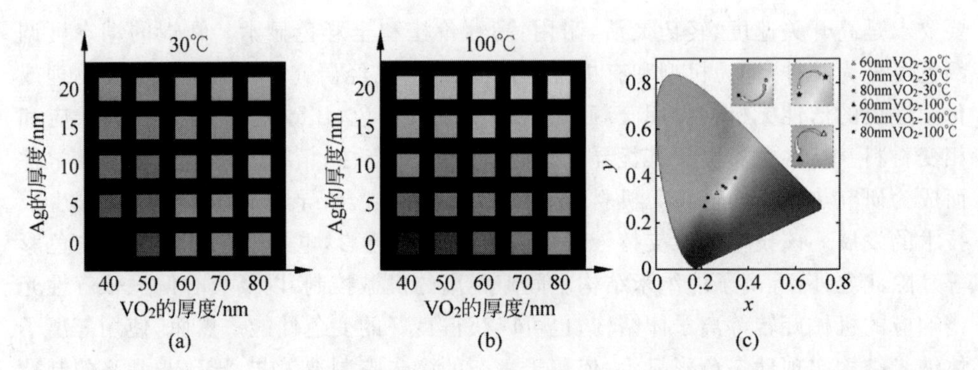

图 5-36 在(a)30℃和(b)100℃下,Ag 和 VO_2 层厚度与反射颜色的函数;(c)不同温度下不同厚度 VO_2 样品的 CIE 色度图

基于热致变色材料的肉眼可见变色指示剂就已经得到了广泛应用。热致变色材料按变色特性分为可逆和不可逆两类,食品工业领域主要使用的是可逆材料。热敏咖啡杯盖和饮料冷却指示器是可逆热致变色指示器应用的代表性例子,它们极大地提高了客户的满意度。

指示器可以以单一变色的方式提供高温或低温的信息,而摄入食物的温度对味觉有直接影响,比如人体对甜味的感觉就取决于糖的温度。根据这些因素,考虑到能够增加水果的甜味和整体质地的温度范围,Kim 等[89]设计了肉眼可识别颜色变化的指示器。该指示器通过热致变色胶囊 TMC-blue 和 TMC-red 与丙烯酸聚合物混合形成。其中的热致变色微胶囊 TMC-blue 和 TMC-red 是由一种浅色染料、有机酸和长链醇组成。在高温下,呈熔融状态的长链醇与有机酸相互混溶。随着温度的降低,长链醇与有机酸不相溶,发生相分离。与长链醇与有机酸的相互作用相比,有机酸与浅色染料的相互作用相对较强。因此,有机酸和一种浅色染料很容易形成有色络合物。随着温度的升高,有机酸由于热搅拌与有色络合物分离,导致脱色。如图 5-37 所示,该指示器与西瓜的温差低于 1℃,表明指示器与西瓜黏结,从而减少指示剂和西瓜之间的温度误差。并且其可以在三个不同温度范围内显示特定的颜色,分别是紫色(低于 6℃)、红色(从 9～11℃)和灰色(13℃以上)。其中,指示器为红色,对应西瓜最佳风味的温度。

5.4.6 蒸汽封堵材料

目前,蒸汽吞吐(CSS)、蒸汽驱油和蒸汽辅助重力泄油(SAGD)等热技术在提高稠油采收率方面发挥着至关重要的作用。然而,在注汽一定时间后,蒸汽突破成为较为常见的问题,这将引发蒸汽渗流,使蒸汽波及面积变窄,热效率下降,最终导致采收率降低。因此,需要向可能形成蒸汽渗流的地方注入封堵材料,以阻断渗流贯通通道。因为蒸汽温度通常高于 250℃,所以这与一般的堵水和修型材用的材料不同,封堵剂需要具有机械强度高、耐高温的性能。目前已报道了几种不同类型

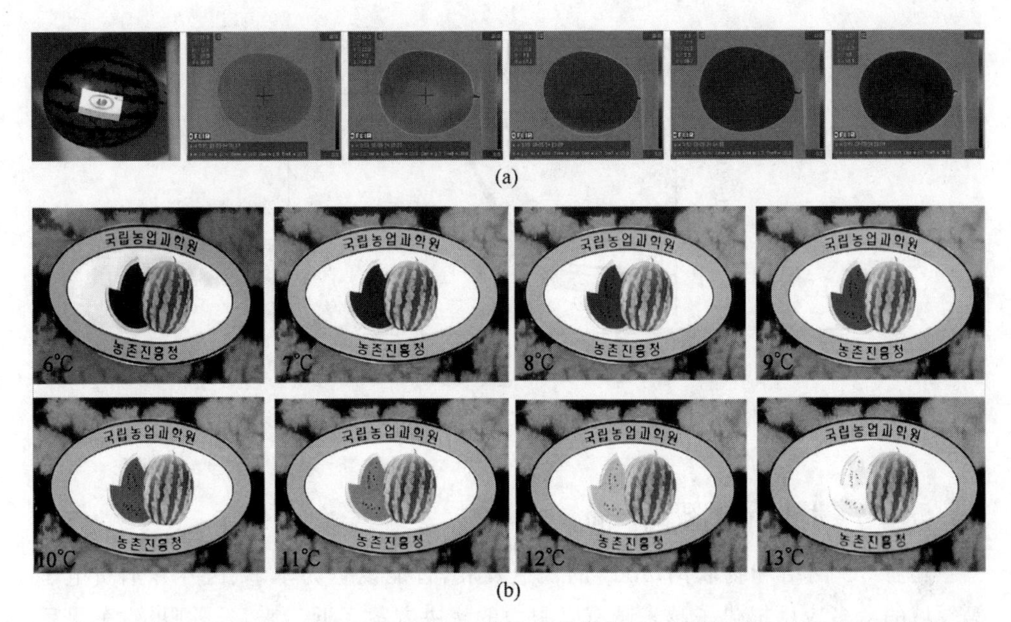

图 5-37　(a) 颜色响应区域和西瓜之间温差的红外热图像；(b) 附着指示剂的热致变色响应随西瓜温度的变化

的堵漏剂，包括鞣酸泡沫、酚醛树脂、粉煤灰和超细水泥等，在汽油存储中起到重要作用。然而，使用酚醛树脂作为堵漏材料时存在毒性，而且对于大规模应用来说成本太高；而使用超细水泥的缺点是永久性堵塞，可能导致对地层的永久性损伤。

预制颗粒凝胶(PPG)是一种高吸水性聚合物(SAP)，即使在一定的压力下也能在液体中吸收和保留超过自身质量 100 倍的液体。传统的 SAP 主要用于水和水溶液的吸附剂，在卫生、农业和园艺产品等许多领域得到广泛应用。但由于其膨胀时间快、强度低、热稳定性差，不能作为蒸汽封堵材料。Wu 等[90]以 N,N-亚甲基双丙烯酰胺(NMBA)和四烯丙胺(TAAC)为交联剂，通过丙烯酰胺(AM)的溶液聚合，制备了一种具有温度开关控制吸水性能的 SAP。设计的材料在注塑温度下吸收少量的水，以便与工作流体一起泵入问题地层，然后在长期暴露于蒸汽喷射温度后吸收大部分的水，成为一种严格的水凝胶。如图 5-38 所示，由于丙烯酰胺的水解导致 SAP 在不同温度下的吸水性不同，在 100℃时开始显著提高，直到 200℃达到上限，所以温度可以作为一个开关来释放 SAP 的膨胀能力。采用 N,N-亚甲基双丙烯酰胺和四烯丙氯化铵两种交联剂制备的 SAP 使其具有温度开关的性能。NMBA 结构中的酰胺键不稳定，在高温(150℃)下容易水解；而 TAAC 则不含不稳定键，具有较高的温度稳定性。因此，NMBA 用于提高交联度，这将导致低温下的低膨胀率。随着温度的升高，酰胺键将被打破，而 TAAC 的交联点将保留下来，整体交联度的降低增强了 SAP 的溶胀能力，在高温下可以快速吸水膨胀，作为堵漏剂具有很高的应用潜力。

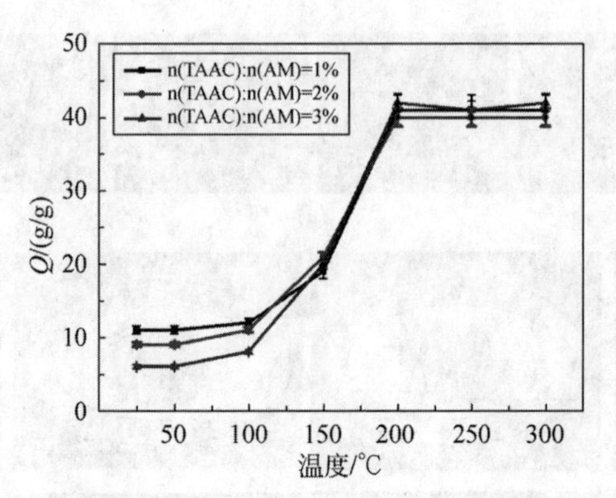

图 5-38 丙烯酰胺的水解对不同温度下吸水率的影响

5.4.7 形状记忆智能设备

随着 5G 网络和物联网(IoT)的快速发展,智能设备为军事、医疗和消费电子等领域的众多应用提供了越来越有吸引力的解决方案。近年来,谷歌眼镜、苹果手表、柔性显示屏等智能设备取得了巨大的商业成功,受到了极大的关注。然而,大多数智能设备要么是刚性的,要么是柔性的,也就是说,它没有能力在不同需要的条件下改变其刚性。针对不同的应用场景,刚柔能力的双向转化是智能设备基于不同工况的发展趋势。例如,在初始工作状态下,智能设备表现出刚性特性,能够保持形状不变;当工作情况发生变化时,它又可以随意改变形状,具有很高的灵活性。当不再继续工作时,它又可以自动转换成原始形状,并且在变形过程中,能够保持良好的性能。

形状记忆聚合物(SMP)是一种聚合物智能材料,机械性能(如柔韧性、抗弯强度等)可随外界条件的改变而不断调节。并且 SMP 具有刚度和柔韧性可以相互转化、质量轻、价格便宜等特点,在可展开结构、温度执行器和喷气推进系统等许多领域已经得到应用。作为一种极具潜力和广阔发展前景的材料,SMP 一直是近年来的研究热点。目前,SMP 的研究主要集中在以下几个方面:①SMP 原理和模型的研究,包括力学本构模型、弛豫模型;②新型 SMP 的制备和性能测试,包括化学、力学和电学性能;③SMP 的使用,如执行器、微机电系统(MEMS)器件、温度传感器、生物医学器件等。

SMP 在可穿戴电子和软机器人等领域的应用已经成为一种趋势。西安电子科技大学的王永坤团队[91]以甲基四氢苯酐(METHPA)为固化剂,三(二甲氨基甲基)酚(DMP-30)为促进剂,对环氧树脂进行固化,研制出一种新型的热诱导环氧形状记忆聚合物(ESMP)。同时,对其形状记忆特性进行了研究。首先,将制备好的样品在真空干燥箱中加热至 T_g 以上 30℃,变形为 U 形,并在恒定的外力作用下在冷水中冷却以固定临时形状;然后在保持几分钟后去除施加的外力;最后,将 U

形样品再次置于高于 T_g 以上 30℃的真空干燥箱中。如图 5-39 所示，ESMP 仅在 3 min 内完全恢复，同时随着折叠弯曲测试次数的增加，恢复时间急剧减少；同时形状回收率几乎达到 100%；最后，基于该热致 ESMP 设计了典型电路，并进行了仿真和制作，对其电性能进行了测试，证明了制备的 ESMP 可用于智能器件，在智能器件薄板材料上具有潜在应用。

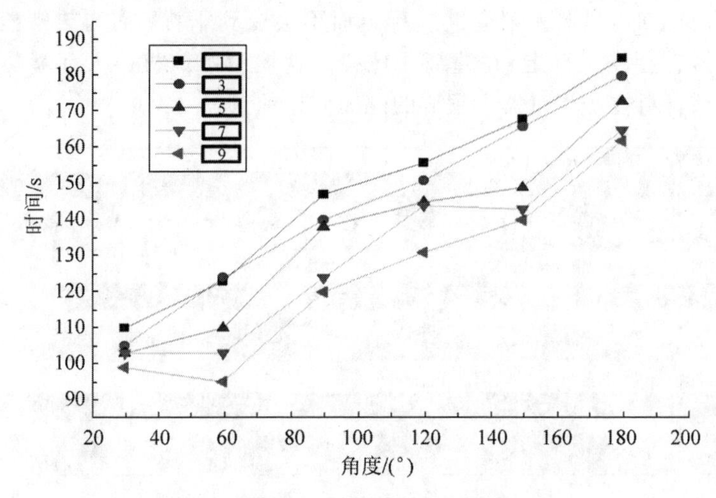

图 5-39 ESMP 的形状记忆性能测试

5.4.8 仿生机器人

与传统智能材料相比，无线驱动和遥控活性软材料因其在众多领域具有广阔的潜在应用前景而引起了诸多研究关注，并且已经具有了优良的性能。这些合成材料对环境刺激做出反应，并能表现出模仿或匹配自然界中观察到的行为或现象的能力。在这些智能材料中，机械刺激响应材料根据环境输入（例如光、热、溶剂和物理场），并将其转换为机械能以进行变形，而不会受到机载电源的阻碍，进而实现多种功能。

在迄今为止报道的大量活性智能材料中，液晶弹性体（LCE）因其独特而优良的特性从其他材料中脱颖而出。LCE 具有高达 400%的应变和较高的工作密度，以响应多种环境刺激，例如温度、光和电场。外部刺激改变了 LCE 的空间排列，并引起了 LCE 收缩和拉伸的应变。这些局部应变协同工作可以实现指定的形状变形行为，依据该性能，LCE 已经成功应用于软制动器和生物启发设备。但是随着对更多多功能和功能性智能材料的不断追求，单一组分很难满足需要，将多种活性成分的不同优势集成到单个材料中成为新的趋势。人们已经尝试将 LCE 与磁性响应弹性体（MRE）集成以增强材料性能。这些先前的研究代表了探索用于复杂实际应用的多响应智能材料的有希望的开端。但是到目前为止，所显示的结果在多功能性和适应性方面受到限制，特别是当需要各向异性材料时。

德国的 Sitti 团队[92]通过一种简单的制造方法和复杂的可编程三维形态创造制备了一种多响应软双晶材料。这种材料较为完美地集成了 LCE 和 MRE 各自的刺激响应能力，增强了该类材料的多功能性和控制自由度。它具有通过各种配置整合 LCE 和 MRE 的优势，以扩大设计空间。研究人员对由该双晶材料制成的无线移动机器人进行了研究。如图 5-40 所示，当机器人在冷螺栓间穿过或者冷螺栓落在机器人身上时，机器人都会继续行走而不会受到干扰；而当热螺栓被扔到机器人身上时，它会停止行走，并缠绕住螺栓。这展示了该机器人环境热响应的能力，表明了该材料在仿生机器人领域的巨大应用前景。

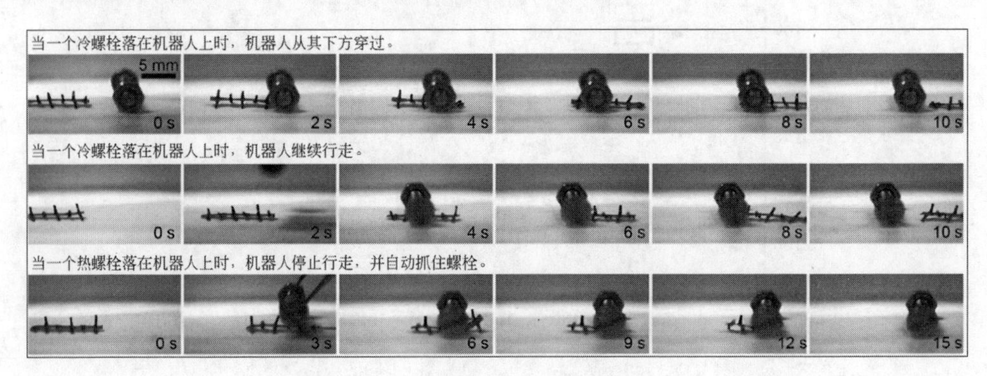

图 5-40 微型机器人实验演示

5.4.9 电池安全技术

作为解决全球能源短缺和环境污染的重要措施，纯电动汽车（EV）和混合动力汽车（HEV）已经广泛应用于许多国家。因为锂离子电池具有高能量密度、长循环寿命、无记忆效应等优势，现在依然是电动汽车的主要动力源。大量研究表明，温度是影响锂离子电池的关键因素。锂离子电池的最佳工作温度范围为 25～40℃，并且电池模块内的温差应当小于 5℃。而对于超过最佳工作温度范围的锂离子电池，继续升高温度，将会缩短电池的使用寿命。所以应用于电动汽车的电池热管理系统（BTMS）能够将电池工作温度控制在适当范围内是非常重要的。

PCM 是一种特殊的功能材料，在相变过程中可以吸收或释放热量，同时保持温度相对恒定。近年来，PCM 冷却作为一种创新性的 BTMS 已经成为新的研究热点。PCM 冷却是指在电池之间填充相变材料，并利用其相变特性来调节和控制电池组的温度。华南理工大学的陈凯团队[93]研究了带有 PCM 和热管（HP）的 BTMS 的性能，其设计原理如图 5-41 所示。对该 BTMS 的性能与只用 HP 的性能进行了比较，发现 PCM 可以有效降低电池组的温差。并使用数值方法研究了环境参数、HP 和 PCM 的参数对系统性能的影响。结果表明，增加 PCM 的厚度，或降低环境温度，可以在增加温差的同时降低电池组的最高温度。当 PCM 的熔化温度低于 HP 的启动温度时，电池组的温差会很大。为了改善电池组的温度均匀性，陈凯等提出了在不增加系统体积和投资的情况下优化 PCM 厚度分布的有效策略。经过不同条件下的优化，结果表明当 HP 的等效热导率(k_{hp})较小且环境对流传热系数(h)适中时，调整 PCM 的厚度分布可以有效改善系统性能。优化后，当 $k_{hp}=2000\ W\cdot m^{-1}\cdot K^{-1}$，$h=50\ W\cdot m^{-2}\cdot K^{-1}$ 时，电池组的最大温差可以降低 31%。

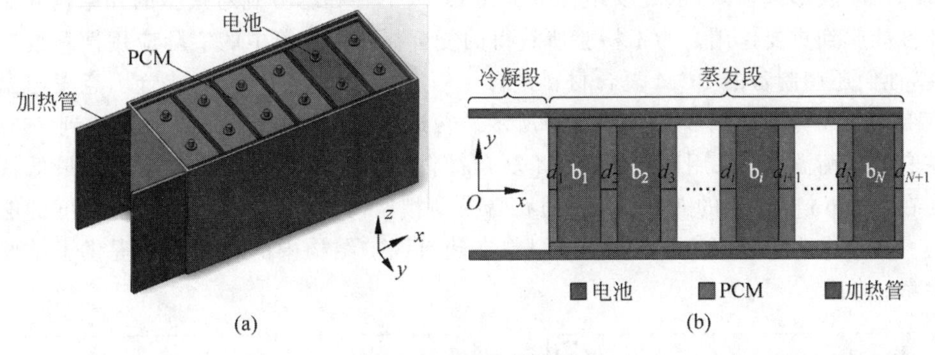

图 5-41　BTMS 设计原理

(a) 三维系统；(b) 系统顶视图

5.4.10　绿色建筑

随着人们对建筑需求的不断增加和对室内环境舒适度要求的提高，相应地，建筑能耗也在增加。因此，开发和应用新的节能技术和节能材料具有重要的理论意义，也是促进建筑节能和发展绿色建筑的有效途径。

建筑物的能耗主要是在满足室内舒适度要求的过程中使用供暖、通风和空调等系统而产生的。因此，建筑节能可以通过有效利用热能和减少热损失来实现，这也就对建筑材料的热性能提出了更高的要求。传统建材虽然具有良好的保温效果，但其低储热能力使室内温度容易受到室外环境的影响，使其无法满足当今建筑节能的需要。因此，在保温隔热的基础上进一步提高建筑材料的储热能力，成为建筑节能的关键。基于这一背景，在过去的几十年里，储热技术在不断发展和突破，特别是以 PCM 为关键核心的潜热储能技术在建筑围护结构中的应用，被认为是最先进的现代新型节能技术之一。PCM 在相变过程中的高潜热可以有效储存和释放热量，减少室内温度的波动，提高室内热舒适度。因此，在建筑领域合理利用 PCM 优良的热工性能，可以促进能源效率的提高，改善能源供需矛盾，大幅降低能源消耗，进而实现建筑节能的目标。

目前，PCM 与建筑材料结合的方法主要有三种：浸渍法、直接添加法和封装法。然而，用前两种方法制备的复合材料由于相变过程中的液体泄漏、稳定性差，容易造成基材的腐蚀。研究发现，封装方法是克服固液型 PCM 泄漏问题的最佳解决方案之一。微胶囊相变材料是通过封装方法获得的典型材料。华东交通大学的刘永新团队[94]结合传统建筑材料和微囊相变材料，制备了具有低密度和热能守恒性能的实验性储热石膏基质模型；以石蜡、壳聚糖(CS)和羧甲基纤维素(CMC)为原料，设计合成了微囊化相变材料(PCM@CMC-CS)。其中，石蜡作为PCM，通过固液相变储存和释放潜热，CS和CMC通过基团间静电相互作用迅速结合在一起，形成胶囊的外壳，防止熔融PCM泄漏。它们在石膏-基质模型生产的混合阶段直接以水凝胶形式加入，水凝胶颗粒中水和PCM的存在将分别对模型的孔结构和储能性能起到重要作用。为了检验所获得的复合材料在建筑中的实际应用性和推广性，他们还用制备的PCM复合材料进行了石膏模型的应用实验，装置示意图与温度变化曲线分别如图5-42(a)和(b)所示。普通石膏模型在25 min时就达到76℃左右的平衡温度；采用微胶囊PCM复合材料制备的石膏模型的最高温度最低仅为在35 min时达到的63℃，与普通石膏模型相比，具有更高的稳定环境温度的能力。而这也为今后研究PCM复合材料在建筑围护结构中的应用效果提供了重要参考。

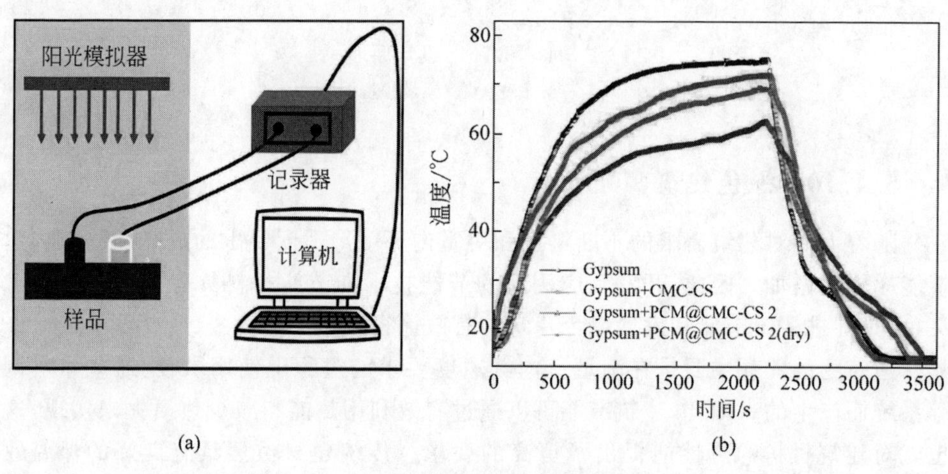

图5-42 PCM复合材料石膏模型的应用实验

5.5 本章小结

导热材料与人们的生活息息相关，小到提高人们对冬夏季温度舒适感的追求，大到航空航天、节能减排等国家重大战略的顺利实施，都少不了优良的导热材料器件的大力支撑。在本章中，我们介绍了导热材料在人们日常生活中所扮演的重要角色，在人们对生活水平更高需求以及国家对节能减排等重大战略要求的背景下，导热材料也需要随之进行发展才能满足需求。

近年来，导热材料的性能向着动态化、智能化发展。我们着重于从智能化的导热材料在温度感知、温度开关、温度响应三个领域内的发展现状进行了介绍。

温度感知方面要求导热材料对物体所在环境的温度进行智能感知，例如可以监控人体体温的可穿戴电子设备，达到对人体温度的实时监控，在医疗和保健领域发挥着重要作用。实现了对温度的智能感知后,能够进一步对异常温度进行调控,也是智能导热材料领域所追求的目标,并且已经有了不少的成就,如本章中所提到的纺织品,以及进行空间温度调控的智能窗户、反辐射膜等,对个人以及群体热管理领域的发展都起到了巨大的推动作用。

利用智能导热材料对温度进行感知,一方面可以在感知的基础上对温度进行调控;另一方面通过感知温度,也可以对异常温度进行相应的响应。在很多科幻电影中,未来的智能机器人有着和人类一样的皮肤,在外观上与人类并无太大差别,电影在满足我们对未来生活憧憬的同时也引发了我们的思考,机器人的人造皮肤有着怎样的性能呢?答案是对外界环境的响应性能,在诸多的对外界响应中,热响应是极其重要的,而智能导热材料,可以满足我们对机器人皮肤热响应的需求。在本章中,我们也介绍了智能导热材料在机器人手指、机器人皮肤领域的应用,智能导热材料使机器人在感受到异常温度时,可以像人类一样进行相同的响应,更加先进的研究可以使机器人通过触摸对象的触感、温度来判断对象的材质,这都告诉我们,未来的智能机器人发展可能会将电影变成现实。在智能机器人以外,温度响应还有着其他更多的应用,例如通过温度感知的火灾报警器、通过温度变化材料进行对应的颜色响应等,已经提高了我们日常生活的便利性。

智能导热材料除了发挥感知响应温度、智能热管理等功能,某些材料还可以通过其温度响应的性能,制备出温度驱动的开关材料,将环境的温度信号转换为材料性能切换或者器件启动的开关信号。本章着重介绍了偶氮分子及其衍生物、气体以及聚合物等材料由于其本征物理化学性质而发挥出开关性能的一些实际应用。可以看出,智能导热材料如今已不是只存在于理论的假想,而是在某些领域已经有了现实的成果,且在未来的生活中,智能导热材料将发挥更加关键的作用。当然,智能导热材料还存在一些缺点和不足,仍需要科研工作者对其进行完善和发展,争取为我们的日常生活以及科技进步提供更多的帮助。

参考文献

[1] ZHANG X A,YU S,XU B,et al. Dynamic gating of infrared radiation in a textile[J]. Science,2019,363(6427):619-623.

[2] ABEBE M G,ROSOLEN G,KHOUSAKOUN E,et al. Dynamic thermal-regulating textiles with metallic fibers based on a switchable transmittance[J]. Physical Review Applied,2020,14(4):44030.

[3] LIANG X,FAN A,LI Z,et al. Highly regulatable heat conductance of graphene-sericin hybrid for responsive textiles[J]. Advanced functional materials,2022,32:2111121.

[4] WANG W,YAO L,CHENG C Y,et al. Harnessing the hygroscopic and biofluorescent behaviors of genetically tractable microbial cells to design biohybrid wearables[J]. Science Advances,2017,3(5):e1601984.

[5] YANG J,WER D,TANG L,et al. Wearable temperature sensor based on graphene

nanowalls[J]. RSC Advances,2015,5(32):25609-25615.

[6] WANG Z,WANG T,ZHUANG M, et al. Stretchable polymer composite with a 3D segregated structure of PEDOT:PSS for multifunctional touchless sensing[J]. ACS Applied Materials & Interfaces,2019,11(48):45301-45309.

[7] WANG K,LOU Z, WANG L, et al. Bioinspired interlocked structure-induced high deformability for two-dimensional titanium carbide (MXene)/natural microcapsule-based flexible pressure sensors[J]. ACS Nano,2019,13(8):9139-9147.

[8] WANG X,XU C, SHEN Q, et al. Conductivity controllable rubber films: response to humidity based on a bio-based continuous segregated cell network[J]. Journal of Materials Chemistry A,2021,9(13):8749-8760.

[9] LIU X,SU G,GUO Q, et al. Hierarchically structured self-healing sensors with tunable positive/negative piezoresistivity[J]. Advanced Functional Materials, 2018, 28(15): 1706658.

[10] ZHU W B,XUE S S,ZHANG H, et al. Direct ink writing of a graphene/CNT/silicone composite strain sensor with a near-zero temperature coefficient of resistance[J]. Journal of Materials Chemistry C,2022,10(21):8226-8233.

[11] LIN M,ZHENG Z,YANG L, et al. A High-performance, sensitive, wearable multifunctional sensor based on Rubber/CNT for human motion and skin temperature detection[J]. Advanced Materials,2022,34(1):2107309.

[12] YANG J C,MUN J,KWON S Y, et al. Electronic skin: recent progress and future prospects for skin-attachable devices for health monitoring, robotics, and prosthetics[J]. Advanced Materials,2019,31(48):1904765.

[13] OH J Y,BAO Z. Second skin enabled by advanced electronics[J]. Advanced Science, 2019,6(11):1900186.

[14] BOUTRY C M,BEKER L,KAIZAWA Y, et al. Biodegradable and flexible arterial-pulse sensor for the wireless monitoring of blood flow[J]. Nature Biomedical Engineering,2019, 3(1):47-57.

[15] ZHANG Z,CHEN Z, WANG Y, et al. Bioinspired conductive cellulose liquid-crystal hydrogels as multifunctional electrical skins[J]. Proceedings of the National Academy of Sciences,2020,117(31):18310-18316.

[16] 林涛.一种高导热型感温传感光缆:CN216485680U[P]. 2022-05-10.

[17] 张成赞.一种根据感知人体温度实现自动开关的智能灯:CN213394808U[P]. 2021-09-16.

[18] 殷增斌,郝肖华,洪东波.一种温度感知智能切削刀具及其制造方法:CN113732332A[P]. 2021-06-08.

[19] UETANI K,ATA S,TOMONOH S, et al. Elastomeric thermal interface materials with high through-plane thermal conductivity from carbon fiber fillers vertically aligned by electrostatic flocking[J]. Advanced Materials,2014,26(33):5857-5862.

[20] ZHANG Y,GAO W,LI Y, et al. Hybrid fillers of hexagonal and cubic boron nitride in epoxy composites for thermal management applications[J]. RSC Advances,2019,9(13): 7388-7399.

[21] HUANG X,ZHI C, LIN Y, et al. Thermal conductivity of graphene-based polymer

nanocomposites[J]. Materials Science and Engineering R: Reports,2020,142: 100577.

[22] LIU Y,ZENG J,HAN D,et al. Graphene enhanced flexible expanded graphite film with high electric,thermal conductivities and EMI shielding at low content[J]. Carbon,2018,133: 435-445.

[23] BAO D,GAO Y,CUI Y,et al. A novel modified expanded graphite/epoxy 3D composite with ultrahigh thermal conductivity[J]. Chemical Engineering Journal,2022,433: 133519.

[24] 左华通,聂亮,林晓斌. 一种基于磁流变液的锂离子电池包及其智能温控方法: CN114243149A[P]. 2022-03-25.

[25] GOLDSTEIN E A,RAMAN A P,FAN S. Sub-ambient non-evaporative fluid cooling with the sky[J]. Nature Energy,2017,2(9): 1-7.

[26] PAKDEL E, NAEBE M, SUN L, et al. Advanced Functional Fibrous Materials for Enhanced Thermoregulating Performance[J]. ACS Applied Materials & Interfaces,2019,11(14): 13039-13057.

[27] CAI L,SONG A Y,LI W, et al. Spectrally selective nanocomposite textile for outdoor personal cooling[J]. Advanced Materials,2018,30(35): 1802152.

[28] YU X,LI Y,WANG X, et al. Thermoconductive, moisture-permeable, and superhydrophobic nanofibrous membranes with interpenetrated boron nitride network for personal cooling fabrics [J]. ACS Applied Materials & Interfaces,2020,12(28): 32078-32089.

[29] 李静波,凌晨,金海波,等. 一种 VO_2 基多层薄膜结构及其产品和应用: CN114107902A [P]. 2022-03-01.

[30] ZHAO S,ZHU R. Asmart artificial finger with multisensations of matter, temperature, and proximity[J]. Advanced Materials Technologies,2018,3: 1800056.

[31] LIU L S,XIN Y,ZHOU X F, et al. Aflexible thermal sensor based on PVDF film for robot finger skin[J]. Integr Ferroelectr,2019,201(1): 23-31(9).

[32] QIN M,XU Y,CAO R, et al. Efficiently controlling the 3D thermal conductivity of a polymer nanocomposite via a hyperelastic double-continuous network of graphene and sponge[J]. Advanced Functional Materials,2018,28(45):1805053. 1-1805053. 12.

[33] ZHOU Y,CAI Y,HU X, et al. Temperature-responsive hydrogel with ultra-large solar modulation and high luminous transmission for "smart window" applications[J]. Journal of Materials Chemistry. A,2014,2(33): 13550-13555.

[34] INAN H,POYRAZ M,INCI F, et al. Photonic crystals: emerging biosensors and their promise for point-of-care applications [J]. Chemical Society Reviews, 2016, 46 (2): 366-388.

[35] TANG L S,ZHOU Y C, ZHOU L, et al. Double-layered and shape-stabilized phase change materials with enhanced thermal conduction and reversible thermochromism for solar thermoelectric power generation [J]. Chemical Engineering Journal, 2022, 430:132773.

[36] KANG J S,LI M,WU H, et al. Experimental observation of high thermal conductivity in boron arsenide[J]. Science,2018,361(6402): 575-578.

[37] MOORE A L,SHI L. Emerging challenges and materials for thermal management of electronics[J]. Materials Today,2014,17(4): 163-174.

[38] WALDROP M M. The chips are down for Moore's law [J]. Nature News, 2016,

530(7589): 144.

[39] KAZEM N, HELLEBREKERS T, MAJIDI C. Soft multifunctional composites and emulsions with liquid metals[J]. Advanced Materials, 2017, 29(27): 1605985.

[40] CHEN S, WANG H Z, ZHAO R Q, et al. Liquid Metal Composites[J]. Matter, 2020, 2(6): 1446-1480.

[41] OTIABA K C, EKERE N N, BHATTI R S, et al. Thermal interface materials for automotive electronic control unit: Trends, technology and R&D challenges[J]. Microelectronics Reliability, 2011, 51(12): 2031-2043.

[42] GUO C, LI Y, XU J, et al. A thermally conductive interface material with tremendous and reversible surface adhesion promises durable cross-interface heat conduction[J]. Materials Horizons, 2022, 9(6): 1690-1699.

[43] LIU D, LEI C, WU K, et al. A multidirectionally thermoconductive phase change material enables high and durable electricity via real-environment solar-thermal-electric conversion[J]. ACS Nano, 2020, 14(11): 15738-15747.

[44] LIU H, TANG J, DONG L, et al. Optically triggered synchronous heat release of phase-change enthalpy and photo-thermal energy in phase-change materials at low temperatures[J]. Advanced Functional Materials, 2021, 31(6): 2008496.

[45] UMAIR M M, ZHANG Y, ZHANG S, et al. A novel flexible phase change composite with electro-driven shape memory, energy conversion/storage and motion sensing properties[J]. Journal of Materials Chemistry A, 2019, 7(46): 26385-26392.

[46] LIU Q, WANG H, JIANG C, et al. Multi-ion strategies towards emerging rechargeable batteries with high performance[J]. Energy Storage Materials, 2019, 23: 566-586.

[47] CUI J, LI W, WANG Y, et al. Ultra-stable phase change coatings by self-cross-linkable reactive Poly(ethylene glycol) and MWCNTs[J]. Advanced Functional Materials, 2022, 32(10): 2108000.

[48] RIAHI K, VAN VUUREN D P, KRIEGLER E, et al. The shared socioeconomic pathways and their energy, land use, and greenhouse gas emissions implications: an overview[J]. Global Environmental Change, 2017, 42: 153-168.

[49] CLARKE C J, TU W C, LEVERS O, et al. Green and sustainable solvents in chemical processes[J]. Chemical Reviews, 2018, 118(2): 747-800.

[50] CHEN Y. Factors influencing renewable energy consumption in China: An empirical analysis based on provincial panel data[J]. Journal of Cleaner Production, 2018, 174: 605-615.

[51] DONG M, CHEN N, ZHAO X, et al. Nighttime radiative cooling in hot and humid climates[J]. Optics Express, Optica Publishing Group, 2019, 27(22): 31587-31598.

[52] ZHOU C, QI Y, ZHANG S, et al. Water rewriteable double-inverse opal photonic crystal films with ultrafast response time and robust writing capability[J]. Chemical Engineering Journal, 2022, 439: 135761.

[53] LI G X, DONG T, ZHU L, et al. Microfluidic-blow-spinning fabricated sandwiched structural fabrics for all-season personal thermal management[J]. Chemical Engineering Journal, 2023, 453: 139763.

[54] CHEN Z, ZHU L, RAMAN A, et al. Radiative cooling to deep sub-freezing temperatures

through a 24-h day-night cycle[J]. Nature Communications,2016,7(1): 13729.

[55] HEO S Y,LEE G J,KIM D H, et al. A Janus emitter for passive heat release from enclosures[J]. Science Advances,2020,6(36): 1906.

[56] LI D,LIU X,LI W,et al. Scalable and hierarchically designed polymer film as a selective thermal emitter for high-performance all-day radiative cooling [J]. Nature Nanotechnology,2021,16(2): 153-158.

[57] LI P,WANG A,FAN J,et al. Thermo-optically designed scalable photonic films with high thermal conductivity for subambient and above-ambient radiative cooling[J]. Advanced Functional Materials,2022,32(5): 2109542.

[58] OUYANG T,CHEN Y, XIE Y, et al. Thermal transport in hexagonal boron nitride nanoribbons[J]. Nanotechnology,2010,21(24): 245701.

[59] CAI Q,SCULLION D, GAN W, et al. High thermal conductivity of high-quality monolayer boron nitride and its thermal expansion[J]. Science Advances, 2019, 5(6): eaav0129.

[60] YAN Q,DAI W,GAO J,et al. Ultrahigh-aspect-ratio boron nitride nanosheets leading to superhigh in-plane thermal conductivity of foldable heat spreader[J]. ACS Nano, 2021, 15(4): 6489-6498.

[61] LEE E M,GWON S Y,JI B C,et al. Temperature and acid/base-driven dual switching of poly (N-isopropylacrylamide) hydrogel with Azo dye [J]. Fiber Polymer, 2011, 12: 142-144.

[62] HUANG Y M, ZHAI B G. Optical switching properties of an azo-containing banana-shaped liquid crystal[C]//2009 International Symposium on Liquid Crystal Science and Technology(2009 国际液晶科技研讨会)论文集. College of Physics & Electronic Information, Yunnan Normal University, Yunnan 650092, China; Modern Educational Technology Center,Yunnan Normal University,Yunnan 650092,China,2009.

[63] PANG J,KONG J, XU J, et al. Synthesis and investigation of macromolecular photoswitches[J]. Frontiers in Materials,2020,7: 120.

[64] HEYDARI E,MOHAJERANI E,SHAMS A. All optical switching in azo-polymer planar waveguide[J]. Optics Communications,2011,284(5): 1208-1212.

[65] JIANG Y,DA Z,QIU F,et al. Azo biphenyl polyurethane: Preparation, characterization and application for optical waveguide switch[J]. Optical Materials,2018,75: 858-868.

[66] BUFE M,WOLFF T. Reversible switching of electrical conductivity in an AOT isooctane water microemulsion via photoisomerization of azobenzene[J]. Langmuir, 2009, 25, 14: 7927-7931.

[67] FENG Y,ZHANG X,DING X,et al. A light-driven reversible conductance switch based on a few-walled carbon nanotube/azobenzene hybrid linked by a flexible spacer[J]. Carbon,2010,48(11): 3091-3096.

[68] ZHANG X,FENG Y, LV P, et al. Enhanced reversible photoswitching of azobenzene-functionalized graphene oxide hybrids[J]. Langmuir,2010,26(23): 18508-18511.

[69] FANG W,FENG Y, GAO J, et al. Visible light-driven alkyne-grafted ethylene-bridged azobenzene chromophores for photothermal utilization[J]. Molecules,2022,27(10): 3296.

[70] DONG L,CHEN Y,ZHAI F, et al. Azobenzene-based solar thermal energy storage

enhanced by gold nanoparticles for rapid, optically-triggered heat release at room temperature[J]. Journal of Materials Chemistry A,2020,8(36):18668-18676.

[71] LIU J,QIQ F,CAO G, et al. Chiral Azo polyurethane (urea): Preparation, optical properties and low power consumption polymeric thermo-optic switch[J]. Journal of Polymer Science Part B: Polymer Physics,2011,49(13):939-948.

[72] ANGER E,FLETCHER S P. Simple azo dyes provide access to versatile chiroptical switches[J]. European Journal of Organic Chemistry,2015,2015(17):3651-3655.

[73] LEE E M,GWON S Y,JI B C,et al. Temperature and acid/base-driven dual switching of poly(N-isopropylacrylamide) hydrogel with Azo dye[J]. Fibers and Polymers, 2011, 12(1):142-144.

[74] QIU F,CHEN C,ZHOU Q,et al. Synthesis,physical properties and simulation of thermo-optic switch based on azo benzothiazole heterocyclic polymer[J]. Optical Materials,2014, 36(7):1153-1159.

[75] YANG Y,HUGHES R P,APRAHAMIAN I. Visible light switching of a BF_2-coordinated AZO compound[J]. Journal of the American Chemical Society, 2012, 134(37): 15221-15224.

[76] SI Q,FENG Y,YANG W, et al. Controllable and stable deformation of a self-healing photo-responsive supramolecular assembly for an optically actuated manipulator arm[J]. ACS Applied Materials & Interfaces,2018,10(35):29909-29917.

[77] 袁赵权.一种基于热胀冷缩原理的灯具散热设备:CN111706798A[P].2020-07-10.

[78] 梁思龙.一种基于热胀冷缩原理的区块链服务器散热装置:CN111722685A[P].2020-09-29.

[79] 侯忠海.一种基于热胀冷缩随着太阳自动转向的太阳能发电设备:CN111585507A[P].2020-08-25.

[80] 林朋.一种基于热胀冷缩的家用灭火器:CN112206438A[P].2021-01-12.

[81] 李忠娟.一种基于气体热胀冷缩的电磁炉溢水保护装置:CN111473370A[P].2020-07-31.

[82] 杨康.一种基于热胀冷缩原理的车载硬盘录像机的散热装置:CN111489772A[P].2020-08-04.

[83] 刘肖.一种基于热胀冷缩原理的电力柜散热装置:CN111447810A[P].2020-07-24.

[84] YU H,CHEN C,SUN J,et al. Highly thermally conductive polymer/graphene composites with rapid room-temperature self-healing capacity[J]. Nano-Micro Letters,2022,14:135.

[85] YUE C E,ZHAO L,GUAN L, et al. Vitrimeric silicone composite with high thermal conductivity and high repairing efficiency as thermal interface materials[J]. Journal of Colloid and Interface Science,2022,620:273-283.

[86] YU Q,WENG P,HAN L,et al. Enhanced thermal conductivity of flexible cotton fabrics coated with reactive MWCNT nanofluid for potential application in thermal conductivity coatings and fire warning[J]. Cellulose,2019,12:n/a-n/a.

[87] 黄秦熠,李景文,姜建武,等.一种自主感知温度并智能调节冷热的装置:CN112856853A[P].2021-12-24.

[88] ZHAO J,ZHAO Y,HUO Y,et al. Flexible dynamic structural color based on an ultrathin asymmetric Fabry-Perot cavity with phase-change material for temperature perception[J].

Opt. Express,2021,29(15): 23273-23281.

[89] KIM Y H,PARK C W,KIM J S,et al. Smart packaging temperature indicator based on encapsulated thermochromic material for the optimal watermelon taste[J]. Journal of Food Measurement and Characterization,2022,16(3): 2347-2355.

[90] ZHANG X,WANG X,LI L,et al. A novel polyacrylamide-based superabsorbent with temperature switch for steam breakthrough blockage[J]. Journal of Applied Polymer Science,2015,132(24): 42067.

[91] CUI H,TIAN W,KANG Y,et al. Characteristics of a novel thermal-induced epoxy shape memory polymer for smart device applications[J]. Materials Research Express,2020,7(1): 015706.

[92] ZHANG J,GUO Y,HU W,et al. Wirelessly actuated thermo-and magneto-responsive soft bimorph materials with programmable shape-morphing[J]. Advanced Materials,2021,33(30): e2100336.

[93] CHEN K,HOU J,SONG M,et al. Design of battery thermal management system based on phase change material and heat pipe[J]. Applied Thermal Engineering,2021,188: 116665.

[94] CHEN X,KONG X,WANG S,et al. Microencapsulated phase change materials: Facile preparation and application in building energy conservation[J]. Journal of Energy Storage,2022,48: 104025.

第6章

智能导热材料在先进芯片中的应用

6.1 芯片散热发展现状

随着电子芯片性能的提升及其尺寸的微型化，芯片呈现出越来越高的热流密度。据预测，芯片的平均热流密度将达到 500 $W \cdot cm^{-2}$，局部热点热流密度可以超过 1000 $W \cdot cm^{-2}$[1]。芯片温度对其功能效果影响显著，电子芯片若要持续稳定工作，最高温度不能超过 85℃，温度过高会导致芯片损坏。研究表明，在 70～80℃内，单个电子元件的温度每升高 10℃，系统可靠性降低 50%[2]。据统计，有超过 55%的电子设备失效形式都是温度过高引起的[2]。因此，为保证芯片工作的可靠性和稳定性，发展新型高效稳定的散热技术成为迫切需求。

当前芯片散热技术中，按照散热方式是否需要外加能量，将芯片散热方式分为主动式散热与被动式散热：主动式散热主要包括强制对流散热、蒸汽压缩制冷及热电制冷等；被动式散热主要包括自然对流散热、热管冷却和相变储热散热。本节将介绍芯片散热技术的研究进展，主要介绍以上几种芯片散热技术的原理、优缺点及存在的关键问题，以便于分析未来电子芯片散热技术的发展趋势。

6.1.1 主动式散热

1. 液体冷却

液体冷却包括微通道液体冷却、液体喷雾冷却及液体喷射冷却三种方式。

(1) 微通道液体冷却

Tuckerman 和 Pease[3]于 1981 年首次提出将微通道换热器用于电子芯片的冷却，他们设计了一款结构尺寸为宽 50 μm、高 300 μm 的水冷微通道换热器，并将其传热性能与传统散热器进行了比较。实验结果表明，该种微通道换热器可冷却热流密度高达 790 $W \cdot cm^{-2}$ 的芯片[4]。微通道换热器具有良好的流动换热性能和巨大的冷却应用潜力，其结构如图 6-1 所示。目前大部分针对微通道冷却芯片的研究主要包括微通道工质和微通道结构等方面。

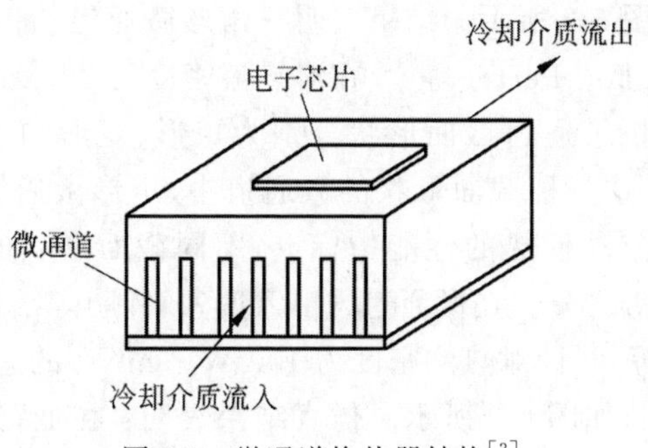

图 6-1　微通道换热器结构[3]

在利用微通道换热器对电子芯片进行冷却时，其使用的工质主要包括空气、水、液态金属、纳米流体以及制冷剂工质等。以空气作为流动换热工质时，冷却系统的整体结构相对简单并且性能稳定[5]。然而空气的换热性能远逊于水等液态工质，已不能满足目前热流密度越来越高的芯片散热需求。液态金属是一大类在室温或更高一些温度附近呈液态的金属材料[6]。大部分液态金属的热导率远大于水，因此与水相比液态金属具备更好的换热能力，并且液态金属的导电性能优异，采用电池泵驱动时具有噪声小、稳定性好的特点。然而液态金属因其密度和黏度较大，相同流量下其流动阻力往往远大于水。

基于上述特点，一些由金属或非金属纳米颗粒和基液组成的纳米流体被广泛应用于微通道冷却芯片领域。Mohammed 等[7]制备了体积分数为 1%～5%的 Al_2O_3-水纳米流体用于微通道，以冷却热流密度为 100～1000 $W \cdot cm^{-2}$ 的芯片。结果表明，纳米颗粒的体积分数越大，其总换热热阻越小，但摩擦阻力系数会增大。Sohel 等[8]针对圆形微通道并以 Al_2O_3-水、CuO-水、TiO_2-水三种纳米流体为工质进行分析，对比发现，在冷却热流密度为 75 $W \cdot cm^{-2}$ 左右的芯片热源时，CuO-水纳米流体的热阻最低。总的来说，纳米流体能比纯流体提供更好的流动混合和更大的传热速率。并且金属颗粒材料的导热系数一般都比基液高很多，在流动换热过程中基液内颗粒材料的剧烈布朗运动也可以显著改善纳米流体的传热特性。然而由于表面张力等因素的影响，纳米流体也存在着因出现团聚等现象从而大幅减弱换热效率的可能，并且在引入纳米颗粒以后，其流动阻力系数也会在一定程度上有所提高。

对于微通道结构方面的研究主要包括截面形状、扰流结构等方面。微通道截面形状除了最常见的矩形，其他截面形状还包括圆形、三角形和梯形等。微通道内的凹穴结构，指的是在壁面，且通常是在底面处开设的凹槽，常见的凹穴形状包括水滴形、扇形、半圆形等。微通道内的针肋结构则是将微通道区域连通，并交错设置一定数量的微针肋。针肋的截面形状同样各种各样，包括圆形、矩形、菱形、三角形等。微通道截面形状显著影响着冷却效率。Chen 等[9]通过仿真对比研究了的三角形、矩形和梯形三种截面形状的微通道在冷却热流密度为 30 $W \cdot cm^{-2}$ 的芯片时的传热效率，如图 6-2 所示。结果表明三角形微通道的传热效率最高，而矩形微通道的传热效率最低。Perret 等[10] 在对热流密度为 200 W·cm^{-2} 的芯片进行散热设计时，对比分析了通道截面形状分别为矩形、菱形和六边形的微通道换热器，研究结果表明，在这三种截面形状的微通道中，矩形微通道的热阻最低。综合来看，在各项微通道流动换热的性能指标上，不同截面形状的微通道热沉各有千秋，并没有明显的优劣之分。在微通道内引入凹穴、针肋等结构可起到强化传热的作用，例如，贾玉婷等[11] 针对热流密度为 100 W·cm^{-2} 的芯片，采用水滴形凹穴微通道对其进行冷却，如图 6-3 所示。仿真结果表明：在低雷诺数情况下，水滴形凹穴结构对换热效果的提升有限，个别情况下甚至会出现散热效果弱于平直微通道。而当 $Re>300$ 时，随着水滴形凹穴出口切线与等直径段夹角 β 的减小，微通道热沉的传热性能逐渐增大。

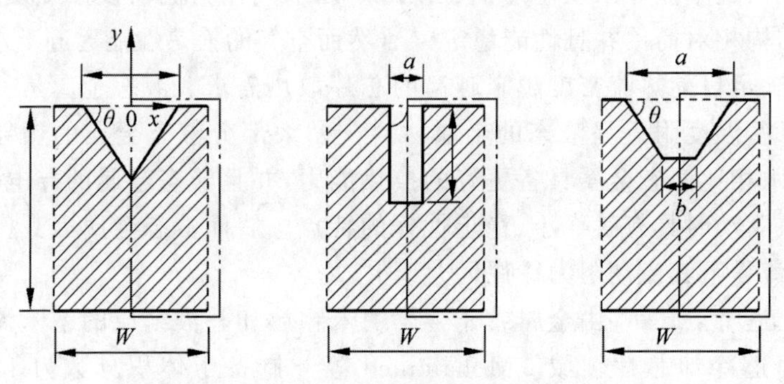

图 6-2 微通道换热器的不同截面形状[9]

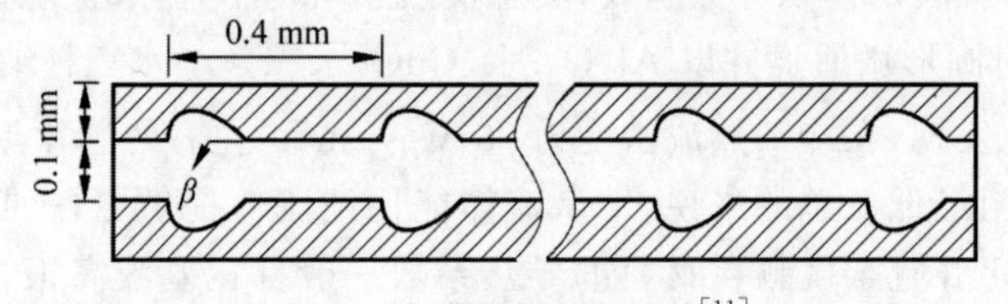

图 6-3 水滴形凹穴微通道[11]

目前来看，针对微通道冷却芯片热点的研究大多着重于微通道冷却热点的结构优化、微通道与其他冷却技术的集成冷却、微通道冷却三维集成电路热点等方面。芯片的温度不均和热点的散热问题研究较少，且微通道内两相流动换热机理尚不明晰。

(2) 液体喷雾冷却

液体喷雾冷却是利用喷嘴喷出的微小液滴，在热源表面形成一层冷却液薄膜，随着液膜的流动或冷却液蒸发带走热量。它可消除热源到冷却剂之间的热阻，且薄膜中夹带的空气可形成二次成核，可极大提高换热系数，已经证明，喷雾冷却的相变换热热流密度可达到 1000 W·cm^{-2} 以上。Lin 等[12] 分别利用碳氟化合物、甲醇和水作为工质的相变换热，实现的最大热流密度分别为 90 W·cm^{-2}、490 W·

cm^{-2} 和 500 W·cm^{-2}，其工作原理如图 6-4 所示。液体喷雾冷却也具有冷却液流量小、温度分布均匀、过热度低等特点，使之成为高热流密度电子芯片散热技术中最具潜力的散热技术之一。然而，液体喷雾冷却喷嘴易堵塞，换热机理较复杂，仍有很多问题没有解决，包括系统的紧凑化、换热强化等方面，且喷嘴压力通常在 2 个大气压以上，用于芯片散热会引起可靠性问题。

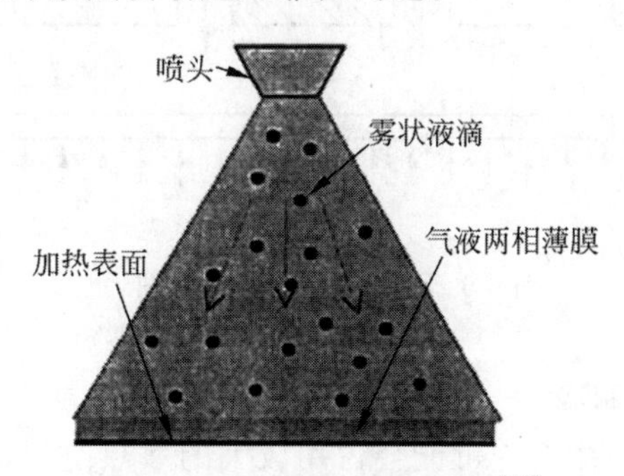

图 6-4　液体喷雾冷却原理图[12]

液体喷雾冷却系统形式通常为泵驱动循环，而采用泵驱动循环通常存在以下缺点：

(1) 喷雾室中为保持低压，通常需要附加真空泵或者蒸发器结构；

(2) 系统需要附加调整冷却剂温度的制冷系统，增加了系统复杂性；

(3) 在喷雾室中附加蒸发器的系统中，喷雾室内压力难以控制。因此，一些学者也提出了蒸气压缩喷雾冷却系统，即利用压缩机替代常规喷雾冷却的泵，喷嘴和喷雾室分别充当膨胀阀和蒸发器的角色。Xu 等[13]基于蒸气压缩系统，采用 R600a 为制冷剂，在 145 W·cm^{-2} 的热流密度下，芯片表面温度可稳定在 57.3℃。Oliveira 等[14]设计的蒸气压缩喷雾系统，采用 R134a 工质，散热密度可达 140 W·cm^{-2}，芯片温度可维持在 85℃以下。对于蒸气压缩喷雾冷却系统来说，润滑油对喷雾冷却的换热效率影响以及系统的微型化有待进一步研究。

(3) 液体喷射冷却

液体喷射冷却通过高速射流，在热源表面形成很薄的边界层进行换热，可在局部产生极强的对流换热效果，图 6-5 为其原理图[15]。常用的工质包括液氮、水、FC-72 及 FC-40 等。已经证明，在芯片表面温度为 85℃，压降低于 36.05 kPa 的条件下，液体喷射散热能力可达到 300 W·cm^{-2} 以上，尤其对于局部高热流密度的集成式芯片，可有效消除局部热点。液体喷射冷却也存在一些问题。对于单相换热来说，在冷却液流向出口的过程中，边界层会被加厚，换热系数会明显下降；单个喷嘴结构的冷却不均匀，通常需要设计多个喷嘴，而多个喷嘴喷射的流体又存在相互作用，使得换热较为复杂；考虑到电子设备可靠性，喷射压力也不能太大。随着芯片热流密度的增加，液体喷射两相换热及其强化成为研究热点。为强化换热，研究者设计了很多种表面结构，如树枝状结构、激光钻孔结构、翅片结构、沟槽结构、凹腔结构、多孔结构、微凹腔等。Zhang[16]等利用相变换热研究了喷射冷却在微针肋面的冷却效果，结果证明，相对于光滑表面，微针肋面可增大换热系数，减少芯片表面温度，并能增大临界热流密度。

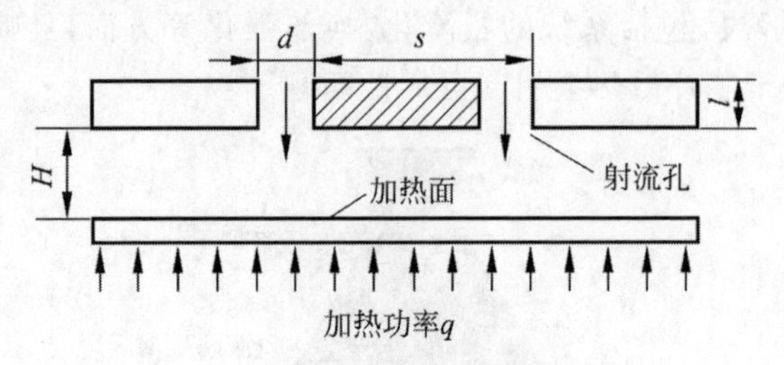

图 6-5 液体喷射冷却原理图[15]

2. 微型蒸气压缩制冷

由于传统的蒸气压缩制冷可能会占用较大的散热空间，压缩机等运动部件的存在也使系统的运行存在稳定性问题，系统微型化也带来了结构复杂性及成本问题。因此不少研究者开展了微型蒸气压缩系统的研究，如图 6-6 为基于静电驱动的微型压缩制冷系统。祁成武等[17]基于压缩制冷循环研制了一套用于军用特种电子设备的小型冷却系统，该设备质量不超过 2.5 kg，制冷剂为 R134a。测试结果表明，在环境温度 40℃的工况下，冷却系统供风温度小于 15℃，制冷量不低于 300 W。Phelan 和 Swanson[18]分析了微型制冷系统对不同制冷剂的制冷性能。研究发现氨是最好的制冷剂。由于氨的潜热比 R22 和 R134a 的大得多，同样制冷量需要氨的充注量少得多。

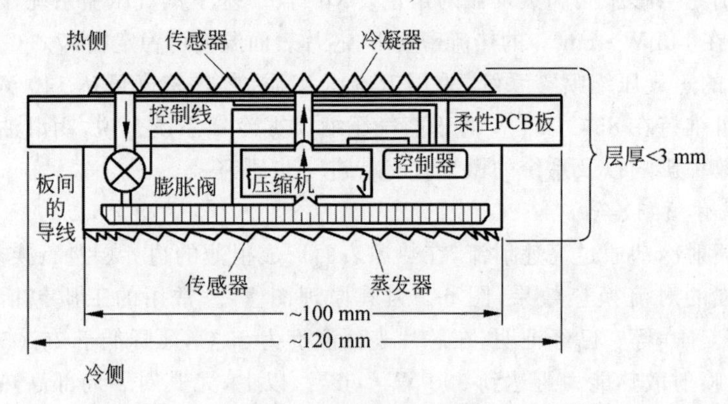

图 6-6 基于静电驱动的微型压缩制冷系统[17]

微型蒸气压缩式制冷在应对高热流密度电子芯片和功率元件的散热问题上具有极大的潜力和应用前景，但在应用上也受到成本等因素的制约，未来发展的主要研究方向将是进一步优化微型压缩机技术、冷凝器和蒸发器的结构设计以及提高系统的可靠性。

3. 热电制冷

基于帕尔贴效应的热电制冷技术，在直流电流驱动下实现能量转换，可提供精确温控，且具有尺寸可控、易集成、成本低、响应快等优点，在微流体的温度调控方面优势显著，受到国内外相关行业的高度关注。热电制冷无运动部件，稳定性、可靠性好，温度精度控制可达±0.1℃，反应灵敏度高，结构简单，可集成度高，但灵活性差，制冷效率(COP)较低(0.1～0.4)。因此，提高制冷效率和制冷量，是热电制冷设计和使用的关键。目前，热电制冷技术的理论研究基本趋于成熟，而对热电材料和热端散热方式的研究正处于发展阶段，尤其是热电材料的研究处于核心地位。热电制冷技术待解决的问题主要包括：①热电材料优值系数的提高。如 Ren 等[19]将多孔硅纳米结构材料应用于热电制冷，与硫属化合物材料相比，制冷效率提高 400%。②热电材料成本的降低。如 Su 基于热电薄膜技术开发的硅锗薄膜，采用 IC 工艺降低了成本。③热电制冷片热端散热方式的设计。如热管、微小通道与热电制冷的结合，使散热更加高效(图 6-7)。

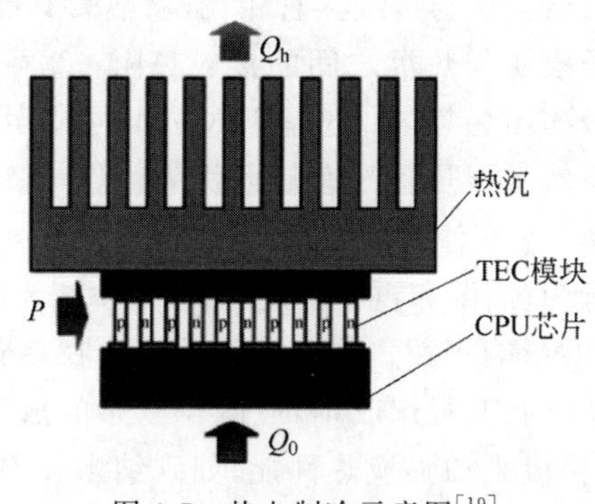

图 6-7　热电制冷示意图[19]

6.1.2　被动式散热

1. 热管冷却

热管是利用相变来强化换热的传统技术，其概念最早由 Cotter 提出[20]。典型的热管由管壳、吸液芯和端盖组成，其制作方式是，将管内抽至负压后充以适量的工作液体，再使紧贴管内壁的吸液芯毛细多孔材料中充满液体后加以密封制成。管的一端为蒸发段(加热段)，另一端为冷凝段(冷却段)，根据需要可在二者间布置绝热段。当热管的一端受热时，毛细芯中的液体蒸发汽化，蒸汽在微小压差作用下流向另一端，释放热量并凝结成液体，此后液体再沿多孔材料靠毛细力的作用返回蒸发段，如此循环不已，即将热量由热管的一端输运至另一端[21]。热管的基本工作原理如图 6-8 所示。

目前，微型热管已成为热管冷却领域的研究热点，它突破了传统热管结构形

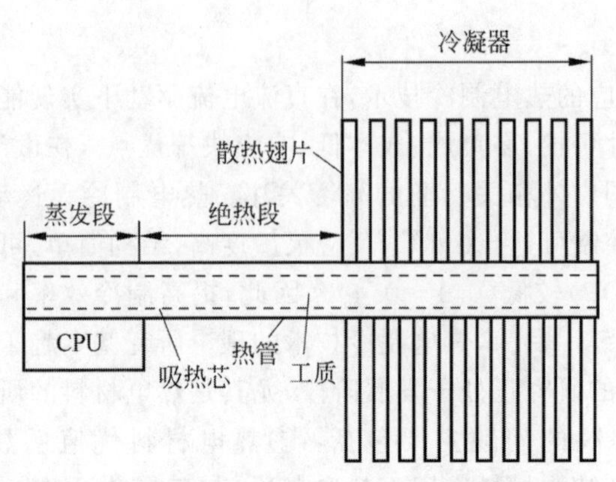

图 6-8 热管工作原理示意图

式，主要利用非圆形通道截面尖角的吸附作用驱动液体流动，从某种程度上兼具了微通道高效换热的优势，采用 IC 工艺制成的微型热管阵列（125 根微型热管）的冷却能力可达 200 $W \cdot cm^{-2}$。与传统热管相比，微热管具有以下优势：①可直接镶进硅基板中，减少电子模块与热沉之间的接触热阻；②可最大限度降低热点部位温度，芯片表面温度分布更为均匀；③基于 MEMS 技术可实现与电子芯片的集成加工，并批量生产。虽然微型热管具有较大优势，但在基础研究和应用方面，仍需要大量研究，主要包括：①充注封装方法的改进与优化；②微尺度相变换热的机理研究，如热管内相变行为、润湿和再润湿过程、气液两相流和传热传质等，掌握各种参数对热管传热极限的影响规律；③新型流动工质在热管中的应用，如纳米流体、自湿润流体等；④降低加工制作成本，应减少复杂的成形工艺或材料的使用，并应用相对简单有效的手段来加强换热性能，如碳纳米管、功能型表面、湿度梯度能利用等。

2. 相变储热散热

相变储热散热是把电子芯片运行时产生的热量以储热材料相变潜热的形式吸收并储存，热量最终可通过其他散热方式除去，可应用于短时大功率芯片的散热，可对电子芯片散热不及时而引起的热量聚集和温度升高起到“削峰填谷”的作用，有效防止芯片过热失效，适用于具有间歇性使用特征的便携式电子设备。相变材料主要包括有机和无机相变材料；而有机相变材料由于具有潜热大、成本低、熔点范围广的特点，使之成为研究和应用最为广泛的材料。为提高相变材料储热性能，研究者制备了很多种新型相变材料，如复合相变材料（泡沫石磨基复合材料、棕榈酸/膨胀石墨复合相变材料、纳米复合材料）、相变金属等。相变材料可与其他高效的散热方式结合，如微通道换热器、热管等，从而提高对芯片温度的热控性能[22]。

尹等[23]制备出具有高导热系数的石蜡/膨胀石墨复合相变材料，其导热系数可达 4.676 $W \cdot m^{-1} \cdot K^{-1}$。将该材料应用于电子芯片散热装置上，通过热管将散热器翅片与封装有复合相变材料的储热器件连接起来，实验测得在不同的发热功率条件下,储热材料散热实验系统的表观传热系数是传统散热系统的1.36～2.98倍,可有效提高电子元器件抗高负荷热冲击的能力,保证电子电器设备运行的可靠性和稳定性。Tan[24]在电子器件的储热单元中填充一种烷类相变材料,利用固-液相变潜热吸收来自芯片的热量并保持芯片在50℃左右的低温。这种储热单元(HSU)在电子元器件中作为热沉应用,其空穴中储有固态的PCM材料,当PCM吸收热量后,其状态变为液态,当环境温度降低后,经过向环境散热,PCM可以恢复固态。这种暂时的热管理一般可以持续2 h左右,其一般的散热功率可在30 W左右。同样地,Hodes M.采用铝腔体封装正二十三烷后组成相变温控装置[25],当手机芯片以3 W的恒定功率发热时,相变温控装置可使芯片表面温度达到工作温度上限(70℃)的时间延长40 min,可基本满足手机用户的连续通话要求。Leland[26]将SunTech P116相变材料(熔点47℃、熔化焓266 kJ·kg^{-1})埋置在铝肋片间,再用绝热材料包裹铝散热器组成相变温控装置,该装置用于消防员搜救用便携式红外摄像仪的电子芯片温控,吸收电子芯片在短暂工作时间(搜救时间)内产生的热量,使电子芯片表面温度达到工作温度上限(80℃)的时间延长到10 min,以满足一般性搜救任务的要求。相变储热由于储热密度高、温度波动小、系统简单、操作方便等优点,已成为电子芯片最重要的热控手段之一。然而,相变储热在实际应用中仍需要解决以下问题:①相变材料封装问题;②相变材料热导率普遍偏低;③安装和接触热阻问题;④各向异性传热问题。

6.2 芯片导热材料的设计

近年来,半导体工艺水平的不断提升使芯片性能得到显著增强,但是摩尔定律正在逐渐逼近物理极限。同时,随着中央处理器(CPU)、图形处理器(GPU)、现场可编程门阵列(FPGA)等高性能运算(HPC)芯片性能的持续提升,人工智能(AI)、车联网、5G等应用相继兴起,各类应用场景对高带宽、高计算力、低延时、低功耗的需求愈发强烈。为解决这一问题,"后摩尔时代"下的异构集成芯片技术——Chiplet应运而生。2015年,Marvell创始人周秀文博士在2015年国际固态电路会议(ISSCC)上提出模块化芯片概念[27]。这是Chiplet最早的雏形。Chiplet将芯片性能与芯片工艺解耦,同时2.5D、3D等封装技术如雨后春笋般出现。2.5D、3D封装技术提供更高的互连密度,可以集成更多芯片模块,有助于提升芯片效能,降低系统功耗。这也是HPC芯片开发人员采用2.5D、3D封装技术的原因。

6.2.1 Chiplet技术挑战与导热材料设计

1. 技术挑战

Chiplet技术是一种利用先进封装方法将不同工艺/功能的芯片进行异质集成的技术。这种技术设计的核心思想是先分后合,即先将单芯片中的功能块拆分出来,再通过先进封装模块将其集成为大的单芯片。“分”可解决怎么把大规模芯片拆分好的问题,其中架构设计是分的关键(需要考虑访问频率、缓存一致性等);“合”是指将功能比较重要的部分合成在一颗芯片上,其中先进封装是合的关键(需要考虑功耗、散热、成本等)。每款使用 Chiplet 技术的大芯片一定是分与合共同作用的产物。采用 Chiplet 技术通常有以下 4 个优势[28]:

(1) 芯片可分解成特定模块。这可使单个芯片变得更小,并可选择合适的工艺,以提高工艺良率,摆脱制造工艺的限制,降低成本。

(2) Chiplet 小芯片可被视为固定模块,并可在不同产品中进行复用,具有较高的灵活性。这不仅可以加快芯片的迭代速度,还能提高芯片的可扩展性。

(3) Chiplet 可以集成多核,能够满足高效能运算处理器的需求。

(4) 相较于更先进的半导体工艺制程,Chiplet 的综合成本更低,收益更高。

目前业内都在积极开展 Chiplet 的技术布局,包括 Intel、AMD、Marvell 等知名公司[29]。相关产业生态链也在逐步完善中。2022 年 3 月,Intel 牵头并联合 9 家公司(高通、ARM、AMD、台积电、日月光、三星、微软、谷歌云、META)制定了通用芯粒互连技术(UCIe)标准。该标准实现了互连接口标准的统一,使不同芯片都可以通过统一的协议互连互通,大幅改善了 Chiplet 技术生态。

除了 Intel 与 AMD 等在大力发展 Chiplet 技术,中国芯片企业也在纷纷布局 Chiplet 技术。例如,中兴通讯在某个高性能 CPU 项目中,同样采用了 Chiplet 技术。Chiplet 技术主要包含高速接口技术、先进封装技术、标准协议和生态建设。高速接口技术就如同智慧大脑中的血管技术,为数据的传输提供保障,它的主要指标包括能效、带宽、时延。先进封装技术是 Chiplet 的基石,它能使每个 Chiplet 小芯片连接在一起,从而构成整个系统级的芯片。标准协议可确保每家的芯片都能组合到一起,有利于互联网协议(IP)的重复使用。生态建设决定了 Chiplet 技术的推广和应用,它需要上下游各方的共同努力,以便实现良性可持续发展。然而,目前多芯片模块(MCM)的性能、成本和成熟度仍面临巨大挑战。例如,MCM 芯片热流密度会逐渐增大,芯片内热阻较大,热点 (Hotspot)现象呈现三维分布趋势。导热界面材料(TIM)材料和散热盖(盖)材料的热阻以及均温性均是目前影响封装散热的关键因素。对此,业界常常采用金属 TIM 或石墨烯 TIM 材料、真空腔均热板散热盖(VC)和金刚石键合等工艺,但这种方法面临的封装工艺挑战较大,存在鼓包、翘曲、轻微气泡等问题。虽然芯片级液冷是未来解决大功耗芯片散热的最佳途径,但刻蚀工艺复杂,可靠性要求非常高,该技术目前还处于原理样机的研究阶段[28]。

2. Chiplet 中的先进封装及实践

Chiplet 技术发展的基础是先进封装。要将多颗芯片高效地整合起来,必须采用先进封装技术。在芯片尺寸不断增大、架构变得复杂的情况下,封装结构由原 2D 发展至 3D。按封装介质材料和封装工艺划分,Chiplet 的实现方式主要包括以下几种：MCM、2.5D 封装、3D 封装。比如，台积电的 2.5D 先进封装技术 CoWoS、InFOoS 已经被广泛应用。新的封装形式和结构还在不断演进，诸如 SoIC 的 3D 封装技术将在 2023 年得到广泛应用。

实践方面，在后摩尔定律时代，由制程工艺提升带来的性能受益已经十分有限。受到缩放比例定律的约束，芯片功耗急剧上升，晶体管成本不降反升，单核的性能已经趋近极限，多核架构的性能提升速度亦在放缓。如何在先进制程之外探索一条 CPU 性能提升的线路，以覆盖各种高性能计算的场景，已成为各大芯片厂商关注的问题。随着云服务、人工智能、元宇宙时代的来临，下游算力需求呈现多样化及碎片化，而通用处理器不能满足相应需求。因此，CPU 也需要不断发展与演进。这具体包括以下几个方面。

(1) 芯片定制化：针对不同的场景特点设计具有不同功能的芯片。

(2) 架构优化：架构的优化能够最大程度地提升处理器性能。

(3) 异构与集成：似乎是延续摩尔定律的最佳实现路径。例如，苹果 M1 Ultra 芯片利用逐步成熟的 3D 封装、片间互连等技术，使多芯片有效集成。

总之，基于 Chiplet 的异构集成芯片技术代表了“后摩尔时代”复杂芯片设计的研制方向。Chiplet 这种将芯片性能与工艺制程相对解耦的技术为中国集成电路技术的发展开辟了一个新的发展路径。该技术借助现有成熟工艺来提升复杂芯片的性能。作为一种新兴技术，当前 Chiplet 正处于发展阶段，相关大量关键技术尚未形成标准。中国学术界和产业界应抓住机会，在技术研发和标准制定方面加大投入，尽快掌握核心技术。此外，芯片行业参与者需要避免单打独斗，应注重生态建设，早日建立业界接受的基于 Chiplet 的异构集成技术标准，以便在未来国际竞争中占据一席之地。

6.2.2 MCM 封装

MCM 封装是指通过引线键合、倒装芯片技术在有机基板上进行高密度连接的封装技术。图 6-9 为 MCM 封装的侧视图。引线键合与框架封装一般用于 I/O 数目较少、对信号速率要求较低的情况，而倒装芯片技术可以支持更高的信号速率、更短的信号传输路径。凸块技术用于完成芯片与有机基板的键合，可将多颗不同功能的芯片封装在同一个有机基板上。基板上金属线的互连使芯片与芯片之间的电气进行互连。相对于硅工艺的互连衬底，封装有机基板工艺成熟，在材料和生产成本上有巨大优势。MCM 封装能够满足 Chiplet 芯片需求，封装尺寸可以达到 110 mm×110 mm。但受限于基板加工工艺能力，目前封装基板上的走线宽度/间距一般为 9 μm/12 μm。为保证铜走线的工艺控制，在设计时信号走线的线宽大多在 12 μm 以上，布线密度比 2.5D 封装低。

6.2.3 2.5D 封装及导热材料设计

2.5D 封装是指在 Chiplet 芯片之间通过中介层（转接板）进行高密度 I/O 互连

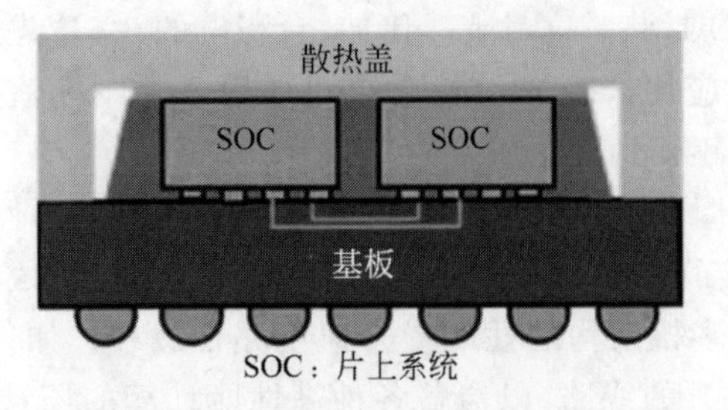

图 6-9 MCM 封装的侧视图

的封装，其特点是多 Die 集成和高密度性。根据目前的工艺水平，2.5D 封装又主要分为重布线层(RDL)Interposer 和 Si Interposer。

1. RDL Interposer

RDL Interposer 封装能够通过 RDL 在晶圆级上使多个芯片完成电性连接。相较于 MCM 封装，RDL Interposer 封装技术可以将芯片与芯片之间的距离变得更小，使信号走线宽度和间距大幅度降低，从而提高单位面积的信号密度。目前信号线宽/线距最小可以为 2 μm/2 μm。由于芯片与芯片的间距可以做到 60～100 μm 内，所以 D2D 信号互连距离可以控制在 5 mm 以内。相对于 Si Inteposer，2.5D RDL Interposer 省掉了硅通孔(TSV)工艺，具备更低的热阻和更好的机械特性。RDL 介质层采用的是高分子材料，其热膨胀系数和基板类似，因此可以减少对 Die 的机械应力。另外，RDL Interposer 中金属铜的厚度可以做得更大，金属铜的电阻率也可以做到更低，这有助于降低 RDL 走线的损耗。

2. Si Interposer

Si Interposer 技术是基于硅工艺的传统 2.5D 封装技术。该技术在基板和裸片之间放置了额外的硅层，可以实现裸片间的互连通信。中介层则是在硅衬底上通过等离子刻蚀等技术制作的带 TSV 通孔的硅基板。在硅基板的正面和背面制作 RDL 可为 TSV 和硅衬底上集成的芯片提供互连基础。在硅基板上通过微凸点(ubump)和 C4 凸点(C4 bump)可最终实现芯片和转接板、转接板与封装基板的电性能互连。目前，Si Interposer 的信号线宽/线距最小可以做到 0.4 μm/0.4 μm。相对于 RDL Interposer 来说，Si Interposer 的信号布线密度进一步提高，可以实现更高的 I/O 密度以及更低的传输延迟和功耗。然而与有机基板及 RDL Interposer 相比，Si Interposer 的成本更高。目前中兴通讯已有采用 Si Interposer 封装技术的网络交换芯片产品。该产品搭载 HBM 颗粒，可实现更优异的产品性能。

3. 方案设计

2D/2.5D 封装方案在散热方面遇到的瓶颈问题是整体功耗较大。对此，业界通常采用 Metal TIM 或是石墨烯类的 TIM 材料。这类材料具有较高的导热系数(分别达到 80 $W \cdot m^{-1} \cdot K^{-1}$ 和 20 $W \cdot m^{-1} \cdot K^{-1}$)，不仅能有效降低 TIM 自身的材料热阻,还能降低 Die 内的温差。此外,有关盖优化的研究也有很多,例如金刚石铜复合盖、金刚石银复合盖和 VC 盖。从应用前景来看,金刚石铜复合盖和金刚石复合盖带来的收益比较有限,且表面工艺问题难以解决,与 TIM 材料的兼容性较差。由于 Vapor 相变层快速转换热量,导热率明显提升(约为铜盖的 4 倍),因此 VC 盖具有不错的应用前景。然而,VC 盖也存在一些封装工艺问题,例如鼓包、翘曲等。

6.2.4　3D 封装及导热材料设计

3D 封装是指在 2.5D 封装技术的基础上为了进一步压缩 bump 密度,直接在晶圆上通过硅穿孔实现连接的一种封装技术。目前 3D 封装主要采用 Wafer on Wafer、Chip on Wafer 的混合键合技术。该方法能够实现的最小键合距离为 9 μm。由于芯片本身取消了凸点,集成堆叠的厚度变得更薄,因此芯片厚度可以薄至 20～30 μm。这减少了芯片信号的寄生效应,提高了系统性能。一般认为,3D 封装是集成密度最高的。此外,三维集成电路(3DIC)也为 Chiplet 提供了极大的灵活性。设计人员可在新的产品形态中“混搭”不同的技术专利模块与各种存储芯片及 I/O 配置。这使得产品能够分解成更小的“芯片组合”。其中,I/O、静态随机存取存储器(SRAM)和电源传输电路可以集成在基础晶片中,而高性能逻辑“芯片组合”则堆叠在顶部。此外,可以在 CPU 之上堆叠各类小型的 I/O 控制芯片,从而制造出兼备计算与 I/O 功能的产品;也可以将芯片组与各种 Type-C、蓝牙、Wi-Fi 等控制芯片堆叠在一起,制造出超高整合度的控制芯片[30]。

为了解决 Die 堆叠中功率密度叠加的挑战,AMD 采用了一种称为“键合一层结构硅(Dummy die)”的方法。该方法不仅能够起到均温的作用,还能够解决因公差引起的应力问题。同样,Intel 也使用了类似的解决方案。Dummy die 的材料主要包括 Si 和其他物质。研究表明,在 GaN 或 SiC 衬底芯片上,通过键合一层金刚石可以解决高功率密度引起的温差分布问题。如果 Dummy die 选择具有更优异导热性能的金刚石材料,效果将更加显著。

除了热导界面材料(TIM)和系统散热技术,3D 封装芯片的散热解决方案还考虑了内部热源问题。目前,芯片级液冷技术被视为解决这一难题的最佳方法。早在 2012 年,美国国防先进研究计划局(DARPA)就启动了芯片内/芯片间增强冷却(ICECool)项目。在该项目中,佐治亚理工学院基于倒装芯片架构,利用蚀刻工艺探索了芯片级液冷方案,改善了 2.5D 和 3D 芯片架构之间的热耦合效果。此外,2020 年洛桑联邦理工学院(EPFL)在 *Nature* 杂志上发表的文章显示,其流型通道(MCC)方案具有出色的散热能力,达到了 1723 $W \cdot m^{-2}$[31]。

6.2.5　电热力耦合问题及散热解决方案

1. 电热力耦合问题

先进的封装和系统集成技术持续进化,不仅提高了电性能,还实现了多样化的集成。这包括了通过异质集成方法实现多种形式的微系统。然而，相应的复杂性和可靠性问题已经变成了更为严峻的挑战。当前，2.5D 和 3D 芯片主要应用于人工智能、网络通信、高性能计算等领域，其功耗通常较高。因此，如何确保电源完整性以及在高电流下的良好散热能力至关重要。此外，复杂的封装结构通常涉及材料结构的力学特性差异，这在焦耳热和封装工艺下会带来较高的热应力风险。因此，在基于 Chiplet 技术的应用过程中，由高功率电磁脉冲、芯片自热耗散等引起的电、热、应力等多物理效应十分显著。这需要人们探索相关的仿真技术和研究方法，以便为优化设计提供指导。

另外，基于先进集成封装技术的多物理效应主要由电流连续性方程、热传导方程和弹性力学方程组描述。焦耳热和功率耗散等因素会导致温度上升，产生热变形和热应力。温度的变化还会导致材料属性发生变化，引起电场、温度场和应力场的变化。反过来，变形也会导致仿真模型网格的变化，进而影响电场和温度分布。

总之，集成封装的结构和材料特性非常复杂，其几何尺度跨度广泛，多场耦合联动效应也更为复杂，因此精确地多场表征相当具有挑战性。目前市面上有许多商业软件可用于分析多物理场的耦合，其中比较常用的有 ANSYS 和 COMSOL。它们都是基于有限元方法进行多物理场仿真分析的。传统的仿真工具由于受限于计算机资源，无法处理完整的芯片模型，通常需要进行简化或利用等效模型进行处理。因此，人们需要研究开发针对三维集成封装中多物理问题的高性能仿真算法。随着 Chiplet 技术的不断发展，多学科交互和协作将趋于普遍。因此，通过各学科人员紧密合作，对多物理场耦合现象进行更为精确的分析将是业界共同努力的方向。

2. 散热解决方案

片中的导热材料主要包括芯片内部导热材料和芯片外部热管理两部分。内部和外部区别主要在于导热材料是否封装在芯片内部。芯片的内部导热材料主要包括封装基板、底填材料和 TIM 材料。芯片外部的导热材料则根据使用不同芯片的设备而有所不同，一般以被动散热为主的智能手机和平板计算机中以石墨系材料（主要为合成石墨膜）和 VC 为主，配备主动散热组件（风冷、水冷器件）的 PC 和服务器等则以热管、VC 为主，如图 6-10 所示。

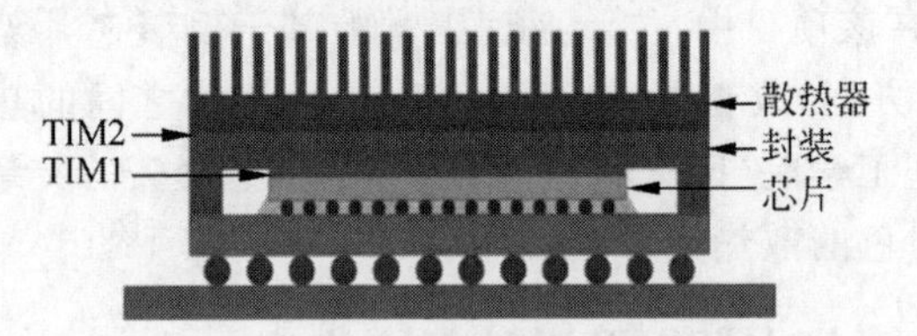

图 6-10 电子产品的芯片内部散热模型

芯片内部的基板除了连接电路，还起到导热的作用，导热效率可通过基板材料和连接方式提升。基板是一个"金属导电层-绝缘层-金属导电层"的三明治结构，上下两层金属导电层分别用于芯片和底板的互连。实际芯片封装使用的基板必须同时具备导电部分和绝缘部分，通常为陶瓷材料和底板材料复合而成。陶瓷材料主要用作基板中的绝缘层，金属材料主要用作金属导电层底板。目前工艺经过多次迭代，基板材料及结构已经较为复杂。芯片内部的导热材料分为顶部连接和底部连接部分。芯片底部需要与基板相连接，顶部需要与封装壳相连接。在整个芯片封装过程中，这些缝隙位置出现的空气都可能导致传热性能的急剧下降，因此顶部和底部都需要合适的 TIM 材料以满足芯片-封装盖和芯片基板-PCB 板两部分的传热需求。底部连接材料目前以环氧树脂基材料为主。底部填充材料一般为了填充芯片和基板连接的焊球间的缝隙（芯片用焊球与基板相连）。在其他各类 TIM 材料中，硅树脂是主流的基体，在芯片的底部填充用的底部填充胶中，主流工艺为二氧化硅填充的环氧树脂。选用环氧树脂基填充胶的原因主要是环氧树脂的热固性，生产过程方便。常用的顶部连接材料为硅脂和无机相变金属材料（铟居多）。顶部导热一般是为了填充芯片与封装所用的封装外壳之间的空隙部分。芯片中所使用的灌封胶和顶部包封胶包括聚氨酯、环氧树脂和硅橡胶或凝胶等。目前芯片中所使用的顶部填充大多数为硅脂。硅脂的优点在于使用简便，只要将其涂膜在裸芯片的顶部，并且安置上封装外壳即可。目前，在一些高端 PC 的 CPU 中也有使用无机相变材料作为顶部连接材料。芯片外部的导热材料主要为均热材料和 TIM 材料，不同用途的芯片所采用的散热途径各不相同。产热量较大的设备多采用被动传热＋主动散热的模式，所使用的均热材料主要为热管、均热板，TIM 材料一般选用硅脂或相变金属。产热量较小的设备一般不配备主动散热装置，所使用的均热材料多为石墨系材料与均热板，TIM 材料一般选用硅脂或硅胶片。

6.3 发展现状

作为现代科技领域的重要组成部分，先进芯片在我们的日常生活中扮演着至关重要的角色。从智能手机到计算机、汽车、医疗设备等各个领域，先进芯片的应用无处不在。然而，随着科技的不断进步和人们对高性能、高可靠性的需求不断增加，传统芯片已经无法满足对计算能力、存储能力和能耗的要求。为了满足不断发展的需求，先进芯片的发展变得至关重要。随着技术的不断进步，先进芯片的设计和制造变得越来越复杂，先进芯片的性能越来越高。然而，高性能通常伴随着高能耗，高性能芯片在工作过程中会产生大量的热量，如果不能有效地散热，将会导致芯片的温度过高，降低其性能甚至引发故障。

在众多的材料中，智能导热材料可以有效解决这一问题。智能导热材料能够根据芯片的温度变化调节其导热性能，从而实现对芯片温度的精确控制和优化。通过应用智能导热材料，可以提高芯片的散热效率，延长芯片的寿命，同时保持芯片的稳定性能。此外，智能导热材料还可以在先进芯片的封装和散热系统中发挥重要作用。封装是芯片生产中不可或缺的环节，不仅能够保护芯片免受机械和环境的损害，还能提供良好的导热路径。智能导热材料可以可调节式地提高封装材料的导热性能，有效降低芯片的温度。同时，智能导热材料还可以用于散热系统的设计和制造，通过优化散热结构，提高散热效率，从而更好地满足先进芯片的散热需求。本节将对智能导热材料在先进芯片中的应用进行简要介绍，主要包括风冷散热、液冷散热、LED照明和激光器件等方面。

6.3.1 风冷散热

在先进芯片中，风冷散热是最常见的散热方式之一，可以通过空气流动带走芯片产生的热量。智能导热材料在风冷系统中的应用主要体现在两个方面。首先，智能导热材料能够提高热传导效率。智能导热材料具有高热导率和良好的导热性能，可以有效将芯片产生的热量传导到散热器表面，提高散热效果。其次，智能导热材料还可以自适应地调节热阻。当温度升高时，智能导热材料的导热性能会增强，热阻降低，从而提高散热效率。这种自适应的特性使得智能导热材料在风冷系统中能够更好地适应芯片的工作状态，提供更加稳定的散热效果，提高芯片的工作性能和可靠性。

在先进芯片的风冷散热应用中，智能导热材料起到了关键作用。通过在散热器或散热体中应用智能导热材料，可以极大增强散热性能，提高热量的传输速度和散发效果。智能导热材料能够有效降低芯片温度，从而保持其在规定的工作温度范围内。具体来说，智能导热材料在芯片风冷散热中主要以热界面材料和散热介质的形式存在。智能导热材料可以用作芯片和散热器之间的热界面材料。芯片上的热量通过智能导热材料迅速传递到散热器，不会因为界面接触不良而导致热阻增加。这样可以提高散热效率，防止芯片过热。在热界面材料中，结构碳基材料由于其高固有导热性和机械顺应性而成为热界面应用的理想材料。其中，碳纳米管，特别是垂直排列的碳纳米管热界面材料在过去十年中取得了重大进展。碳纳米管热界面材料具有非常高的导热性和机械柔顺性[1]。理论上，单壁纳米管(SWNT)的热导率高达37000 $W \cdot m^{-1} \cdot K^{-1}$，而多壁纳米管(MWNTs)在室温下的热导率高达3000 $W \cdot m^{-1} \cdot K^{-1}$[32]。从力学角度看，碳纳米管具有较低的横向弹性模量，能够适应和顺应相当大的外部载荷，而不发生任何永久性的原子改变。因此，它们可以潜在吸收由器件封装中半导体晶片和金属之间的不匹配引起的应力。例如，Lin等[33]通过在铜基板上合成垂直排列的碳纳米管(VACNT)并将碳纳米管化学键合到硅表面，开发了一种将碳纳米管作为热界面材料用于散热的新型组装工艺，如图6-11所示，组装工艺和铜/碳纳米管/硅结构与当前的倒装芯片技术兼容。实验结果表明，这种界面改性将碳纳米管介导的热界面的有效热扩散率提高了一个数量级，将传导率提高了几乎两个数量级。

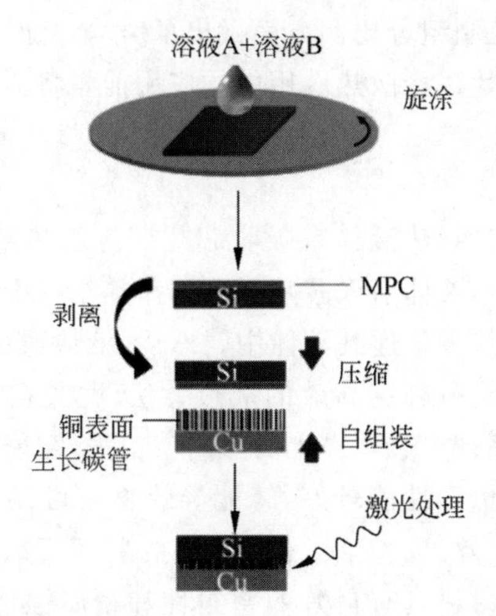

图 6-11　Si/VACNT/TIM/Cu 组装工艺示意图[33]

智能导热材料可以用作散热介质。例如在风扇或散热器中，智能导热材料的高导热性可以快速将热量传递到散热器表面，并通过空气对流或辐射将热量散发出去，从而有效降低芯片温度，保持芯片的工作稳定性。其中，应用最广的就是导热膏。例如，Huang 等[34]采用过氧化氢浸泡和氟硅烷聚合物(EGC-1720)自旋涂层制备了超疏水铜散热器表面。实验结果表明，超疏水铜表面的冷凝换热性能优于纯铜表面。此外，该研究还证实了这种超疏水涂层铜表面在恶劣蒸汽环境下的使用性，这也为风机的设计提供了一些新的途径和策略。

智能导热材料在先进芯片中风冷散热应用有着先天性的优势，其主要体现在以下几个方面：

(1) 提高散热效率：智能导热材料具有较高的导热性能，能够更快速地将芯片上的热量传递到散热器或散热体。这样可以有效降低芯片的温度，提高散热效率，从而保持芯片的稳定工作。

(2) 减小温度梯度：智能导热材料能够在芯片表面形成均匀的热传导路径，使热量传递更均匀。这可以减小芯片表面的温度差异，降低热应力，提高芯片的可靠性和寿命。

(3) 节约空间和重量：由于智能导热材料具有较高的导热性能，在相同的散热需求下，可以使用更薄的散热器或散热体。这样可以节约空间和质量，特别适用于小型化芯片和轻量化设备的应用场景。

(4) 提高芯片性能：通过有效降低芯片温度，智能导热材料可以防止芯片因过热而降低性能。稳定的工作温度能够确保芯片在高性能水平下工作，从而提高整个系统的性能。

为了更好地实现智能导热材料在先进芯片的风冷散热应用，研究人员和工程师们正在不断改进材料的导热性能、稳定性和应用特性。他们在选择合适的纳米颗粒、优化材料结构和控制组分比例方面做出了努力。随着进一步的研究和发展，智能导热材料在先进芯片风冷散热应用中的应用前景将会更加广阔。

6.3.2 液冷散热

液冷散热是一种通过导热液体来吸收芯片产生的热量，并将其带走的散热方式。其原理是通过将导热液体引入芯片周围的散热结构中，使其与芯片接触，通过热传导的方式将芯片的热量传递到液体中。然后，液体通过散热装置带走热量，完成散热过程。液冷散热是一种更高效的散热方法，尤其在需求更高的应用中广泛使用，可以通过液体循环带走芯片产生的热量。首先，智能导热材料能够提高热传导效率。由于液体的热传导性能较好，智能导热材料可以将芯片产生的热量迅速传导到液体中，提高散热效果。其次，智能导热材料还可以在液冷系统中起到密封和保护作用。智能导热材料具有良好的密封性和耐腐蚀性，可以防止液体泄漏和对芯片的侵蚀，提高系统的稳定性和可靠性。最后，智能导热材料还可以通过调节液体的流动性能，实现对芯片温度的精确控制。通过调节液体的流速和流量，可以根据芯片的工作状态实时调整散热效果，提供更好的温度管理并为高性能芯片的可靠运行提供保障。

智能导热材料可以被应用于高性能计算机的处理器散热系统中。处理器作为计算机的核心组件，其散热问题一直是制约计算机性能提升的关键因素之一。传统的散热方式往往需要大型散热器和风扇来进行散热，这不仅占据了大量的空间，而且噪声和功耗也是问题所在。而采用智能导热材料后，可以将散热器替换为液冷系统，通过导热材料快速传导热量，再通过液冷系统迅速散热，从而有效提升散热效果。其次，在新能源汽车领域，随着电动汽车的普及，电池的散热问题也变得格外重要。传统的散热方式往往采用风扇和散热片进行，但这种方式无法满足高功率电池的散热需求。而智能导热材料的应用可以有效解决这一问题。智能导热材料可以在高温条件下快速传导电池产生的热量，并在低温条件下自动降低导热性能，以避免过度散热。这样不仅可以提高电池的安全性，还可以延长电池的使用寿命。此外，Yi 等[35]结合 ATL 公司生产的 ATL- r5b0s4 电池的相关理论，开发了一种 BTMS 耦合 CPCM 和液冷系统，通过加入高导热材料膨胀石墨和石蜡形成的 CPCM 可有效提高包芯的控温性能，在环境温度为 308.15 K 的情况下，CPCM 可将温度控制在 313.15 K。除此之外，智能导热材料还可以被应用于其他高性能芯片的散热领域，如人工智能芯片、量子计算芯片等。这些芯片在运行过程中会产生大量的热量，传统的散热方式已经无法满足其需求。而智能导热材料的应用能够有效解决这一问题，提高芯片的工作效率，并延长其使用寿命。

6.3.3 LED 照明

LED 被称为第四代照明光源，具有节能、环保、体积小等优点，因此在各种指示、装饰、照明等领域得到了广泛的应用。然而,LED 器件在正常工作时会产生大量的热量,研究表明,LED 的发光效率只有 10%~20%,而 80%~90%的能量都将转化为热量[36]。然而,由于 LED 的低热容量和大量热量的积累,结温过高的问题降低了 LED 的使用寿命,并可能引发安全隐患。因此,LED 的散热问题显得尤为关键。

通过智能导热材料,可以提高 LED 器件的散热性能,加速热量的传导并将其有效散发出去,降低 LED 器件的温度,减少热应力和固定材料的劣化,从而延长 LED 的使用寿命。智能导热材料可按照在 LED 照明中的具体应用分为双(多)层导热材料、石墨烯导热材料和热敏性导热材料。对于双(多)层导热材料,智能导热材料可以与其他导热材料结合使用,形成双(多)层结构,从而提高散热性能。例如,将导热膏与导热胶片结合使用,可以有效提高热量的传导和分散,降低 LED 芯片的工作温度。此外,Lei 等[37]通过湿纺丝法制备了高导热的再生纤维素(RC)/BNNS 长丝,然后,通过定制模具真空浸渍,成功制备了具有分层组装结构的定制聚二甲基硅氧烷(PDMS)/(RC/BNNS)长丝纳米复合材料,实现了 LED 的高效散热。当填充量为 27.05 vol%时,取向良好的填料的总 TC 为 5.13 $W \cdot m^{-1} \cdot K^{-1}$。对比 LED 芯片(1 W)的散热性能,RC/BNNS/PDMS 复合材料的 TC 优于 PDMS,工作 120 s 后可将芯片温度降低 39.4℃。两种不同 TIMs 工作温度的对比也表明该分层结构复合材料具有优异的热管理性能,有望在电子封装和大功率微型器件的热保护中得到更广泛的应用。

对于石墨烯导热材料,石墨烯是一种具有优异导热性能的新型材料,被广泛用于 LED 照明中的智能导热材料。石墨烯具有高导热系数和优异的机械强度,可以有效传导和分散 LED 芯片产生的热量,其独特的导热性能使得 LED 照明更加高效和可靠。例如 Wu 等[38]通过排列整齐的石墨烯纳米片(GNs)填充连续网络石墨烯泡沫(GF)制得导热复合材料的理想填充结构。实现了低石墨烯负载率下明显的热渗透现象。GNs/GF/天然橡胶复合材料在室温下的导热增强为 8100%(石墨烯含量为 6.2 vol%),创下了每 1 vol% 石墨烯导热增强 1300%的最高纪录。他们利用 GNs/GF/NR 复合材料优越的导热性,分别用于大功率 LED 灯的平面内和跨平面散热,展示了其作为导热材料和热界面材料的用途。可以发现在 240 s 的工作时间内,复合材料作为散热器的 LED 温度比纯 NR 作为散热器的 LED 温度低 105℃和 29.8℃。作为 TIM 时,经过 240 s,该复合材料的 LED 温度比纯 NR 低 68.6℃和 14.9℃。证实了该复合材料在 LED 照明方面的巨大潜力。此外,如 Cho 等[39]通过熔融共混法制备了 PA/TCA-rGO 纳米复合导热材料,并用于制造集成在 10 W LED 灯中的散热器,以实际评估 PA/TCA-rGO 复合材料的性能,展现出优异的导热性和稳定性。

热敏性导热材料是一种可以根据温度变化自动调整导热性能的智能导热材料。它的导热性能会随着温度的升高而增强,从而实现更好的热管理效果。在

LED 照明中,热敏性导热材料可以根据 LED 芯片的发热情况,自动调整导热性能,保持芯片的工作温度在较低的范围内,提高 LED 的亮度和寿命。对于热学性质的调控,智能材料热导率的主动和可逆调节是关键。其热导率需要能根据外部刺激做出响应,在开(高)/关(低)状态之间切换,或连续改变热导率的大小。衡量智能热材料最关键的指标是其响应前后热导率的最大变化幅度(r):$r=k_{on}/k_{off}$。近些年,通过不同的操纵机制实现了对材料热导率的可逆调节。其中,软物质材料可在外界微小的作用下,产生结构或性能上的显著变化,如聚合物基团的构象转变等。这种外界作用可以是力、热、光、电磁及化学扰动等。此特性使得软物质材料具有成为智能导热材料的潜力。Shin 等[40]发现,光敏型偶氮苯聚合物在可见光和紫外光的照射激发下,偶氮苯基团的构象会在顺式和反式之间变化,π-π 堆积几何结构改变,热导率也产生较大变化,可实现 $r=2.7$ 的调控幅度,响应时间在十秒量级。Shrestha 等[41]发现,结晶化的聚乙烯纳米纤维在温度临界点 $T=420$ K 处,部分聚合物链发生分段旋转,从高度有序的全反式构象转变为具有旋转无序性的高切式与反式构象的混合,热导率发生变化,平均调节幅度高达 $r=8$。Zhang 和 Luo[42]针对聚乙烯纳米纤维进行了分子动力学模拟研究,在机理上证实了聚合物链的分段旋转会导致链结构的无序,从而影响声子沿分子链的传输,使热导率下降。这些研究都证实了软物质材料具有成为智能导热材料的潜力,而热敏导热材料也将成为未来 LED 照明灯发展的重要组成部分。

6.3.4 激光器件

激光器件是许多领域的关键技术,包括通信、医疗和材料加工等。然而,激光器件的高功率工作会产生巨大的热量,导致温度上升和相关问题。通过使用智能导热材料,可以改善激光器件的导热特性,提高热量的传输速度,并控制器件的温度。这样可以减轻热应力,提高激光器件的稳定性和性能,同时延长器件的寿命。智能导热材料通常由导热材料和功能材料组成,功能材料能够根据环境温度的变化调节导热性能,实现智能控制。在激光器件中,温度的控制是非常重要的,因为高温会导致器件性能下降甚至损坏。智能导热材料能够通过调节导热性能来控制器件的温度,保证器件在适宜的温度范围内工作。

智能导热材料常被用作激光二极管的热界面材料。激光二极管是最常见的激光器件之一,其高功率工作会产生大量热量。智能导热材料可以被嵌入激光二极管的热传导路径中,以提供更高的热导率和快速的热传递。通过使用智能导热材料,可以有效将热量从激光二极管中传递到散热系统,从而降低激光二极管的工作温度并提高其性能和寿命。例如,考虑一种高功率激光二极管在激光打印机中的应用。激光打印机需要在较短的时间内生成高能量的激光束,因此激光二极管需要以高功率工作。然而,这种高功率会引起大量热量的产生,如果不能及时散发热量,将会导致温度升高,从而影响激光器件的性能和可靠性。为了解决这个问题,智能导热材料可以运用于激光二极管和散热器之间的热界面。这些材料具有优异的导热性能,能够迅速将热量传递到散热器上。通过将智能导热材料添加到激光二极管的热传导路径中,可以大大提高热量的传递效率,从而保持激光二极管的较低工作温度。

此外,智能导热材料还可以在激光器件中用于改善光学元件的散热问题。智能导热材料可以作为激光器件中光学元件的基底材料,通过其优异的导热性能,提高光学元件的散热效果,降低光学元件的温度变化对激光器件性能的影响。例如,在激光器内部添加智能导热材料,可以有效地散发和分散光学元件产生的热量。这些光学元件可能包括反射镜、透镜和光纤连接器等。通过使用智能导热材料,可以帮助维持光学元件的温度稳定,防止温度变化对激光束的形状和质量产生不利影响。

智能导热材料在激光器件中的应用还可以延伸到热梯度控制和热应力管理方面。激光器件中的高功率密度会导致温度空间和时间上的变化,从而产生热梯度和热应力。这些热梯度和热应力可能对激光器件的性能和稳定性产生负面影响,例如引起光学元件的形变或损坏。通过在激光器件内部或周围应用智能导热材料,可以实现热梯度的均匀分布和热应力的缓解。智能导热材料具有良好的热传导特性,可以加速热量在激光器件中的传递,减少局部的温度差异。这种热梯度控制和热应力管理的方法可以提高激光器件的可靠性和寿命。例如对于一些高功率固态激光器,其中的激光晶体会因为发光而产生大量热量。若不能及时去除热量,激光晶体的温度将持续升高,最终将导致光学性能降低甚至热损伤。

此外,智能导热材料还可以与散热器的设计和优化相结合。激光器件通常需要有高效的散热系统来迅速散发热量。智能导热材料可以嵌入散热器的结构中,以增加热量的传导面积和提高热传递效率。通过这种方式,激光器件的热量可以更快速被散热器吸收和散发,从而保持激光器件的温度在一定范围内。总的来说,在激光器件中,智能导热材料可以提高激光器件的热管理和散热效果。它可以用作激光二极管的热界面材料,改善光学元件的散热问题,并提高激光器件的性能和寿命。这些应用可以在各种激光器件中找到,如激光打印机、激光切割系统和激光医疗设备等。

近些年,关于智能导热材料在激光器件中的应用持续不断。例如,Cui 等[43]受蝴蝶温度控制原理的启发,通过简便的蒸发诱导自组装过程,设计了一种具有优异热导性能的形状记忆石墨烯-聚合物混合膜,用于智能热管理。以热活化形状记忆聚合物作为基质,还可赋予该混合膜智能的特性。当器件温度达到 60℃ 时,聚合物混合膜开始绽放(可视主动散热过程)。这一主动过程延长了发光二极管的升温时间。此外,通过构建双层结构,混合膜在石墨烯含量为 30 wt%时表现出了显著的热导率为 21.83 $W \cdot m^{-1} \cdot K^{-1}$。这种石墨烯-聚合物混合薄膜有望应用于激光器件的智能热管理领域。

此外，Li 等[44]以金刚石为衬底，展示了一种钙钛矿纳米板激光器，如图 6-12 所示。它可以有效耗散光泵浦过程中产生的热量，并通过在纳米片和金刚石衬底之间引入一层薄薄的 SiO_2 间隙层，实现紧密的光学约束。经测试，该激光器的 Q 因子约为 1962，激光阈值为 52.19 μ・J・cm^{-2}。除去材料的创新，技术也在不断的创新，Jambhulkar 等[45]展示了一种结合独特的 3D 打印（即 MDIW）和湿蚀刻来创建微图案（微凹槽阵列）的技术。利用自主研发的 MDIW 制备了 UV 固化 PL 和湿蚀 SL 交替子层的层状结构。通过控制聚合物组成、颗粒载荷、油墨黏弹性、相变、剪切应力和挤出速率，制备了多层 3D 打印结构的形貌（层数和宽度）。微图案表面的密闭导热行为和微图案包含的液体冷却剂可以提高散热效率。MDIW 三维打印技术还显示出微图案化与各种聚合物和金属油墨的高度兼容性，为芯片多方位应用提供了可能性。

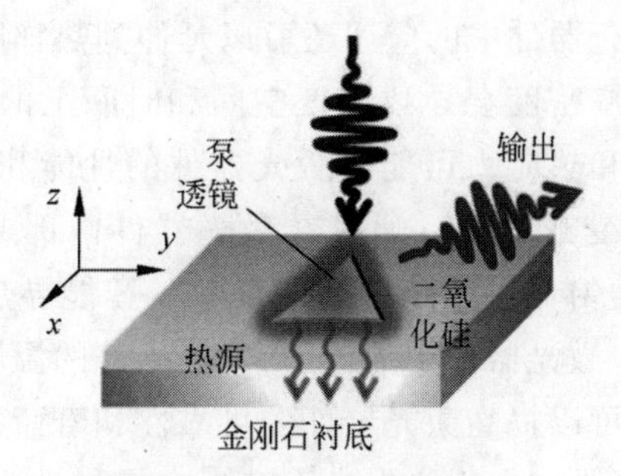

图 6-12 具有 SiO_2 间隙层的金刚石衬底上钙钛矿纳米板激光器示意图[44]

6.4 芯片散热材料未来发展趋势

由于芯片功率密度增加、小型化与高集成度要求、芯片散热技术不断挑战和环保可持续发展要求的推动，芯片智能导热材料面临着以下问题。①芯片功率密度增加：随着科技的进步，芯片的功率密度越来越高。现代芯片在运行时会产生大量的热量，如果不能有效散热，将会影响芯片的性能和寿命。因此，芯片散热材料的研发变得至关重要。②小型化与高集成度要求：随着互联网、物联网、人工智能等技术的快速发展，对芯片的要求越来越高。现代芯片需要具备小型化和高集成度的特点，但这也导致芯片散热难度增加。因此，研发高效的散热材料成为必然趋势。③芯片散热技术不断受到挑战：芯片散热技术的进步是与芯片散热材料紧密相关的。传统的散热方式如风扇冷却和散热片已经无法满足高功率芯片的散热需求。因此，需要不断创新和发展散热技术，同时也需要与之配套的高效散热材料。④环保和可持续发展要求：在芯片散热材料的发展过程中，环保和可持续发展的要求越来越重要。传统的散热材料如热导胶和金属散热器在生产和回收处理过程中会产生环境污染和资源浪费。因此，研发环保和可持续的散热材料成为发展趋势。

以上因素促使人们不断研发创新散热材料，以满足现代芯片的散热需求。芯片散热材料的未来发展趋势主要包括以下几个方面：

（1）材料导热性能的提升：散热材料的导热性能直接影响芯片的散热效果。未来，研发人员将致力于开发导热性能更好的材料，如高导热金属材料、新型碳纳米复合材料等，以提高芯片的散热效果。

（2）减小尺寸与增加散热面积：随着芯片功率的不断增加，散热面积的需求也越来越大。未来的发展趋势将注重减小芯片的尺寸，同时增加散热面积，以提高散热效果。

（3）高效散热结构设计：优化散热结构可以提高芯片的散热效果。未来，研发人员将继续改进芯片的散热结构，如热管、散热器等，以实现更高效的散热效果。

（4）监控与控制系统的完善：芯片散热不仅要依赖材料和结构，还需要有有效的监控与控制系统。未来，人工智能技术将被应用于散热系统的监控与控制，以实现更智能化的散热管理。

总的来说，芯片散热材料的发展趋势是提高散热效率、减小尺寸、增加散热面积、优化散热结构，并配以智能化的监控与控制系统。这些趋势将有助于解决芯片散热难题，提高芯片的性能和可靠性。

参考文献

[1] HAO X，PENG B，XIE G，et al. Efficient on-chip hotspot removal combined solution of thermoelectric cooler and mini-channel heat sink[J]. Applied Thermal Engineering，2016，100：170-178.

[2] ANANDAN S S，RAMALINGAM V. Thermal management of electronics：A review of literature[J]. Thermal Science，2008，12(2)：5-26.

[3] 刘芳，杨志鹏，袁卫星，等. 电子芯片散热技术的研究现状及发展前景[J]. 科学技术与工程，2018，18(23)：163-169.

[4] TUCKERMAN D B，PEASE F W. High performance heat sinking for VLSI[J]. IEEE Electron Device Lett.，1981，2(5)：126-129.

[5] YUAN Y，RAHMAN S. Extended application of lattice Boltzmann method to rarefied gas flow in micro-channels[J]. Physica A：Statistical Mechanics and Its Applications，2016，463：25-36.

[6] 周宗和，宋杨，杨小虎，等. 基于液态金属的高性能热管理技术节能[J]. 2020，39(3)：124-127.

[7] MOHAMMED H A，GUNNASEGARAN P，SHUAIB N H，et al. Heat transfer in rectangular microchannels heat sink using nanofluids[J]. International Communications in Heat and Mass Transfer，2010，37(10)：1496-1503.

[8] SOHEL M R，SAIDUR R，SABRI M F M，et al. Investigating the heat transfer performance and thermophysical properties of nanofluids in a circular micro-channel[J]. International Communications in Heat and Mass Transfer，2013，42：75-81.

[9] CHEN Y，ZHANG C，SHI M，et al. Three-dimensional numerical simulation of heat and

fluid flow in noncircular microchannel heat sinks[J]. International Communications in Heat and Mass Transfer,2009,36(9): 917-920.

[10] PERRET C,SCHAEFFER C,BOUSSEY J,et al. Microchannel integrated heat sinks in silicon technology[R]. In Conference Record of 1998 IEEE Industry Applications Conference: Thirty-Third IAS Annual Meeting. St. Louis,1998: 1051-1055.

[11] 贾玉婷,夏国栋,马丹丹,等. 水滴型凹穴微通道流动与传热的熵产分析[J]. 机械工程学报,2017,53(4): 141-148.

[12] 赵锐. 喷雾冷却传热机理及空间换热地面模拟研究[D]. 合肥: 中国科学技术大学,2009.

[13] XU H,SI C,SHAO S,et al. Experimental investigation on heat transfer of spray cooling with isobutane (R600a)[J]. International Journal of Thermal Sciences,2014,86: 21-27.

[14] OLIVEIRA P A D,BARBOSA J R. Thermal design of a spray-based heat sink integrated with a compact vapor compression cooling system for removal of high heat fluxes[J]. Heat Transfer Engineering,2015,36 (15): 1203-1217.

[15] WEI J,ZHANG Y,ZHAO J F,et al. Enhanced heat transfer of flow boiling combined with jet impingement[J]. Interfacial Phenomena & Heat Transfer,2013,1(1): 13-28.

[16] ZHANG Y H,WEI J,KONG X,et al. Confined submerged jet impingement boiling of subcooled FC-72 over micro-pin-finned surfaces[J]. Heat Transfer Engineering,2016,37(4): 269-278.

[17] JAYARAM P,RAJU B N. A novel design of a petite vapour compression refrigeration system (VCRS) for high performance electronic apparatus cooling[J]. Icemem,2015,(23): 32-67.

[18] 祁成武,尹本浩,王 延,等. 基于压缩制冷的便携式特种电子设备冷却系统[J]. 制冷学报,2017,38(1): 95-99,112.

[19] REN Z,LEE J. Thermal conductivity anisotropy in holey silicon nanostructures and its impact on thermoelectric cooling[J]. Nanotechnology,2017,29(4): 22-46.

[20] COTTER T P. Principles and prospects of micro-heat pipes[R]. The 5th International Heat Pipe Conference,1984: 328-334.

[21] YANG X F,LIU Z H,ZHAO J,et al. Heat transfer performance of a horizontal micro grooved heat pipe using CuO nanofluid [J]. Journal of Micromechanics & Microengineering,2008,18(3): 3-25.

[22] 张佐光. 功能复合材料[M]. 北京: 化学工业出版社,2004: 172-180.

[23] 尹辉斌,高学农,丁静,等. 基于快速热响应相变材料的电子器件散热技术[J]. 华南理工大学学报,2007,35(7): 52-57.

[24] TAN F L,TSO C P. Cooling of mobile electronic devices using phase change materials[J]. Applied Thermal Engineering,2004,24: 159-169.

[25] HODES M,WEINSTEIN R D,PENCE S J,et al. Transient thermal management of a handset using phase change material (PCM)[J]. Journal of Electronic Packaging,2002,124(4): 419-426.

[26] LELAND J,RECKTENWALD G. Optimization of a phase change heat sink for extreme environments[C]. San Jose,USA: Nineteenth IEEE-SEMI-THERM Symposium IEEE,2003: 351-356.

[27] 王绍华. 真融合 高能耗比 新一代 CarrzioAPU 技术详解[J]. 微型计算机,2015(10): 6.

[28] 王洪鹏，沙于兵，王志华. Chiplet 背景下的接口技术与标准化[J]. 微纳电子与智能制造，2022.

[29] GWENNAP L. INTEL, AMD differ on chiplets: but performance, cost tradeoffs will converge[J]. Microprocessor Report, 2021(9): 35.

[30] 曹立强，侯峰泽，王启东，等. 先进封装技术的发展与机遇[J]. 前瞻科技，2022，1(3)：101-114.

[31] 李应选. Chiplet 的现状和需要解决的问题[J]. 微电子学与计算机，2022，39(5)：1-9.

[32] KIM P, SHI L, MAJUMDAR A, et al. Thermal transport measurements of individual multiwalled nanotubes[J]. Physical Review Letters, 2001, 87(21): 5502.

[33] LIN W, ZHANG R, MOON K S, et al. Molecular phonon couplers at carbon nanotube/substrate interface to enhance interfacial thermal transport[J]. Carbon, 2010, 48(1): 107-113.

[34] HUANG D J, LEU T S. Condensation heat transfer enhancement by surface modification on a monolithic copper heat sink[J]. Applied Thermal Engineering, 2015, 75: 908-917.

[35] YI F, E J, ZHANG B, et al. Effects analysis on heat dissipation characteristics of lithium-ion battery thermal management system under the synergism of phase change material and liquid cooling method[J]. Renewable Energy, 2022, 181: 472-489.

[36] TAN L, LIU P, SHE C, et al. Research on heat dissipation of multi-chip LED filament package[J]. Micromachines, 2021, 13(1): 77.

[37] LEI C, ZHANG Y, LIU D, et al. Highly thermo-conductive yet electrically insulating material with perpendicularly engineered assembly of boron nitride nanosheets[J]. Composites Science and Technology, 2021, 214(29): 108995.

[38] WU Z, XU C, MA C, et al. Synergistic effect of aligned graphene nanosheets in graphene foam for high-performance thermally conductive composites[J]. Advanced Materials, 2019, 31(19): 1900199.

[39] CHO E-C, HUANG J-H, LI C-P, et al. Graphene-based thermoplastic composites and their application for LED thermal management[J]. Carbon, 2016, 102: 66-73.

[40] SHIN J, SUNG J, KANG M, et al. Light-triggered thermal conductivity switching in azobenzene polymers[J]. Proceedings of the National Academy of Sciences, 2019, 116(13): 5973-5978.

[41] SHRESTHA R, LUAN Y, SHIN S, et al. High-contrast and reversible polymer thermal regulator by structural phase transition[J]. Science Advances, 2019, 5(12): eaax3777.

[42] ZHANG T, LUO T. High-contrast, reversible thermal conductivity regulation utilizing the phase transition of polyethylene nanofibers[J]. ACS Nano, 2013, 7(9): 7592-7600.

[43] CUI S, JIANG F, SONG N, et al. Flexible films for smart thermal management: influence of structure construction of a two-dimensional graphene network on active heat dissipation response behavior[J]. ACS Applied Materials & Interfaces, 2019, 11(33): 30352-30359.

[44] LI G, HOU Z, WEI Y, et al. Efficient heat dissipation perovskite lasers using a high-thermal-conductivity diamond substrate[J]. Science China Materials, 2023, 66(6): 2400-2407.

[45] JAMBHULKAR S, RAVICHANDRAN D, THIPPANNA V, et al. A multimaterial 3D printing-assisted micropatterning for heat dissipation applications[J]. Advanced Composites and Hybrid Materials, 2023, 6(93).

第7章

结论与展望

智能热管理概念近年来引起了人们越来越多的关注。每年用于温度控制的化石能源约占全球总消耗的50%。化石能源的大量使用会导致复杂的气候环境问题,如何降低用于温度控制的化石能源需求,是一个巨大挑战。此外,由于柔性电子产品不断向微型化、高度集成化发展,使得电子产品的功率不断增大,内置芯片的热流密度急剧增加,引起热失效。

目前,主流的热控技术主要分为被动热控技术和主动热控技术两种。在发展过程中,被动热控技术发展相对较为成熟,通常使用热控涂层、多层绝热材料和其他热控材料,利用优化系统的布局和结构来优化工作系统与环境间的热量交换。但是,被动热控制技术是一种开环控制技术,在控制过程中控制系统得不到被控对象的温度反馈,无法实时响应环境的温度变化,可控性较低。现有的主动热控制技术包括电加热器,多为单一的加热或者散热技术,很难满足一些复杂的传热要求,且能耗较高,在寿命和响应性方面仍然存在较大不足。在空间技术领域,对于温度敏感且环境温度波动大的载荷,以及发热量较大且工作温度范围要求严格的设备,如通信终端、蓄电池等,亟需更先进的热管理技术来满足其温度控制需求。因此,对能够实时响应外界环境变化、自主调节热流的智能热控技术的需求非常紧迫,而实现智能热控制技术的关键是要实现材料的热物性智能调控。与被动和主动热控制技术相比,先进的智能热控制技术是改进热通量管理的潜在解决方案。热开关、热调节器和热晶体管是人们发明的具有动态和可控的热传输特性的智能器件的例子。在这些先进组件的设计原则中,材料的热导率的智能化和可逆调节是研究的核心,主要体现在:①能够在开(高)和关(低)状态之间进行快速切换;②能够发生连续性的变化。热智能材料最关键的性能参数是热开关比 r,$r=k_{on}/k_{off}$,其中,k_{on} 和 k_{off} 分别为热智能材料的最大和最小热导率。除 r 外,开和关状态之间的过渡时间(响应时间)也是一个重要的性能参数。下面根据现阶段的主要研究内容进行展望。

7.1 智能导热材料技术瓶颈

7.1.1 智能材料工艺设计

1. 纳米悬浮液材料

低维纳米颗粒拥有卓越的导热性能[1]。研究者将高导热纳米颗粒添加到传统换热溶剂(如水、有机溶剂等)中制备得到纳米颗粒悬浮液,希望提高其导热性能。但大量实验结果显示,单纯地添加纳米颗粒对流体基质的热导率提升幅度有限。探索其原因,主要是由于低维纳米颗粒的性能具有各向异性,其高导热性能需沿某一方向定向排列才能得到体现,而纳米颗粒与流体基质间的界面热阻限制了系统热导率的提升。当无外场时,纳米颗粒在流体中作布朗运动,随机分散在基质中。特别提醒,布朗运动实质是颗粒在液体中的扩散行为,包括平动扩散与旋转扩散,纳米颗粒的旋转扩散与其定向行为直接相关。此外,有研究表明,电场下低维纳米颗粒会在溶液中转动并首尾相接形成链状结构,得到有效导热网络。此时,在电场作用下,低维纳米颗粒极化形成偶极子,两个极化后的低维纳米颗粒受到库仑力作用而相互吸引,形成链状结构,热量的传输可通过颗粒形成的网络实现热导率的有效提升,达到"热渗流"的效果(图 7-1)。综上,使用纳米颗粒悬浮液作为热智能材料,具有响应速度快(在毫秒量级)、能耗小、可连续调节热导率的变化的优点。未来可以通过调控这一结构,实现智能导热材料的可控性,达到有效调节材料的热导率的目的。

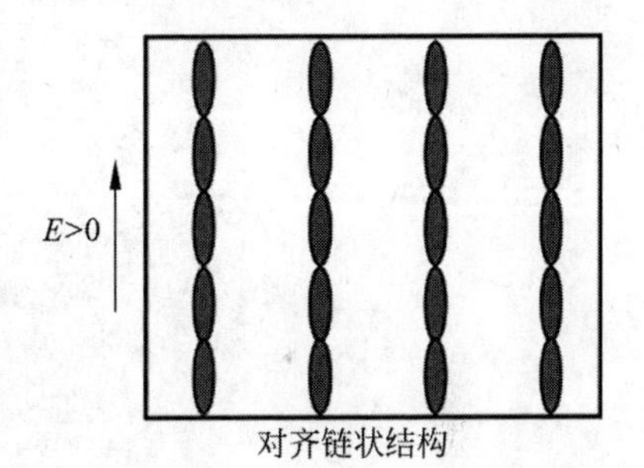

图 7-1 沿电场方向链结构对齐而形成有效的导热路径

2. 原子插层材料

对于具有层状结构的材料,在其原子层间插入新原子,可改变材料的微观结构,进而改变其热学性质。从制备工艺上,通常将原子插入层状材料的有序晶格中,产生晶格缺陷,继而使得声子散射增强,材料的热导率降低,例如锂离子的插入会导致石墨和 MoS_2 薄膜的热导率降低。除利用静态插层技术改变材料热导率,目前还通过电化学驱动,使原子动态进出晶体结构的技术也得到了发展,使层状材料的热导率可以进行可逆转换,从而实现了智能调节的效果。通过调研,这里建议未来的研究应集中于开发具有更快响应速度的材料,以适应微电子器件中快速变化的热流。

3. 相变材料

相变材料在相变温度处会发生相态变化,使得自身的物质结构发生转变,热导率也发生改变。当温度回到原区间时,其结构和热导率也会复原,从而实现开关型热调控的效果。按照相变形式,相变材料可分为固-液、固-固、固-气、液-气四类。由于固-气相变材料和液-气相变材料在相变前后的体积差异较大,所以现阶段广泛研究与应用的主要是固-固与固-液两类相变材料。固-固相变材料包含多种类型,如金属-绝缘相变材料、相变存储材料、磁结构相变材料等,由于其转换前后均为固相,材料性质稳定,所以具有广泛的应用前景。

例如,聚氨酯(PU)具有良好的柔性、弹性和热力学稳定性。聚氨酯基相变材料经历固-固相变,并提供最先进的热能存储(TES)[2]。然而,在现实应用的智能设备中,由于结构刚性、低蓄热能力等技术瓶颈问题,其探索普遍受到阻碍。在此,邹如强团队研究人员首次通过控制聚乙二醇的分子量,调整了聚氨酯基相变材料(PU-PCM)的蓄热容量和灵活性,并通过灵活性和蓄热容量之间的权衡,找出了最佳选择(图 7-2)。然后,进一步将功能化碳纳米管填料加入柔性 PU-PCM 基体中,达到提高热导率和太阳能驱动的热转换和存储能力。由于聚氨酯分子结构中的高结晶度和刚性,弹性较差,因此后续需通过调整聚乙二醇段的分子量和聚氨酯的交联程度,开发得到超软弹的 PU-PCM。

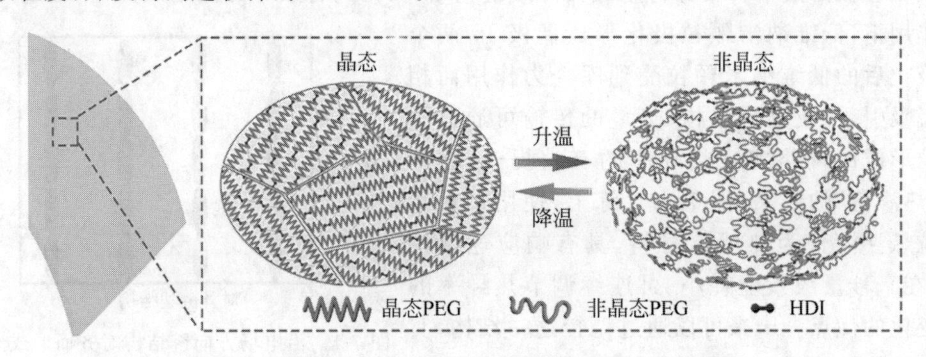

图 7-2　柔性 PU-PCM 在晶态和非晶态之间的转变机理

(1) 物理共混技术。因为相变材料是被环境温度激活的,所以具有良好的自适应调整性能。然而,特定相变材料的相变温度是固定的,偏离室温。尽管改变组分的比例可以达到控制某些相变材料的相变温度,但这仍然是一个有待解决的重大问题。此前研究,为了改善这一问题,一般在基体内添加填料。①碳基填料。碳材料具有多种形态结构,如膨胀石墨、石墨烯、碳纤维和碳纳米管。碳基填料具有高导热性、化学稳定性和广泛适用性,被选为与相变材料复合的最佳添加剂之一。例如,膨胀石墨具有蠕虫状结构,由大量松散连接的石墨片组成,具有较强的吸附性能,并保持了薄片状石墨优异的导热性,达到相变控制。但是材料刚性较差,界面分散性较差,导致相变材料与集成设备的表面接触性较差,最终限制了实际规模的应用。因此,未来研究主要有 3 种途径:将相变材料渗透到碳基柔性支架中(如碳纳米管海绵);将相变材料与聚合物弹性体结合,当温度高于相变材料的熔点时,给予复合材料较高的回弹性;相变材料渗透到中空纤维(如柔性聚丙烯纤维)

内部，实现相变材料的封装。②金属和金属氧化物。金属填料主要包括金属泡沫、金属纳米颗粒和金属氧化物纳米颗粒。引入碳或金属纳米颗粒等高导电性添加剂，可以在复合材料中形成有效的导热通道，是最方便和最常用的方法。③氮化物和其他材料添加剂。氮化物主要包括氮化铝(AlN)、氮化硼(BN)或其他含氮复合材料。材料的导电性较差，常用于提高相变材料的热导率。

(2) 采用一种分子自组装技术，合成具有极限拉伸比的智能导热材料。一般采用原位聚合的方法，将聚合物与填料进行复合，利用自组装形成具有超弹性、高导热等特殊结构的含三维导热网络骨架的智能导热复合材料。图 7-3 为超弹性形态稳定相变材料的制备工艺图[3]。弹性材料的制备要求对于材料的交联程度、分子量、基团等进行选择和优化。但是，由于导热材料的应用场景不同，材料的功能差异较大，所以在研发和使用方面具有很多未知的因素。相对于其他材料制备技术，分子自组装技术制备工艺相对简单，但是在选择特殊结构聚合物及填料方面存在较大挑战[4]。

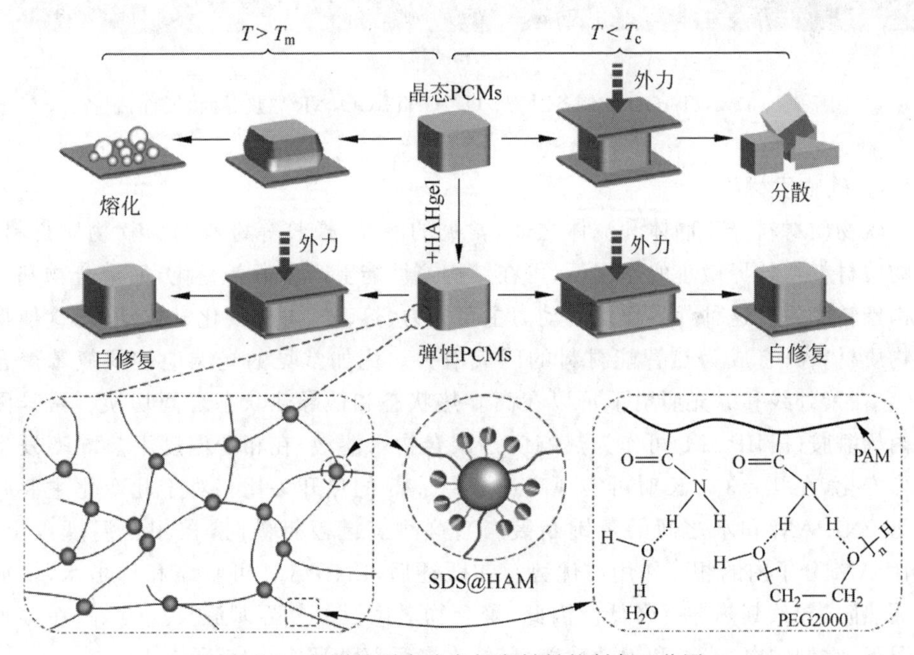

图 7-3　超弹性形态稳定相变材料的制备工艺图

(3) 采用一步法技术制备获得相变材料。图 7-4 为柔性共价键合碳纳米管-还原氧化石墨烯并加入天然橡胶水凝胶(CNT-rGO/NR)材料的制备工艺图[5]，制备主要包括四个步骤：①使用多巴胺将氨基接枝到碳纳米管表面；②通过不同官能团反应制备共价 CNT-rGO；③采用一步法制备 CNT-rGO/NR 水凝胶；④采用热压缩方法制备具有有序结构的 CNT-rGO/NR 导热界面材料。该导热界面材料具有优越的平面热导率($1.82\ W \cdot m^{-1} \cdot K^{-1}$)，良好的抗拉强度(14.5 MPa)，当填料含量为 20 wt%时，复合材料具有良好的应力传感能力，证明碳纳米管-还原氧化石墨烯界面与有序结构之间的强相互作用对提高热导率起着重要作用。

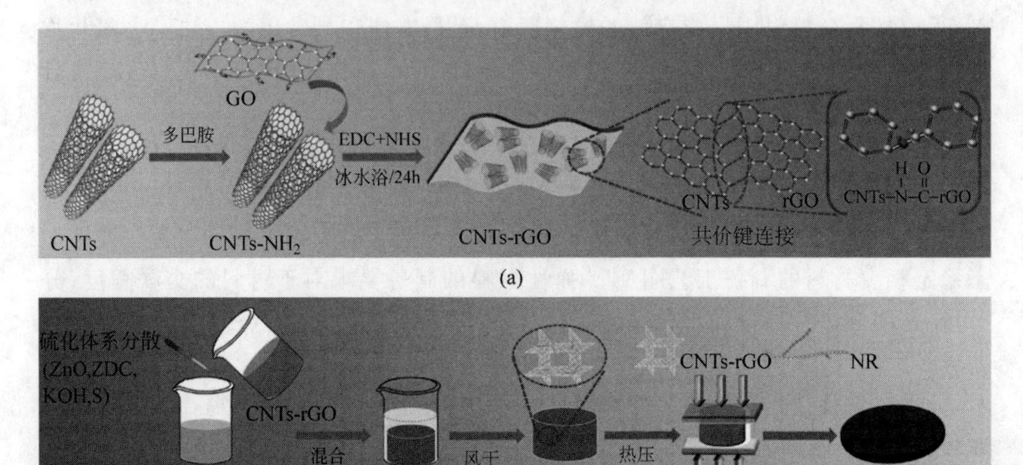

图 7-4 (a) CNT-rGO 的制备过程；(b) CNT-rGO/NR 导热界面材料的制备

4. 软物质材料

软物质材料介于固体和流体之间，常见的液晶、橡胶等材料均为软物质材料。软物质材料在外界微小的作用下，可在结构或性能上产生显著变化，如聚合物基团的构象转变等。这种外界作用的动力主要为力、热、光、电磁及化学扰动等，这使得软物质材料具有成为热智能材料的巨大潜力。比如常见的光响应性偶氮苯聚合物，它在紫外线和绿光照射下可以在高导热状态和低导热状态之间切换。聚异丙基丙烯酰胺（PNIPAM）可作为热响应性聚合物水溶液，在相变温度下热导率发生剧烈变化，在 $T=304$ K 时可实现高达 $r=1.15$ 的热开关比。对于此变化主要归结为 PNIPAM 和水之间的氢键断裂。当这些氢键被打破时，在相变温度以上，PNIPAM 分子内的相互作用占优势。在跃迁后，PNIPAM 可收缩和排出水，增加界面热阻，导致其热导率降低。因此，聚合物对广泛的外界刺激反应良好，在多种情况下，它们的电、光学和力学性能可调，在各种行业研究中广泛应用。

目前，热智能材料的热开关比已逐渐提高，目前在实验室可达到 $r=10$ 附近。然而，大多数研究仍然未能实现工业化。一个重要的原因是它们有缺陷。例如，使用电化学方法调整层状材料的热导率，响应时间至少在分钟级，不适应快速调整的需要。虽然软物质材料对外场有良好的响应，但其热导率较差，降低了其应用价值。此外，目前的研究主要集中在热开关比上，但其他性能参数，如可回收性、响应时间、热导率的绝对值和经济效率都是我们需要考虑的。具有优异热性能的纳米材料，如碳纳米管或石墨烯，可以对这一领域做出更多的贡献[6]。纳米级热智能材料可用于小规模热控制，如微电子器件热管理。同时，应考虑如何增大导热智能材料的尺寸，以便在更多情况下进行集成和操作。宏观热智能元件可用于固态制冷，以控制热回路中的热通量。基于热智能材料的设备必须在不同的热环境下正常工作，如极高或极低温，对材料的稳定性有更高的要求。

5. 特定响应材料

(1) 电场

虽然大多数材料的传热与电场无关，但在电场存在下，某些自发极化的铁电材料可以作为热智能材料的合适候选材料。铁电材料具有不同的极化方向。当施加一个电场时，这些区域将极化并沿着电场的方向对齐。当极化达到最大值时，几乎所有这些范围都沿电场方向排列，密度降低。由于材料以与晶界相同的方式散射声子，声子密度的降低可以改善铁电材料中的热传输并提高其热导率。图 7-5 为 PVDF 在电场作用下的极化效果图[7-8]。当施加电场时，链间结构变得高度有序，有效减少了声子散射并提高了热导率。热导率最高可以把热开关比调整到 $r=1.5$ 的值。此外，有机尼龙也可以通过电场调节其氢键来调节热导率。

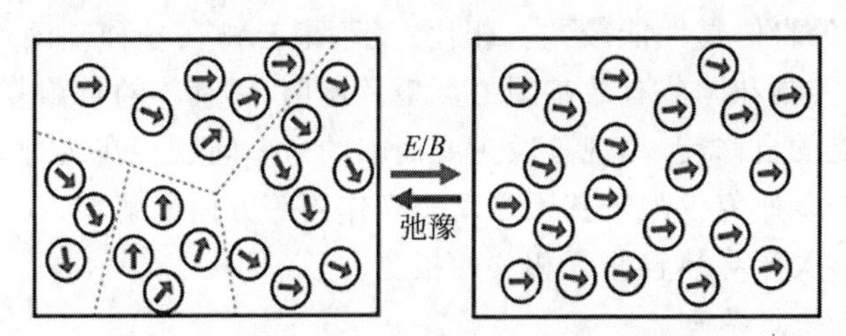

图 7-5 PVDF 在电场作用下的极化效果图

(2) 磁场

对于磁场，维德曼-弗朗兹定律在磁场的存在下仍然成立，经典磁电阻模型预测到磁场会降低金属或半导体的电导率，并因此降低热导率。但对于室温下的大多数金属而言，这种效应可以忽略不计。金属材料中也有特殊材料存在，比如在锑铋合金中可观察到较为明显的磁电阻效应。对于锑铋合金，室温下施加 $B=0.75$ T 的磁场，可实现 $r=1.2$ 的调控幅度。除了经典磁电阻效应，当具有纳米尺度的金属铁磁体被非磁金属薄域隔开时，材料会产生巨磁电阻效应。当无外场时，磁极矩无序排列，材料电阻率较高；施加磁场后，磁极矩沿磁场方向排列，材料电阻率降低，并导致热导率提高。但是磁场变换材料要求响应时间短和调控幅度大，这还需要更多科技工作者努力。

(3) 外部应力

在应力作用下，材料可发生构型变化，继而引发材料性质的改变。利用应力来调控材料的电学、光学、力学等性能的技术已经比较成熟。科技工作者利用分子动力学方法研究应变场对二维硅材料热导率的影响。结果证明，当硅纳米线由拉伸状态转为压缩状态时，其热导率会不断提高，这主要是由模态化声子的群速度和单独声子支的比热在纳米线压缩过程中均发生下降造成的。不仅如此,对应力对一维材料的热导率影响也进行了系统性研究,包括二硫化钼纳米管、一维范德瓦耳斯异质结构(碳-氮化硼纳米套管)、环氧树脂原子链等。理论研究较为成熟,但材料在应用中探索较少。

6. 自修复导热复合材料

(1) 导热自修复的结构设计及机理

材料在应用过程中,损伤必然会导致材料结构和功能的失效。自修复材料可以实现材料对于损伤的识别、修复,延长材料的结构稳定性和使用周期,这对于材料性能的稳定性和可持续发展具有重要的意义。对于导热材料,材料长期处于高温或受到循环压缩载荷作用下,必然会导致界面导热材料的损伤和微裂纹,不仅其在形变过程中的界面热疏导能力降低,而且可能由此引发宏观裂缝甚至断裂,导致部件功能失效。因此,对自修复导热材料而言,如何提高其自修复能力,是实现其在热界面材料自修复领域应用的关键问题。

此外,从材料组分来说,导热的有效部分是以碳纳米管和石墨烯为代表的导热填料,导热填料的自修复性能较差。相比之下,聚合物在各种基团作用下,自修复材料众多,如何控制和调节有效基团的类型及比例,用基体的自修复实现整个材料力学和导热性能的自修复,是现阶段主要面临的另一问题。在机理方面,现阶段对材料体系的自修复研究仅限于基团之间相互作用等方面的解释,缺乏统一的认识。至今还没有太多关于导热自修复相关的报道。

(2) 弹性与导热界面

各类电子信息产品朝着微型化、轻薄化发展,受尺寸、空间和质量等因素的限制,研究者认为理想导热材料必须具备轻质化、高导热、高回弹性、高功能适用性等优点。然而,现阶段材料高导热依赖于高填料含量,但高填料含量下材料的回弹性、轻质、适用性都部分降低。因此,材料弹性结构的设计是现阶段导热材料面临的主要问题之一。

对于导热材料,将热量有效地从热源传输到环境中是导热材料的终极目标,但不同材料或器件间界面接触较差,材料表面形貌凹凸不平,界面间隙大,填料与基体之间相容性较差等因素,都导致有效传热面积较低,界面热阻较高。因此,如何降低界面热阻,提高材料传热效率,是导热材料面临的另一重大问题。

(3) 材料制备工艺及策略

对聚合物自修复导热材料而言,提升材料热导率的策略主要有以下三种:本征型、共混复合型和导热通路型。本征型是通过设计和加工聚合物的策略,优化聚合物分子链结构,控制材料结晶性及聚集态取向,从而提高材料的导热效率。取向型分子链的聚合物材料力学性能提高,但其柔性降低。共混复合型是一种物理互混,影响导热、自修复及其力学性能的因素较多,包括基体与填料自身的导热性能、填料含量、分布状态及界面结构等。然而,填料增加可损害其加工性及力学性能。

导热通路型，即利用自组装、模板、外场作用、挤出等策略构建导热通道，提高导热填料的利用效率和复合材料的自修复性能，达到轻型导热材料的目标。然而，三维填料多为无机材料，材料在形变过程极易产生界面滑移、位错而增大界面热阻，使导热性能降低。工艺上为了使聚合物基体容易浸渍填充到填料内，设计的导热网络密度相对较低，导致导热性能较差。现有导热通路型策略可以有效提升导热填料的利用率，达到轻质目标，但导热性能难以大幅度提升。此外，大多研究策略主要针对热导率，对其弹性模量研究较少，忽视了材料的可回弹性能和可加工性能。因此，材料制备工艺及结构设计是自修复导热材料面临的另一问题。

(4) 应用与推广

材料研发目的在于应用，自修复材料在皮肤、医疗等方面都进行了推广。但自修复导热材料在实际生活中仅限于概念的推广和工艺的创新，并没有提出有效的验证。因此，自修复导热材料缺乏多渠道应用是另一突出问题。

7.1.2　智能导热材料制备技术瓶颈

(1) 相变材料对温度临界点的要求往往很严苛，许多材料的转变点远高于或低于室温，限制了其应用范围；

(2) 软物质材料虽然对外场响应好，调控范围大，但本身的热导率很低，一定程度上降低了其高调控范围的应用价值；

(3) 使用电化学方法调控层状结构材料的热导率，响应时间很长，至少在分钟量级以上，无法适应需要快速调节的情况；

(4) 目前研究的重点是材料热导率的调控幅度(即 r 值)，但其他性能指标，如循环性、响应时间、经济性与现有热控系统的兼容性等，在实际应用中也都有着重要意义；

(5) 如何制备出高性能纳米材料、固-固相变材料；

(6) 在能源动力领域的碳中和目标对热智能材料提出很多非常迫切的需求，能够在不同热环境下均可稳定工作的热智能材料是今后应用领域的挑战；

(7) 热智能材料的调控机理仍有待深入研究，包括不同外场对材料微观结构的改变、微观结构下的导热机理研究。

7.2　潜在应用

7.2.1　变热阻器

可变热阻是热控制系统的关键部件，需要对热量进行连续的控制，通过实时调节热导率来稳定器件的工作温度。这种热部件在电池、航天器、车辆和热能存储系统等方面具有巨大的潜力。图 7-6 为可变热阻器的测试实验示意图。研究者使用具有开放孔隙和互联网络性质的可压缩石墨烯泡沫复合材料作为一种可变热阻。

当压缩复合材料并挤压孔隙中的空气时，就产生了导热路径，增加了复合材料的热导率，这是智能导热材料研究的一个重要应用潜在方向。

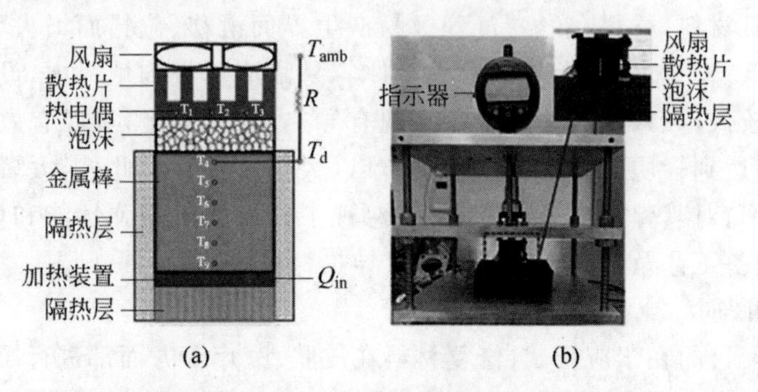

图 7-6 可变热阻器的测试实验示意图，加热器安装在绝缘层上以防止散热

图 7-7 为一种可变热阻器，其热导率通过电场可以连续调节[9]。该热阻器被用于卫星热管理系统的锂离子电池模块。当电池的热耗量发生变化时，电场的强度可以同步变化，从而调整电阻器的热阻，热阻器设置在锂离子电池的底板与热管道之间以保持电池的工作温度。分析结果表明，热阻可使温度均匀性提高约 8%，而加热器功率需求降低 15%以上。此外，热阻没有移动部件，可使用更少的能量，设备响应的时间较快。在能源装置散热等方面具有较大的应用前景。

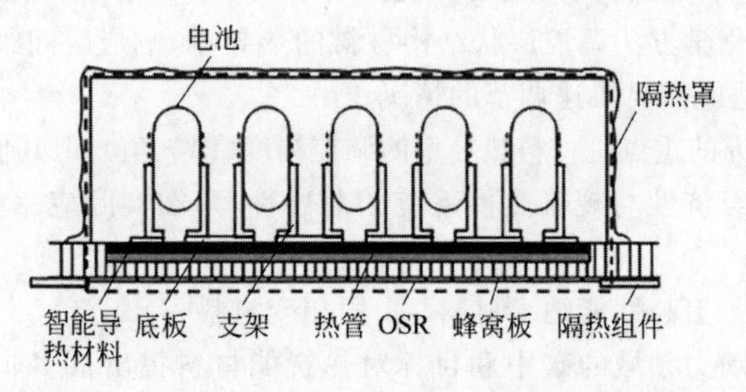

图 7-7 卫星电池中的 GNS/LDH 可变热阻器示意图

7.2.2 节能空调

空调系统被广泛用于保持室内温度的稳定；然而，温度控制需要消耗大量能源。热智能装置，如热开关，可用于控制建筑外部的热导率[10-11]。因此，具有可调节热导率的材料可以使建筑在白天隔热，以防止热量从外部进入，并在夜间向建筑物中传导热量。该方向具有很大的应用市场，可作为材料研究及应用的重要方向。

7.2.3 固态制冷

固态制冷系统是蒸汽压缩制冷系统极好的替代品，因为其方便、节能和环保。

固态制冷是基于一些制冷剂材料的热效应。当施加外场(如电场)时,这些制冷剂材料的温度会发生变化,从而达到制冷目的。在电热制冷循环中,电热(EC)材料可以作为热开关循环工作,打破热源与冷水槽之间的热接触。在电热冷却装置中应用基于 $r=3.0$ 液晶的热开关。当施加电场时,一些聚合物可以变形或平移,并伴随电热效应。在此基础上,一些研究者提出了由电热材料制成的热敏开关[10],调节电热材料与热源之间的热接触,达到提高制冷系统的性能系数(COP)和比冷却功率(SCP)的目的。

除固态制冷,微流体冷却系统是芯片、武器装备等设备规模热管理中最有前途的微冷却解决方案之一。其中流动低温液体的再生是一个关键限制。由于电卡制冷效率高,易于最小化,被认为是一种可行的解决方案。然而,现有的电卡制冷装置无法在小空间内提供连续的低于环境温度的液体介质。NEESE 团队[10]采用同轴湿纺技术制备了一种最大温度降为 3.53 K 的柔性电卡制冷毛细管。由于其自封装特性,器件搭建无需引入非活性物质。因此,相比于其他已报道的电卡器件,该工作实现了最高的器件体积制冷密度 $702.1\ \mathrm{mW\cdot cm^{-3}}$。为了进一步提高毛细管的制冷性能,通过设计多级串联结构,并开发一种准连续工作模式,大幅降低了时间成本。

除此之外,辐射制冷作为一种完全零能耗的制冷方式,主要通过大气透明窗口(8～13 mm)将物体自身的热量以红外辐射的方式发射到外太空这个巨大的冷源(约 3 K)。这种新颖的制冷方式对人类社会的可持续发展具有重大意义。虽然科学家们已经成功解决了日间低于室温的辐射制冷这个革命性难题,但基于这个目标所设计的材料对太阳辐射(0.25～2.5 mm)具有高反射率。这使得大多数的辐射制冷材料呈现出白色或银色的外观,但单一的颜色不仅阻碍了辐射制冷材料的应用,还加剧了光污染。有研究通过引入商用染料来赋予辐射制冷材料颜色,但大量的可见光吸收又严重降低了制冷能力,如何实现低于室温的彩色辐射制冷,是一个亟待解决的难题。

7.2.4 热计算机

热计算机是材料应用的另一重要方面,能在 326℃的温度下运行。其中,热开关和调节器是设计热逻辑门的关键组成部分(图 7-8)。其理论已经用于大多数热逻辑门,如与(AND),或(OR)和非(NOT)热逻辑门。布尔状态(Boolean states)可以定义为高温值 T_{on} 和低温值 T_{off},类似于电路中的“1”和“0”状态。为了实现热逻辑门,需要一个将输入温度进行二值化的部分。如果输入温度低于 T_{off} 和 T_{on} 之间的临界值 T_{c},则组件应输出 T_{off}。热敏开关可用于创建这些组件。考虑到图中的热开关,当逻辑门处温度接近而不在 T_{off} 或 T_{on} 时,由于设备中的热通量,节点温度 T 将更接近 T_{off} 或 T_{on}。当这些热开关串联时,最终输出将非常接近 T_{off} 或 T_{on}。在此基础上,非门和与门,或门都可以使用该方法实现。然而实现这些目标仍存在一定的理论和实验障碍。界面热阻和热量流失是热器件与其他器件中不可避免的问题。此外,单个热装置的热流量和热阻不能被精确调节以充分实现逻辑功能,导致这些理论为纳米尺度的界面热阻预测提供的精度有限。

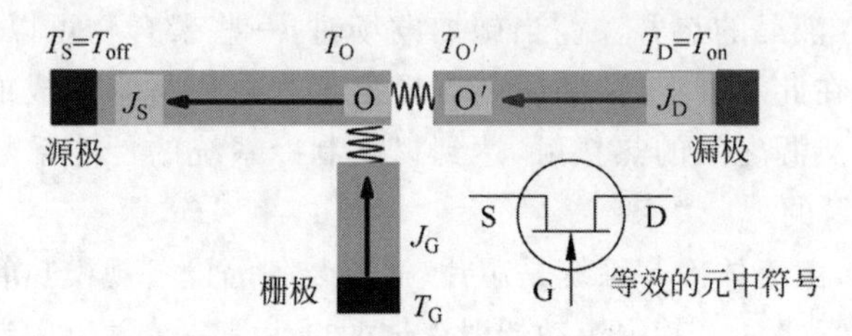

图 7-8 热计算机逻辑门元件机理图

7.2.5 人体热管理

将功能化导热填料加入柔性聚合物中,可赋予复合材料高效的光热能收集和存储能力[12-13]。例如在聚氨酯-碳纳米管复合体系(PU-CNT)中,碳纳米管可以作为有效的光子捕获器和分子加热器,将光能传递给热能,继而热能在相变过程中被周围的相变材料存储/释放。图 7-9 为 PU-CNT 复合材料的应用示意图。该材料可以直接通过太阳辐射充电,并将太阳能转换为潜热。储存的潜热可以在相变过程中逐渐释放,在所需温度下为人体提供热舒适。该领域为智能导热材料研究更加重要的方向,也是未来智能导热材料研究面临的重要应用突破。

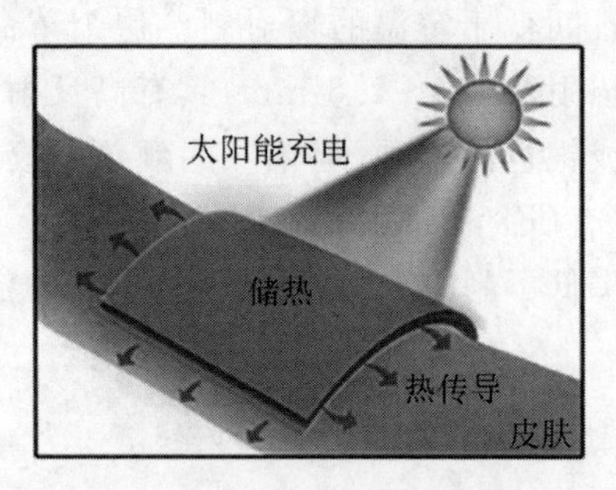

图 7-9 PU-CNT 复合材料应用在人体皮肤的示意图

7.2.6 能量转换与存储

随着人类社会的快速发展,伴随而来的化石能源枯竭及严重的环境污染已成为人类发展的绊脚石。而能源是人类赖以生存及发展的动力,环境是人类生存发展的基础场所,所以寻找一种清洁、可再生的能源就成为人们关注的热点。太阳能作为一种来源清洁、取之不尽、用之不竭的能源,已成为解决人类能源危机、环境污染和温室效应等全球性问题的有效途径之一。在太阳能各种利用途径中,太阳能热利用是最简单、最直接、最有效的途径之一,已成为太阳能高效利用的一个研究热点。然而，到达地球表面的太阳辐射能密度低，受季节、气候、时间及纬度等自然条件变化而变动，且具有稀薄、非连续性和不稳定性等缺点。因此大规模的开发利用仍是极大的挑战，主要涉及以下三个方面：①如何有效实现光捕集；②如何实现光热转换；③如何解决太阳能本身的间歇、非连续性。这些涉及能量储存的问题。

传统能量转换与存储材料的存储时间短，限制其在能量存储方面的利用。通过光敏分子作为光热转化材料，将太阳能存储于化学键能中，成为光热转换领域的常用解决办法。因此，具有光热存储的偶氮及其衍生物成为当今能量转换与存储的一个重要研究领域。

7.2.7 红外隐身

另一个有趣的应用重点是红外隐形，它利用功能填料调节复合材料的热导率。红外隐身技术是通过调节目标红外辐射特征，达到降低目标的可探测性，主要包括改变目标的红外辐射特性、调控降低红外辐射强度、改变红外辐射传播途径三种过程。常用工艺有叶片化法、溶胶-凝胶法和冷冻干燥工艺等。这要求材料具有灵活性、较高的孔隙率和优异的保温性能。具体措施包括：改进热结构设计、对主要发热部件进行强制冷却、表面涂覆红外隐形材料、使用红外伪装和遮蔽。红外隐身的目的是降低或改变目标的红外辐射特性，减小红外探测系统对目标的作用距离，从而降低目标被探测的概率。同时，要求材料具有吸波等功能，达到一种良好的红外隐身效果。红外隐身是智能导热材料比较高端的应用，在未来军事、航天等领域具有较大的发展潜力。

7.2.8 电池智能热调控

为了减少温室气体排放和对传统化石能源的依赖，锂离子电池在可持续能源应用中扮演着越来越重要的角色。在实际应用过程中，无论高温或者低温都会严重影响锂离子电池的性能和寿命，并引起安全问题。因此，若根据实时环境能在单一平台实现加热或冷却，会使锂离子电池在更宽的温度范围内正常工作，适应气候迥异的地区和多变的环境。具有高热导率和高潜热的相变材料因其可以快速散热和热缓冲，成为重要的电池被动热管理材料。但传统的导热相变材料具有热导率低、热导方向与路径同锂电池发热特点不匹配、缺乏在寒冷环境下的加热能力等问题。

此外，大量的电池热学方面的研究都集中在抑制热失控的传播上。隔热和散热是两种常见的防止电池热失控的方法。散热可以带走系统中的热量，但在某些极端情况下，电池的产热速率可能高于系统的散热速率。一旦热量不能及时散去，热失控的风险将大大增加。隔热方法可以延缓热量的传播速度，但热量会在系统中不断积累，一旦积热超过限制，仍会向相邻电池转移，存在潜在的热失控风险。实际上，隔热与散热存在矛盾关系，即在提高散热效果的同时，其隔热效果相对降低。然而，关于如何平衡这一矛盾关系并将其结合起来的研究却很少。因此，后续需要通过改变工艺,设计新型复合材料,赋予材料较高的热性能、良好的灵活性和样品制备性能。电池的应用比较广泛,电池热管理领域是一个很有前途的发展方向。

7.3 展望

纵观国内外智能导热材料的研究现状和发展趋势,概括起来,大量的研究关注于如何提升复合材料的导热性能,而对其弹性模量、智能重复性的研究较少,也忽视了材料的可回弹性能和可加工性能。前期研究成果表明,聚合物基复合材料的导热性能、弹性模量、可压缩回弹性能主要由其聚合物基体和填料种类、微观复合结构及界面结构决定。虽然在导热性能提升和软弹性调控方面取得了突破,但是仍然难以满足未来的应用需求。实际上,热导率的提升依赖于刚性导热填料含量的增加、分子链的有序排列,而填料的增加和分子链有序排列又造成复合材料模量的大幅增加;采用低分子量、低交联度的聚合物虽然能赋予复合材料优异的柔性和较低的模量,但其缺乏回弹性能,在高温、负压等复杂环境下也容易发生小分子溢出。现有复合材料导热、可压缩回弹性能、软硬度仍然呈现出“此强彼弱、不可兼得”的问题,三者的协同调控机制仍缺乏有效和明晰的理论。然而,前期研究中的“高导热弹性网络”“动态共价键”“多尺度结构导热”等成果又为复合材料高导热与软弹性的兼顾和提升提供了新的突破口。此外,目前智能导热复合材料导热性能、弹性模量和可压缩回弹性的耦合关系仍然缺乏系统研究,尽管同类型复合材料的导热性能与弹性模量呈现正相关关系,然而不同类型复合材料的力热性能数值区间存在较大差异,通过材料的多元复合与多尺度结构设计研究,有望揭示智能导热复合材料力热性能的协同提升机制。因此,系统地开展智能导热的复合结构设计,以及力学和导热性能的耦合研究,实现其软弹性和高导热的兼顾,仍然是国际上亟需突破的关键技术难题,其中的应力传递、声子传导机制及其耦合关系机理仍然是亟需解决的关键科学问题。

因此,为了实现导热材料高导热和智能的目标,实现导热材料在高温差、形变、压力等复杂热环境下的稳定工作,人们以聚合物为基体,填充到不同结构或取向的填料中,考察了氢键和其他动态键的相互作用,不同类型链段(软段、硬段)比例及分布对聚合物及复合材料的拉伸强度、模量、回弹性、黏附性等力学性能及相关智能性能的影响规律,揭示了高弹性、黏附性、高强度、智能等性能的多尺度界面材料对界面声子散射的影响规律,实现智能导热复合材料的初步应用。后续的研究可在以下几方面展开。

(1) 控制聚合物的取向和交联程度,利用原位法制备智能导热复合材料,降低填料与聚合物之间的接触热阻,提高材料结构的连续性,深入理解界面对导热性能的影响,完善导热智能机理的理论。

(2) 利用理论模拟,完善智能复合材料声子传输路径的传输机理的理论,从能量角度阐释动态键的重构,为智能材料的结构设计与性能优化提出指导性建议。此外,采用原位电镜、相分布原子力显微镜,验证智能驱动状态材料结构的演变。

(3) 受导热填料宏观面积或体积的限制,现阶段智能导热复合材料制备的尺寸较小,未来应努力开发有效工艺,提高填料的制备效率,将导热材料做到大尺寸、高性能,同时进一步将材料在电子、航天、传感等领域推广和应用。

参考文献

[1] BAUGHMAN R H, ZAKHIDOV A A, DE HEER W A. Carbon nanotubes-the route toward applications[J]. Science, 2002, 297(5582): 787-792.

[2] SHI J, AFTAB W, LIANG Z, et al. Tuning the flexibility and thermal storage capacity of solid-solid phase change materials towards wearable applications[J]. Journal of Materials Chemistry A, 2020, 8(38): 20133-20140.

[3] ZHANG H, LIU Z, MAI J, et al. Super-elastic smart phase change material (SPCM) for thermal energy storage[J]. Chemical Engineering Journal, 2021, 411: 128482.

[4] ZHANG Z T, CAO B Y. Thermal smart materials with tunable thermal conductivity: Mechanisms, materials, and applications [J]. Science China: Physics, Mechanics & Astronomy, 2022, 65(11): 1-18.

[5] LI Z, HE R, AN D, et al. Elastomer-based thermal interface materials by introducing continuous skeleton to achieve the improved thermal conductivity and smart stress sensing capability[J]. Composites Part A: Applied Science and Manufacturing, 2022, 163: 107207.

[6] TAO Z, ZOU H, LI M, et al. Polypyrrole coated carbon nanotube aerogel composite phase change materials with enhanced thermal conductivity, high solar-/electro-thermal energy conversion and storage[J]. Journal of Colloid and Interface Science, 2023, 629: 632-643.

[7] DENG S, YUAN J, LIN Y, et al. Electric-field-induced modulation of thermal conductivity in poly (vinylidene fluoride)[J]. Nano Energy, 2021, 82: 105749.

[8] YU D, LIAO Y, SONG Y, et al. Conductivematerials: A super-stretchable liquid metal foamed elastomer for tunable control of electromagnetic waves and thermal transport[J]. Advanced Science, 2020, 7(12): 2070064.

[9] ZHANG Z T, DONG R Y, QIAO D, et al. Tuning the thermal conductivity of nanoparticle suspensions by electric field[J]. Nanotechnology, 2020, 31(46): 465403.

[10] NEESE B, CHU B, Lu S G, et al. Large electrocaloric effect in ferroelectric polymers near room temperature[J]. Science, 2008, 321(5890): 821-823.

[11] MIN P, LIU J, LI X, et al. Thermally conductive phase change composites featuring anisotropic graphene aerogels for real-time and fast-charging solar-thermal energy conversion[J]. Advanced Functional Materials, 2018, 28(51): 1805365.

[12] WANG W, TANG B, JU B, et al. Fe_3O_4-functionalized graphene nanosheet embedded phase change material composites: efficient magnetic-and sunlight-driven energy conversion and storage[J]. Journal of Materials Chemistry A, 2017, 5(3): 958-968.

[13] LYU J, LIU Z, WU X, et al. Nanofibrous kevlar aerogel films and their phase-change composites for highly efficient infrared stealth[J]. ACS Nano, 2019, 13(2): 2236-2245.